U0314293

普通高等教育"十四五"规划教材

环境与资源类专业系列教材　程芳琴　主编

钢铁行业
废水回用与零排放

Steel Industry Wastewater Reuse
and Zero Discharge

李剑锋　任　静　李文英　编著

北　京

冶金工业出版社

2024

内 容 提 要

　　本书为"环境与资源类专业系列教材"之一。本书全面整理和介绍了钢铁行业产生的各种废水、特征污染物、处理回用技术和零排放技术，凝练了具有示范推广价值的应用案例，同时反映了领域前沿和发展趋势，突出了其实用性和参考性。

　　本书可作为环境工程、环境科学、资源循环科学与工程专业高年级本科生和研究生教材，也可作为钢铁焦化领域相关从业人员的阅读参考书。

图书在版编目（CIP）数据

　　钢铁行业废水回用与零排放／李剑锋，任静，李文英编著. -- 北京 ：冶金工业出版社，2024. 8. --（普通高等教育"十四五"规划教材）. -- ISBN 978-7-5024-9950-1

　　Ⅰ．X757

中国国家版本馆 CIP 数据核字第 202469NL11 号

钢铁行业废水回用与零排放

出版发行	冶金工业出版社	电　　话	(010)64027926
地　　址	北京市东城区嵩祝院北巷 39 号	邮　　编	100009
网　　址	www. mip1953. com	电子信箱	service@ mip1953. com

责任编辑　王恬君　美术编辑　彭子赫　版式设计　郑小利
责任校对　郑　娟　责任印制　禹　蕊
北京建宏印刷有限公司印刷
2024 年 8 月第 1 版，2024 年 8 月第 1 次印刷
787mm×1092mm　1/16；18.25 印张；441 千字；280 页
定价 49.00 元

投稿电话　(010)64027932　投稿信箱　tougao@cnmip. com. cn
营销中心电话　(010)64044283
冶金工业出版社天猫旗舰店　yjgycbs. tmall. com
（本书如有印装质量问题，本社营销中心负责退换）

深化科教、产教融合，共筑资源环境美好明天

环境与资源是"双碳"背景下的重要学科，承担着资源型地区可持续发展和环境污染控制、清洁生产的历史使命。黄河流域是我国重要的资源型经济地带，是我国重要的能源和化工原材料基地，在我国经济社会发展和生态安全方面具有十分重要的地位。尤其是在煤炭和盐湖资源方面，更是在全国处于无可替代的地位。

能源是经济社会发展的基础，煤炭长期以来是我国的基础能源和主体能源，据统计，全国煤炭储量已探明1600余亿吨、原煤产量40余亿吨，其中沿黄九省区煤炭储量占全国的70%以上，原煤产量占全国的78%以上。煤基产业在经济社会发展中发挥了重要的支撑保障作用，但煤焦冶电化产业发展过程产生的大量煤矸石、煤泥和矿井水，燃煤发电产生的大量粉煤灰、脱硫石膏，煤化工、冶金过程产生的电石渣、钢渣，却带来了严重的生态破坏和环境污染问题。

盐湖是盐化工之母，盐湖中沉积的盐类矿物资源多达200余种，其中还赋存着具有工业价值的铷、铯、钨、锶、铀、锂、镓等众多稀有资源，是化工、农业、轻工、冶金、建筑、医疗、国防工业的重要原料。我国四大盐湖（青海的察尔汗盐湖、茶卡盐湖，山西的运城盐湖，新疆的巴里坤盐湖），前三个均在黄河流域。由于盐湖资源单一不平衡开采，造成严重的资源浪费。

基于沿黄九省区特别是山西的煤炭和青海的盐湖资源在全国占有重要份额，搞好煤矸石、粉煤灰、煤泥等煤基固废的资源化、清洁化、无害化循环利用与盐湖资源的充分利用，对于立足我国国情，有效应对外部环境新挑战，促进中部崛起，加速西部开发，实现"双碳"目标，建设"美丽中国"，走好"一带一路"，全面建设社会主义现代化强国，将会起到重要的科技引领作用、能源保供作用、民生保障作用、稳中求进高质量发展的支撑作用。

山西大学环境与资源研究团队，以山西煤炭资源和青海盐湖资源为依托，先后承担了国家重点研发计划、国家"863"计划、山西-国家基金委联合基金重点项目、青海-国家基金委联合基金重点计划、国家国际合作计划等，获批了

煤基废弃资源清洁低碳利用省部共建协同创新中心，建成了国家环境保护煤炭废弃物资源化高效利用技术重点实验室，攻克资源利用和污染控制难题，获得国家、教育部、山西省、青海省多项奖励。

　　团队在认真总结多年教学、科研与工程实践成果的基础上，结合国内外先进研究成果，编写了这套"环境与资源类专业系列教材"。谨以系列教材为礼，诚挚感谢所有参与教材编写、出版的人员付出的艰辛劳动，衷心祝愿环境与资源学科宏图再展，再谱华章！

2022 年 4 月于山西大学

前　言

　　钢铁行业是国民经济的重要基础产业，对国家的经济发展起着至关重要的作用。然而钢铁行业耗水量大，而且会产生大量成分复杂的废水，因此废水回用已成为影响我国钢铁行业可持续发展的重要因素。面对水资源的日益紧张、用水成本的上升，以及环境保护标准的不断提升，钢铁行业废水的处理回用及近零排放，变得尤为迫切。

　　本书以作者多年来承担的国家重点研发计划项目、山西省科技重大专项等多个国家和省部级重大项目为基础，以大量工程实例为素材，深入探讨了钢铁行业废水回用及近零排放技术的研发、应用与推广。涉及内容丰富，覆盖了钢铁行业废水的来源、特性、处理技术、回用方案以及零排放实现路径等多个方面，可为钢铁行业废水处理回用工程设计、实施和运行管理提供借鉴和参考。第1章介绍了钢铁行业废水的产生及回用现状，主要包括水资源利用现状、废水排放标准、废水主要处理和回用技术，以及未来的发展方向等内容；第2章介绍了钢铁行业常用废水处理技术的基本原理，按照预处理（沉淀、过滤、混凝、气浮、中和等）、生物处理（好氧生物法、厌氧生物法和生物脱氮工艺）、深度处理（高级氧化、吸附、超滤、反渗透等）和近零排放（膜浓缩、分盐技术、蒸发结晶等）几个方面进行了详尽的介绍；第3章和第4章分别从焦化废水和钢铁废水角度出发，分析了两类不同废水的主要特征与相应处理技术，对不同废水的回用方法进行了阐述，并给出了具体的回用工程案例；第5章着重介绍了钢铁行业废水零排放的技术发展，包括膜浓缩技术、分盐技术、蒸发结晶技术以及零排放工程案例。

　　本书由李剑锋设定内容、拟定大纲、修改审阅与定稿，任静校核了书稿全文。本书主要写作工作人员如下，第1章由李剑锋编写，第2章和第4章由李文英编写，第3章和第5章由任静编写。山西大学的赵华倩、张硕、乐浩、张杰、吉忠佳、孔越、姚太宇、金佳新、姜鑫、张楠楠、张萱、李锐等在全书素材搜集、文稿整理、打印等方面提供了支持，在此向他们表示衷心感谢。

　　本书在编著过程中广泛参考了公开出版发行的国内外文献、书刊中发表的有关研究技术成果，引用了部分公司（企业）、院校（所）的工业废水处理及零排放研发成果和工程实绩，并得到了许多专家学者的帮助与指导，谨在此向有关单位和作者表示诚挚的感谢。

希望本书的出版能够对我国钢铁行业废水处理回用和零排放提供一些帮助和参考。由于本书涉及内容较广，鉴于作者水平和编写时间有限，书中难免会有疏漏之处，敬请读者不吝指正。

编著者

2023 年 6 月

目　　录

1 钢铁行业废水产生及回用现状

本章提要：

（1）了解钢铁和焦化企业水资源现状及发展趋势，掌握用水来源和用水单位；

（2）了解钢铁和焦化企业废水排放标准及相关处理技术，掌握行业生产工艺及过程中的废水来源；

（3）对钢铁和焦化企业废水回用与零排放有一定认识，并了解其关键问题所在。

1.1 引　言

钢铁行业是工业化国家的重要基础工业之一，是发展国民经济与国防建设的物质基础。我国作为世界上最大的发展中国家，钢铁产量多年位居世界第一。2019 年我国粗钢、生铁和钢材产量分别为 9.96 亿吨、8.09 亿吨和 12.04 亿吨[1]。钢铁生产是用水最密集的工业过程之一，据统计，2019 年，我国钢铁行业年用水量约 42 亿立方米，占全国工业用水总量的 3%左右，不仅耗水量大，而且还产生大量的废水[2]。钢铁行业废水也占据了工业废水的很大部分，据汇总，2022 年钢铁行业共有 14202 家钢铁企业，废水排放总量占全部工业废水排放量约 7.4%。继气候变化和空气质量之后世界钢铁协会将水污染视为钢铁业可持续发展最重要的问题。中国为国际钢铁工业的发展做出了贡献，但中国又面临着最严重的水资源短缺状况，人均用水仅为 2068 m^3，占世界平均水平的 34%[2]。因此，水资源和水污染已成为制约中国钢铁行业可持续发展的因素之一。

在钢铁生产过程中，使用铁矿石的"联合"法和使用废铁、废钢的电弧炉（EAF）法是主流的两种工艺路线。目前，我国钢铁厂的主要工艺路线是使用铁矿石的"联合"法，其生产工艺流程主要包括：选矿、烧结、焦化、炼铁、炼钢、轧钢等（图 1-1），因此钢铁生产工艺相当复杂[1,3]。炼钢厂首先必须炼铁，然后经高炉及转炉冶炼铸造成钢坯，最后供中游产业进行轧延及加工，生产各类钢产品供下游产业使用。其中，铁矿石和焦炭是炼钢的核心原料，坚硬的烧结矿的制备是为了避免在高炉中被强烈的鼓风气流吹至集气设备。焦炭是炼铁时所需要的还原剂及热源，也是炼钢过程中必不可少的环节，因此焦化企业是钢铁行业中非常重要的生产企业。联合炼钢生产流程中涉及一系列工序，每道工序都涉及不同的投料，均需要用水，由此而产生大量的废水[3,4]。按照钢铁生产流程产生的废水主要包括矿山采选废水、烧结废水、焦化废水、炼铁废水、炼钢废水，以及轧钢废水等。其中矿山采选废水多数不在钢铁厂内，教材中不涉及此废水。对于焦化废水，产生量大、水质成分复杂、毒性大，一般不与其他钢铁废水混合处理，同时由于焦化企业主要为钢铁行业提供重要原料——焦炭，因此本书专门将焦化企业废水与钢铁企业废水分开讲述。

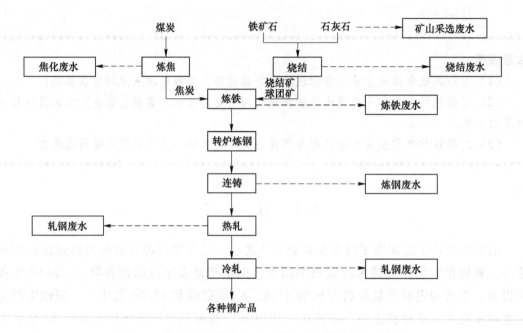

图 1-1   联合钢铁厂主要生产工艺与废水排放节点示意图

钢铁行业排放废水中含各种污染物，包括悬浮物质、镉、石油衍生产品、挥发性酚和砷等，具有危险性或毒性，严重影响水环境的可持续发展，因此，钢铁行业面临着很高的社会和环境风险，需要严格控制。自 1984 年我国将环境保护作为一项基本国策，我国政府就出台了多项措施来控制日益严峻的环境问题，并于 2015 年 4 月 16 日发布了"水污染控制行动计划"（简称"水十条"），对水中污染物的排放作出严格要求，严格控制水量消耗和地下水透支，提高用水效率，加强工业节水。因此加快钢铁行业节水和治水的步伐是大势所趋，尤其是减少废水排放量，重视废水的深度处理。实现废水回用，逐步实现废水零排放的目标也是未来钢铁行业可持续发展的必经之路。

1.2   钢铁行业水资源利用概述

1.2.1   焦化企业水资源利用现状及存在问题

焦化是以煤为原料、以炼焦为核心、回收焦化副产品及其深加工产品和利用焦炉煤气的综合利用产业，为钢铁冶炼及化工生产提供了基础原燃料，在钢铁系统和化工行业中有着极其重要的作用[5]。

焦化企业主要有备煤、装煤、煤干馏、熄焦、破碎筛分、煤气净化、化学品回收及废水处理等多重环节[6]。煤化工焦化行业是一个高耗水行业，用水量巨大，而我国水资源严重短缺，为缓解二者的矛盾，我国不断进行用水资源的合理化分配尝试，提高行业用水效率[7]。

1.2.1.1　焦化企业水资源利用概况

焦化生产以煤炭为原料，我国煤炭虽然储量巨大，但是地区分布极不平衡，西部地区最为丰富，东部地区贫乏，中部居中。水资源与煤炭资源分布存在较大的不一致性[8]，煤炭资源多的地方往往水资源不足，如山西有丰富煤炭资源，而每百元矿产资源潜在价值拥有水量仅为西藏的1/10000。这种分布的不一致进一步加剧了我国焦化企业水资源的紧张状况[9]。

我国焦化行业从1949年的52.5万吨起步，经过70余年的发展，到2020年已经达到47116.1万吨，有力支撑了我国经济和钢铁工业的发展[10,11]。在最初生产过程中，我国对水资源回收利用的意识较为淡薄，在20世纪50年代，焦化厂年耗新水（自来水）量约为1016万立方米，年排水量600多万立方米，吨焦耗新水为9.03 m^3，而国际清洁生产先进水平为吨焦耗新水2.50 m^3，国内清洁生产先进水平和基本水平均为吨焦耗新水3.50 m^3。

随着行业发展，水资源的再生利用也逐渐被广泛关注，通过对水系统的改造，焦化厂吨焦耗新水降为3.21 m^3，年耗新水量降为361万立方米，减少了废水外排造成的环境污染，实现了废水的回收利用。将焦化厂使用的工业新水进行资源整合，提高水的利用率，对工业用新水使用过程中的排污方式进行改进，对工业使用新水的消耗点进行分析，实现用水的低品高用，对焦化行业普遍存在的蒸汽冷凝水进行回收复用，通过以上各形式的优化用水措施，达到了节水减排，降低能源成本的目的，对焦化行业的废水再生利用起到了促进与帮助作用。

目前我国焦化企业按质用水、循环用水、串级用水、一水多用等废水重复利用技术使用越来越成熟；工艺废水和冷却水循环利用率也不断升高。但与国外先进企业还存在较大差距，就生产1 t焦炭产生的废水量而言，国外仅为0.35 m^3，而国内为1.0 m^3以上，是国外的3~4倍[12]。因此，实现焦化企业废水的资源化，国际先进标准为我们提供了研究方向和目标。

1.2.1.2　焦化企业取水和用水定额

为了统一考核消耗水平，便于经营管理和经济核算，便规定了统一的平均消耗标准，由此便产生了定额。也就是说，定额是社会平均必需的消耗数量标准。

我国对焦化生产的取水定额进行了规定，《取水定额　第30部分：炼焦》（GB/T 18916.30—2017）（2017发布，2018实施）具体定额内容如下：

（1）取水定额：

1）炼焦企业取水定额。现有炼焦企业取水定额指标见表1-1。

表 1-1　现有炼焦企业取水定额指标　　　　　　　　　　（m³/t）

分类	吨焦取水量
常规焦炉	≤1.9
热回收焦炉	≤1.1
半焦炉	≤0.9

2）新建和改扩建炼焦企业取水定额。新建和改扩建炼焦企业取水定额指标见表 1-2。

表 1-2　新建和改扩建炼焦企业取水定额指标　　　　　　（m³/t）

分类	吨焦取水量
常规焦炉	≤1.4
热回收焦炉	≤0.6
半焦炉	≤0.7

3）先进炼焦企业取水定额。先进炼焦企业取水定额指标见表 1-3。

表 1-3　先进炼焦企业取水定额指标　　　　　　　　　　（m³/t）

分类	吨焦取水量
常规焦炉	≤1.2
热回收焦炉	≤0.4
半焦炉	≤0.7

（2）焦化用水定额。焦化用水定额见表 1-4。

表 1-4　焦化用水定额　　　　　　　　　　　　　　　（m³/t 焦）

产品名称	领跑值	先进值	通用值
焦炭	0.7	1.23	2.73

1.2.1.3　焦化企业用水单位

A　用水情况

焦化工序的用水主要包括三个方面：炼焦和焦处理过程用水、煤气净化及化工产品回收过程用水、化工产品精制过程用水。具体过程见图 1-2。

按照不同划分标准，焦化行业用水情况也不同。按照给水类型划分，有生产新水（包括工业新水、蒸汽、过滤水、软化水及除盐水等）、间接冷却给水、直接冷却给水、串级给水、生产废水再利用水等。按照生产用水，划分方法如下：

（1）煤焦系统用水分析：

1）焦炉本体用水[6]。焦炉本体用水可分为三大类：煤气上升管水封盖水封用水、生产技术用水和循环氨水事故等用水。此类用水对水质不做要求，有关数据显示，上升管水封盖用水约为 0.006~0.008 m³/t 焦，焦炉炉盖封泥用水约为 0.0067~0.007 m³/t 焦，炉盖封泥用水由于技术限制，目前蒸发量为 100%，属于不可回收水源。

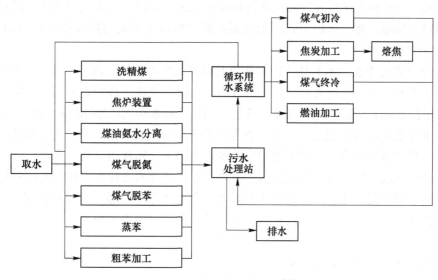

图 1-2 焦化工艺用水过程[13]

2）熄焦用水。熄焦分为干法熄焦和湿法熄焦，熄焦用水一般来自湿法熄焦，在熄焦用水过程中，焦粉会对其产生污染，且湿法熄焦对用水量要求巨大，因此在工业应用中多采用封闭循环供水系统。

熄焦工艺在熄焦塔内进行，塔内焦炭温度较高，短时间内，当熄焦用水淋灌喷洒到其表面时，部分水蒸发，随气流溢出塔顶（该过程中应及时补充水量以保证工艺进行）；未蒸发部分则顺着塔流入底部至粉焦沉淀池（清理频率应根据粉焦产量和池容积来定）中。焦台上，若存在未熄焦完全的红色焦炭，则应对其进行补充熄焦。由于湿法熄焦用水对水质要求较低，沉淀池出水即可实现熄焦塔的循环用水。

上述流程说明，熄焦用水过程中存在熄焦循环用水、补充用水和焦台补充熄焦用水三种用水情况。通常熄焦用水量为 $2.6 \sim 2.7 \ m^3/t$ 焦，有时可达 $3.0 \sim 4.0 \ m^3/t$ 焦；损失水量（由于蒸发气化被带走的无法实现回收利用的那部分水量）为 $0.5 \sim 0.6 \ m^3/t$ 焦；焦台补充熄焦水量为 $0.05 \sim 0.005 \ m^3/t$ 焦。可见，湿法熄焦用水量约为 $2.65 \sim 2.755 \ m^3/t$ 焦，其中，耗水量约为 $0.5 \sim 0.6 \ m^3/t$ 焦。

值得注意的是，在干法熄焦工艺中，由于熄焦过程没有水的参与，因此不存在熄焦用水和耗水的问题，基于这一优势，干法熄焦被越来越多的人所关注，相关研究也在不断发展和深入进行。

3）除尘用水。焦化生产过程中，除尘用水用于煤焦系统内，考虑到不同位置存在结构及功能的差异，因此选用不同的除尘方式。

干法除尘：配煤槽、破碎机及煤的转运，煤的调湿干燥装置，出焦除尘，干熄焦系统熄焦槽的出焦口、筛焦、切焦及焦炭转运过程。

湿法除尘：成型煤混煤机、分配槽、混捏机、冷却输送机及煤成型机，捣固焦炉装煤除尘，湿法熄焦转运、贮焦槽、筛焦和切焦设备。

4）设备冷却用水。由于焦化设备的长期使用会导致温度升高，冷却用水的覆盖率极为广泛，其中，70%～80%冷却水集中于备煤、干熄焦和干式除尘等系统中。主要包括：

泵轴承冷却、干熄焦系统粉焦冷却用水及热风机系统冷却用水、煤调湿系统热风机等轴承冷却及载热油调温冷却、焦炉干式除尘地面站抽风机设备及液力耦合器的油冷却器冷却、煤塔仪表室内空调冷却等。

（2）煤气净化系统用水和化工产品回收及精制系统的用水分析。煤气净化工艺用水主要体现在工艺介质冷却及冷凝分缩用水两方面。在冷却介质过程中，采用不同的冷却水类型以满足不同需求，根据被冷却介质性质的不同，冷却水类型有净循环冷却水（净环水）、循环制冷水和地下水（低温水）三种。在煤气和介质分离过程中，会产生分离液，其中含有焦油类、苯类等污染物质，需采用相应的废水处理工艺实现污染物的去除。

化工产品回收和精制过程工艺用水主要体现在工艺介质冷却用水和工艺过程用水（蒸汽）两方面。精制过程中会产生大量焦化废水，含酚、氰等有毒有害物质和氨氮等富营养物质。该类废水需经过生产工艺过程综合处理后，完成污染控制净化。

B　用水单位

用水单位的用水要求见表1-5。

表1-5　各系统用水要求分析[14]

系统名称	煤焦系统用水	化产系统用水				
子系统名称	熄焦系统补水	除尘风机	低温水系统	化产循环水系统	煤气初冷气循环水系统	生物系统
水的用途	废水熄焦的补充水	冷却润滑油	冷却化学介质	冷却化学介质	冷却煤气	稀释生物废水
用水设备材质	单一	单一	复杂，包括铜、不锈钢、普碳钢等	复杂，包括铜不锈钢、普碳钢、钛材等	单一	单一
系统补水量	大	小	大	大	中	大
涉及系统单位范围	炼焦系统	除尘风机	整个化产车间	整个化产车间	煤气初冷器循环段	生物系统
水质要求	低	要求水的温度、结垢性、腐蚀性低	要求水的温度、结垢性、腐蚀性低	要求水的温度、结垢性、腐蚀性低	要求水的结垢性、腐蚀性低	低

1.2.1.4　焦化企业用水存在的问题

焦化工序是钢铁生产过程中污染最严重的工序。为减少废水排放并实现废水的资源化利用，钢铁企业大多单独设置焦化废水处理设施和相应的循环水系统。目前，我国钢铁企业焦化工序用水节水存在着以下问题[6]：

（1）循环水系统不完善，改建或扩建的钢铁厂存在供排水系统不完整的问题，且技术落后、设施水平低，导致用量大、循环率低。另外，循环水系统浓缩倍数影响系统补水量和外排水量。浓缩倍数越高，所需补充的水量就越少，外排废水量也越少，节水效果也越好，而我国钢铁企业焦化工序（包括其他工序）大多数低于2.0，用水先进的企业也仅为2.5左右，因此，循环水系统浓缩倍数低，导致补水量和污水排放量均较高。

（2）企业内部管网不完善。焦化工序中不同流程应配置不同的用水水质，但由于钢铁企业水管网系统不完善，过程中会浪费大量优质水源。

（3）资源利用率低。湿法熄焦、湿法除尘、荒煤气氨水冷却、水蒸气蒸氨等流程不仅会消耗并污染大量的水资源，而且其中的热量无法得到有效利用。

（4）中水资源无法得到充分利用。钢铁企业若能充分利用城市中水资源，企业在满足自身生产需求、降低成本的前提下，还能节约资源、保护环境，实现经济和社会效益双丰收，实现城市和钢铁企业的真正和谐发展。

（5）循环水外排。在补充新水的过程中，要排出一定的高盐量循环水，只经过简单的处理外排而不实现其资源利用，会浪费水资源[6]。

1.2.2 钢铁企业水资源利用现状及存在问题

钢铁行业以从事黑色金属矿物采选和冶炼加工等工业生产活动为主，包括金属铁、铬、锰等的矿物采选业、炼铁业、炼钢业、钢加工业、铁合金冶炼业、钢丝及其制品业等细分行业，是国家重要的原材料工业之一。

钢铁企业存在很复杂的用水过程，包括主要生产、辅助生产及附属生产设施用水三大生产用水和道路洒水、绿化用水等杂用水。其中，超过85%用水为各工序工艺设备间接与直接冷却循环水，其余用水包括抑尘洒水、除尘用水、冲渣用水、钢渣处理用水、冷却用水等[10]。

钢铁企业用水、耗水、排水极为严重。一般来说，每冶炼1吨的钢材，需要200～300 m^3 循环用水量。随着经济的发展，钢产量不断增加，用水总量也不断增加，由此导致了排污废水增加和水资源浪费。

目前，钢铁企业废水资源化利用已经较为普遍。2019年中国钢铁工业协会对93个会员企业年用水量进行统计，其平均废水回用率已达97.98%；吨钢耗新水2.56 m^3，比2018年下降0.17 m^3，同比下降6.36%；平均外排废水总量减少了7.57%。为了缓解钢铁行业水资源短缺的现状，维护其可持续发展能力，应深入研究废水治理，实现废水的资源化利用。

1.2.2.1 钢铁企业水资源利用概况

钢铁企业是耗水大户，其采矿、烧结、焦化、炼钢、轧钢各工序都需要消耗和排出大量水资源。在整个流程中，不仅作为冷却、热力和工艺用水，还用作除尘洗涤水。据统计，钢铁行业用水量占到了全国工业用水的10%，新水用量占到了全国的14%[15]。

除水资源短缺的客观因素外，钢铁企业的用水现状也不容乐观，表现在两方面：

（1）节水现状不容乐观。钢铁厂规模虽不断扩大，但我国水资源人均占有量比较少，且节水效果与预期仍存在较大差距。

（2）污废水处理技术落后。我国污废水产量与钢铁产量同步增加，但是由于相关工艺不成熟，导致当前污废水处理技术落后[16]。

1949年，我国粗钢年产量仅为15.8万吨；到1996年达到10124万吨，突破1亿吨，成为世界最大的钢铁生产国；2014年我国粗钢产量超过8亿吨；于2018年超过9亿吨，约占世界产量的 1/2。钢铁行业的发展规模不断扩大，产量也逐步增加，但对水资源的需求也随之增高，缓解钢铁产业与水资源短缺的矛盾势在必行，促进钢铁产业与水资源高效利用的协调发展也迫在眉睫，因此，多数钢铁企业逐步将用水方式改为循环用水，在确保产量持续增长的同时，也相应提升了用水效率[10]。

据统计，1996—2000 年，我国钢铁工业取水量由 38.52 亿立方米降至 21.05 亿立方米，年均递减 6.4%，吨钢取水量由 38.1 m³ 降至 29.6 m³，年均递减 11.8%，水重复利用率由 82.3%提高到 87.3%。

2001—2005 年，取水量由 21.05 亿立方米增至 30.59 亿立方米，年均递增 9.8%，吨钢取水量由 18.3 m³ 降至 8.7 m³，年均递减 17.0%，水重复利用率由 89.3% 提高到 94.0%。

2006—2010 年，我国钢铁工业逐步推广污水回用措施，取水量由 28.8 亿立方米降至 26.2 亿立方米，年均递减 2.3%；吨钢取水量由 6.86 m³ 降至 4.11 m³，年均递减 12.0%，水重复利用率由 95.4%提高到 97.3%。

2015 年和 2018 年，取水量分别为 28.4 亿立方米、27.0 亿立方米，平均吨钢取水量分别降至 3.53 m³、2.91 m³[10]。用水相关数据见图 1-3。

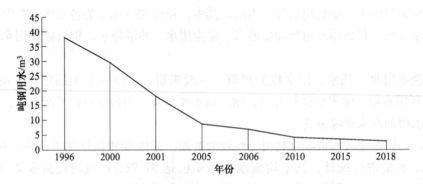

图 1-3　我国吨钢取水量 1996—2018 年度变化情况

尽管如此，在不同地区或不同企业，钢铁工业用水仍存在较大差距；由于规模、工艺等差异，导致不同企业吨钢用水量也相差悬殊。有 2018 年部分钢铁企业调研数据显示，20%企业吨钢取水量低于 3.5 m³，甚至有 18.2%企业高于 4.2 m³。

1.2.2.2　钢铁企业用水定额

2019 年 12 月，水利部发布了《工业用水定额：钢铁》。要求钢铁企业在各个生产环节当中都应该严格遵循相关生产标准及要求。如果企业在实践工作中未涉及冷轧工艺和焦化工艺，那么在粗钢生产中的用水量应该在 3.6 m³/t 以内，而对于新建企业而言则有着更加严格的规定，需要控制在 2.3 m³/t 以内。

用水定额适用于钢铁企业计划用水管理、节约用水监督考核等相关节约用水管理，以及新建（改建、扩建）钢铁企业的水资源论证、取水许可审批和节水评价等工作，也用于指导地方用水定额标准制定和修订。该定额包括钢铁联合企业用水定额（表 1-6），烧结用水定额（表 1-7），炼铁用水定额（表 1-8）；炼钢用水定额（表 1-9）和轧钢用水定额（表 1-10）。

表 1-6　钢铁联合企业用水定额　　　　　（m³/t 粗钢）

产品名称		领跑值	先进值	通用值
粗钢	含焦化生产、含冷轧生产	3.1	3.9	4.8
	含焦化生产、不含冷轧生产	2.4	3.2	4.5
	不含焦化生产、含冷轧生产	2.2	2.8	4.2
	不含焦化生产、不含冷轧生产	2.1	2.3	3.6

注：领跑值为节水标杆，用于引领企业节水技术进步和用水效率的提升，可供严重缺水地区新建（改建、扩建）企业的水资源论证、取水许可审批和节水评价参考使用；先进值用于新建（改建、扩建）企业的水资源论证、取水许可审批和节水评价；通用值用于现有企业的日常用水管理和节水考核（下同）。

表 1-7　烧结/球团用水定额　　　　　（m³/t 烧结矿/球团矿）

产品名称	领跑值	先进值	通用值
烧结矿	0.18	0.22	0.38
球团矿	0.11	0.14	0.34

表 1-8　炼铁用水定额　　　　　（m³/t 生铁）

产品名称	领跑值	先进值	通用值
生铁	0.24	0.42	1.0

表 1-9　炼钢用水定额　　　　　（m³/t 粗钢）

产品名称	领跑值	先进值	通用值
转炉炼钢	0.36	0.52	0.99
电炉炼钢	0.55	1.05	1.74

表 1-10　轧钢用水定额　　　　　（m³/t 钢材）

产品名称	领跑值	先进值	通用值
棒材	0.34	0.38	0.70
线材	0.38	0.41	1.26
型钢	0.29	0.31	0.79
中厚板	0.36	0.38	0.74
热轧板带	0.38	0.45	0.91
冷轧板带	0.40	0.61	1.4
无缝钢管	0.30	0.86	1.56

1.2.2.3　钢铁企业用水单位

A　供水系统

a　直流供水系统（需水源充分）

水经用水设备使用后，便由下水道排出。由于大型钢铁厂附近一般没有足够水源，因此大多企业采用循环供水系统[10]。

b　循环供水系统

水经设备使用后，经回收处理，再次回送至原用水设备使用。

根据在使用过程中水是否被污染，可分为净和浊循环水系统。净循环水用于设备或介质的间接冷却，过程中不受其他物质污染，仅温度有所升高；浊循环水用于设备、产品或介质的直接冷却，使用后不仅水温升高，还易被其他物质污染。

净循环系统又可分为开路和闭路两种。在开路循环水系统中，水在使用和冷却过程中会与大气接触，从而导致水质恶化；而闭路水循环系统在使用和冷却过程中不与空气接触，处于密闭环境中。

c　连续供水系统

将某一用水设备或车间用过的水，供给另一设备或车间使用。

需要注意的是，大多数钢铁厂不单用一种供水系统，而是以某一系统为主，辅以其他供水系统。

B　主要用水单位[17]

表1-11为钢铁企业主要用水单位及用水情况。

表1-11　钢铁企业主要用水单位及用水情况

单位	循环水系统类型	用水对象	处理工艺关键
烧结厂	胶带机冲洗用水	胶带机	沉淀+过滤
	相关设备冷却循环水	烧结机	沉淀+冷却
	湿法除尘废水	文氏管	过滤去杂+冷却
炼铁厂	高炉炉体净循环水	高炉炉体、热风炉	过滤+冷却
	高炉煤气洗涤用水	一级、二级文氏管	过滤冷却+去杂
	冲渣水	炉渣	过滤+冷却
炼钢厂	电炉炉体净循环水	电炉本体、精炼炉	过滤+冷却
	转炉净循环水	炉体、氧枪和精炼炉	过滤+冷却
	转炉烟气除尘浊循环水	一级、二级文氏管	过滤冷却+去杂
	连铸结晶器及设备软水循环	连铸结晶器、连铸设备本体	过滤+冷却
	连铸二次喷淋水系统	连铸扇形段、铸胚	沉淀去杂+除油+过滤+冷却
轧钢厂	加热炉、液压站循环水	加热炉、液压站、电机	过滤+冷却
	轧钢浊循环水	加热炉、液压站、电机、轧机、辊渣	沉淀+除油过滤+冷却

a 原料厂

原料场主要包括除尘洒水、洗车冲洗、车间地坪冲洗、道路洒水等用水过程，可优先利用雨水、回用废水和浓盐水等水质类型。

b 烧结球团

烧结工序主要包括混合机添加水、转运站及通廊地坪洒水、工艺设备和余热利用设施冷却水、烟气脱硫脱硝用水等。其中，混合机添加水和混合用水可优先采用回用水，冷却水可循环使用。

c 焦化

焦化工序用水环节主要包括煤气上升管水封盖水封、熄焦、设备冷却、煤气净化、化工产品回收和精制用水和除尘用水等过程。其中，熄焦用水经沉淀处理后可循环使用，煤气净化、制冷机等设备冷却水经冷却后可循环使用，焦化厂化工产品回收和精制用水经收集处理后利用，焦化废水经生化处理和深度处理后回用。

d 炼铁

炼铁工序用水过程和环节主要包括高炉炉体冷却壁、炉底水冷管、各液压站设备、各种大型风机等冷却用水，以及高炉冲渣、煤气清洗等用水。设备冷却水采用闭路或开路循环用水，高炉炉体冷却壁、热风炉阀门、炉底冷却水管等可采取并联和串级用水提高水资源利用率，煤气清洗用水经沉淀处理后实现循环使用，高炉冲渣过程中产生的水蒸气集中收集后利用，冲渣用水经处理后循环利用。

炼铁工序用水设计工序中，必须保证连续给水，并应采取特殊的安全供水措施。

e 炼钢

炼钢工序主要有转炉氧枪，炉体冷却、烟道冷却、结晶器冷却、连铸设备冷却等冷却用水和转炉烟气洗涤、钢渣粒化等用水环节。设备冷却水同样采用闭路或开路循环用水，转炉烟气洗涤用水经沉淀处理后循环利用。

f 轧钢

轧钢用水环节主要包括轧辊、轧制产品直冷水和层流冷却水以及冲渣用水等。直接冷却用水可经除油、沉淀处理后实现循环使用；层流冷却用水经沉淀过滤后也可循环使用；冷轧废水经物化和深度处理完成回用。

g 生产辅助钢

生产辅助设施包括空压站氧气站、煤气加压站和余热余能发电设施等，其用水环节主要存在于冷却用水，出水经冷却后可循环使用。

1.2.2.4 钢铁企业用水存在的问题

目前，钢铁企业用水节水存在着以下主要问题：

（1）为了减少投资运行费用，部分老钢铁企业仍使用直流供水系统，处理设施相对简单，易造成水资源的浪费和对环境的污染。

（2）部分企业增建的水循环设施不完善，以及直冷水和间冷水排入同一系统，导致了水资源浪费现象。

（3）循环水系统水质缺少稳定设施，技术相对落后，导致循环水水质无法满足要求，使补水和新水消耗量增加。

（4）某些污染物的水处理技术比较落后，如轧钢系统的含油废水、含油污泥的脱水、酸废液的再生、冷轧系统的含油及废乳化液废水等的处理工艺和设施均有待开发研究。

1.2.3　钢铁行业水资源利用未来趋势

目前，从国内钢铁生产企业的实践看，钢铁和焦化企业废水治理的根本措施和有效途径主要包括两个方面：（1）发展循环经济，提高资源使用效率，节约一次资源，合理开发利用二次资源，实现钢铁行业的可持续发展；（2）优化生产流程，减少污染物的发生量和排放量并开发应用高新技术、实施清洁生产。

今后我国工业发展思路仍需坚持走可持续发展的新型工业化道路，积极贯彻执行国家相关产业发展政策，在发展和采用无废工艺、无废技术、成套循环用水技术、开发适合钢铁和焦化工业特点的节能型水处理技术与设备等方面加以支持和发展，努力实现国民经济又快又好发展的美好前景。

1.2.3.1　行业国家政策

2021年，国家发改委等十部门联合印发了《关于推进污水资源化利用的指导意见》，同年，工业和信息化部等六部门联合发布《工业废水循环利用实施方案》，对工业废水的处理及资源化提出了相关要求：

（1）推动工业废水资源化利用。1）开展企业用水审计、水效对标和节水改造；2）推进企业内部工业用水循环利用，提高重复利用率；3）推进企业间用水系统集成优化，实现串联用水、分质用水、一水多用和水的梯级利用；4）将市政再生水作为园区工业生产用水的重要来源，严控新水取用量；5）开展工业废水再生利用水质监测评价和用水管理，推动地方和重点用水企业搭建工业废水循环利用智慧管理平台。

（2）建立工业园区，实施工业废水循环利用工程。1）完善工业企业、园区污水处理设施建设，提高运营管理水平；2）推动工业园区与市政再生水生产运营单位合作，规划配备管网设施；3）工业园区统筹废水综合治理与资源化利用，建立企业间点对点用水系统，实现工业废水循环利用和分级回用；4）组织开展企业内部废水利用，创建一批工业废水循环利用示范企业、园区，通过典型示范带动企业用水效率提升。

1.2.3.2　焦化企业水资源利用发展规划

规范的关键在于开发与推广节能节水的关键技术：

（1）加快应用干熄焦和焦炉加热最优化技术。在炼焦工序，基于能量转移和分配比例，干熄焦和焦炉加热最优化技术的优越性已得到共识，但推广和应用的比例及范围较小，为扩大比例范围，众多中小型焦化急需配套设施建设。

（2）焦化废水零排放。通过相应的技术改造实现焦化废水零排放，可以根据浓度和组分的区别实行分级处理，即剩余氨水、焦油分离水等高浓酚水集合后经除油去溶剂脱酚，之后再去蒸氨；粗苯分离水、精苯分离水、煤气水封水等低浓酚水集合后进除油，之后去蒸氨。蒸氨废水汇入炼铁渣池、脱硫预冷塔及终冷喷洒。

（3）应用煤调湿工艺。煤调湿工艺不但可降低炼焦废水、提高焦炭质量、降低炼焦能耗，而且可以有效利用烟道气余热。若配煤水分降低到 8% 的水平，全国炼焦废水处理量将减少 104 亿 m^3/a。国内少数的焦化厂采用了回转炉技术预热装炉煤，配煤水分可以控制 10% 以下。

1.2.3.3 钢铁行业"双碳"战略下钢铁行业发展规划

基于低碳发展的新时代背景,对钢铁行业用水和治污提出了更高的要求,同时也为行业生产和污染监管的理念革新、技术进步和产业升级带来了新的机遇。新时代要以绿色发展为指导,坚持循环利用和资源利用效率优先的原则,以水资源循环利用为目标,以技术进步为支撑,以强化管理为手段,实现行业发展与经济社会、资源环境的和谐与统一,从而引领世界钢铁产业绿色发展。

(1)优化设计钢铁工业园区的水网络,实现单元-工序-工业园的多元统筹,提高钢铁园区的整体水资源利用率;加快建设过程节水及水循环利用设施,促进分质用水和循环利用;逐步实现源头供水绿色化、轧钢过程节水化、高炉干法除尘、水分级分质化循环利用和全局回用优化,从而减少新水消耗和有害废水排放,达到提升钢铁企业水循环利用的目的。

(2)污染跨介质-低碳协同控制。在废水回用过程中,即便达到间接排放标准,当其回用于冲渣、闷渣和配矿烧结等过程,也会对环境造成潜在的污染风险;由于水污染具有多源、复合途径和跨介质等特征,因此解析不同排放源和输送途径对污染的贡献率及主控因子,探明主要污染物的跨介质关键循环过程及其生态环境效应是下一步研究的重中之重。

(3)水污染全过程控制及智能优化。主张从末端污染治理前移,实现与过程工程深度结合的污染物低成本高效治理;研究有关资源短程循环、能源回收利用及污染物近零排放的技术,开发低碳节能的新型废水处理工艺;强化供排水系统全生命周期的监控及不同工序之间用排水的调配,形成基于人工智能的全过程跨尺度在线量化调控技术,实现人工管控向智能管控转变新方式。

(4)注重区域性循环经济发展,充分利用钢铁企业副产、余热、城市中水和固体废弃物资源,逐步减少铁矿石、煤炭和新水等资源及能源消耗;与周边的石化、化工、建材等工业企业和商业用户等开展煤气、蒸汽、工业气体和水等的供应关系,实现社会多产业协同降碳[18]。

1.3 钢铁行业废水来源与处理概况

1.3.1 焦化企业废水来源

焦化废水是炼焦、气体净化及产品加工制备中产生的,其来源广泛、组分复杂、毒性大,其中,除了酚类化合物外,还有难降解的杂环化合物、脂肪类化合物和多环化合物等;无机成分包括氰化物、硫化物、氨氮,属于高浓度难降解有机废水[19]。

按照不同标准,焦化废水有不同的分类标准,按照产生的源头来分,可分为炼焦带入的水分(表面水和化合水)、化学产品回收及精制时所排出的水,相关水质随原煤和炼焦工艺的不同而变化。具体介绍如下:

(1)炼焦煤中的表面水及化合水。在洗选过程中,炼焦煤附带的附着水和煤料受热解析的部分化合水随干馏煤气由焦炉引出,经上升管和初冷器冷却形成的冷凝水,又被称为剩余氨水,该废水含有高浓度的氨、酚氰化物及有机油类等,是污废水处理站主要的废水来源,也是焦化企业主要治理的废水。

（2）生产过程中形成的废水。焦化生产过程如图 1-4 所示，主要生产环节包括洗选煤、物料冷却、水封、熄焦、补充循环水系统等，这些生产过程产生的废水为生产废水，可分为生产净排水和生产废水两部分。生产净排水基本不含污染物，可分为间接冷却水排水以及排放的蒸汽冷凝水等；生产废水来源于与物料直接接触的水，主要有以下 3 种：

1）接触煤、焦粉尘等的废水。主要包含以下过程：炼焦煤贮存，破碎和加工过程中的除尘洗涤水；出焦时的除尘洗涤水和湿法熄焦水；焦炭转运，筛分和加工过程的除尘洗涤水。这种废水的固体悬浮物浓度高，经澄清处理后可循环使用。

2）含有酚、氰、硫化物和油类的废水。主要包括煤气终冷的直冷水，粗苯和精苯加工的冷凝分离水；焦油精制加工过程的直接蒸汽冷凝分离水和洗涤水。

此类废水含有一定浓度的酚、氰和硫化物与前述剩余氨水统称为酚氰废水，废水水量大而且成分复杂，是炼焦化学工业具有代表性及显著特点的废水。

3）生产古马隆树脂过程中的洗涤废水。该类废水只有在少数生产古马隆产品的焦化厂中产生，该废水水量较小，呈白色乳化状态，含有酚、油类物质。

上述废水中，酚氰废水是炼焦化学工业有代表性及显著特点的废水。

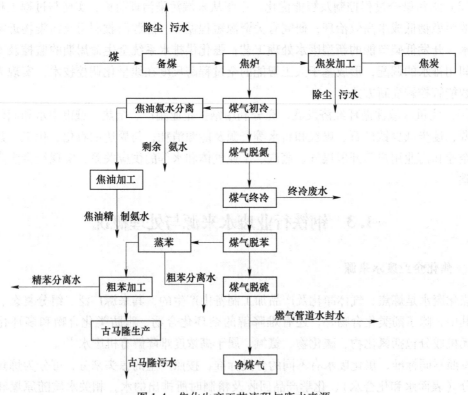

图 1-4　焦化生产工艺流程与废水来源

1.3.2　焦化企业废水处理现状

1.3.2.1　概况

在炼制焦炭、煤气净化及回收焦化产品的过程中会产生大量焦化废水，其中含有芳香族、杂环类等难降解有机物以及氨氮、硫化物等无机污染物，严重威胁了水环境，极易造成水污染。

2012 年，国家生态环境部颁布了最新的《钢铁工业水污染物排放标准》（GB 13456—2012）。新的标准规定对焦化废水中的 COD、悬浮物、氨氮、挥发酚、氰化物等已有指标提出了更为严格的要求，还增加了总氮、总磷、硫化物等新的排放指标，使得行业规范标准更为完善。

目前，尽管焦化废水处理工程已经得到落实，但在实际运行过程中仍然存在水质排放不达标，废水排放量比较大，处理系统运行稳定性差等问题。伴随着国家对焦化废水的管理标准日趋严格，传统"预处理+生化处理"的废水处理工艺已经很难满足要求[20]，预处理主要是对焦化废水中的部分污染物进行处理或回收利用，如氨、酚、油等，提高其生化性；生物处理主要是指酚氰废水的无害化处理，以活性污泥为主，包括强化生物法处理技术，如生物铁法，投加生长素法，强化曝气法等；而深度处理主要是对生化处理出水不达标而进行的深度净化，主要采用吸附法、混凝沉淀、膜分离及高级氧化法等。因此，应根据不同需要选择深度处理技术，进而达到焦化废水循环利用的目的。

1.3.2.2　焦化废水排放标准

近年来，水环境污染已引起社会的广泛关注，污染物控制和管理水平对水环境保护起到了至关重要的作用。污染物排放标准是国家环境管理与执法的重要依据，起直接控制污染源排放的作用。污染物排放标准由各国根据自身国情和污染物处理技术制定，且排放控制要求随着经济和技术水平的发展逐步提高。

生态环境部于 2012 年颁布并实施了《钢铁工业水污染物排放标准》（GB 13456—2012）。同年颁布的《炼焦化学工业污染物排放标准》（GB 16171—2012），也于 10 月 1日开始实施。标准对现有企业水污染排放浓度限值及单位产品基准排水量在不同时间提出了不同的规定。现有企业分两个时间段：2012 年 10 月 1 日至 2024 年底执行现有企业标准；2015 年 1 月 1 日起执行新建企业标准。新建企业从 2012 年 10 月 1 日起即执行现有企业第二时间段的标准；同时，对条件较特殊、生态环境敏感的特殊区域，应用水污染物特别排放限值。

为了加强炼焦化学工业对于水污染物排放的管理，2019 年 8 月 1 日生态环境部决定修改《炼焦化学工业污染物排放标准》（GB 16171—2012），并发布修改单（征求意见稿）。

1987 年 5 月 5 日，中国台湾地区根据《水污染防治法》制定发布化工业放流水排放标准，至今为止已对该标准进行了 18 次检讨修正。显然，炼焦相关流程工序属于化工业分支，适用于上述标准。

由表 1-12 可知，基于不同的废水排放方式，我国设置了不同的排放标准限值，对不经处理直接排放的污废水要求更加严格。

目前，我国炼焦行业废水处理大多采用生化与深度处理相结合的方式。经生化处理，废水中的氰类化合物和酚类化合物可有效削减，符合排放限值要求；而废水中的 TN、COD 和 BOD$_5$ 等则需要经深度处理才能够达到限值要求。

表 1-12　GB 16171—2012 中水污染排放限值

污染物项目	现有企业		新建企业		特别排放限值	
	直接排放	间接排放	直接排放	间接排放	直接排放	间接排放
pH 值	6~9	6~9	6~9	6~9	6~9	6~9
悬浮物/mg·L^{-1}	70	70	50	70	25	50
COD/mg·L^{-1}	100	150	80	150	40	80
氨氮/mg·L^{-1}	15	25	15	25	5	10
总氮/mg·L^{-1}	25	30	20	30	10	20
总磷/mg·L^{-1}	30	50	20	50	10	25
石油酚/mg·L^{-1}	1.5	3	1	3	0.5	1
挥发酚/mg·L^{-1}	5	5	2.5	2.5	1	1
硫化物/mg·L^{-1}	0.5	0.5	0.3	0.5	0.1	0.1
苯/mg·L^{-1}	1	1	0.5	0.5	0.2	0.2
氰化物/mg·L^{-1}	0.1	0.1	0.1	0.1	0.1	0.1
氟化物/mg·L^{-1}	0.2	0.2	0.2	0.2	0.2	0.2
多环芳烃/mg·L^{-1}	0.05	0.05	0.05	0.05	0.05	0.05
苯并芘/mg·L^{-1}	0.03	0.03	0.03	0.03	0.03	0.03

　　我国在 GB 16171—2012 修改案中提出调整多环芳烃、苯并芘的排放要求，并增加对萘排放控制要求。具体修改内容见表 1-13，对于新增修改的污染物项目限值不区分直接排放与间接排放，使用同一限值；根据废水采取的不同处理方式，设定不同限值。

表 1-13　GB 16171—2012 中水污染物排放限值新增修改

污染物项目	排放限值	
	单独处理	与生活污水混合处理
多环芳烃/mg·L^{-1}	0.05	0.04
苯并芘/μg·L^{-1}	0.03	0.02
萘/μg·L^{-1}	6	5

　　中国台湾地区焦化废水排放适用化工业放流水水质项目及限值见表 1-14。总共包含 54 个水质项目，部分项目限值见表 1-14。其中部分水质项目根据工程建造时间及每日排水量大小设定不同限值；对于氨氮，排入自来水水质水量保护区内的废水需小于 10 mg/L，对于排入区外者，根据是否为高含氮化工业设置不同限值，放流水标准中将炼焦化工业归为高含氮化工业，排放应满足小于 150 mg/L，从 2018 年 12 月 31 日起排污满足小于 60 mg/L。

表 1-14 中国台湾地区化工业放流水水质项目及限值

水质项目	限值	水质项目	限值
pH 值	6.0~9.0	总汞/mg·L^{-1}	0.005
氟盐/mg·L^{-1}	15	银/mg·L^{-1}	0.5
硝酸盐氮/mg·L^{-1}	50	硫化物/mg·L^{-1}	1
正磷酸盐（以三价磷酸根计算）/mg·L^{-1}	4	甲醛/mg·L^{-1}	3
酚类/mg·L^{-1}	1	多氯联苯/mg·L^{-1}	0.00005
阴离子界面活性剂/mg·L^{-1}	10	BOD/mg·L^{-1}	30
油脂（正己烷抽出物）/mg·L^{-1}	10	COD/mg·L^{-1}	100
氰化物/mg·L^{-1}	1	悬浮固体/mg·L^{-1}	30
溶解性铁/mg·L^{-1}	10	苯/mg·L^{-1}	0.05
溶解性锰/mg·L^{-1}	10	硝基苯/mg·L^{-1}	0.4
甲基汞/mg·L^{-1}	0.0000002	三氯乙烯/mg·L^{-1}	0.3
钼/mg·L^{-1}	0.6	—	—

1.3.3 钢铁企业废水来源

现代钢铁工业包括选矿、烧结、炼铁、炼钢（连铸）、轧钢等生产过程，钢铁废水的来源主要有场地冲洗、生产工艺过程用水、烟气洗涤和设备与产品冷却水等，其中，70%的废水源于冷却用水：冷却用水又可分为间接冷却水和直接冷却水。间接冷却水在使用过程中仅受热污染，经冷却即可循环利用；而直接冷却水因与产品物料等直接接触，冷却过程中会受到一定程度的污染，需经相关处理后实现回用或串级使用。

下面对各生产过程中产生的废水进行具体介绍，图 1-5 也表明了这一过程[17,21]：

（1）烧结工艺废水：一般来自冲洗胶带机、冷却设备和因湿法脱硫产生的废水等。

（2）焦化废水：酚氰废水，是钢铁产业产生的代表性废水。

（3）炼铁过程的废水：炼铁废水可分为生产给水系统废水、高炉炉体净循环水、高炉煤气洗涤水（由于煤气与水直接接触导致矿物质和酚、氰等有害物质溶入水中形成的废水类型）和冲渣水等。

（4）炼钢过程中的废水：根据来源的不同，炼钢废水可分为间接冷却水、设备和产品

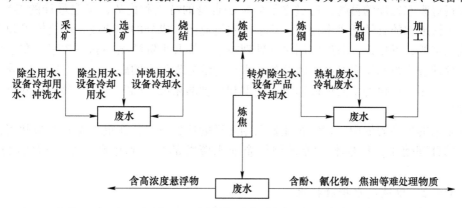

图 1-5 钢铁企业废水来源图

直接冷却水、湿式除尘废水和转炉除尘废水。其中，转炉除尘废水是由于在炼钢过程中采用转炉吹氧工艺技术，运行过程中会通过水对转炉烟气进行冷却除尘，烟气中的污染物质转移到水中而形成的一种废水。

（5）轧钢过程中的废水：根据不同的轧制温度，将轧钢方法分为热轧和冷轧，在运行过程中这两种方法均需要生产用水。

在热轧工艺中，废水主要来源于两部分：（1）轧机、轧辊冷却及冲洗水，方坯及板坯的冷却水和火焰清理机除尘废水，主要含氧化铁皮及润滑油等污染物；（2）热轧产品产生的酸洗、碱洗液或由于磷化和镀锌处理产生的表面废水。

在冷轧工艺运行中，不仅需要以乳化液或棕榈油作润滑、冷却剂，还需金属镀层或非金属涂层，所以冷轧工艺段会产生废酸、酸性废水及含油废水、含乳化液废水。

因此，冷轧废水具有如下特征：（1）废水来源广泛，包括酸碱废水、油及乳化液废水，少部分还有含铬及氰酸盐等废水；（2）废水量大；（3）成分复杂，除含有酸、碱、油、乳化液和少量机械杂质外，还含有大量的金属盐类，此外还有少量的重金属离子和有机成分；（4）由于冷轧厂生产能力和作业率的不同，冷轧废水量及成分波动很大；（5）废水的治理与循环回用存在难度。

1.3.4 钢铁企业废水处理现状

1.3.4.1 概况

钢铁企业产生的废水中污染物主要以石油、重金属、各种化学物质和有毒物质为主，如果不经处理直接排入，会导致水体 COD、BOD_5、NH_3-N 等严重超标，对水体环境造成严重的影响。

钢铁企业废水的特点是能耗高、排放量大，与当前提倡的低碳节能不符，随着钢铁企业废水处理技术的不断提升，排放的废水中污染物含量不断下降，水的循环利用率得到提升，但是，与世界先进水平相比，仍有较大的差距，需要不断改进完善。

物理法主要是发挥物理作用，实现对废水中污染物的分离和回收，常见的是沉淀法和吸附法。物化法是最常采用的一种处理钢铁废水的方法，尤其是在处理含油或稀含油废水时应用，即采用絮凝的方法在废水中投入絮凝剂以除去废水中的金属离子，从而达到处理废水的效果。在实际应用中，物化法处理废水的技术成本较高，同时，金属浓度较低的废水处理效果不佳。当前，生物法受到关注，借助生物法，实现金属离子在生物体内的累积，实现对废水处理的目的，通过立足生物法自身的特点和优势，确定最佳的参数设置，实现对钢铁废水的有效低成本处理；鉴于钢铁行业污水成分的复杂性，传统技术和方法很满足实际需要，近年来，通过应用深度处理技术，提升水资源循环利用效率。在这种形式下，水处理技术得到切实发展。膜分离技术与传统处理技术的融合，对于这一问题的解决具有重大作用，使得污水处理回用取得深度和广度的拓展，同时，也扩展了膜分离技术的应用规模。

在未来的发展规划中，钢铁企业要采用先进的环保技术，注重能源开发与利用，强化水资源的合理使用，从根本上促进钢铁企业水资源的合理利用和废水处理回用技术的发展。

1.3.4.2 钢铁废水排放标准

我国钢铁工业水污染物排放标准体系不断完善，1992 年，国家首次发布了《钢铁工业水污染物排放标准》（GB 13456—1992），适用于选矿、烧结、焦化、炼铁、炼钢、连铸、轧钢、钢铁联合企业，揭开了水污染物排放有法可依的序幕。2012 年，国家针对铁矿采选、炼焦、铁合金生产单独制定了排放标准，发布了《铁矿采选工业污染物排放标准》（GB 28661—2012）、《炼焦化学工业污染物排放标准》（GB 16171—2012）、《铁合金工业污染物排放标准》（GB 28666—2012）、《钢铁工业水污染物排放标准》（GB 13456—2012）4 项标准，替代了 GB 13456—1992。

2020 年，国家又针对钢铁生产中所使用的铁矿石可能含有重金属铊，发布了《钢铁工业水污染物排放标准》（GB 13456—2012）修改单，规定了总铊排放限值，防控铊排放的环境风险，预示着我国钢铁废水排放标准的逐步完善。

（1）钢铁工业废水排放污染物与工序排污分布分析见表 1-15。

表 1-15　废水中主要污染物在各工序中的分布情况　　　　　　　　（%）

工序名称	COD	悬浮物	石油类	氨氮	酚	氰化物
焦化	43.68	21.72	27.61	93.68	87.87	85.65
烧结	2.40	7.75	0.22	0.44	0.10	0.03
炼铁	21.33	23.97	14.57	0.43	7.61	11.46
炼钢	12.72	23.29	17.93	4.39	3.84	1.59
轧钢	19.87	23.27	39.67	1.06	0.40	1.27

根据表 1-15 可知，钢铁企业各工序排放的 COD 量排放量顺序依次为焦化、炼铁、轧钢、炼钢和烧结；对悬浮物而言，只有烧结工序排放较少，其他工序排放量相近；各工序排放石油类污染物量以轧钢最多，其次是焦化、炼钢和炼铁，而烧结产生量最少；氨氮主要来源于焦化工序；焦化工序是废水中氰化物的主要产生源，其次是炼铁，烧结排放的氰化物很少。废水中 COD、氨氮、酚、氰等有毒物，均以焦化工序最为明显，说明焦化工序是钢铁企业的污染最为严重的工序。

由表 1-16 可知，焦化吨产品排放的 COD、悬浮物、石油类、氨氮、氰化物最大；石油类排放量比较大的还有轧钢工序；关于悬浮物和 COD 的排放情况，除焦化工艺外，炼铁、炼钢和轧钢工序排放量都比较大；氰化物和氨氮的排放除焦化工段外，其他各工序排放量都不大。

表 1-16　废水中主要污染物在各工序吨产品中的分布情况　　　　　　（g）

工序名称	各工序吨产品污染物排放量				
	COD	悬浮物	石油类	氨氮	氰化物
烧结	6.69	27.10	0.05	0.02	0.00
焦化	495.59	296.95	22.33	18.38	1.62
炼铁	91.40	123.78	4.45	0.03	0.08
炼钢	46.61	102.89	4.68	0.28	0.01
轧钢	80.95	114.20	11.51	0.07	0.01

（2）现有企业水污染浓度排放限值见表 1-17（适用于实际排水量不大于基准排水量的情况）。新建企业水污染浓度排放限值见表 1-18，水污染物特别排放见表 1-19。

表 1-17　现有企业水污染物排放浓度限值及单位产品基准排水量

序号	污染物项目	限值						间接排放	污染物排放监控位置
		直接排放							
		钢铁联合企业	钢铁非联合企业						
			烧结（球团）	炼铁	炼钢	轧钢			
						冷轧	热轧		
1	pH 值	6~9	6~9	6~9	6~9	6~9		6~9	
2	悬浮物/mg·L⁻¹	50	50	50	50	50		100	
3	COD/mg·L⁻¹	60	60	60	60	80	60	200	
4	氨氮/mg·L⁻¹	8	—	8		8		15	
5	总氮/mg·L⁻¹	20	—	20		20		35	
6	总磷/mg·L⁻¹	1	—			1		2	企业废水总排放口
7	石油类/mg·L⁻¹	5	5	5	5	5		10	
8	挥发酚/mg·L⁻¹	0.5	—	0.5		—		1	
9	总氰化物/mg·L⁻¹	0.5	—	0.5		0.5		0.5	
10	氟化物/mg·L⁻¹	10	—		10	10		20	
11	总铁/mg·L⁻¹	10	—			10		10	
12	总锌/mg·L⁻¹	2	—	2		2		4	
13	总铜/mg·L⁻¹	0.5	—			0.5		1	
14	总砷/mg·L⁻¹	0.5	0.5	—		0.5		0.5	车间或生产设施废水排放口
15	六价铬/mg·L⁻¹	0.5	—			0.5		0.5	
16	总铬/mg·L⁻¹	1.5	—			15		1.5	
17	总铅/mg·L⁻¹	1	—	1		—		1	
18	总镍/mg·L⁻¹	1	—			1		1	
19	总镉/mg·L⁻¹	0.1	—			0.1		0.1	
20	总汞/mg·L⁻¹	0.05	—			0.05		0.05	
单位产品基准排水量 /m³·t⁻¹	钢铁联合产业	2							排水量计量位置与污染物排放监控位置相同
	钢铁非联合企业 烧结、球团	0.05							
	炼铁炼钢	0.1							
	轧钢	1.8							

注：1. 排放废水 pH 值小于 7 时执行该限值。

2. 钢铁联合企业的产品以粗钢计。

表 1-18　新建企业水污染物排放浓度限值及单位产品基准排水量

序号	污染物项目	限值						间接排放	污染物排放监控位置
		直接排放							
		钢铁联合企业	钢铁非联合企业						
			烧结（球团）	炼铁	炼钢	轧钢			
						冷轧	热轧		
1	pH 值	6~9	6~9	6~9	6~9	6~9		6~9	企业废水总排放口
2	悬浮物/mg·L⁻¹	30	30	30	30	30		100	
3	化学需氧量（CODcr）/mg·L⁻¹	50	50	50	50	70	50	200	

续表 1-18

序号	污染物项目	限值							间接排放	污染物排放监控位置
		直接排放								
		钢铁联合企业	钢铁非联合企业							
			烧结（球团）	炼铁	炼钢	轧钢				
						冷轧	热轧			
4	氨氮/mg·L^{-1}	5	—	5	5	5		15		
5	总氮/mg·L^{-1}	15	—	15	15	15		35		
6	总磷/mg·L^{-1}	0.5	—	—	—	0.5		2.0		
7	石油类/mg·L^{-1}	3	3	3	3	3		10		企业废水总排放口
8	挥发酚/mg·L^{-1}	0.5	—	0.5	—	—		1.0		
9	总氰化物/mg·L^{-1}	0.5	—	0.5	—	0.5		0.5		
10	氟化物/mg·L^{-1}	10	—	—	10	10		20		
11	总铁/mg·L^{-1}	10	—	—	—	10		10		
12	总锌/mg·L^{-1}	2.0	—	2.0	—	2.0		4.0		
13	总铜/mg·L^{-1}	0.5	—	—	—	0.5		1.0		
14	总砷/mg·L^{-1}	0.5	0.5	—	—	0.5		0.5		车间或生产设施废水排放口
15	六价铬/mg·L^{-1}	0.5	—	—	—	0.5		0.5		
16	总铬/mg·L^{-1}	1.5	—	—	—	1.5		1.5		
17	总铅/mg·L^{-1}	1.0	1.0	1.0	—	—		1.0		
18	总镍/mg·L^{-1}	1.0	—	—	—	1.0		1.0		
19	总镉/mg·L^{-1}	0.1	—	—	—	0.1		0.1		
20	总汞/mg·L^{-1}	0.05	—	—	—	0.05		0.05		
单位产品基准排水量/m^3·t^{-1}	钢铁联合企业	1.8								排水量计量位置与污染物排放监控位置相同
	钢铁非联合企业	烧结、球团、炼铁	0.05							
		炼钢	0.1							
		轧钢	1.5							

注：1. 排放废水 pH 值小于 7 时执行该限值。

2. 钢铁联合企业的产品以粗钢计。

表 1-19　水污染物特别排放

序号	污染物项目	限值						间接排放	污染物排放监控位置
		直接排放							
		钢铁联合企业	钢铁非联合企业						
			烧结（球团）	炼铁	炼钢	轧钢			
1	pH 值	6~9	6~9	6~9	6~9	6~9		6~9	企业废水总排放口
2	悬浮物/mg·L^{-1}	20	20	20	20	20		30	

续表 1-19

序号	污染物项目	限值						污染物排放监控位置
		直接排放					间接排放	
		钢铁联合企业	钢铁非联合企业					
			烧结(球团)	炼铁	炼钢	轧钢		
3	COD/mg·L⁻¹	30	30	30	30	30	200	企业废水总排放口
4	氨氮/mg·L⁻¹	5	—	5	5	5	8	
5	总氮/mg·L⁻¹	15	—	15	15	15	20	
6	总磷/mg·L⁻¹	0.5	—			0.5	0.5	
7	石油类/mg·L⁻¹	1	1	1	1	1	3	
8	挥发酚/mg·L⁻¹	0.5	—	0.5		—	0.5	
9	总氰化物/mg·L⁻¹	0.5	—	0.5		0.5	0.5	
10	氟化物/mg·L⁻¹	10	—	—	10	10	10	
11	总铁/mg·L⁻¹	2	—			2	10	
12	总锌/mg·L⁻¹	1	—	1		1	2	
13	总铜/mg·L⁻¹	0.3	—			0.3	0.5	
14	总砷/mg·L⁻¹	0.1	0.1			0.1	0.1	车间或生产设施废水排放口
15	六价铬/mg·L⁻¹	0.05	—			0.05	0.05	
16	总铬/mg·L⁻¹	0.1	—			0.1	0.1	
17	总铅/mg·L⁻¹	0.1	0.1	0.1	—	—	0.1	
18	总镍/mg·L⁻¹	0.05	—			0.05	0.05	
19	总镉/mg·L⁻¹	0.01	—			0.01	0.01	
20	总汞/mg·L⁻¹	0.01	—			0.01	0.01	
单位产品基准排水量/m³·t⁻¹	钢铁联合产业	1.2						排水量计量位置与污染物排放监控位置相同
	钢铁非联合企业	烧结(球团)	0.05					
		炼铁						
		炼钢	0.1					
		轧钢	1.1					

注：1. 排放废水 pH 值小于 7 时执行该限值。
　　2. 钢铁联合企业的产品以粗钢计。

1.4　钢铁行业废水回用及零排放概况

1.4.1　焦化企业废水回用现状

1.4.1.1　概况

在废水处理技术的选择与应用上，相当比例的一部分焦化企业仍采用传统处理工艺，无法保证出水水质，却很少采用日趋成熟的组合类以及膜技术处理工艺，因此应大力推广先进的技术与工艺，通过恰当的选择与组合实现行业废水的回用[22]。

随着《炼焦化学工业污染排放标准》（GB 16171—2012）的颁布执行和干熄焦项目的投产应用，生物化学工艺已经无法满足相关废水的处理要求，且废水难以被循环使用，因此各企业纷纷采用焦化废水深度处理工艺，开展焦化废水的升级改造及其资源化利用。

1.4.1.2 焦化废水基本处理方法

焦化废水处理方法主要有物理法、化学法、生物法以及上述方法的不同组合。物理方法有沉淀法、气浮法、膜分离等，化学法主要是药剂法，生物法主要包括活性污泥法和生物膜法。

预处理+生化处理是焦化废水之前的处理工艺，为了进一步去除水中的悬浮物、难降解有机物和盐分，在原生化工艺的基础上增加了新的工艺，如混凝、催化氧化、膜分离等，又被称为污废水的深度处理，经此处理，水质可以达到相应标准，实现其循环利用，达到回用目的[23]。

在国内外，通常焦化废水的处理方法采用一级处理（预处理）、二级处理（生化处理）、三级处理（深度处理）回用的组合工艺。

预处理以物化处理为主，主要是为了去除影响生化处理的污染物，如漂浮物、油类、酚等，具体方法有：萃取法、气提法，气浮法等。

二级处理以活性污泥为主，为达到更好的处理效果，将 A/O 法，A^2/O 法等膜法工艺用于二级处理中，其中 A^2/O 工艺对焦化废水有较好的处理效果，其反硝化率比 A/O 法的 2 倍还要高。

三级处理法在焦化废水中早期应用较多的是混凝沉淀法，但由于其药剂成本高，混凝条件严格，抗冲击能力较差，逐渐被电渗析（ED）、微滤（MF）、超滤（UF）、纳滤（NF）、反渗透（RO）等膜处理方法取代。膜处理的优点在于：（1）分离效率高，废水处理效果好；（2）能耗较低，不易相变；（3）设备占地面积小；（4）操作、维护简单，可靠。

采取上述工艺处理废水后，废水中各污染物浓度大幅度降低，出水水质良好，可达到（GB 8978—1996）一级标准，可以满足熄焦等用水的要求。

图 1-6 为某钢铁厂焦化废水回用工艺。

1.4.1.3 常见回用方式

炼焦工业生产过程中产生的废水不仅水量大而且有很多难处理及难降解的物质，随着国家节能减排政策的提出，国内焦化厂对焦化废水的回用进行了很多探索和尝试。主要回用方法包括湿熄焦、高炉冲渣、煤场抑尘用水、烧结混料用水，也有厂家用反渗透技术将焦化废水处理后回用作为工业用水（表 1-20）。

表 1-20 国内焦化废水回用的一些基本情况[22]

回用方式	水质的要求	二次污染	存在的问题	工程应用情况
湿熄焦	生化处理后出水	较大	操作环境较差，设备腐蚀严重	应用较广，但将被逐步淘汰
高炉冲渣	生化处理后出水	较大	操作环境较差，设备及管道腐蚀，用水量有限，污染物富集	部分钢厂应用
煤场抑尘	生化处理后出水	小	用水量有限	应用较广

续表 1-20

回用方式	水质的要求	二次污染	存在的问题	工程应用情况
烧结混料	生化处理后出水	小	操作环境差、设备腐蚀、喷头堵塞	部分钢厂应用
工业给水	钢厂循环冷却水的水质要求	无	处理成本较高，浓水去向	部分钢厂正在建设及调试，但未见实际运行报道

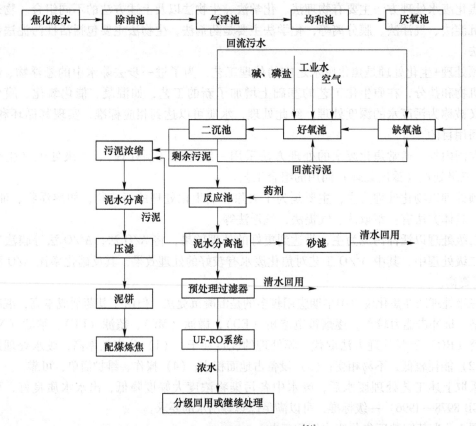

图 1-6　焦化废水回用工艺[24]

（1）回用于湿法熄焦、冲焦等处理工艺。按照 GB 16171—2012 中 4.1.5 的要求，炼焦生产废水经处理后用于洗煤、熄焦和高炉冲渣等途径的水质，其应满足表 1-21 中排放标准。

表 1-21　熄焦水使用标准　　　　　　　　　　　　　　　　　　　　（mg/L）

熄焦标准	COD	氨氮	悬浮物	氰化物	石油类
数值	≤80	≤10	≤50	≤0.2	≤2.5

在用湿法熄焦时，由于熄焦过程要损失约 20%的水分，必须进行熄焦补水。值得注意的是，由于焦化废水中的氨氮对熄焦车、泵、管道的腐蚀等问题，使焦化废水的熄焦回用受到限制。

（2）回用于钢铁转炉除尘水系统补充水。转炉除尘水是用来对转炉烟气降温和除尘的。钢铁转炉除尘水系统具有给水水质要求较低、水质容量大的特点，是焦化废水生化处理后较为合理的回用去向。

目前许多企业直接采用新水进行补充，增加了生产新水用量。焦化废水经处理后可达到工业循环冷却回用水指标，采用处理后的焦化废水作为钢铁转炉除尘循环系统补充水，可以节约新水用量，使焦化废水得到合理处置，实现水资源的再利用。

（3）回用于高炉冲渣、泡渣。在高炉冲渣过程中，由于高温蒸发及捞渣外运将损失大量的水分，焦化废水经深度处理后，水质可满足高炉冲渣的要求，将处理后的焦化废水回用于水量损失较大的高炉冲渣循环水系统中，是钢铁联合企业节约新水用量、实现水资源循环利用、减少污水外排、保护环境的重要途径之一。

（4）回用于回用作为循环冷却水。煤炭化工加工行业用水量大，由于生产工艺都是采用循环冷却和锅炉设备，需要大量新水补给，因此会产生高浓度焦化废水。如果将深度处理后的水用于冷却塔和锅炉的循环用水，不仅可以减少生产用水量，而且减少了废水排放影响，增加了煤炭加工企业的经济收益，某煤化工企业通过焦化废水回用技术后实现每年节省水费 1100 万元。另一方面，经过预处理后的工业废水在环境允许的范围内排放到周边的土壤或水域也可以对当地水质和土壤有所改善。

（5）回用于杂用水。大型钢企通常有杂用水处理及供应系统，因此可以将焦化废水深度处理到一定程度后与生产、生活回用水混合使用，主要依靠稀释的方式使焦化废水的COD、总溶固等指标达到杂用水水质标准，这需要从全厂的水量平衡角度综合考虑，并对杂用水使用过程中二次污染的情况进行研究及评估。

（6）回用于曝气池的消泡水。目前，绝大多数焦化企业均采用生物法进行焦化废水的处理。为了避免曝气池气泡过多导致活性污泥流失，污泥工作条件恶化这一问题，需要进行消泡处理。

曝气池消泡的方法主要有两种：一是向曝气池中加入定量的油脂类物质，改变气泡的表面张力，使其破裂，从而达到消泡的目的；另外一种方法是向曝气池中喷加细水流，压破气泡来进行消泡。在实际生产过程中，一般采用焦化废水处理后清水池中的水回用于消泡。这一方式，既避免了用油脂类物质消泡存在的一系列问题（如增加处理成本，增加废水中的 COD，增加了废水的处理难度），又增强了活性污泥抗冲击负荷的能力，使外排废水中的 COD 得到更彻底的降解，保证了生化出水的水质。

（7）回用于煤场喷洒。煤进入炼焦系统之前堆放于煤场，在大气环流——风的作用下能够引起扬尘，对周边的大气环境产生一定的粉尘污染。水喷洒抑尘是一种有效的处理方法。若采用新水进行抑尘处理，不但浪费了水资源，也不符合国家循环经济的产业政策；若将处理后的焦化废水用于抑尘，则避免了污水向周围水体中的排放，保护了大气环境和水环境。因此，煤场喷洒可以认为是焦化废水的一种较好的综合利用处置方法[22]。

1.4.2 钢铁企业废水回用现状

1.4.2.1 概况

钢铁企业水系统现普遍采用循环—串级供水体制、限制工业新水的直流用水；并将工业污水收集后处理制成回用水、工业新水、脱盐水、软化水或纯水等用于生产，以实现污水资源化，这是目前工业污水回用的常见方式。但在具体实施工业污水处理和回用时，很多企业却面临着工业污水量远大于回用水量，处理后的工业污水因缺少用户只能外排而同时还需引入大量的工业新水的尴尬局面。实现废水回用，不仅仅是研究水处理工艺，更重要的是要实现工业污水排放量和回用水量之间的平衡。

1.4.2.2　钢铁废水基本处理方法

钢铁废水处理的基本方法可分为物理法、化学法、物理化学法和生物法四大类：物理处理法是根据废水中悬浮或沉淀物的不同比重，利用物理作用使之分离；化学处理法通过化学反应来分离、转化、回收废水中的污染物质，如中和法、混凝法、化学沉淀处理法和氧化还原处理法；物理化学处理法包括电解法、吸附法、膜分离和磁分离；生物处理法是利用微生物氧化代谢作用除去废水中有机或无机污染物的方法，如活性污泥法、生物膜法、氧化塘法、污泥消化法等。

在国内外，絮凝技术既经济又简便，被普遍用来提高水质处理效率。生物絮凝剂无毒、无二次污染、适应范围广及易生物降解，因而具有广阔的开发应用前景；膜分离法是一种高新污水处理技术，能耗低、处理效率高、工艺简单、投资小且无二次污染，也被广泛应用于处理废水行业。

相关处理回用工艺图如图1-7所示。

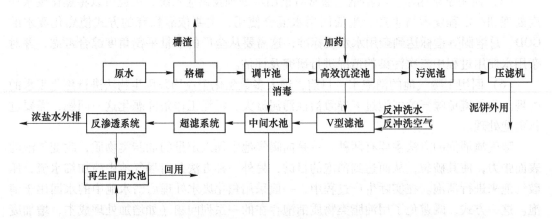

图 1-7　钢铁废水处理回用工艺[25]

1.4.2.3　常见回用方式

钢铁工业废水目前常见回用方式为将工业污水收集后处理制成回用水、工业新水、脱盐水、软化水或纯水等用于生产过程。

（1）钢铁工业废水经过普通处理用于回用水工业。污水经过常规水处理工艺（如混凝、沉淀、除油、过滤等）处理后制成回用水，经过处理后，污水中的悬浮物、杂质、油脂类浓度大幅降低，但其盐量并未得到有效去除，含量仍很高。

（2）钢铁工业废水经脱盐制成脱盐水、软化水及纯水脱盐水、软化水及纯水，用于钢铁企业炼铁、炼钢、连铸等单元关键设备的间接冷却密闭式循环水系统以及锅炉、蓄热器等的补充用水。

（3）钢铁工业废水经脱盐制成工业新水，该过程会大幅提高生产成本，并产生更多反渗透水。

1.4.3　节能减排与零排放理念

节能减排有广义和狭义之分，广义而言，节能减排是指节约物质资源和能量资源，减少废弃物和环境有害物（包括三废和噪声等）排放；狭义而言，节能减排是指节约能源和减少环境有害物排放。

零排放的实质是通过不断采取改进设计、采用先进的工艺和设备、改善和加强管理、综合利用等措施，减少用水排水量，全面提高水资源的利用效率，从而达到经济效益和社会效益"双赢"的目标。

零排放广义地来说指的是不向生态环境中排放任何废弃物，包括废水、废液、废气、固体废物等。废水零排放主要讲的是工业废水实现零排放。

工业废水零排放指的是除去自然损失蒸发的损耗之外，工业用水在厂内循环，不向外排放，实现水循环，循环中的盐通过蒸发、结晶等以固体的形式排出。

废水的零排放在于减少污染物排放直至为零，其有利于实现能源的再生利用，提高能源的利用效率，从源头、过程、终端实现水资源的全程控制，体现在源头减少水资源的使用，过程中减少污废水的排放，终端实现废水零排放。通过最小的水资源投入得到最大的生产效益，缓解环境污染问题。

大多数企业在落实零排放的过程中工序单一，仅仅只是实现了污水的转移，达不到真正的零排放，能起到示范作用的企业少之又少。因此，排污企业必须感受到环保压力，并做出相关举措，贯彻落实零排放的工序和过程，逐步真正做到零排放。

对于排污企业来说，环保应该要放在首位，积极履行该尽的社会责任，实现企业价值最大化。不管是企业还是政府，都应该理性地看待零排放，做到环保与经济共同发展，探索更高效、更经济的废水处理技术，基于我国国情实现经济与环保的双赢局面[26]。

1.4.4　焦化企业零排放现状

1.4.4.1　概况

焦化废水的处理和达标排放是基本要求，而废水回用、实现水资源的再利用和零排放才是最终目的。

理论上，焦化废水经生化处理后可全部回用于焦化厂、钢铁厂。若回用于钢铁厂，可用作高炉冲渣水、泡渣水，或者用于浊循环水补充水；若用于焦化厂，焦化废水经收集处理后可生产净废水，实现回用。但由于浓盐水的问题，废水的100%零排放的目标很难实现。

1.4.4.2　浓盐水的处理

焦化废水处理过程中会产生浓盐水，浓盐水盐分含量高，处理难度大，是焦化废水能否实现零排放的关键问题。

废水浓缩是为了进一步提高浓盐水中的盐分含量，降低后续盐分结晶的成本，常用的浓缩技术包括电渗析、纳滤、反渗透等。浓缩后的浓盐水，需要进行盐分结晶分离，通过纳滤分离不同价态离子，实现零排放处理及盐分的资源化利用。

焦化废水经过生化处理后与浓盐水混合，利用超滤反渗透膜处理工艺进行深度处理，产生的清水回用于焦化化产循环水系统，产生的浓盐水回用于高炉冲渣。具体流程如下：首先浓盐水需经过 COD 树脂去除有机物，焦化废水经生化处理降低有机物含量，然后混合进入高密度沉淀池，为达到絮凝沉淀目的，在高密度沉淀池中投加碳酸钠、氢氧化钠和 PAM 等化学物质，降低废水中钙镁含量。

沉淀池出水后进入膜处理系统，膜处理系统主要由超滤和反渗透系统构成。超滤系统用来去除水中胶体及颗粒物，超滤出水经弱酸阳离子交换树脂进行深度脱除硬度后，进入反渗透设备，实现反渗透脱盐处理及浓缩，反渗透产水进入回用水池，浓盐水经浓盐水 COD 吸附树脂去除有机物后用于高炉冲渣。

1.4.4.3　干熄焦技术

干熄焦是通过热交换利用温度较低的惰性气体将炽热焦炭冷却的一种工艺技术。

干法熄焦比湿法熄焦具有更多的优越性，由于湿法熄焦产生的焦化废水用作熄焦补充水这一废水利用方式已逐渐被淘汰，因此目前很多焦化企业对熄焦过程进行了改造，采用了干熄焦工艺。随着环保要求越来越严格，各大型、中型焦化厂也逐渐开始采用干法熄焦。

干熄焦技术，是焦化工业领域最为广泛应用的一种节能减排放技术，为使其在节能减耗和环保领域发挥更大的作用，我们应深入研究，不断完善其技术条件。

（1）加大干熄焦技术的研发力度，制造一系列的各种用途的干熄炉型。将研究的重点放在对于不同炉型的处理能力上，形成具有中国特色的专利技术。

（2）对循环系统进行优化，提高能源综合利用效率，进一步发展给水预热器技术，优化相关工艺技术，最大程度地体现节能作用，提高干熄焦技术的经济效益。

（3）规范干熄焦设备的检修程序，缩短干熄焦设备的检修时间[28]。

1.4.5　钢铁企业零排放现状

1.4.5.1　概况

近年来，为提高钢铁行业用水效率，最大限度减少因污水排放导致的环境污染，基于 3R 循环经济理论的废水零排放理念被广为推崇。

随着国家钢铁企业节水政策的颁布和实施，钢铁联合企业不断采取各项节水新技术和措施，实现废水的零排放：如高炉干法除尘技术、转炉干法除尘技术、加热炉汽化冷却技术、干熄焦技术的应用等，在钢铁工业节水方面取得了一定的成绩。据统计，大中型钢铁企业吨钢新水耗量由 2000 年的 25.24 m³ 降到 2006 年的 6.56 m³，2007 年又降到 5.71 m³，但是与世界先进水平相比，国内钢铁企业在吨钢新水耗量仍然存在较大的差距，还有很大的节水潜能。而且由于钢铁行业生产工序较多，废水量大、成分复杂，浓盐水无法全部回用，使钢铁行业很难实现 100% 零排放的目标。

1.4.5.2　浓盐水的去向

对钢铁行业来说，综合污水处理厂采取二级反渗透法，即可使出水满足回用水要求达到提高水循环利用率，节约水资源的目的。但该技术存在一个严重问题：浓盐水的处理问题，若未经处理就外排，会造成严重的水污染，无法真正做到零排放。

在工艺运行过程，由于反渗透产生大量浓盐水，约 15%~40% 的浓盐水难以处理，含盐量高；而浓盐水腐蚀性强且易结垢，对管道、喷头等腐蚀严重，易造成堵塞[27]。

1.4.6　钢铁行业废水回用未来发展方向

在工业生产中，钢铁行业是知名的用水大户，其水耗占工业总水耗约10%。2020年，我国产钢量为10.65亿吨，已知废水产生量为1.6 m^3/t，则全年共产生废水16亿吨，废水排放量占工业总排放量的14%。因此，对于钢铁行业来说，废水回用具有独特而重要的意义。

目前来说，钢铁行业废水回用工作存在的主要问题有两个：浓盐水如何有效处置及废水回用如何进一步发展、循环水系统的低浓缩倍数及水资源如何充分利用的问题。

2021年，国家发改委等10部门联合印发了《关于推进污水资源化利用的指导意见》（以下简称意见），意见指出，要着力推进重点领域污水资源化利用，针对钢铁高耗水行业项目，鼓励开发先进的工艺技术并严格控制新增取水许可。

（1）在用水审计、水效对标和节水改造等方面精细化。在钢铁行业，加快发展应用互联网及检测科技，从而使不同系统实现差异化、专业化的针对性管理；推进第三方环境治理，使钢铁企业水处理向专业化方向发展；借助智慧水务和大数据，优化系统运行，推动钢铁企业内部工业用水循环使用。

（2）持续推进源头减排和分类处理。深入了解工艺用水需求，将源头减排、分质分类处理作为下一步工作重心，如冷轧废水若实现源头减排与分质处理，既能减少废水发生量，实现浓酸废水的资源化，又能减少为中和酸性废水投加的石灰量，从而实现废水处理的节能与降耗；冷轧机组漂洗段产生的稀酸、稀碱废水排放量占冷轧废水总量的80%左右，由于其电导率，含油率都较低，通过分质处理，使两者相互中和，既能节约中和剂，又不会导致电导率的升高，从而实现以废治废、综合利用的目标；而对于高电导的浓碱废水，则应该单独处理，从而减少对处理回用水水质的影响。

（3）分质提盐及浓盐水的资源化研究。如浓盐水在废水处理总量中的比例高达30%～40%。目前主要通过蒸发器来处理浓盐水，即蒸发浓盐水，提炼出盐分。但其缺点在于能耗较高，如何更经济、科学地解决浓盐水问题，成为了钢铁企业提高废水回用率的瓶颈。

目前，将盐类从水中以固态化的形式提取，打破盐类闭环的富集，分质提盐、盐类资源化的研究越来越深入。蒸发结晶、双极膜及类似技术，在工程试验中逐步发展应用，将在钢铁企业中发挥更大的作用。宝钢对脱硫废水和高炉煤气洗涤水对浓盐水采取酸、碱制取的资源化小试，得到了5%～8%质量浓度的氢氧化钠和盐酸。

（4）冷却循环水的系统性优化。随着现代材料科技不断发展，电、磁和新型水处理药剂技术及装备的逐步更新，钢铁企业在循环水的水质稳定及节水方面不断进行研究与尝试，如宝钢工程利用电化学技术实现了循环水中 Ca^{2+}、Mg^{2+} 的固态化形式提取，并通过维持系统离子的平衡，实现水系统高浓缩倍数的运行。

根据冷却循环水系统的不同特点，减少用户直排水的分散使用，提高循环使用率；在满足用户需求的前提下，利用现有成熟技术，确保水质稳定，可实现系统节水和高浓缩倍数运行。

————— 本 章 小 结 —————

本章首先介绍目前我国钢铁及焦化行业的水资源利用，接着概括地介绍了废水来源、排放标准和处理技术。分析了我国钢铁行业废水回用于零排放现状和存在的主要问题，并讨论了未来技术的主要发展方向。

思 考 题

1-1 钢铁和焦化企业用水单位分别有哪些？

1-2 钢铁和焦化企业废水来源、产生废水的工艺流程有哪些？

1-3 目前我国钢铁和焦化废水回用方式有哪些？

参 考 文 献

[1] 刘状. 钢铁行业废水中污染物对膜蒸馏性能的影响 [D]. 太原：山西大学，2021.

[2] 崔阳丽. 钢铁废水中溶解性有机物对反渗透膜的污染行为研究 [D]. 太原：山西大学，2021.

[3] 王绍文，王海东，孙玉亮，等. 冶金工业废水处理技术及回用 [M]. 北京：化学工业出版社，2015.

[4] 余淦申，郭茂新，黄进勇，等. 工业废水处理及再生利用 [M]. 北京：化学工业出版社. 2012.

[5] 徐群星. 我国焦化行业绿色发展路径探析 [J]. 煤炭经济研究，2019，39（8）：20-24.

[6] 肖圣雁. 钢铁企业焦化工序用水系统分析及节水代水研究 [D]. 沈阳：东北大学，2023.

[7] 张丽. 浅析煤化工行业高水耗问题分析与探讨 [J]. 中国化工贸易，2019，11（5）：80.

[8] 刘毅，沈斐敏，陈明生. 我国煤炭地域分布差异分析与问题研究 [J]. 能源与环境，2011（3）：11-13.

[9] 李浩然，郝滢洁，路紫. 我国水资源特点及其对区域经济的影响 [J]. 国土与自然资源研究，2007（4）：63-65.

[10] 王小军，程继军，王海东. 钢铁企业主要用水系统与节水技术研究 [J]. 中国水利，2020（19）：65-68.

[11] 魏冲建，袁东营，范庆魁，等. 云贵钢铁与焦化行业政策分析及行业发展建议 [J]. 煤质技术，2022，37（1）：25-31.

[12] 王德明，龙腾锐，宋长华，等. 焦化厂节水改造及其节能效果分析 [J]. 重庆大学学报（自然科学版），2010，33（1）：104-108.

[13] 刘丹丹，解建仓，朱琪，等. 钢铁工业用水过程可视化及节水评价 [J]. 水利信息化，2019（4）：41-46，72.

[14] 李雪松，程子明. 焦化厂实行梯级用水降低水耗的实践 [J]. 能源工程，2007（6）：57-60.

[15] 刘扬，曹麟，刘家宏，等. 我国钢铁行业用水区域模式分析 [J]. 中国水利，2014（7）：26-28，31.

[16] 赵建辉. 钢铁冶金行业用水节水问题分析 [J]. 科技与企业，2015（8）：89.

[17] 聂雪涛，袁熙志，罗冬梅，等. 我国钢铁行业用水情况及节水途径 [J]. 四川环境，2013，32（1）：72-77.

［18］谢勇冰，张笛，赵赫，等．"双碳"战略下钢铁行业节水减污技术发展的探讨［J］.过程工程学报，2022，22（10）：1425-1428.

［19］原野．焦化废水特性及处理工艺研究［J］.山西化工，2018，38（2）：184-186.

［20］徐伟平．焦化废水处理技术的研究现状［J］.广东化工，2018，45（17）：128.

［21］黎蓓，常静．钢铁废水的资源化回用［J］.河北冶金，2008（6）：4.

［22］李志刚，张立辉，宫利娟，等．焦化废水治理现状分析［J］.中国环境管理，2013，5（6）：46-49.

［23］郭军．焦化废水资源化利用和零排放工艺应用进展［J］.山西冶金，2016，39（6）：37-38，116.

［24］张燕玲，曹阳，王远．昆钢焦化废水回用工艺的研究与实践［C］.中国炼焦行业协会2012年中国焦化行业科技大会论文集，2012：621-628.

［25］晏欣茹．钢铁厂生产废水处理回用工艺设计探讨［J］.环境与发展，2020，32（8）：85-86.

［26］姜玉辉．浅谈废水零排放与钢铁企业的水资源管理［J］.冶金与材料，2021，41（3）：145-146.

［27］吴铁，赵春丽，刘大钧，等．钢铁行业废水零排放技术探索［J］.环境工程，2015，33（4）：146-149.

［28］乔从华．干熄焦技术的研究及展望［J］.中国石油和化工标准与质量，2013（20）：121.

2 钢铁行业废水常用处理方法

本章提要：

本章主要介绍了钢铁行业废水常用的处理方法、原理以及废水处理过程中所需要的构筑物，要求学生了解并掌握钢铁行业废水的常规处理技术、生物处理技术、深度处理技术以及零排放技术。

根据钢铁行业废水处理阶段不同，其常用处理技术可以分为常规处理技术、生物处理技术、深度处理技术和零排放技术。

常规处理技术：主要通过物理、化学或者物理化学方法，去除水中不溶性的悬浮物质和胶体以及部分溶解性的污染物质，并最终达到分离、回收或者转化为无害物质的方法。

生物处理技术：主要通过微生物的自身代谢作用，以废水中的有机污染物质及氮磷污染物质等为营养元素进行代谢并将其转化为稳定、无害物质的废水处理方法。

深度处理技术：主要是通过物理化学或者化学的方法，将一二级处理之后的废水，进一步处理达到一定的回用标准，进而实现废水资源化。

零排放技术：主要是通过膜浓缩、分盐以及蒸发结晶等方法将含盐量和污染物浓度高的废水全部回收利用，无任何废液排出，水中的盐类和污染物经过浓缩结晶以固体形式排出并且进行填埋或回收作为有用的化工原料。

2.1 常规处理技术

钢铁行业废水处理中，常用的常规处理技术有沉淀、过滤、混凝、气浮、中和等技术。

2.1.1 沉淀

沉淀法是废水处理中最基本的方法之一，主要依靠废水中悬浮物与水的密度差，从而使水得到澄清。当废水中悬浮物的密度大于水的密度时，在重力作用下，悬浮物下沉形成沉淀物。这种沉淀处理方法简便易行，效果良好，是废水处理中广泛应用的分离方法[1]。在钢铁行业废水处理厂中，沉淀法可用于预处理或者深度处理阶段，如沉砂池和沉淀池等，常用作一种预处理手段，用于去除废水中易沉降的无机性颗粒物[2]。

2.1.1.1 沉砂池

沉砂池的工作原理是以重力或离心力分离为基础，将废水中密度比较大的无机颗粒（砂粒、石子、煤渣或其他一些固体）去除，即控制进入沉砂池的废水流速，使密度大的无机颗粒下沉，而有机悬浮颗粒则被水流带走。若废水中的无机颗粒不能及时分离，严重影响废水处理厂的后续处理设施运行，板结在反应池底部，减小反应器无机负荷，引起水泵和管道磨损和阻塞，甚至损坏污泥脱水设备，因此沉砂池一般设置在泵站或沉淀池之前。按池内水流方向的不同，沉砂池分为平流式沉砂池、曝气沉砂池和旋流沉砂池（图2-1）[2]。

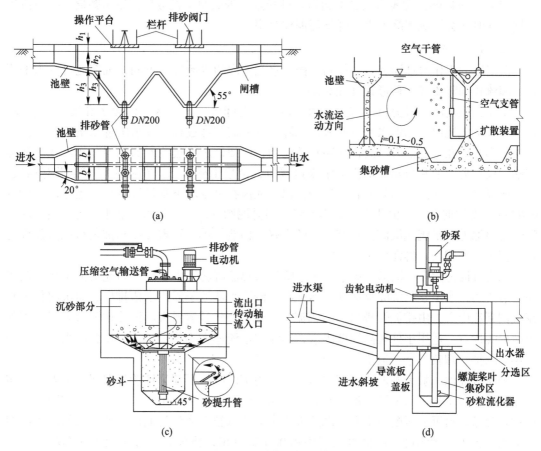

图 2-1　不同类型的沉砂池

（a）平流式沉砂池示意图；（b）曝气沉砂池示意图；

（c）钟式沉砂池示意图；（d）比氏（Pista）沉砂池示意图

平流式沉砂池是沉砂池常用的形式，具有截留无机颗粒效果好、工作稳定、构造简单和排沉砂较方便等优点，但也存在流速不易控制、有机性颗粒含量较高、排砂常需要洗砂处理等缺点。曝气沉砂池主要是针对平流沉砂池内水流分布不均匀、流速多变、对无机颗粒的选择性截留效率不高和沉砂容易厌氧分解而腐败发臭等缺点而改进的，而且它具有将沉砂中的有机物的质量分数降低至5%以下、预曝气、脱臭和除油等作用[3]。旋流沉砂池主要分为钟氏沉砂池和比氏沉砂池两大类，具有结构紧凑、占地面积小、运行管理和维护方便、造价低和耗能少等优点[3,4]。

虽然沉砂池投资小、占地面积小，但其作用却不可忽视，若不设沉砂池，后续各处理单元将会进入大量砂粒，给废水处理厂的运行带来诸多影响：

（1）若砂粒进入初沉池会加速污泥刮板的磨损，缩短其使用寿命。

（2）容易导致排泥管道堵塞，并且加速污泥泵的叶轮磨损。

（3）对于不设初沉池或进水负荷过低的工艺，大量砂粒将直接进入生化池，导致其有效容积减少。

（4）砂粒进入污泥消化池中，将减少有效容积，缩短清理周期。

（5）严重影响污泥脱水设备的运行。砂粒进入带式脱水机会加剧滤布磨损，缩短清理周期，同时还会影响絮凝效果，降低污泥成饼率。

2.1.1.2   沉淀池

沉淀池的工作原理同沉砂池相同，按照水在池内的水流方向不同，沉淀池可分为平流式、辐流式和竖流式三种形式（图2-2）。

平流式沉淀池一般为矩形水池，由入流区、沉降区、出流区、污泥区和缓冲区组成。在平流式沉淀池内，水沿水平方向流过沉降区并完成沉降过程。废水由进水槽经淹没孔口进入池内，在孔口后设有挡流板或穿孔整流墙，以便进水沿过流断面均匀分布。在沉淀池末端，设有溢流堰和集水槽，澄清水溢过堰口，经集水槽排出。在溢流堰前也设有挡板，用以阻隔浮渣，浮渣可用排渣管收集和排出。池体在进水端下部设置泥斗，池底以 0.01~0.02 的坡度坡向泥斗。泥斗内设置排泥管，当排泥阀开启时，泥渣在静水压力作用下由排泥管排出池外。平流式沉淀池具有沉淀效果好、构造简单、管理方便和抗负荷能力强等特点，但占地面积大，排泥较困难[3,4]。

辐流沉淀池大多呈圆形，废水经进水管进入辐流沉淀池中心，均匀地沿池子半径向四周辐射流动，水中絮状沉淀物逐渐分离下沉，澄清水从池子周边水槽排出，而沉淀物由刮泥机刮到池中心，由排泥管排出[1]。辐流沉淀池具有建筑容量大、沉淀排泥效果好、管理较简单等优点，适用于处理高浊度废水，但池中水流速度不稳定，排泥设备庞大，施工较困难，维护管理较复杂，造价较高[3]。

竖流沉淀池一般为圆形或正多边形，上部为沉淀区，下部为锥状污泥区，两者之间布置缓冲层。废水从进水槽进入池中心管，并从中心管的下部流出，借助反射板的阻拦向四周均匀分布，沿沉淀区断面上升，沉速大于水速的颗粒下降到污泥区，处理后的废水由四周集水槽排出，污泥可以借助静水压力由排泥管排出，排泥管直径一般采用 200 mm[1]。竖流式沉淀池具有排泥容易，不需设机械刮泥设备和占地面积较小的优点，但池体容量较小，池深较大，施工较困难，造价较高[3]。

基于上述三种沉淀池，主要存在两个缺点：（1）去除率低，悬浮物去除率约为40%~60%，BOD 去除率约为 20%~30%；（2）池体大，占地面积大，造价高。解决方法主要有：（1）改善废水中悬浮物本身的沉淀性能；（2）改进沉淀池的构造。常用改进沉淀池结构的措施有斜板（管）沉淀池、预曝气沉淀池和向心式辐流沉淀池[3]。

2.1.2   过滤

过滤是截留废水中悬浮颗粒的一种有效方法。过滤时，含悬浮物的废水流过具有一定孔隙率的过滤介质，水中的悬浮物被截留在介质表面或内部而除去，进而降低废水的浊度、COD 和 BOD 等。过滤的介质有很多，在工业废水中常用的过滤介质包括固体颗粒、织物、多孔固体以及多孔膜等[3,5]。

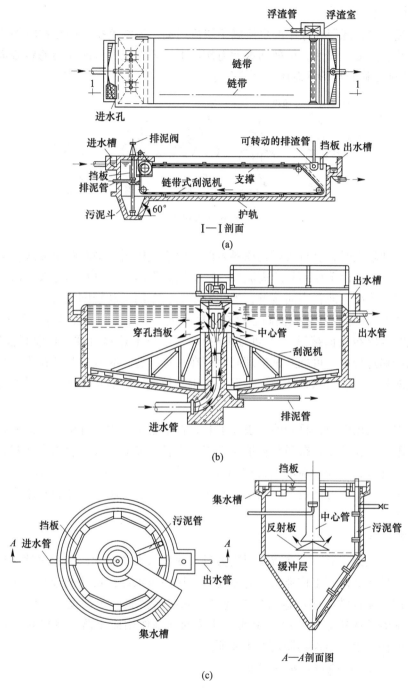

图 2-2 不同类型的沉淀池
（a）平流沉淀池；（b）辐流沉淀池；（c）竖流沉淀池

2.1.2.1 过滤机理

过滤主要因为悬浮颗粒与滤料颗粒之间存在黏附作用。而水流中的悬浮颗粒能够黏附于滤料颗粒表面上，主要依靠悬浮颗粒的迁移和黏附作用[5]。

A 颗粒迁移

在过滤过程中，滤层孔隙中的水流属于层流运动，被水流挟带的颗粒将随着水流流线运动。在拦截、沉淀、惯性、扩散和水动力作用下，颗粒脱离流线而与滤粒表面接近。图2-3为上述几种迁移机理的示意图（图2-3）。

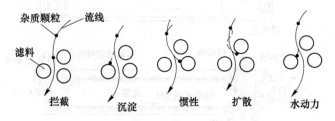

图 2-3 颗粒迁移机理示意图

当颗粒尺寸较大时，会直接碰到滤料表面产生拦截作用使颗粒脱离流线；当颗粒沉速较大时，会在重力作用下使颗粒脱离流线，产生沉淀作用；当颗粒惯性较大时，产生惯性作用使颗粒脱离流线与滤料表面接触；当颗粒较小、布朗运动较剧烈时，会扩散至滤料表面（扩散作用）；由于在滤料表面附近存在速度梯度，非球体颗粒在其作用下，产生转动，因此脱离流线与颗粒表面接触（水动力作用）。对于以上迁移机理，目前只能定性描述，实际在颗粒迁移过程中，可能几种机理同时存在，也可能只有其中某些机理起作用。这些迁移机理受滤料尺寸、形状、滤速、水温、水中颗粒尺寸、形状和密度等因素的影响。

B 颗粒黏附

当废水中的杂质颗粒迁移到滤料表面上时，在范德华引力、静电力、某些化学键和特殊的化学吸附力的作用下，杂质颗粒被黏附于滤料颗粒表面上或者黏附在滤料表面原先黏附的颗粒上。此外，絮凝颗粒的架桥作用也会存在。颗粒黏附过程中的滤料为固定介质，具有排列紧密，效果更好的特点。因此，颗粒黏附作用主要决定于滤料和水中颗粒的表面物理化学性质。

C 脱落机理

经过一段时间过滤后，会造成滤层阻力过大或出水水质恶化，因此过滤必须停止，通过滤层冲洗，使滤池恢复工作能力。滤池通常采用高速水进行反冲洗或气、水反冲洗或表面助冲加高速水流冲洗。滤池进行反冲洗时，滤层均膨胀一定高度，且滤料处于流化状态，截留和附着于滤料上的悬浮物受到反冲洗的冲刷作用而脱落。滤料颗粒在水流中旋转、碰撞和摩擦，也是悬浮物脱落的主要原因之一。

2.1.2.2 影响过滤效果的主要因素

影响过滤效果的因素主要有悬浮物、滤料、滤速、反冲洗方式、水力波动等[3]。

A 悬浮物的影响

（1）粒度：粒度越大，筛滤的去除效果越好。当废水中投加混凝剂时，会生成适当粒度的絮体或微絮体，之后进行过滤，可以提高过滤效果。

（2）形状：颗粒比表面积越大，其去除效率越高。

（3）浓度：过滤效率与废水浓度成反比。浓度越高，越易穿透，过滤效率越低，水头损失增加越快。

（4）密度：颗粒密度主要通过沉降、惯性及布朗运动机理影响过滤效率，而上述机理对过滤贡献不大，故影响较小。

（5）表面性质：悬浮物的絮凝特性、电位等主要取决于表面性质，常通过添加适当的絮凝剂来改善表面性质。

B　滤料的性质和滤料层的结构

选择不同滤料会影响滤池过滤效果。滤料选择包括确定滤床深度、滤料品种、颗粒大小和组成分布等。常用的滤料有天然石英砂、无烟煤、颗粒活性炭、石榴石和钛铁矿石等。

（1）滤料性质：滤层厚度与滤料粒径有关，滤料颗粒越小，滤层越不易穿透，滤层厚度可较薄；滤料颗粒越大，滤层越容易泄漏，则需要较深的滤层厚度。因此，为了保障水质安全，采用较小的滤料粒径和较薄的滤层厚度或者较粗的滤料粒径和较深的厚度。滤料的粒径和滤层厚度与滤速有关，在相同的过滤周期内，滤速高时，一般采用较粗的滤料颗粒和较厚的滤层。

（2）滤料层结构：在过滤初期，滤料较干净，孔隙率较大，流速较小，其水流剪力相对较小，因而黏附作用占优势。经过一段时间后，滤层中杂质逐渐增多，孔隙率逐渐下降，水流剪力逐渐增大，黏附的颗粒从滤料表面脱落下来。于是，悬浮颗粒向下层推移，下层滤料截留作用逐渐得到发挥。然而，当下层滤料截留悬浮颗粒作用远未得到充分发挥时，过滤就得停止。在过滤过程中，会造成上细下粗的滤层中杂质分布严重的不均匀现象。为了改变这种现象，提高滤层纳污能力，便出现了双层滤料、三层滤料（或混合滤料）及均质滤料等滤层。

C　滤池反冲洗

反冲洗的目的是清除滤层中截留的污物，使滤池恢复过滤的能力。滤池反冲洗的方式有单独水反冲洗，气、水反冲洗和表面冲洗三种：

（1）单独水反冲洗：采用高速水流冲洗时，能提供滤料足够的碰撞、摩擦机会，除去滤料上吸附的污泥，达到较好的冲洗效果。单独水反冲洗的优点是设备简单，其缺点是冲洗耗水量大、冲洗能力弱，滤料上细下粗分层明显。

（2）气、水反冲洗：采用气、水反冲洗时，空气快速通过滤层，微小气泡能够加剧滤料颗粒之间的碰撞、摩擦，对颗粒进行擦洗，加速污泥的脱落。冲洗结束后，滤层不产生或不明显产生上细下粗分层现象。由于反冲洗水主要起漂洗作用，因此在冲洗过程中滤层基本不膨胀或微膨胀。气、水反冲洗具有操作方便、冲洗效果好和耗水量小等优点，其缺点是需要增加空气设备。

（3）表面冲洗：表面冲洗一般作为单独水反冲洗的辅助冲洗手段。在过滤过程中，滤料表层截留污泥最多，泥球结在滤料上层，因此需要在滤层表面设置高速冲洗装置，利用高速水流对表层滤料加以搅拌，增加滤料颗粒间碰撞机会，同时高速水流的剪切作用也明显高于反冲洗。

2.1.2.3　滤池

近20年来发展的过滤技术，现已经广泛应用于废水处理中。对于单一、双层交替式滤池，可以根据驱动力的不同，将滤池分为重力式滤池和压力式滤池，废水处理中最常用的滤池包括普通快滤池、压力滤池等[1,3]（图2-4）。

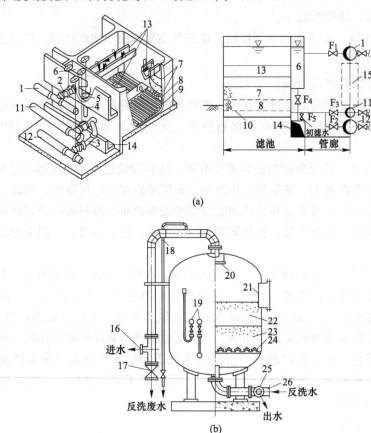

图 2-4   不同形式滤池

（a）普通快滤池构造示意图（透视图和剖面图）；（b）压力滤池示意图

1—进水干管；2—进水支管；3—清水管；4—排水管；5—排水阀；6—集水渠；7—滤料层；8—承托层；
9—配水支管；10—配水干管；11—冲洗水管；12—清水总管；13—排水槽；14—废水槽；15—走道空间；
16—进水管；17—反洗水排出管；18—排气管；19—压力表；20—进水分配板；21—检查孔；22—无烟煤滤层；
23—硅砂滤层；24—滤头；25—出水管；26—反洗水进水管

普通快滤池又称双阀滤池，是常用的过滤设备。一般包括废水渠、反冲洗排水槽、滤料层、承托层（垫层）及配水系统五个部分。过滤时，废水自进水管经集水渠、排水渠进入滤池，自上而下穿过滤料层和承托层，由配水系统收集，并由出水管排出。在过滤一段时间后，滤料层截留的悬浮物数量增加，孔隙率减小，使孔隙水流速增大。因此，造成过滤阻力增大和出水水质变差。而当水头损失或者出水的悬浮物浓度超过规定值，过滤即应终止，应进行滤池反冲洗。反冲洗水由冲洗水管经配水系统进入滤池，自下而上穿过承托层和滤料层，最后出排水槽经集水渠排出。反冲洗完毕，又进入下一个过滤周期[1]。

压力滤池是密闭有压容器，在压力之下进行过滤，进水用泵直接打入，滤后水借压力直接送到用水设备或后续处理设备中。容器内装有滤料及进水和配水系统，滤料层厚约1.0~1.2 m，配水系统通常采用小阻力的缝隙式滤头或开缝、开孔的支管上包尼龙网。滤池外设各种管道和阀门。压力滤池分为竖式和卧式两种，其中竖式滤池直径一般不超过 3 m[3]。

2.1.3 混凝

混凝是废水物化处理中最常用的方法，可以降低原水的浊度和色度，去除附着于胶粒和致浊杂质上的细菌和病毒，还可以去除多种有机物、某些重金属和放射性物质等。它是通过向水中投加混凝剂，先快速混合，使药剂均匀分散在水中，然后慢速混合，使水中难以沉淀的胶体颗粒互相聚集形成大的可沉降絮体而沉淀，得以与水分离，使废水得到净化的过程。

混凝的处理对象是水中的胶体粒子和微小悬浮物。混凝包括凝聚与絮凝，凝聚是指胶体失去稳定性的过程，絮凝则指胶体脱稳后相互聚集成大颗粒絮体的过程[1,3,5]。

2.1.3.1 混凝机理

混凝机理比较复杂，它涉及的因素有水中杂质的成分和浓度、水温、pH 值、碱度及混凝剂的性质和混凝条件等。一般认为双电层压缩机理、吸附电中和机理、吸附架桥原理和沉淀物网捕机理在废水处理过程中可能是同时或交叉发挥作用的，也可能在一定情况下以某种机理为主（图 2-5）。其中，低分子电解质混凝剂以双电层作用产生凝聚为主，高分子聚合物则以吸附架桥产生絮凝为主[1]。

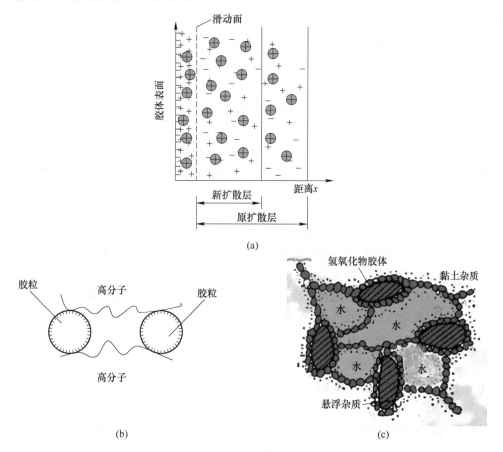

图 2-5　混凝机理

（a）压缩双电层—吸附电中和；（b）吸附架桥；（c）网捕卷扫

2.1.3.2　混凝剂和助凝剂

起凝聚与絮凝作用的药剂统称为混凝剂，混凝剂种类有很多，按化学成分可分为无机混凝剂和有机混凝剂两大类。

目前广泛使用的无机混凝剂有铝盐混凝剂和铁盐混凝剂，铝盐混凝剂通常包括硫酸铝、聚合氯化铝（PAC）、聚合硫酸铝（PAS）和明矾，铁盐混凝剂通常包括三氯化铁、硫酸亚铁、聚合氯化铁（PFC）和聚合硫酸铁（PFS）。其中 PAC 由于相对分子质量大，吸附能力强，具有优良的凝聚能力，形成的絮凝体较大，是目前使用比较广泛的无机高分子混凝剂[1]。

有机混凝剂分为天然有机混凝剂与有机高分子混凝剂。常见的天然高分子混凝剂有骨胶、淀粉、纤维素、蛋白质、藻类等，而有机高分子絮凝剂可分为阴离子型、阳离子型和非离子型三类。其中非离子型聚丙烯酰胺（PAM）是最重要和使用最多的有机高分子絮凝剂，具有凝聚速率快，用量少，絮凝体粗大强韧等优点[1]。

当单独使用混凝剂不能达到良好效果时，还需要投加某种辅助药剂以提高混凝效果，这种药剂称为助凝剂。助凝剂可用于调节和改善混凝条件，也可用于改善絮凝体的结构，从而产生大而结实的矾花。常见的助凝剂有骨胶、海藻酸钠、生石灰、活化硅酸、聚丙烯酰胺及其水解产物、氢氧化钠和粉煤灰等[1]。

2.1.3.3　影响混凝效果的主要因素

在废水的混凝沉淀处理过程中，影响混凝效果的因素较复杂，主要受废水水质、混凝剂和水力条件的影响：

（1）水质的影响：废水的浊度、温度、pH 值、碱度、水中悬浮物含量等均会影响混凝剂的用量和混凝效果[3]。

（2）混凝剂的影响：混凝剂种类、投加量、投加方式、混凝剂品种和介质条件都会对混凝效果产生影响。对于任何废水的混凝处理，都存在最佳混凝剂与最佳投加量的问题，应通过试验确定[3]。

（3）水力条件的影响：混凝过程中的水力条件对絮凝体的形成影响极大，整个混凝过程可以分为混合和反应两个阶段。混合阶段要求药剂快速均匀地分散到水中以创造良好的水解和聚合条件，使胶体脱稳并借助颗粒的布朗运动和紊动水流进行凝聚。混合反应阶段进行时间很短，因此需要对水流进行剧烈的搅拌。反应阶段要求混凝剂的微粒通过絮凝形成大的具有良好沉淀性能的絮凝体。反应阶段的搅拌强度或水流速率应随着絮凝体的结大而逐渐降低，以免结大的絮凝体被打碎[1]。

2.1.3.4　混凝过程及设备

A　混凝处理工艺[3,5]

混凝处理工艺包括混凝的配制与投加、混合、絮凝反应及沉淀分离几个过程，其工艺流程如图 2-6 所示。

混凝剂的配制和投加是保证混凝过程的先决条件，药剂投入废水的方式，可以采用泵前重力投加、水射器投加或直接用计量泵投加。

混合阶段的要求是快速剧烈且时间要短（10~30 s 至 2 min），使混凝剂快速均匀地分散于水中以便快速水解、聚合及颗粒脱稳。反应阶段主要依靠机械或水力搅拌促使颗粒碰

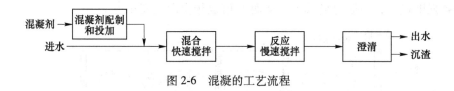

图 2-6　混凝的工艺流程

撞凝聚，使絮体尺寸增大，形成矾花，这一阶段要求搅拌强度低，时间长。混合设备种类很多，通常包括水泵混合、管式混合和机械混合。

B　絮凝设备[2,3,5]

完成絮凝过程的设备称絮凝池。絮凝池形式很多，概括起来分为两大类：水力搅拌式絮凝池和机械搅拌式絮凝池，几种常用的絮凝池有隔板絮凝池、折板絮凝池和机械絮凝池。

（1）隔板絮凝池：隔板絮凝池目前常用的水力搅拌式絮凝池，是指水流以一定流速在隔板之间完成絮凝过程的絮凝池，有往复式和回转式两种，如图 2-7 所示。隔板絮凝池具有构造简单、管理方便的优点，但流量变化大、絮凝效果不稳定和池子容积大[3,5]。

（2）折板絮凝池：折板絮凝池是在隔板絮凝池基础上发展起来的，目前已广泛应用。按照水流方向，折板絮凝池分为水平式和竖流式；按照折板相对位置，折板絮凝池分为同波和异波两种形式，如图 2-8 所示。折板絮凝池与隔板絮凝池相比，水

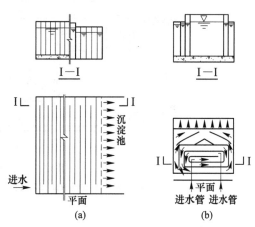

图 2-7　隔板絮凝池
（a）往复式隔板絮凝池；（b）回转式隔板絮凝池

流条件大大改善，提高了颗粒絮凝效果，絮凝时间从 20~30 min 缩减至 15 min，池子体积缩小。但因板距较小，安装维修较困难，费用较高[2]。

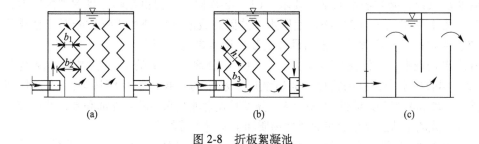

图 2-8　折板絮凝池
（a）异波折板絮凝池；（b）同波折板絮凝池；（c）垂直（平行）隔板絮凝池

（3）机械絮凝池：机械絮凝池是利用电动机经减速装置驱动搅拌器对水进行搅拌，搅拌器有浆板式和叶轮式等，目前我国常用浆板式。机械絮凝池分为水平轴式和垂直轴式两种，如图 2-9 所示。为了提高絮凝效率和适应絮凝过程中速度梯度 G 值变化，机械絮凝池一般采用多级串联，对于规模较大的絮凝池，各级设置搅拌器，并采用不同转速，其中第

一级搅拌强度最大，而后逐级减少，从而 G 值也相应由大变小[3]。

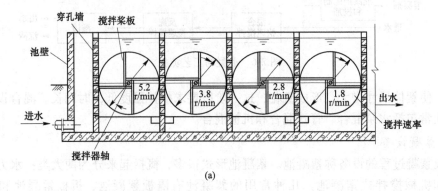

(a)

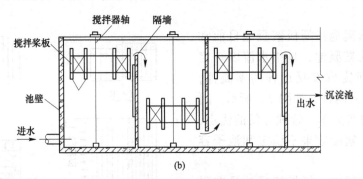

(b)

图 2-9　机械搅拌絮凝池
（a）水平轴式机械搅拌絮凝池；（b）垂直轴式机械搅拌絮凝池

2.1.4　气浮

　　气浮是一种有效的固液或液液分离方法，是空气通过某种方式形成大量微气泡，使废水中的污染物吸附在气泡上，利用其密度小于水的特性，使其上浮到水面，最终达到去除的目的，一般应用于废水中颗粒相对密度接近或小于 1 的细小颗粒的分离[1]。

　　要实现气浮，必须满足的基本要求：（1）必须向水中提供足够数量的细微气泡，气泡理想尺寸为 15~30 μm；（2）必须使废水中的固态或液态污染物质颗粒能形成悬浮状态并具有疏水性质；（3）必须使气泡与悬浮的物质产生黏附作用[1]。

　　在废水处理中，气浮法广泛应用于：（1）分离废水中的细小悬浮物、藻类及微絮体；（2）回收废水中的有用物质，如造纸厂废水中的纸浆纤维及填料等；（3）代替二次沉淀池，分离和浓缩剩余活性污泥；（4）分离回收含油废水中的悬浮油和乳化油；（5）分离回收以分子或离子状态存在的表面活性物质和金属离子等物质[1]。

　　按照生成细微气泡方式的不同，气浮法可分为散气气浮法、电解气浮法和溶气气浮法[1]。

2.1.4.1　散气气浮法

　　散气气浮法是利用散气装置使允入水体的气体以气泡的形式均匀分布在废水中的一种气浮方法。按照散气装置的不同，分为微孔曝气气浮法和剪切气泡气浮法[3,4]。

　　A　微孔曝气气浮法[3,4]

　　目前，微孔曝气气浮法中通常应用扩散曝气气浮法，其气浮装置如图 2-10 所示。其基本原理是压缩气体通过气浮池底的微孔陶瓷扩散板形成大量小气泡，小气泡黏附废水中的固态或液态污染物，经过分离区后，将会形成含有大量固态或液态污染物的浮渣上浮至水面。浮渣从排渣口排出，处理后的水从气浮池下部的出水管排出。微孔曝气气浮法的优点是简便易行，但存在散气装置中的微孔容易堵塞，气泡较大，气浮效果不好的缺点。

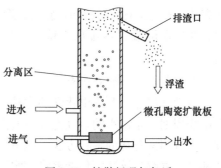

图 2-10　扩散板曝气气浮

 B　剪切气泡气浮法[3,4]

剪切气泡气浮法的基本原理是利用散气装置形成的剪切力来破碎、分割、散布气体。按照分割气泡方式的不同，分为射流气浮法、叶轮气浮法和涡凹气浮法等。

（1）射流气浮法：在气浮过程中，由于射流器喉管中高速水流的作用下，形成的负压或真空，大量空气被吸入，并与水产生强烈的混合形成气水混合物，并在通过喉管时将气泡撕裂、剪切和粉碎形成细微气泡。在进入扩散段后，压强增大，进一步压缩气泡，最后进入气浮池进行气液分离。射流器的构造如图 2-11 所示。

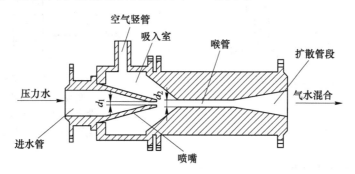

图 2-11　射流器的构造

（2）叶轮气浮法：叶轮气浮法如图 2-12 所示。它的基本原理是将空气通过进气管被引入叶轮附近，在叶轮的高速旋转下，盖板附近形成负压，废水由盖板上的小孔进入。在叶轮的充分搅动下，空气被剪切成微小气泡并与水形成气水混合物，之后气水混合物被甩出导向叶片以外，又经整流板稳流后，在池体内垂直上升，产生气浮效果。叶轮气浮法具有设备不易堵塞、管理方便和操作简单的优点，适用于处理水量较小、悬浮物较高的废水。

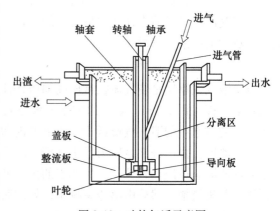

图 2-12　叶轮气浮示意图

（3）涡凹气浮法：涡凹气浮法又称空穴气浮法（CAF），它的基本原理是涡轮在高速旋转下产生离心力，使涡轮轴心产生负压，废水流经涡轮，经进气孔进入的空气沿涡轮的四个气孔排出，并被涡轮叶片打碎，从而形成大量微气泡均匀分布在水中，微气泡与水中悬浮的固态或液态污染物质颗粒相互黏附，形成密度小于水的浮体，然后由刮泥机把浮渣刮进集渣槽，通过螺旋输送器排出系统外，从而实现废水的净化[2,4]。涡凹气浮示意图如图2-13所示。

2.1.4.2　电解气浮法

电解气浮法是利用电化学的方法，在直流电的作用下用不溶性阳极和阴极电解废水。在电极周围产生微小的氢气泡或氧气泡，这些气泡黏附于废水的固体或液体污染物共同上浮，实现固液分离的一种方法，电解气浮装置如图2-14所示，其装置分为平流式和竖流式两种。电解气浮法不仅能够将废水固液分离，还有氧化、脱色和杀菌作用，而且对水中一些金属离子和某些溶解有机物也有同样净化效果。电解气浮法具有去除污染物范围广、泥渣量少、工艺简单和设备小等优点，但是能耗较大、电极清理更换不方便[2,3]。

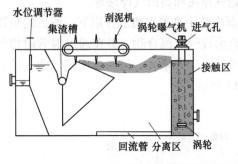

图2-13　涡凹气浮示意图

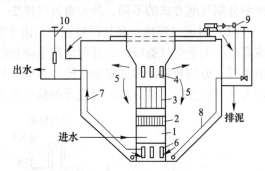

图2-14　电解气浮装置

1—入流室；2—整流栅；3—电极组；4—出流孔；
5—分离室；6—集水孔；7—出水孔；8—沉淀排泥管；
9—刮渣机；10—水位调节器

2.1.4.3　溶气气浮法

溶气气浮法是利用气体在水中的溶解度随着压力的提高而增加的原理，使气体在高压时溶解于水中，在低压时从水中析出，从而产生大量微小气泡而形成溶气气浮的一种方法。溶气气浮法是目前水处理中最常见的一种，根据产生压力差的方法不同，分为真空溶气气浮法和加压溶气气浮法[1]。

A　真空溶气气浮法

真空溶气气浮法是使气体在常压或加压条件下溶于水中，在负压条件下析出并实现溶气气浮的过程（图2-15）。基本原理是废水经流量调节器后先进入曝气室，由曝气器进行预曝气，使废水中的溶气量接近于常压下的饱和值。未溶空气在脱气井脱除，然后废水被提升到分离区。由于分离池压力低于常压，因此预先溶于水中的空气以微气泡溢出来，废水中悬浮的固态或液态颗粒与水中逸出的微气泡相黏附，并上浮至浮渣层。旋转的刮渣板把浮渣刮至集渣槽，然后由出渣室排出，处理后的出水会由环形出水槽收集后排出。底部装有刮泥板，用以排除沉到池底的污泥[1]。

B　加压溶气气浮法[1]

加压溶气气浮法是气体在加压条件下溶于水中，在常压下析出的一类溶气气浮法，是目前应用最广泛的一种气浮法。根据加压溶气水的来源不同，分为全溶气气浮法、部分溶

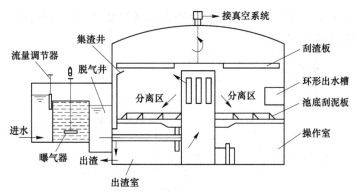

图 2-15　真空溶气气浮法设备示意图

气气浮法和回流加压溶气气浮法。

（1）全溶气气浮法：该工艺将全部废水进行加压溶气，再经减压释放装置进入气浮池进行气浮分离。全部废水溶气气浮法具有气浮池小的优点，但工艺电耗高，溶气罐和溶气释放装置易堵塞（图 2-16）。

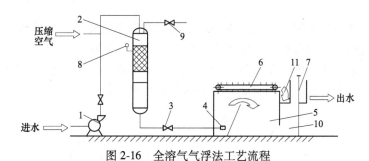

图 2-16　全溶气气浮法工艺流程

1—加压泵；2—压力溶气罐；3—减压阀；4—溶气释放器；5—分离区；6—刮渣机；
7—水位调节器；8—压力表；9—放气阀；10—排气区；11—浮渣室

（2）部分溶气气浮法：该工艺将部分废水进行加压溶气，其余废水直接进入气浮池。该工艺与全部废水溶气气浮法相比，溶气罐的容积较小，节省了加压的能耗，但该工艺所能提供的溶气量较少，因此要提供相同的溶气量，则必须加大溶气罐的压力，而且溶气罐和溶气释放装置易堵塞（图 2-17）。

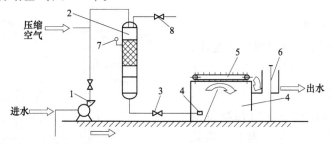

图 2-17　部分溶气气浮法工艺流程

1—加压泵；2—压力溶气罐；3—减压阀；4—分离区；5—刮渣机；6—水位调节器；7—压力表；8—放气阀

（3）回流加压溶气气浮法：该工艺将部分处理后的清洁水回流，加压后送入气浮池，废水则全部进入气浮池。该工艺适用于悬浮物含量高的废水进行固液分离，但气浮池的容积较前两者大（图2-18）[1]。

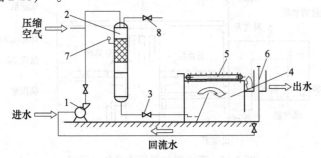

图2-18 部分回流加压溶气气浮法工艺流程

1—加压泵；2—压力溶气罐；3—减压阀；4—分离区；5—刮渣机；6—水位调节器；7—压力表；8—放气阀

2.1.4.4 气浮池

气浮池按进水方式分为平流式和竖流式，应用较多的是平流式气浮池[1]。

A 平流式气浮池

平流式气浮池一般为矩形，其基本原理是废水从气浮池底部进入接触区，废水颗粒物在接触区与微气泡充分混合后沿导流板进入气浮分离区，实现渣水分离。浮渣用刮渣机刮入渣槽，处理后的出水从池底集水管排出（图2-19）。平流式气浮池具有池身浅、造价低、结构简单和运行方便等优点，但分离部分的容积利用率不高[1]。

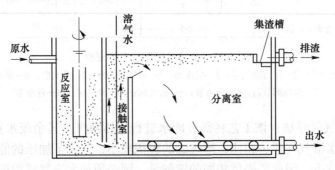

图2-19 平流式气浮池示意图

B 竖流式气浮池

竖流式气浮池通常采用圆柱形池体，采取中央进水的方式（图2-20）。其优点是接触室在池中央的水流向四周扩散，水力条件好，但气浮池与反应池较难衔接，容积利用率低[1]。经验表明，当处理水量大于 $150 \sim 200 \ m^3/h$ 且废水中的悬浮固体浓度较高时，宜采用竖流式气浮池。

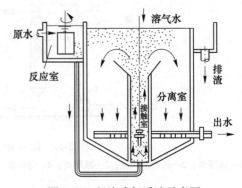

图2-20 竖流式气浮池示意图

2.1.5 中和

中和法是利用碱性或酸性药剂将废水从酸性或碱性调节到中性附近的一种处理方法。酸性废水和碱性废水排放比较普遍，酸性废水一般来源于化工、冶金、纤维、炼油、金属酸洗、电镀等工业的生产过程，而碱性废水一般来源于造纸、皮革、化工、印染等工业的生产过程。当废水中酸或碱的质量分数在3%~5%以上，应该考虑回收和综合利用，例如用其制造硫酸亚铁、硫酸铁、石膏、化肥，也可考虑供其他工厂使用等；当在3%以下时，回收和综合利用的经济意义不大，应该考虑中和处理。在废水中和处理时，首先应考虑以废治废，如用不同出口排出的酸性废水和碱性废水相互中和；或者利用废渣（电石渣、碳酸钙碱渣等）中和酸性废水。只有在没有这些调节剂的情况时，才考虑用药剂中和[3]。

酸性废水中常见的酸性物质有硫酸、硝酸、盐酸、氢氟酸、磷酸等无机酸及乙酸、甲酸等有机酸，并常溶有金属盐。碱性废水中常见的碱性物质有苛性钠、碳酸钠、硫化钠及胺类等。

2.1.5.1 酸性废水的中和处理

酸性废水的处理方法主要有酸性废水与碱性废水相互中和、药剂中和及过滤中和[1,3]。

A 药剂中和

药剂中和能处理任何浓度、性质的酸性废水，对水质和水量波动适应性强，中和药剂利用率高。中和酸性废水常用的中和剂有石灰、石灰石、白云石、苛性钠、碳酸钠、电石渣等，其中最常用的是石灰。当采用石灰进行中和处理时，$Ca(OH)_2$还有凝聚作用，因此适用于处理杂质多、浓度高的酸性废水。选择中和药剂的原则：（1）考虑药剂本身的溶解性、反应速率、成本、二次污染、使用方便等因素；（2）考虑中和产物的形状、数量及处理费用等因素[1]。

药剂中和法的工艺流程包括：预处理、中和药剂的制备与投加、混合与反应、中和产物的分离和泥渣的处理与利用，其中酸性废水中和处理工艺流程如图2-21所示。药剂中和法采用间歇处理方式或者连续处理方式，当废水量少（如每小时几立方米到十几立方米）时，采用间歇处理；废水量大时，采用连续式处理。为获得稳定可靠的中和处理效果，应采用多级式pH自动控制系统[1]。

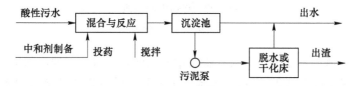

图2-21 酸性废水的中和处理工艺流程

投加石灰主要有干法和湿法两种，目前多采用湿投法。中和过程中形成的各种泥渣应及时分离，以防止堵塞管道。分离设备通常采用沉淀池，且分离出来的沉淀仍需进一步浓缩、脱水[1]。常见的碱性中和剂的用量见表2-1。

表 2-1　碱性中和剂的用量　　　　　　　　　　　　　　（g）

酸	中和 1 g 酸所需的碱性物质				
	CaO	Ca(OH)$_2$	CaCO$_3$	CaCO$_3 \cdot$ MgCO$_3$	MgCO$_3$
H$_2$SO$_4$	0.571	0.755	1.020	0.940	0.860
HCl	0.770	1.010	1.370	1.290	1.150
HNO$_3$	0.445	0.590	0.795	0.732	0.668

B　过滤中和法

过滤中和法是选用粗粒状碱性滤料形成滤床，当酸性废水流经滤床时，酸性废水即被中和。碱性滤料主要有石灰石、大理石、白云石等。滤料的选择与中和产物的溶解度有关，滤料的中和反应发生在颗粒表面，如果中和产物的溶解度较小，就会在滤料颗粒表面形成不溶性的硬壳，阻止中和反应的继续进行。各种酸在中和后形成的盐具有不同的溶解度，其顺序为：Ca(NO$_3$)$_2$>CaCl$_2$>MgSO$_4 \geqslant$ CaSO$_4$>CaCO$_3$>MgCO$_3$。因此，当中和处理硝酸、盐酸时，滤料采用石灰石、大理石或白云石；当中和处理硫酸时，采用白云石；中和处理碳酸时，含钙或镁的中和剂都不行，不宜采用过滤中和法。

过滤中和的设备称为中和滤池，按照中和滤池的特点，分为普通中和滤池、升流式膨胀中和滤池及过滤中和滚筒。

（1）普通中和滤池：普通中和滤池为固定床，按照水流方向分为平流式和竖流式两种，目前多采用竖流式，竖流式又分为升流式和降流式，如图 2-22 所示。该滤池的滤料粒径一般为 30～50 mm，不得有粉料杂质。当废水含有可能堵塞滤料的杂质时，首先进行预处理。普通中和滤池具有操作简单，运行费用低，劳动条件相对较好的优点，适用于处理低浓度的含硫酸废水[3]。

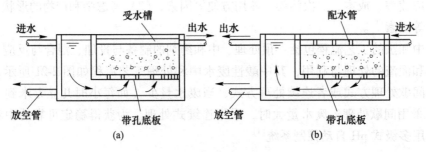

图 2-22　普通中和滤池
（a）升流式；（b）降流式

（2）升流式膨胀中和滤池：升流式膨胀中和滤池是废水从滤池底部进入，从滤池顶部出水，其结构布置图如图 2-23 所示。废水作上升流，使滤料处于膨胀状态，由于粒径较小，增大了反应面积，因此缩短了中和时间，且流速大可以使滤料悬浮起来，通过碰撞，使滤料表面形成的硬壳剥落卜来，可以增大进水中酸的允许含量。升流运动使硬壳谷易随水流出，CO$_2$ 易排出，不易造成滤床堵塞。该滤池具有操作简单、出水 pH 值稳定和沉渣量较少的优点，但废水酸度受到限制，需定期倒床，劳动强度大。变速升流式膨胀中和滤池采用变截面中和滤池，克服了恒速膨胀滤池下部膨胀不起来，上部带出小颗粒滤料的缺点，滤池出水的 CO_2 用除气塔除去，变速升流式膨胀中和滤池如图 2-24 所示。采用此种滤池处理含硫酸废水，可使硫酸允许浓度提高到 2.58 倍[3]。

（3）过滤中和滚筒：过滤中和滚筒如图 2-25 所示，滚筒用钢板制成，内衬防腐层，筒为卧式。废水从滚筒一端流入，另一端流出。滤料装于滚筒中，在滚筒转动下与其进行激烈摩擦碰撞，及时剥离由中和产物形成的覆盖层，使滤料表面积更新更快，可处理较高浓度的酸性废水。这种装置的优点是进水的硫酸浓度可超过极限数值数倍，滤料粒径较大；缺点是构造复杂，负荷率低，动力消耗较高，运行时设备产生的噪声较大，同时对设备材料的耐腐蚀性要求高，故较少使用[1]。

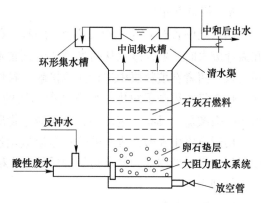

图 2-23　升流式膨胀中和滤池

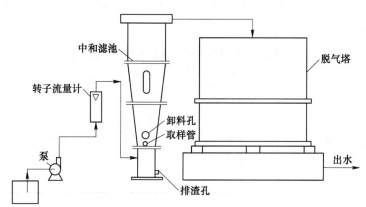

图 2-24　变速升流式膨胀中和滤池

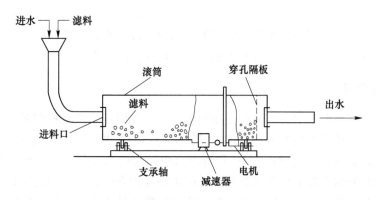

图 2-25　过滤中和滚筒滤池

2.1.5.2　碱性废水的中和处理

碱性废水的中和一般要用酸性物质，通常采用废酸、烟道气或药剂进行中和。

　　A　烟道气中和法[1]

　　烟道气中含有 CO_2、SO_2、H_2S 等酸性气体，可作为碱性废水的中和剂。用烟道气中和碱性废水时，碱性废水从喷淋塔的塔顶布水器均匀喷出或沿塔内壁流下，烟道气则从塔底鼓入，两者在填料层中进行逆流接触，碱性废水与烟道气中酸性气体完成中和过程，废水与烟道气都得到了净化。烟道气中和法的中和产物为 Na_2CO_3、Na_2SO_4、Na_2S，它们均为弱酸强碱盐，具有一定碱性，因此酸性物质必须超量供应[1]。

　　用烟道气中和碱性废水的优点是以废治废，降低大气中 CO_2 污染，有利于生态平衡，投资省，运行费用低。缺点是处理后的废水硫化物、色度、温度和耗氧量均升高，需要进一步处理[1]。

　　B　药剂中和法[1]

　　采用药剂中和法处理碱性废水时，常用的中和剂是硫酸、盐酸、硝酸及压缩二氧化碳。碱性废水药剂中和处理的工艺和设备与酸性废水药剂中和法基本相同。用 CO_2 气体中和碱性废水时，为保证气液充分接触反应，一般采用逆流接触的反应塔。其优点是 pH 值在 6 左右，因此不需要 pH 控制装置，投资小。表 2-2 为碱性废水需要各种酸性中和剂的理论单位消耗量[1]。

表 2-2　酸性中和剂的理论单位消耗量

碱	中和 1 g 碱所需的碱性物质/g				
	98% H_2SO_4	36% HCl	65% HNO_3	CO_2	SO_2
NaOH	1.24	2.53	2.42	0.55	0.80
KOH	0.90	1.80	1.74	0.39	0.57
$Ca(OH)_2$	1.34	2.74	2.62	0.59	0.86
NH_3	2.93	5.90	5.70	1.29	1.88

2.2　生物处理技术

　　生物处理技术也是钢铁行业废水处理中常见的一种技术，根据微生物代谢过程中是否需要氧气可分为好氧生物处理技术和厌氧生物处理技术两大类。

2.2.1　好氧生物法

　　好氧生物处理是在水中有溶解氧存在的条件下，利用好氧微生物和兼性微生物分解水中有机物的过程。按微生物的生长方式，好氧生物处理主要分为活性污泥法（悬浮生长）与生物膜法（附着生长）。活性污泥法是将废水中的有机物或其他组分转化为气体和细胞组织的微生物在液相中处于悬浮状态下生长的生物处理方法；而生物膜法是将废水中的有机物或其他组分转化为气体和细胞组织的微生物附着于某些惰性介质的生物处理方法[1]。

2.2.1.1　活性污泥法

　　好氧活性污泥法处理废水主要分为生物吸附和生物稳定两个过程。在生物吸附的过程中，使用到的污泥呈现出絮状，其吸附污物的能力效果很强，同时还具备很好的粘连效果。在吸附大分子有机物之后，使用酶进行分解，形成小分子物质，然后再进入到好氧细菌细胞体的内部，从而实现了对废水的处理。在生物的稳定过程中，生物吸附的大量小分子物质在细胞内进行氧化，当吸附达到饱和后，再借助生物的氧化功能实现对有机物的再一次分解，这样的过程能够促使生物的活性得到有效恢复，实现重新吸附和分解过程[6]。活性污泥法因其成本低廉、构造简单而成为应用最为广泛的生物处理技术。随着废水处理技术的不断发展，已经开发出传统活性污泥法、AB两段活性污泥法、完全混合活性污泥法、序批式活性污泥法、氧化沟等。

A 活性污泥处理工艺

a 传统活性污泥法[4]

图2-26为废水活性污泥处理工艺系统的基本流程。本工艺系统的主体核心处理设备是活性污泥反应器-曝气池，同时还设有二次沉淀池、活性污泥回流系统及曝气系统与空气扩散装置等辅助性设备。

经预处理技术处理后的废水，从曝气池的首端进入池内，从二次沉淀池回流的回流污泥也同步注入。废水与回流污泥形成的混合液在曝气池内呈推流式流态流至池末端，之后流出池外进入二次沉淀池，在这里经沉淀分离处理后的水与活性污泥分离。处理后的水排出系统，部分污泥回流至曝气池，其他污泥则作为剩余污泥排出系统。

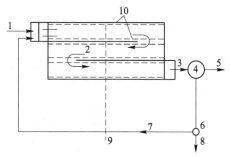

图 2-26 传统活性污泥法
1—预处理后的污水；2—曝气池；
3—从曝气池流出的混合液；4—二次沉淀池；
5—处理后污水；6—污泥泵站；7—回流污泥系统；
8—剩余污泥；9—来自空压机站的空气；
10—曝气系统与空气扩散装置

传统活性污泥法对废水的处理效果良好，BOD_5 的去除率一般可达90%以上，适用于处理净化程度高和稳定程度要求高的废水。但经过多年运行实践证明，存在以下问题：（1）曝气池首端有机物负荷高，耗氧速率也高，为了避免出现由于缺氧所形成的厌氧状态，进水有机物负荷不宜过高。因此，曝气池容积大，基建费用较高。（2）由于水流呈推流式，耗氧速度沿曝气池池长是变化的，而供氧速度难与其相吻合、适应。在曝气池前段的混合液中，耗氧速率高于供氧速率；而在后段的混合液中，可能会出现溶解氧过剩的现象。（3）运行效果易受废水水质、水量变化的影响。

b AB两段活性污泥法[1]

AB两段活性污泥法是吸附-生物降解法（Adsorption-Biodegration）的简称，主要是用于解决传统的二级生物处理系统对难降解有机物和氮磷去除效率低及投资运行费用高等问题而发展起来的。

AB两段活性污泥法工艺的基本流程如图2-27所示，全系统分为预处理段、A段、B段三段。预处理段只设格栅、沉砂池等简易处理设备，不设初沉池，以便充分利用活性污泥的吸附作用。A段由吸附池和中间沉淀池组成，B段由曝气池和二次沉淀池组成。A段与B段各自拥有独立的污泥回流系统，两段完全分开，每段能够培育出各自独特的、适于本段水质特征的微生物种群。

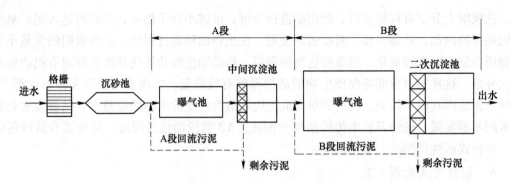

图 2-27 AB 两段活性污泥法

c 完全混合式活性污泥法[3]

完全混合活性污泥法的主要特征是应用完全混合式曝气池，如图 2-28 所示。废水与回流污泥进入曝气池后，立即与池内已存在的混合液相混合，并达到完全、充分混合的程度。可以认为完全混合曝气池内的混合液，是已经降解处理，但未经泥水分离的处理水。

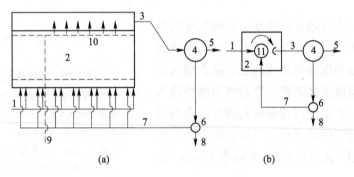

图 2-28 完全混合式活性污泥法
（a）采用鼓风曝气装置的完全混合曝气池；（b）采用表面机械曝气器的完全混合曝气池
1—预处理后的污水；2—完全混合曝气池；3—由曝气池流出的混合液；4—二次沉淀池；5—处理后污水；
6—污泥泵站；7—回流污泥系统；8—排放出系统的剩余污泥；9—来自空压机站的空气管道；
10—曝气系统及空气扩散装置；11—表面机械曝气器

与推流式普通活性污泥法比较，该工艺具有以下特征：

（1）进入曝气池的废水，很快被池内已存在的混合液所稀释、均化，各部位的水质相同，微生物群体的组成和数量几乎一致，各部位有机物降解工况相同，因此，通过对污泥负荷的调整，可将整个曝气池的工况控制在良好的状态。在效果相同的条件下，其负荷率高于推流式曝气池。

（2）具有调节、稀释和中和能力。对推流式普通活性污泥法最佳 pH 值范围为 6.5~8.5，超过此范围时，废水进入曝气池之前需进行中和处理。但对完全混合法来说是否需进行中和处理，应根据所处理废水的水质确定。

（3）耐冲击负荷能力强。由于曝气池内的废水被已存在的混合液稀释均化，因此废水在水质、水量方面的变化，对活性污泥产生的影响降到极小程度。适用于较难降解有机废水的处理，不适于易降解有机废水的处理。

（4）在曝气池内，混合液的耗氧速度均衡，动力消耗低于推流式曝气池。

完全混合活性污泥法存在的主要问题是：在曝气池的混合液内，各部位的有机物浓度相同，活性污泥微生物的组成与数量也近乎相同。在这种条件下，微生物对有机物降解的推动力低，因此活性污泥易于产生污泥膨胀。此外，在相同污泥负荷的情况下，其处理废水底物浓度大于采用推流式曝气池的活性污泥法系统，对有机污染物的去除率不及操作状态好的推流式反应器。

d　间歇式活性污泥法[3]

间歇式活性污泥法，简称 SBR 工艺（Sequencing Batch Reactor），又称序批式活性污泥法。自 1979 年以来，该工艺在美、德、日、澳、加等工业发达国家的污水处理领域得到较为广泛的应用。20 世纪 80 年代以来，在我国也受到重视并得到应用。

间歇式活性污泥法处理系统最主要特征是采用集有机物降解与混合液沉淀于一体的反应器-间歇曝气池。间歇式活性污泥曝气池在流态上呈完全混合式，但在有机物降解方面则是时间上的推流。曝气池的运行操作由进水、反应、沉淀、排放及待机（闲置）五个阶段组成，即所谓的一个运行周期进行运行，如图 2-29 所示。

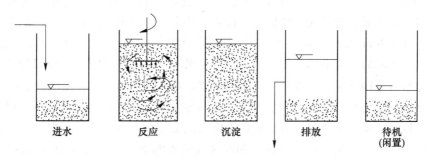

进水　　　反应　　　沉淀　　　排放　　　待机
　　　　　　　　　　　　　　　　　　　　　（闲置）

图 2-29　间歇式活性污泥法

与连续式活性污泥法系统相比，该工艺无需设污泥回流设备，不设二次沉淀池，曝气池容积较小。此外 SBR 工艺还具有以下优点：（1）工艺流程简单，基建与维护费用低；（2）生化反应推动力大，速率快、效率高，出水水质好；（3）SVI 值较低，污泥易于沉淀，不易产生污泥膨胀现象；（4）通过对运行方式的调节，在单一曝气池内能够进行脱氮除磷反应；（5）耐冲击负荷能力强，具有处理高浓度有机废水及有毒废水的能力；（6）应用电动阀、液位计、自动计时器及可编程序控制器等自控仪表，可实现全部自动化的操作与管理。

目前 SBR 工艺仍然存在一些问题：（1）容积利用率较低；（2）系统控制设备较复杂，对其运行维护的要求高；（3）流量不均匀，处理水排放水头损失较大，与后续处理工段协作困难；（4）从综合效益来看，SBR 工艺不适用于大型废水处理厂；（5）暂时还缺少该工艺的实用性强的设计方法、规范、经验。

SBR 工艺在设计和运行中，根据不同的水质条件，使用场合和出水要求，有了许多新的变化和发展，如 ICEAS 工艺、CASS 工艺、UNITANK 工艺和 MSBR 工艺等。

e　氧化沟[1]

氧化沟又称循环曝气池，其平面示意图如图 2-30 所示。氧化沟是于 20 世纪 50 年代由荷兰的巴斯维尔（Pasveer）所开发的一种废水生物处理技术。氧化沟工艺系统的主体反应器为氧化沟，系统内不设初沉池，设格栅及沉砂池作为预处理技术。经过格栅及沉砂池处理后的废水与二沉池的回流污泥进入氧化沟，形成混合液，以介于 0.25~0.35 m/s 的流速在氧化沟内流动。目前常用的氧化沟有卡罗塞（Carrousel）型氧化沟和奥贝尔（Orbal）型氧化沟。

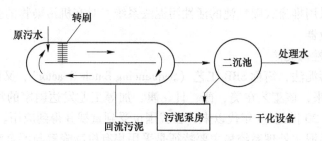

图 2-30　以氧化沟为生物处理单元的废水处理流程

与传统活性污泥法曝气池相比，氧化沟具有以下特征：

（1）构造方面。1）氧化沟的构造形式多样化、运行灵活。氧化沟一般呈环形沟渠状，平面多为椭圆形、圆形或马蹄形，总长可达几十米，甚至百米以上，沟深取决于曝气装置，自 2 m 至 6 m。2）氧化沟可以是单沟或多沟系统。3）出水一般采用溢流堰式，通过调节出水溢流堰的高度来调节氧化沟的水深，采用交替工作系统时，溢流堰应能自动启闭，并与进水装置相呼应，以控制沟内水流方向，对水的流速起到一定的调节作用。

（2）水流流态方面。氧化沟介于完全混合与推流之间，可认为在氧化沟内混合液的水质是几乎一致的，从这个情况来看，氧化沟内的流态是完全混合式的，但混合液在氧化沟的某些区段，又存在着推流式的特征，如在曝气装置的下游，溶解氧浓度从高向低变动，甚至可能出现缺氧段。氧化沟的这种独特的水流状态，有利于活性污泥的生物凝聚作用，而且可以将其分为富氧区、缺氧区，用以进行硝化和反硝化，取得反硝化脱氮的效果。

（3）工艺方面。1）可考虑不设初沉池，构筑物少，流程简单，运行管理方便。2）可考虑不单设二次沉淀池，使氧化沟与二次沉淀池合建，省去污泥回流装置。3）BOD 负荷低，同活性污泥法的延时曝气系统。4）对水温、水质、水量的变动有较强的适应性。5）污泥龄（生物固体平均停留时间）一般可达 15~30 d，是传统活性污泥系统的 3~6 倍，污泥产率低。6）能够存活、繁殖世代时间长、增殖速度慢的微生物，如硝化菌，在氧化沟内可能产生硝化反应，如设计、运行得当，氧化沟能够具有反硝化脱氮的效果。

B　活性污泥工艺系统的影响因素[4]

活性污泥微生物只有在其适宜的环境条件下生活与运作，它的生理活动才能得到正常的进行。影响微生物生理活动的环境因素有：营养物质、溶解氧、pH 值、温度及有毒有害物质等。

（1）营养物质：参与活性污泥反应活动的微生物，在其生命活动的过程中，需要不断地从周围环境的混合液中吸取其所必需的营养物质，主要有碳源、氮源、无机盐类及某些生长素等。而混合液中的这些营养物质应当主要由进入活性污泥工艺系统的废水挟入。一般认为微生物对氮、磷的需要应满足 BOD:N:P = 100:5:1。

（2）溶解氧量（DO）：参与活性污泥反应系统活动的微生物是以好氧菌为主体的微生

物种群。因此，在曝气池内必须保持足够的溶解氧。一般来说，在曝气池内混合液的溶解氧浓度以保持在 1~3 mg/L 为宜。

（3）pH 值：微生物的生理活动与周围环境的酸碱度（氢离子浓度）密切相关，只有在适宜的 pH 值下，微生物才能进行正常的生理活动。一般而言，pH 值以 6.5~8.5 为宜。

（4）温度：适宜的温度能够促进、强化微生物的生理活动，温度不适宜，则能够使微生物的生理活动降低、减弱，甚至遭到破坏，严重不适宜的温度，还会导致微生物形态和生理特性改变，甚至可能导致微生物死亡。微生物的最适宜温度，是指在这一温度的环境条件下，微生物的生理活动强劲、旺盛，表现在增殖方面则是裂殖速度快，世代时间短。如大肠杆菌的最适温度是 37~40 ℃，在这个温度内，大肠杆菌的世代时间最短，介于 17~19 min。

（5）有毒有害物质：有毒有害物质是指对微生物生理活动能够产生抑制作用的，或对细菌有毒害作用，或破坏细菌细胞某些必要的生理结构的无机物质和有机物质，如重金属离子、酚类化合物和甲醛等。

除以上各项因素外，污泥负荷、污泥龄、水力停留时间、污泥回流比和有机底物的化学结构对微生物的生理功能和生物降解的过程也有较实际的影响。

2.2.1.2 生物膜法

生物膜处理法的基本原理与活性污泥法从本质上是相同的，是废水好氧生物处理法的另一种方法。其实质是使细菌、真菌和原生动物、后生动物一类的微生物附着在滤料或某些载体上生长繁育，并在其上形成膜状生物污泥-生物膜。微生物附着的载体可以是固定的，也可以是运动的，但附着在载体上的微生物和介质是相对静止的。生物膜处理法工艺有生物滤池、生物转盘、生物接触氧化池和生物流化床等[3,4]。

A 生物滤池[3]

生物滤池是以土壤自净原理为依据，在废水灌溉的实践基础上发展起来的，其池体在平面一般呈圆形、正方形和矩形。生物滤池的净化原理是废水长期以滴状洒布在滤料表面上，在废水流经的表面上形成生物膜，待生物膜成熟后，栖息在生物膜上的微生物即摄取废水中的有机污染物质作为营养，进行自身的生命活动，从而使废水得到净化。生物滤池主要由滤池、排水设备和布水装置三部分构成。圆形生物滤池的构造如图 2-31 所示。

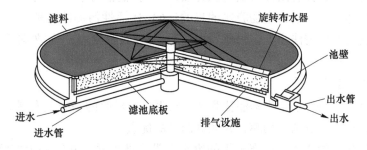

图 2-31 圆形生物滤池的构造

普通生物滤池具有处理效率高、运行稳定、易于管理、节省能源的优点。但存在（1）占地面积大、不适于处理量大废水；（2）滤料易于堵塞；（3）产生滤池蝇；（4）散发臭味的缺点。针对上述缺点，发展了高负荷生物滤池、塔式生物滤池和曝气生物滤池等。

B   生物转盘[3]

生物转盘中生物膜工作机理与生物滤池基本相同，主要区别是生物转盘以一系列转动的盘片代替固定的滤料。生物转盘处理系统中，除生物转盘外，还有预处理设备和二次沉淀池。其中二次沉淀池的作用是去除经生物转盘处理后的废水所挟带的脱落生物膜。

（1）生物转盘的构造：生物转盘主要是由盘片、氧化槽、转轴及驱动装置所组成，其构造示意图如图 2-32 所示。盘片串联成组，中心贯以转轴，转轴的两端设在半圆形氧化槽两端的支座上。转盘面积的 40% 左右浸没在槽内的废水中，转轴一般高出槽内水面 10～25 cm。

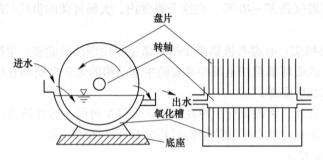

图 2-32   生物转盘构造示意图

（2）生物转盘工作机理：在生物转盘工作中，当圆盘浸没在废水中时，废水中的有机物被生物膜吸附和吸收，当圆盘处于水面以上时，生物膜与空气接触得到充氧，微生物对有机物进行氧化分解，同时排出氧化分解过程中形成的代谢产物。在圆盘不断旋转地过程中，盘片上的生物膜不断交替地和废水、空气接触，完成吸附—吸收—吸氧—氧化分解过程，使废水中的有机污染物不断分解，从而达到废水处理的目的。

（3）与活性污泥法比较，生物转盘有以下优点：1）不需要经常调节生物污泥量，不产生污泥膨胀，设备构造简单，便于维护管理；2）剩余生物污泥量小，污泥颗粒大，含水率低，沉降速度大，易于沉降分离和脱水干化；3）氧化槽无回流及曝气设备，因此动力消耗低；4）对进水 BOD 达 1000 mg/L 以上的高浓度有机废水和 10 mg/L 以下的超低浓度废水都可进行处理，具有耐冲击负荷能力强；5）转盘常处于厌氧-好氧交替状态，因而往往出现反硝化作用，可达到生物脱氮的目的；6）比活性污泥法占地少。其缺点是：1）虽然占地面积比活性污泥法小，但仍然较大；2）基建投资较大；3）处理含易挥发有毒废水时，对大气污染严重。

C   生物接触氧化池[4]

生物接触氧化法是在总结生物滤池和活性污泥运行经验的基础上发展起来的，它可以说是具有活性污泥法特点的生物膜，并兼具两者的优点。

生物接触氧化法的实质是：当充氧的废水浸没全部填料，并以一定的流速流经填料，填料上布满生物膜，废水与生物膜充分接触，在生物膜上微生物的新陈代谢作用下，废水中有机污染物得以去除，废水得到净化，因此，又称为"淹没式生物滤池"；在曝气池内充填填料，采用与曝气池相同的曝气方法，向微生物提供其所需的氧，因此，又称"接触曝气法"。

（1）生物接触氧化池的构造：生物接触氧化池是生物接触氧化处理系统的核心处理构筑物，由池体、填料、支架及曝气装置、进出水装置以及排泥管道等部件所组成。生物接触氧化池的形式有很多，按水流状态分为直流式和分流式两种。直流式生物接触氧化池的基本构造如图 2-33 所示。

（2）生物接触氧化池的滤料：填料是生物膜的载体，是接触氧化处理工艺的关键部位。对填料的要求有：1）水力特性方面，比表面积大、空隙率高、水流通畅、良好、阻力小、流

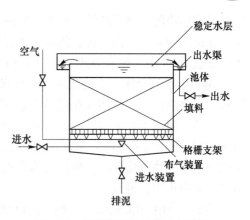

图 2-33　接触氧化池的基本构造图

速均一。2）生物膜附着性方面，应当有一定的生物膜附着性。生物膜附着性与填料的外观形状有关，应采用形状规则、尺寸均一、表面粗糙度较大的滤料。此外还与微生物和填料表面的静电作用有关，微生物多带负电，填料表面电位愈高，附着性也愈强；此外，微生物为亲水的极性物质，因此亲水性填料表面易于附着生物膜。3）化学与生物稳定性较强，经久耐用，不溶出有害物质，不产生二次污染。4）经济方面，应当考虑货源、价格、便于运输与安装等。生物接触氧化池的滤料之前采用垂直放置的塑料蜂窝管填料和塑料规整网状填料，目前多采用各种软性填料，即在纵向安设的纤维绳上绑扎一束束人造纤维丝，形成巨大的生物膜支承面积（图 2-34）。软性填料的特点有比表面大、耐腐蚀、耐生物降解、不堵塞、处理效果好、物理和化学性质稳定、重量轻、易于组装等。但填料的缺点是在氧化池停止工作时，纤维束易于结块，清洗较困难。实际废水运行过程中，应该考虑废水的性质和其他条件对填料进行选择。生物接触氧化法具有处理效率高、生物量大、耐冲击负荷、管理方便、占地面积小和能够脱氮除磷的优点，但如果设计或运行不当，填料可能堵塞，布气、布水不易均匀可在局部部位出现死角。

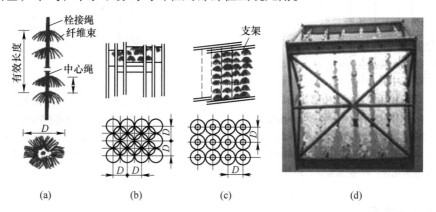

图 2-34　软性填料的结构示意图
（a）软性填料结构；（b）横拉梅花式；（c）直拉均匀式；（d）组装单元

D　生物流化床[3]

生物流化床工艺是借助流体使支撑生物膜的固相介质呈流化状态，同时进行去除和降

解有机污染物的生物膜法处理技术。它的流化介质应具有较高的比表面积和较小的颗粒直径，常采用砂粒、活性炭粒、焦炭粒和无烟煤粒等，废水以一定流速从下向上流动，使载体处于流化状态。生物流化床主要有两相生物流化床和三相生物流化床两种类型。

（1）两相生物流化床：生物流化床内只有固、液两相，所以被称为两相流化床，如图 2-35 所示，主要由床体、载体及脱膜装置、配水装置等组成。本工艺以纯氧或空气作为氧源，废水与部分回流水在充氧设备中与氧或空气相混合，氧转移至水中，使废水中的溶解氧达到 32~40 mg/L（氧气源）或 9 mg/L（空气源），然后从底部通过配水装置进入两相生物流化床进行生物氧化反应，处理后的出水从上部排出，进入二次沉淀池，又分离脱落的生物膜，处理水得到澄清。

（2）三相生物流化床：三相生物流化床是指充氧和反应同时在生物流化床内进行，此时在生物流化床内存在气、固、液三相。三相生物流化床如图 2-36 所示，它的平面形状一般为圆形或方形，由床体、载体、布水装置、充氧装置和脱膜装置等部分组成。空气由空气管底部进入，在管内形成气、液、固混合体，空气起到空气扬水器的作用，混合液上升，气、液、固三相间产生强烈的混合与搅拌作用，载体之间也产生强烈的摩擦作用，外层生物膜脱落，所以三相生物流化床可以实现自动脱膜，不需要特别的脱膜装置。三相生物流化床具有去除效率高、抗冲击负荷能力强、运行维护方便、占地面积小和不需另设专门的脱膜装置的优点，适用于处理高浓度的有机废水，但载体易流失，气泡易聚并变大，影响充氧效率。

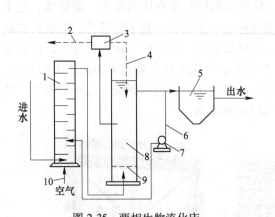

图 2-35　两相生物流化床

1—气水混合设备；2—脱除后的生物膜；
3—脱膜装置；4—脱膜后的载体；
5—二次沉淀池；6—回流管；7—回流泵；
8—生物流化床；9—配水装置；10—空气管

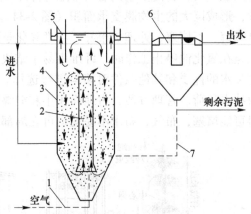

图 2-36　三相生物流化床

1—空气管；2—生物流化床内筒；
3—生物流化床外筒；4—流化介质；
5—出水槽；6—二次沉淀池；7—回流介质

2.2.2　厌氧生物法

厌氧生物处理是利用厌氧微生物来分解废水中有机物的废水处理方法。随着世界能源短缺日益突出，采用厌氧生物处理工艺处理有机废水的研究越来越多。随着大量科学研究者不断深入地研究和实践，开发了各种新型的厌氧工艺和设备，厌氧生物法不仅可用于处理有机污泥和高浓度有机废水，而且能处理中低浓度的有机废水[1,7-10]。

2.2.2.1　厌氧生物反应器的发展历程

一般把 20 世纪 50 年代以前开发的厌氧消化工艺称为第一代厌氧生物反应器，其典型代表是普通厌氧消化池和厌氧接触工艺。第一代厌氧生物反应器结构比较简单，特点是污泥停留时间（SRT）等于水力停留时间（HRT）。为了使污泥中的有机物厌氧消化稳定，需要维持较长的污泥龄，即较长的水力停留时间。第一代厌氧反应器无法将 HRT 与 SRT 分开，所以这类反应器的容积很大，处理效能较低，完成一个废水处理周期大约需要 4 周时间[1,7]。

把 20 世纪 60 年代以后开发的厌氧消化工艺称为第二代厌氧生物反应器，其典型代表是厌氧生物滤池、升流式厌氧污泥床（UASB）和厌氧流化床等。第二代厌氧生物反应器主要是在第一代处理工艺的基础上增加温度和搅拌等控制，特点是将 SRT 与水力 HRT 分离，两者不相等，可以在水力停留时间很短，即 HRT<SRT 的条件下维持很长的污泥龄，因此可以在反应器内维持很高的生物量，所以反应器有很高的处理效能。但是当废水中的悬浮物较多时，会引起设备的堵塞。如果不能及时发现并处理堵塞问题，将严重降低废水处理效率[1,7]。

20 世纪 80 年代，一批新的高效厌氧处理工艺不断从上述工艺中派生出来，如复合厌氧反应器（UBF）、厌氧膨胀颗粒污泥床（EGSB）和厌氧内循环反应器（IC）等称为第三代厌氧反应器。这些新颖厌氧处理工艺的开发，打破了过去认为厌氧处理工艺处理效能低，需要较高温度、较高废水浓度和较长停留时间的传统观念，还专门针对悬浮物堵塞问题进行改进，加高了反应器的高度，并提高了反应器的处理流速。第三代厌氧反应器可以适应不同的温度和浓度，广泛地用于处理高浓度和低浓度废水的实际应用中[1,7]。

2.2.2.2　厌氧生物法原理

厌氧生物处理即在大量厌氧微生物的共同作用下，把废水中的有机物最终转化为甲烷、二氧化碳、水、硫化氢和氨。该过程需要大量不同种类的微生物，这些微生物的代谢相互影响、相互制约，形成复杂的生态体系。布莱恩特（Bryant）于 1979 年提出了四阶段理论（图 2-37），这一理论提出了一个独立的同型产乙酸阶段，目前应用较多。一般认为复杂有机物的厌氧降解过程可以分为水解、发酵（或酸化）、产乙酸和产甲烷四个阶段[1,4]。

第一阶段：水解酸化阶段。复杂有机物因相对分子质量巨大，不能透过细胞膜，所以不能为细菌直接利用。因此这一阶段是水解和发酵菌群将复杂有机物如纤维素、淀粉等水解为单糖后，

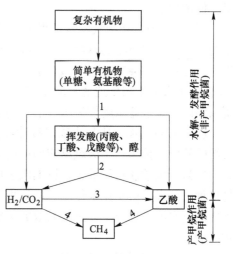

图 2-37　厌氧降解有机物理论

1—发酵细菌；2—产氢产乙酸菌；

3—同型产乙酸菌；4—产乙烷菌

再醇解为丙酮酸；将蛋白质水解成氨基酸，脱氨基成有机酸和氨；脂类水解为各种低级脂肪酸和醇。

第二阶段：产氢产乙酸阶段。在这一阶段，产氢和产乙酸细菌把第一阶段的产物进一

步分解为乙酸和氢气。这一阶段的微生物群落为产氢、产乙酸细菌，这群细菌只有少数被分离出来。此外，还要将第一阶段发酵的三碳以上的有机酸、长链脂肪酸、芳香族酸及醇等分解为乙酸和氢气的细菌和硫酸还原菌。

第三阶段：同型产乙酸阶段。在这一阶段，发酵酸性的产物被产乙酸菌转化为乙酸、H_2 和 CO_2。产甲烷菌、硫酸盐还原菌和脱氮菌消耗氢，少量的产乙酸菌也利用氢，这类产乙酸菌能使用氢作为电子供体将 CO_2 和甲醇还原为乙酸，即为同型产乙酸过程。

第四阶段：产甲烷阶段。这一阶段的微生物是两组生理特性不同的专性厌氧的产甲烷菌群。一组将 O_2 和 CO_2 合成 CH_4 或 CO 和 H_2 合成 CH_4；另一组将乙酸脱羧生成 CH_4 和 CO_2，或利用甲酸、甲醇、甲基胺裂解为 CH_4。在厌氧反应器中，甲烷产量的大约 70% 由乙酸歧化菌产生。

2.2.2.3　厌氧生物处理的影响因素

影响厌氧生物处理效率的因素主要包括两大类：一类是基础因素，包括微生物量（污泥浓度）、营养比、混合接触状况、有机负荷等；另一类是环境因素，如温度、pH 值、氧化还原电位、毒性物质等[8-11]。

（1）温度：温度是影响微生物生存及生物化学反应的最主要的因素之一。各类微生物适应的温度范围有所差异，根据微生物生长的温度范围，将微生物分为三类：1）嗜冷微生物（生长温度 5~20 ℃）；2）嗜温微生物（生长温度 20~42 ℃）；3）嗜热微生物（生长温度 42~75 ℃）。相应地，废水的厌氧处理工艺也分为低温、中温、高温三类。在不同温度下，反应过程中的中间产物也不相同，但是温度波动会抑制相关微生物自身的新陈代谢，造成厌氧反应受到影响。因此，要保证厌氧过程高效顺利地进行，在反应过程中要求温度保持稳定。

（2）pH 值：在厌氧反应过程中，碱度可以很好地反映体系的缓冲能力，在反应过程中通常作为重点监测的指标之一。厌氧生物适宜生存的 pH 值在 6.0~8.5，一旦超过或低于这个范围，将会影响到厌氧生物的酶活性。所以，在处理废水时，需要先调节废水的 pH 值，为厌氧生物创造适宜的生存环境。在厌氧反应中，起到缓冲能力的物质是 HCO_3^-，所以多以碳酸氢盐碱度作为缓冲能力的衡量指标。

（3）接种污泥：厌氧生物对接种环境的要求较为严格，繁殖一次需要很长时间，接种污泥的品质直接决定了厌氧反应的反应效率。例如：若是接种量较少，且污泥的浓度较低时，极易产生酸性物质堆积，影响厌氧反应第二阶段的进行，无法将有机酸进行分解；若是接种量较多，由于竞争作用，厌氧生物之间会争夺养分，导致污泥活性下降。所以，为了提高废水的处理效率，进行高效的厌氧反应，通常使用颗粒污泥进行接种，保证厌氧生物的数量。

（4）混合和搅拌：为了使污泥和废水能够混合均匀，可以通过人为进行搅拌，加快其混合速度或者利用进水速率来冲击污泥，加速污泥的扩散速度。污泥能处理废水中有机物的含量，可以用有机负荷率来衡量，此外，在厌氧设备启动过程中，还要考虑负荷与微生物量的高低，提升其繁殖效率。

（5）有毒物质：由于工业废水处理工艺和生产的特殊性，废水中往往存在一些难以降解的有毒有害物质，厌氧微生物虽然会降解一些有机化合物，但硫化物、油脂之类的有毒物质不仅难以降解，还会对厌氧微生物的存在造成威胁，所以会直接影响厌氧消化反应效率。这种影响体现在硫化物质还原反应中，还原后的硫化物会对消化反应产生抑制作用。

（6）氧化还原电位：无氧环境是厌氧生物生存的基础条件之一，而废水处理过程中，可能会出现氧气影响厌氧反应的进行，所以应对反应装置中氧气的浓度进行测定，控制含氧量。可以通过氧化还原电位的方法来获取氧气的浓度，降低含氧量，加快厌氧生物的繁殖速度。例如：厌氧生物中，非甲烷菌生物的氧化还原电位可以控制在 -100 mV 到 100 mV 之间，甲烷菌氧化还原反应电位应控制在 -400 mV 到 -150 mV 之间。

（7）有机负荷：在厌氧生物处理法中，有机负荷指消化池单位容积每天接受的有机物量（$kg(COD)/(m^3 \cdot d)$）。有机负荷是影响厌氧消化效率的一个重要因素，直接影响产气量和处理效率。在一定时间内，随着有机负荷的提高，产气量增加，但处理程度下降，反之亦然。

（8）营养物质及微量元素：除了对碳和氮等大量营养物的基本要求外，大量厌氧菌没有合成某些必需维生素的能力。因此为保持细菌的生长和活动，还需要补充某些专门的营养物。厌氧微生物的生长繁殖需要一定比例地摄取碳、氮、磷及镍等微量元素。工程上主要控制进料的碳、氮、磷的比例，一般认为，厌氧生物处理法 C∶N∶P 控制在（300～500）∶5∶1 为宜。

2.2.2.4 厌氧生物处理法的特点

对比好氧生物处理法与厌氧生物处理法，可以得出厌氧生物处理法具有以下优点[3,4,11]：

（1）应用范围广。好氧生物处理法因为供氧限制，一般只适用于中、低浓度有机废水的处理，而厌氧生物处理法可以处理任何浓度的有机废水。厌氧生物处理可以降解对于好氧生物难降解的有机物，如固体有机物、着色剂蒽醌和某些偶氮染料等。

（2）能耗低。好氧生物处理法需要消耗大量能量供氧，曝气费用随着有机物浓度的增大而增加，增加投资费用。而厌氧生物处理法不需要充氧，且产生的沼气可作为能源。

（3）负荷高、占地少。一般而言，好氧生物处理法的有机容积负荷为 $2\sim4$ $kg(COD)/(m^3 \cdot d)$，而厌氧生物处理法为 $2\sim10$ $kg(COD)/(m^3 \cdot d)$，最高可达 50 $kg(COD)/(m^3 \cdot d)$。因此，厌氧反应器的容积负荷要比好氧法高，单位体积反应器去除污染物的量高，所以厌氧反应器的体积较好氧反应器小。

（4）污泥产量低。好氧法污泥产率为 $0.3\sim0.45$ $kg(VSS)/kg(COD)$ 或 $0.4\sim0.5$ $kg(VSS)/kg(BOD)$；厌氧法为 $0.04\sim015$ $kg(VSS)/kg(COD)$ 或 $0.07\sim0.25$ $kg(VSS)/kg(BOD)$。厌氧生物处理污泥产率低，可节省处理污泥的费用。

（5）营养物质需要量较少。一般要求，好氧生物处理法 BOD∶N∶P 为 100∶5∶1，而厌氧生物处理法 BOD∶N∶P 为 200∶5∶1。因此，厌氧处理在处理氮、磷缺乏的废水时所需投加的营养物质量较少。

（6）具有杀菌作用。厌氧处理过程有一定的杀菌作用，可以杀死废水和污泥中的寄生虫卵、病毒等。

（7）对水温的适宜范围较广。好氧生物处理在水温 $20\sim30$ ℃时，一般认为处理效果最好，在 35 ℃以上和 10 ℃以下净化效果降低，因此对高温废水需采取降温措施。而厌氧生物处理根据产甲烷菌的最适宜生存条件可分为 3 类：常温菌生长温度范围 $10\sim30$ ℃，最适宜为 20 ℃左右；中温菌范围为 $30\sim40$ ℃，最适宜为 $33\sim35$ ℃；高温菌为 $50\sim65$ ℃；最适宜为 53~55 ℃。尽管产甲烷菌分为 3 类，但大多数产甲烷菌的最适温度在中温范围。

然而，厌氧生物处理法也存在以下缺点：

（1）因为厌氧微生物增殖缓慢，启动时经接种、培养、驯化达到设计污泥浓度的时间比好氧生物处理长，因而厌氧设备启动和处理所需时间比好氧设备长。

（2）出水处理程度达不到排放标准，往往需要进一步处理，因此一般在厌氧处理后串联好氧处理。

（3）厌氧处理不能除磷，因为在厌氧条件下，微生物是释放 PO_4^{3-}，只有在好氧条件下，微生物才能吸收 PO_4^{3-}，而达到除磷要求的。因此厌氧法只有与好氧法或其他化学除磷方法相结合，才能达到除磷效果。

（4）常规厌氧处理无硝化作用。

2.2.3　生物脱氮工艺

普通活性污泥法主要是降解、去除废水中可降解有机物和悬浮物，氮的去除仅是通过活性污泥微生物的摄取而去除，因此去除率低，仅为 20%~40%。目前，常用的脱氮技术主要是生物技术。

2.2.3.1　生物脱氮原理

未经处理的废水中，含氮化合物存在的主要形式是：有机氮（如蛋白质、氨氮、尿素等）、氨态氮、亚硝态氮和硝态氮。废水中有机氮的去除要经历氨化、硝化和反硝化过程，最终生成氮气从水中逸出[3,4,11]。

（1）氨化反应。在好氧状态下，有机氮在氨化细菌的作用下转化为氨态氮。例如，氨基酸的氨化反应为：

$$RCH(NH_2)COOH + O_2 \xrightarrow{\text{氨化菌}} RCOOH + CO_2 + NH_3 \uparrow$$

（2）硝化反应。在好氧状态下，氨态氮在严格好氧的硝化细菌的作用下转化为硝酸盐氮。亚硝酸菌和硝酸菌统称为硝化菌，反应为：

$$NH_4^+ + 2O_2 \xrightarrow{\text{硝化细菌}} NO_3^- + H_2O + 2H^+$$

1 g NH_4^+-N 完全硝化需氧 4.57 g，此即硝化需氧量（NOD）。同时，硝化反应使 pH 值下降，1 g NH_4^+-N 完全硝化需消耗 7.1 g 碱（以 $CaCO_3$ 计）。为保持硝化反应适宜的 pH 值，废水中应该有足够的碱度。

（3）反硝化反应。反硝化菌在溶解氧含量很低的环境中，以有机物作为碳源及电子供体，以硝酸根作为电子受体，将硝酸盐还原为氮气。常见的反硝化菌有假单胞菌属、产碱杆菌属、芽孢杆菌属和微球菌属等。如以甲醇为电子供体时，反应式为：

$$6NO_3^- + 5CH_3OH \xrightarrow{\text{反硝化细菌}} 5CO_2 + 3N_2 + 7H_2O + 6OH^-$$

还原 1 g 硝态氮产生 3.57 g 碱。要保证反硝化顺利进行，必须有充分的电子供体。

（4）同化作用。废水中一部分氮被同化成微生物细胞的组成成分，并以剩余污泥的形式从废水中去除。

2.2.3.2　硝化过程中的影响因素

硝化细菌对环境变化十分敏感，为了保证硝化反应正常进行，必须保证以下环境条件[3,4]：

（1）溶解氧浓度：硝化细菌为了获得足够的能量用于生长，必须氧化大量的 NH_4^+ 和 NO，氧是硝化反应过程的电子受体，反应器内溶解氧含量，将影响硝化反应的进程。大量实验证明，在硝化反应的曝气池内，溶解氧含量不得低于 2 mg/L。

（2）pH 值：硝化细菌对 pH 值的变化十分敏感，当 pH 值为 7.0~8.1 时，活性最强，硝化细菌的最大比增长速率可以达到最大值，超出这个范围，活性就要降低。当 pH 值降到 5.0~5.5 时硝化反应将停止。通常将 pH 值控制在 7.2~8.0。

（3）碱度：随着硝化反应的进行，pH 值会逐渐下降，为保持适宜的 pH 值，应当在废水中保持足够的碱度，好氧区剩余总碱度宜大于 70 mg/L。

（4）温度：在 5~30 ℃ 的温度范围内，随着温度的提高，硝化反应速度也随之提高，最佳温度为 30 ℃，在 15 ℃ 以下时，硝化反应速度下降，5 ℃ 时完全停止。

（5）混合液中有机物含量：硝化细菌是自养菌，有机物浓度并不是它的增殖限制因素，但它们需要与普通异养菌竞争电子受体。若 BOD 浓度过高，将使增殖速度较快的异养型细菌迅速增殖，从而使硝化细菌在利用溶解氧作为电子受体方面处于劣势而不能成为优势种属。一般混合液中的 BOD 值应在 15~20 mg/L。

（6）污泥龄：为了使硝化菌群能够在反应器内存活并繁殖，硝化细菌在反应器内的停留时间（污泥龄）必须大于硝化细菌的最小的世代时间，否则将使硝化细菌从系统中流失殆尽。

（7）重金属及有害物质：除重金属和有毒有机物外，对硝化反应产生抑制作用的物质还有：高浓度的 NH_4^+-N、高浓度的 NO_x^--N、有机基质以及络合阳离子等。

2.2.3.3 反硝化过程的影响因素

反硝化过程主要受以下几种因素影响[3,4]：

（1）碳源：反硝化细菌为兼性异养菌，以有机物作为碳源及电子供体，以硝酸盐中的氧作为电子受体。应用的碳源物质不同，反硝化速率也不同。一般认为，当废水中 BOD_5/TN>3~5 时，即可认为碳源充足，不需要外加碳源；当废水中碳、氮比值过低，BOD_5/TN<3~5 时，则需投加有机碳源（常用甲醇）。

（2）pH：反硝化反应最适宜的 pH 值为 7.0~7.5，不适宜的 pH 值影响反硝化菌的增殖和酶的活性，当 pH 值高于 8 或低于 6 时，反硝化速率大为下降。

（3）碱度：反硝化过程会产生碱度，这有助于把 pH 值维持在所需的范围内，并补充在硝化过程中消耗的一部分碱度。

（4）溶解氧浓度：反硝化细菌在无分子氧和存在硝酸根和亚硝酸根离子的条件下，能够利用这些离子作为电子受体进行呼吸，使硝酸盐还原。若反应器内存在溶解氧，会使反硝化菌利用氧进行有氧呼吸，氧化有机物，抑制反硝化菌体内硝酸盐还原酶的合成，而无法进行反硝化作用，从而使得污泥的反硝化活性降低。因此，反硝化反应宜于在厌氧、好氧条件交替的条件下进行，反硝化时溶解氧浓度应控制在 0.5 mg/L 以下。

（5）温度：反硝化反应的最适宜温度是 20~40 ℃，低于 15 ℃，反硝化菌的增殖速率和代谢速率均降低，从而反硝化反应速率降低。为了保证一定的反硝化速率，在冬季低温季节时，可采用以下措施：提高生物固体平均停留时间、降低负荷率以及提高废水的水力停留时间。

2.2.3.4   生物脱氮工艺

生物脱氮处理工艺是以生物法脱氮原理为基础，废水中的有机氮及氨氮经过氨化作用、硝化反应、反硝化反应，最后转化为氮气，对应的在活性污泥法处理系统中应设置相应的好氧硝化段和缺氧反硝化段。

（1）三级活性污泥法脱氮工艺[3,4]。活性污泥法脱氮的传统工艺是由巴思（Barth）开创的所谓三级活性污泥法流程，该工艺是将氨化、硝化及反硝化段独立开来，每一部分都有自己的沉淀池和各自独立的污泥回流系统，使除碳、硝化和反硝化在各自的反应器中进行，并分别控制在适宜的条件下运行，处理效率高。其工艺流程如图 2-38 所示。

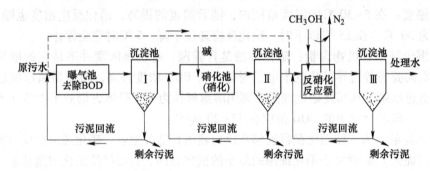

图 2-38   三级活性污泥法脱氮流程

三级活性污泥法脱氮工艺的优点是可以使有机物降解菌、硝化菌、反硝化菌分别在各自反应器内生长繁殖，而且能够各自回流在沉淀池分离的污泥，反应速度快和分解彻底。但处理设备多，需要在硝化池内投加碱度并在反硝化阶段外加碳源，投资高，运行管理不便。

由于反硝化段设置在有机物氧化和硝化段之后，经过硝化反应后的出水 BOD 量几乎没有，而且主要靠内源呼吸利用碳源进行反硝化，效率很低，所以必须在反硝化段投加碳源来为硝化菌的繁殖与代谢提供能量，通常选择甲醇作为碳源。随着对硝化反应机理认识的加深，将有机物氧化和硝化合并成一个系统以简化工艺，从而形成二段生物脱氮工艺，如图 2-39 所示。各段同样有其自己的沉淀及污泥回流系统。除碳和硝化作用在一个反应器中进行时，设计的污泥负荷率要低，水力停留时间和污泥龄要长，否则，硝化作用不完全。在反硝化段仍需要外加碳源来维持反硝化的顺利进行。

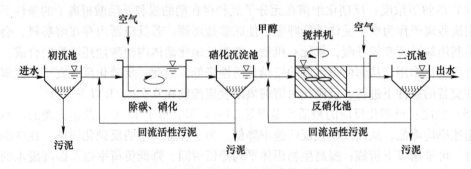

图 2-39   补充外碳源的二阶段硝化反硝化工艺

（2）缺氧-好氧活性污泥法脱氮工艺（A/O 法脱氮工艺）[3,4]。缺氧-好氧活性污泥法脱氮工艺于 20 世纪 80 年代初开发，该工艺将反硝化反应器放置在系统的前面，因此又称为前置反硝化生物脱氮工艺，是目前较为广泛采用的一种脱氮工艺。图 2-40 是缺氧-好氧活性污泥法脱氮工艺的流程图，即反硝化、硝化与 BOD 去除分别在两种不同的反应器内进行。

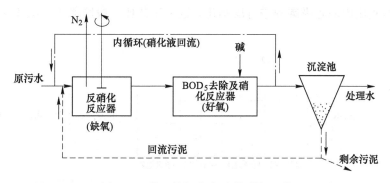

图 2-40　前置缺氧-好氧生物脱氮工艺

硝化反应器内已进行充分反应的硝化液的一部分回流到反硝化反应器，而反硝化反应的脱氮菌以废水中的有机物为碳源，以回流液中硝酸盐的氧作为电子受体，进行呼吸和生命活动，将硝态氮还原成气态氮（N_2），因此不需要外加碳源（如甲醇）。

缺氧-好氧活性污泥法脱氮工艺具有以下特点：1）反硝化反应产生的碱度可补充硝化反应所消耗的碱度的 50%左右，对于氮含量不高的废水，因此无需投碱以调节 pH 值；2）好氧池在缺氧池后，可使反硝化残留的有机物得到进一步去除；3）前置缺氧也可以有效控制系统的污泥膨胀；4）该工艺能同时去除有机物和氮，流程简单，装置少，不需要外加碳源，因此基建费用及运行费用较低。其缺点是：1）脱氮效率不高，一般只能达到 70%~80%，若要提高脱氮效率需要加大回流比；2）由于出水中仍有一定浓度的硝酸盐，如果二沉池运行不当，有可能进行反硝化反应，造成污泥上浮，出水水质恶化。

（3）后置缺氧反硝化脱氮工艺[4]。后置缺氧反硝化脱氮工艺如图 2-41 所示，缺氧区放置于好氧区的后面，可以在有或者无外部碳源存在的情况下运行，氮的去除是通过在好氧硝化作用后增加一个混合缺氧池来完成的。在无外碳源加入时，后置缺氧工艺主要依赖于活性污泥的内源呼吸作用，为硝酸盐还原提供电子供体。与前置缺氧工艺相比，后置缺氧工艺的反硝化速率非常低，仅是前置缺氧反硝化速率的 1/8~1/3，需要较长的停留时间才能达到一定的反硝化效率，因而为实现较高脱氮效率往往需要设计较长的停留时间。

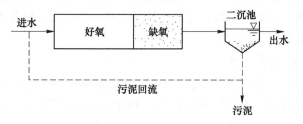

图 2-41　后置缺氧反硝化脱氮工艺

在单级活性污泥系统中的硝化工艺后接几个分体式水池，可以实现后置缺氧反硝化。Bardenpho 工艺是在这一原理下发展起来的。Bardenpho 工艺是将前置缺氧段和后置缺氧段反硝化作用结合起来的工艺，该工艺取消了三级活性污泥法脱氮工艺的中间沉淀池，如图 2-42 所示。该工艺设置两个缺氧段，第一段利用废水中的有机物和回流的硝态氮的混合液进行反硝化反应。经第一段处理后，脱氮已大部分完成。为进一步提高脱氮效率，第二段反硝化反应器利用内源呼吸碳源进行反硝化。这一工艺比三段脱氮工艺减少了投资和运行费用。

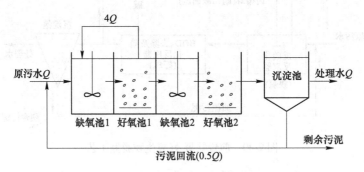

图 2-42　Bardenpho 生物脱氮工艺

（4）同步硝化反硝化工艺[2]。同步硝化反硝化（SND）工艺是指在没有明显设置缺氧区的活性污泥法处理系统内总氮被大量去除的工艺。同步硝化反硝化过程的机理为：反应器溶解氧分布不均理论、缺氧微环境理论、微生物学理论。

在诸多的生物脱氮工艺中，目前前置缺氧反硝化使用较为普遍，随着生物脱氮技术的发展，新的工艺不断被研究开发出来。

2.3　深度处理技术

2.3.1　高级氧化技术

在我国城市化、工业化程度日益提高的同时，工业生产过程中产生的大量高浓度难降解有机废水随之流入自然环境，增加了水环境保护的难度。目前应用广泛的常规处理技术难以满足环保需求。随着近年来的研究，高级氧化法被发现是去除难降解有机物的有效途径之一。

高级氧化技术又称深度氧化技术，它的基本原理是利用羟基自由基（·OH）有效降解水中的有机污染物。高级氧化技术通常包括湿式空气氧化法、催化湿式氧化法、超临界水氧化法和光化学氧化法等[1,3,12]。

2.3.1.1　湿式空气氧化法

湿式空气氧化法简称湿式氧化法（Wetairoxidation，WAO），湿式氧化法是在高温（150～350 ℃）、高压（5～20 MPa）下，利用空气或氧气（或其他氧化剂，如 O_3、H_2O_2、Fenton 试剂等）将废水中的有机物氧化成二氧化碳和水，从而去除污染物的一种处理方法。其中，高温可以提高 O_2 在液相中的溶解度，高压可以抑制水的蒸发以维持液相，而液相的水可以作为催化剂，使氧化反应在较低温度下进行。

湿式氧化法的工艺流程如图 2-43 所示。具体流程为：废水通过贮存罐由高压泵打入热交换器，与反应后的高温氧化液体换热，使温度上升到接近于反应温度后进入反应器。压缩机提供反应所需的氧。在反应器内，废水中的有机物与氧发生放热反应，在较高温度下将废水中的有机物氧化成二氧化碳和水，或生成低级有机酸等中间产物。反应后的气液混合物经分离器分离，液体经热交换器预热进水，回收热能。高温高压的尾气首先通过再沸器（如废热锅炉）产生蒸汽或经热交换器预热锅炉后进水，其冷凝水由第二分离器分离后通过循环泵再送回反应器，分离后的高压尾气送入透平机产生机械能或电能[1]。

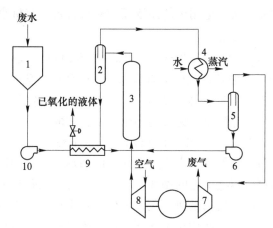

图 2-43　湿式氧化法的工艺流程

1—贮存罐；2，5—分离器；3—反应器；4—再沸器；6—循环泵；7—透平机；8—空压器；9—热交换器；10—高压泵

湿式氧化法具有使用范围广、处理效果好、二次污染少、氧化速度快、装置小和能量损失小等优点，其局限性是：（1）条件要求高：该法要求在高温、高压条件下进行，投资费用较高；（2）适用范围有限：仅适用于小流量的高浓度有机废水，或作为某种高浓度有机废水的预处理工艺；（3）难以完全氧化某些有机物：如多氯联苯、小分子羧酸[3,12]。

2.3.1.2　催化湿式氧化法

催化湿式氧化法是目前高浓度难降解有机废水处理最有效的方法之一。催化湿式氧化法是在传统的湿式氧化法中加入适宜的催化剂以降低反应所需的温度和压力来完成氧化过程的方法。

催化剂的作用是降低反应的活化能或改变反应的历程来加快反应速度。目前应用于湿式氧化法的催化剂主要包括过渡金属及其氧化物，复合氧化物和盐类。根据所用催化剂的状态，将催化剂分为均相催化剂和非均相催化剂两类。因此，催化湿式氧化法分为均相催化湿式氧化法和非均相催化湿式氧化法[1,3,12]。

（1）均相催化湿式氧化法。均相催化湿式氧化法就是通过向反应溶液中加入可溶性的过渡金属盐类的催化剂，使其在分子或离子水平对反应过程起催化作用。均相催化剂通常采用铜盐，Fenton 试剂法目前也是应用较多的均相催化湿式氧化法，但催化剂易流失，会造成经济损失以及对环境的二次污染，需进行后续处理以便从出水中回收催化剂，这使处理工艺流程复杂，废水处理成本提高。

（2）非均相催化湿式氧化法。非均相催化剂，即催化剂以固态存在，主要有贵金属系列、铜系列和稀土系列三大类。贵金属催化剂主要采用共沉淀法或焙烧法等制得的复合氧化物以及以活性炭等为载体的催化剂。由于贵金属稀有昂贵，一定程度上限制其在催化湿式氧化中的应用。目前已研究出各种铜系列催化剂，如 $CuO \cdot ZnO\text{-}Al_2O_3$、$CuO \cdot ZnO/Al_2O_3$、$Cu\text{-}Al_2O_3$ 和 $Cu\text{-}AC$ 等。然而由于贵金属系列催化剂价格昂贵、铜系列的过渡金属存在溶出问题，所以人们对 Ce 系列为代表的稀土氧化物进行研究，如 $CeO_2\text{-}ZrO_2\text{-}CuO$ 和 $CeO_2\text{-}ZrO_2\text{-}MnO_2$ 等稀土复合催化剂。

与常规湿式氧化法相比，催化湿式氧化法反应速率更高，是一种高效率、低能耗、封闭型的无二次污染的优良方法，适用于超高浓度和有毒有害的有机废水。

2.3.1.3　超临界水氧化法

超临界水氧化法（Super Critical Water Oxidation，SCWO），是 20 世纪 80 年代中期由美国学者 Modell 提出的一种能够彻底破坏有机物结构的新型氧化技术。超临界水氧化法是在超临界条件（温度大于 374 ℃，压力大于 22.1 MPa）下，将废水中所含的有机物用氧气氧化分解成水、二氧化碳等简单、无害的小分子化合物的一种方法。

超临界水氧化法的工艺流程如图 2-44 所示，其基本流程为：首先，用水泵将废水压入氧化反应器，并在此与一般循环反应物直接混合而加热，提高温度。其次，用压缩机将空气增压，通过循环用喷射器把上述的循环反应物一起带入氧化反应器。有害有机物与氧在超临界水中快速反应，使有机物迅速氧化，氧化过程中释放出来的热量能够将反应器内的所有物料加热至超临界状态，在均相条件下，使有机物和氧进行反应。离开反应器的物料进入旋风分离器，在此将反应中产生的无机盐等固体物料从流体相中沉淀析出。离开旋风分离器的物料一部分循环进入反应器，另一部分作为高温高压流体先通过蒸汽发生器，产生高压蒸汽，再通过高压气液分离器。N_2 与大部分 CO_2 以气体物料的形式离开分离器，进入透平机，为空气压缩机提供动力。水和溶解于水中的 CO_2 经排出阀减压后进入低压气液分离器，分出的气体（主要是 CO_2）进行排放，液体则为洁净水，作补充水进入水槽。

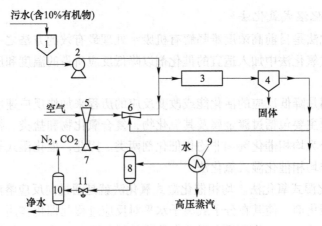

图 2-44　超临界水氧化法的工艺流程

1—储水槽；2—水泵；3—氧化反应器；4—固体分离器；5—空气压缩机；6—循环用喷射泵；
7—膨胀透平机；8—高压气液分离器；9—蒸汽发生器；10—低压气液分离器；11—减压阀

超临界水氧化法具有污染物完全氧化、二次污染小、设备与运行费用相对较低等优势。适用于处理有毒、难降解的有机废物。目前常用于处理印染废水、医疗废水、肉联厂废水、焦化废水、含油废水、造纸废水等。

2.3.1.4 光化学氧化法

光化学氧化法是近 20 多年来发展迅速的一种高级氧化技术。该方法是在光的作用下进行化学反应，使反应中的分子吸收光能，被激发到高能态，然后和电子激发态分子进行化学反应。光化学氧化反应的活化能来源于光子的能量，通常采用的氧化剂有氯、次氯酸盐、过氧化氢、空气和臭氧等。光源多用紫外光，针对不同的污染物可选用不同波长的紫外灯管，以便充分发挥光氧化的作用[1,3]。

光化学反应通常是有机物在光的作用下，通过产生羟基自由基（·OH）使有机物逐步氧化成无机物，最终生成 CO_2、H_2O 及其他离子，如 NO_3^-、PO_4^{3-}、卤素等[1,3,12]。

（1）UV/O_3 系统。将臭氧与紫外光辐射相结合的一种高级氧化过程。这一方法利用臭氧在紫外光的照射下分解产生的活泼次生氧化剂来氧化有机物。Okabe 提出，臭氧在受到紫外光的辐射时，首先产生游离氧，游离氧再与水反应生成·OH。Taube 和 Glaze 认为，反应过程中先生成 H_2O_2，H_2O_2 再通过光化学诱导产生·OH。

UV/O_3 系统的降解效率比单独使用 O_3 或 UV 要高得多。通过添加紫外光辐射可以促进 O_3 生成·OH，可使有机物完全降解。

（2）UV/H_2O_2 系统。UV/H_2O_2 系统的反应机理为：1 分子的 H_2O_2 首先在紫外光的照射下产生 2 个分子的·OH，然后·OH 与有机物发生反应使其分解。其中，·OH 是一种极强的氧化剂。

UV/H_2O_2 氧化反应的影响因素有 H_2O_2 浓度、有机物的初始浓度、紫外光强度和频率、溶液的 pH 值、反应温度和时间等。实验证明，UV/H_2O_2 系统对有机污染物浓度的适用范围为 3.3~5000 mg/L。UV/H_2O_2 系统主要用于对有害或不可生物降解废水进行预消化，对高浓度有机废水进行预处理。

由于 O_3 是一种微溶且不稳定的气体，需要现场制备和储存，因此 UV/O_3 系统需增加设备，给操作带来不便。而 H_2O_2 在水中可全溶，UV/H_2O_2 系统不需要特制设备和存储设备，因此，用 H_2O_2 比 O_3 更为经济方便。

2.3.2 吸附

在废水处理过程中，吸附过程是在吸附装置内完成，该过程称为吸附操作。吸附法就是利用多孔性的固体物质，使废水中的一种或多种物质被吸附在固体表面而去除的方法。其中具有吸附能力的多孔性固体物质称为吸附剂，而废水中被吸附的物质称为吸附质[2]。

2.3.2.1 吸附机理

吸附是一种界面现象，它的作用仅发生在两相的界面上。当溶质从水中向固体颗粒表面移动时，发生吸附，这一过程是水、溶质和固体颗粒三者相互作用的结果。引起吸附的主要原因有两种：溶质对水的疏水特性和溶质对固体颗粒的高度亲和力。第一种原因主要是溶质的溶解程度，当溶质的溶解度越大时，向表面运动的可能性越小；相反，则向吸附界面移动的可能性越大。第二种原因是溶质与吸附剂之间的范德华引力或化学键或静电引力所引起的，因此，可将吸附分为物理吸附、化学吸附和离子交换吸附三种类型[1,3]。

（1）物理吸附。物理吸附是吸附质与吸附剂之间通过分子间力（范德华力）而产生的吸附，是常见的一种吸附现象。其特点是：1）没有选择性；2）吸附质并不固定在吸附剂表面的特定位置上，而是能在界面范围内自由移动，所以其吸附的牢固程度不如化学吸附；3）主要发生在低温状态下，过程放热较小，一般在 41.9 kJ/mol 以内；4）吸附可以形成单分子或多分子吸附层；5）解吸容易，由于吸附剂和吸附质之间的作用主要是分子间作用力，所以在外力作用下，吸附质容易脱离吸附剂的表面。

（2）化学吸附。化学吸附是由于化学键力的化学作用引起的吸附。其特点是：1）具有选择性，一种吸附剂只能对某种或几种吸附质发生化学吸附；2）分子不能在表面自由移动，即一旦被吸附，吸附质便固定在某一点而不能移动；3）主要发生在较高温度下，吸附热较大，相当于化学反应热，一般为 83.7~418.7 kJ/mol；4）只能形成单分子吸附层；5）吸附牢固，解吸困难。

（3）离子交换吸附。离子交换吸附是呈离子状态的吸附质在静电引力的作用下聚集在吸附剂表面的带电点上，并置换出原先固定在这些带电点上的其他离子的吸附。能发生离子交换吸附的固体物质称为离子交换剂，分为阳离子交换剂和阴离子交换剂两种。

在实际废水处理中，物理吸附、化学吸附和离子交换吸附并不是孤立存在的，而是相伴发生的。由于废水中污染物的成分复杂，一般吸附过程是几种吸附综合作用的结果。

2.3.2.2　影响吸附的因素

了解影响吸附过程的因素是为了选择合适的吸附剂和控制合适的操作条件，使其吸附效果达到最佳。影响吸附的主要因素有吸附剂的性质、吸附质的性质和吸附过程的操作条件等[1]。

（1）吸附剂的性质：吸附剂的比表面积、细孔的构造和分布情况、表面化学性质以及吸附剂再生的方式和次数等都是影响吸附的重要因素。

（2）吸附质的性质：1）溶解度：吸附质在水中的溶解度对吸附有较大影响，一般吸附质溶解度越低，越容易被吸附。2）表面自由能：使液体表面自由能降低得越多的吸附质，越容易被吸附。3）分子结构：芳香族化合物较脂肪族化合物易吸附，不饱和键有机物较饱和键的易吸附，直链化合物比侧链化合物容易被吸附。4）极性：极性的吸附剂易吸附极性的吸附质，非极性的吸附剂易吸附非极性的吸附质。例如，活性炭是一种非极性吸附剂或称疏水性吸附剂，可以从溶液中选择性地吸附非极性或极性很低的吸附质。硅胶和活性氧化铝为极性吸附剂或称亲水性吸附剂，可以从溶液中选择性吸附极性分子，包括水分子。5）吸附质分子大小和不饱和度：吸附质分子的大小和不饱和度对吸附也有影响。一般分子量越大，吸附性越强（同族）。但当分子量大时，细孔内的扩散速率会减慢。所以当有机物分了量超过 1000 时，需要进行预处理，使其分解为小分子有机物，再进行吸附处理，效果会更好。6）浓度：在一定范围内，随着吸附质浓度增高，吸附容量增大。

（3）共存物质：物理吸附时，吸附剂可吸附多种吸附质。一般多种吸附质共存时，吸附剂对某种吸附质的吸附容量比只含该种吸附质时的吸附容量差，但总的吸附容量大于任一单个物质的吸附容量。

（4）吸附操作条件：1）pH 值：吸附质从水中吸附有机物的效果一般随着溶液 pH 值的增加而降低，pH 值高于 9 时不易吸附，因此，活性炭一般在酸性溶液中比在碱性溶液中有更高的吸附量。另外，pH 值对吸附剂在水中存在的状态及溶解度有时也有影响，从而对吸附效果产生影响。2）温度：吸附是放热过程，温度升高吸附量减少，反之吸附量增加。一般低温有利于吸附，升温有利于脱附。3）接触时间：吸附剂与吸附质的接触时间也是影响吸附的重要因素。因此在进行吸附时，应保证吸附质与吸附剂有一定的接触时间，使吸附接近平衡，充分利用吸附剂的吸附能力。

2.3.2.3 吸附剂及其再生

（1）吸附剂：不是所有固体物质都能作为吸附剂使用，只有多孔的或粒度极细的固体物质，由于其比表面积很大，具有明显的吸附能力，才可以作为吸附剂使用。吸附剂选择一般要满足以下几个要求[1]：1）吸附能力强，容易再生和利用；2）机械强度好，具有耐腐蚀、耐磨、耐压性能；3）吸附选择性好；4）化学性质稳定；5）吸附平衡浓度低；6）价格低廉，来源充足。实际应用中应该根据不同的场合选择吸附剂。常见吸附剂有活性炭、炭分子筛、硅胶、沸石、活性氧化铝、矿渣、炉渣、树脂、木屑和腐植酸系等。

（2）吸附剂的再生：吸附再生，就是指在吸附剂本身结构不发生或极少发生变化的情况下，采用某种方法将吸附质从吸附剂的细孔中去除以恢复其吸附功能，进而达到能够重复使用吸附剂的目的。常用的活性炭再生方法有加热再生法、化学氧化再生法、药剂再生法和生物再生法等[1]。

2.3.2.4 吸附工艺

根据废水或吸附剂在吸附过程中的状态，可以把吸附操作分为不同类型。根据废水流动状态，可分为有静态和动态两种[3,4]。

（1）静态吸附：静态吸附如图 2-45（a）所示。静态吸附操作是废水在不连续流动的条件下进行的吸附操作。静态吸附操作的工艺过程是把一定质量的吸附剂投加到预处理的废水中，不断地进行搅拌，达到吸附平衡后，再用沉淀或过滤的方法将吸附剂与废水分离。如果经一次静态吸附后出水水质难以达到标准，往往需要多次静态吸附操作。多次吸附由于操作麻烦，故在废水处理中较少采用。

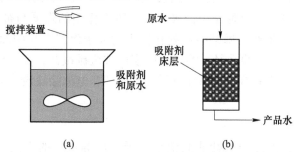

图 2-45　静态与动态吸附操作示意图
（a）静态吸附操作；（b）动态吸附操作

（2）动态吸附：动态吸附如图2-45（b）所示。动态吸附是在废水流动条件下进行的吸附操作，废水处理常见的吸附装置有固定床、移动床和流化床吸附装置。

1）固定床吸附：固定床吸附是废水处理工艺中常用的一种方式，它是将吸附剂装填在固定的吸附装置内，当废水连续通过吸附装置时，废水中的吸附质便被吸附剂吸附，从而实现废水水质净化的方法。吸附和再生可以在同一装置内交替进行，也可以将失效的吸附剂卸出进行处理。固定床吸附可以根据处理水量、水质和处理要求，分为单床式、多床串联式和多床并联式三种。单塔适用于处理废水量较小时，多塔串联式用于处理流量较小，但对水质要求高的情况。多塔并联式适用于处理水量大，但对水质要求不高的情况。

2）移动床吸附：为了解决固定床吸附操作需要定期地反洗和更换吸附剂的问题而发展起来的。移动床吸附的原理是废水从吸附塔底部经进水管和配水装置进入，与吸附剂逆流接触，处理后的出水从塔顶的产品出水管流出，吸附剂从塔顶加入，吸附饱和的吸附剂间歇从塔底排出。由于被截留的悬浮物可随吸附饱和的吸附剂一同从底部排出，所以不需要反冲洗。但要求塔内吸附剂上下层不能相互混合，对操作运行管理要求较高。适用于处理较大规模的废水吸附处理。

3）流化床吸附[4]：其操作方式与固定床和移动床基本一致，不同之处在于吸附剂在塔内处于膨胀或流化状态，废水与吸附剂逆流接触。流动床吸附具有吸附剂投加量小、不需要反冲洗，设备小和预处理要求低等优点。其缺点是：运转中操作要求高，不易控制；对吸附剂的机械强度要求高，因为吸附剂处于流化状态互相之间有摩擦，强度低的吸附剂很容易磨碎而损失。

2.3.3 膜技术

膜分离是以具有选择透过功能的薄膜作为分离介质，通过在膜两侧施加一种或多种推动力，使废水中的某组分选择性地优先透过膜，从而达到混合物分离和产物的提取、浓缩、纯化等目的。常用的膜分离技术有微滤、超滤、纳滤和反渗透等[3,13]，本节重点介绍超滤和反渗透技术。

2.3.3.1 超滤

超滤膜能够阻止大分子、病毒等进入。它的孔径为 $0.1 \sim 0.01\ \mu m$，压力差为 $1.0 \sim 10.0\ MPa$。超滤膜的截留主要由三种作用实现[3]：（1）吸附作用。某些分子或离子由于在膜的表面或孔内与膜发生吸附作用而被截留。吸附作用的强弱与被截留物的分子大小、形状和性质有关。（2）阻塞。即某些比膜孔径小的分子停留在孔中而被截留。（3）机械筛分作用。溶质的粒径大于膜孔径，溶质在膜表面被机械截留，实现筛分。一般认为物理筛分起主导作用。超滤经常用于还原性染料废水处理、电泳涂漆废水处理和含乳化油废水处理等。

2.3.3.2 反渗透

反渗透是一种阻止溶液中的盐或其他小分子物质等进入的方法。用只能让水分子透过，而不允许溶质透过的半透膜将纯水与废水分开，水分子将从纯水一侧透过膜向废水一侧，使废水一侧的液面上升，直至达到某一高度，这个现象叫渗透。在液面差达到一定高度后，渗透即停止，此时称达到了渗透平衡。当渗透平衡时，半透膜两侧液面的高度差称为渗透压。如果在废水的一侧施加压力，并且超过它的渗透压，则废水中的水就会透过半透膜，流向纯水一侧，而溶质被截留在废水一侧，这种方法就是反渗透，其过程如图 2-46 所示。反渗透膜的孔径为 0.0001~0.001 μm，压力差为 20~100 MPa。

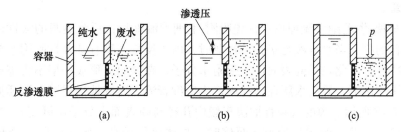

图 2-46　渗透与反渗透过程示意图
（a）开始时状况；（b）渗透平衡时状况；（c）反渗透状况

反渗透膜机理：由于反渗透是一个非常复杂的过程，自 20 世纪 50 年代以来，许多学者先后提出了各种透过机理和模型[3,13]，下面结合乙酸纤维膜加以解释：

（1）氢键理论：氢键理论是最早提出的反渗透膜透过理论，理论认为反渗透膜的表面层是一种高度有序的矩阵结构的聚合物。图 2-47 是氢键理论扩散模型示意图，在压力作用下，溶液中的水分子和膜表层上活化点-羧基上的氧原子形成氢键，而原来水分子氢键

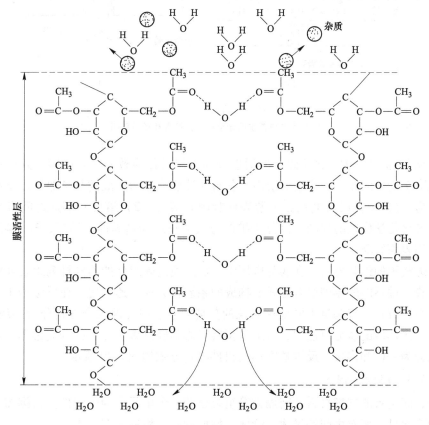

图 2-47　氢键理论扩散模型示意图

被断开，水分子解离后转移到下一个活化点，形成新的氢键。通过一连串氢键的形成与断开，依次从一个活化点转移到下一个活化点，直到水分子通过膜表面的致密活性层进入膜的多孔层，然后畅通地流出膜外，而污染物的离子由于不能形成氢键，所以不能透过膜，因此被膜截留。

（2）优先吸附-毛细管流理论：优先吸附-毛细管流理论把反渗透膜的活性表面皮层看作为致密无孔的膜。当水溶液与多孔膜接触时，由于反渗透膜有选择性吸附水分子而排斥溶质的化学特性，因此在膜的表面优先吸附水分子，在界面上形成一层不含溶质的纯水分子层。在外压作用下，界面水层在膜孔内产生毛细管流，连续地透过膜，溶质则被膜截留下来，如图 2-48 所示。膜的选择性取决于膜内孔径与膜表面水分子层厚度 t，当膜表层的毛细孔孔径接近或等于纯水层厚度 t 两倍时，渗透通量最高，此时的膜孔径称为临界孔径。当膜孔径大于 $2t$ 时，溶质就会从膜孔的中心泄漏出去，使分离效率下降。但当膜孔径小于 $2t$ 时，污染物脱除率虽然提高，但透水性却下降。

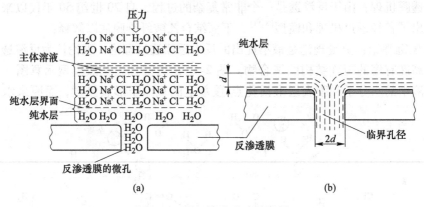

图 2-48　毛细管流理论示意图

（a）不同位置水的分布；（b）临界孔径示意图

（3）溶解-扩散机理：将反渗透的活性表面皮层看作为致密无孔的膜，并假设溶质和溶剂都能溶于均质的非多孔膜表面层内，各自在浓度或压力造成的化学势推动下扩散。具体过程分为：1）溶质或溶剂在膜上游表面吸附和溶解；2）溶质和溶剂之间没有相互作用，而在各自化学位差的推动下以分子扩散方式通过反渗透膜的活性层；3）溶质和溶剂在膜下游侧表面解吸。

反渗透装置的组装方式：在实际应用中，需要通过膜组件的不同排列组合才能实现膜分离，由膜组件不同的排列组合方式所构成的系统称为反渗透装置。在反渗透工艺中可以采用多种组合方式，来满足不同处理对象的分离要求。组件的组合方式分为一级和多级，一级是指一次加压的膜分离过程，多级是指进料必须经过多次加压的分离过程。而在个别级别中又分为一段和多段。反渗透常用的组件组合方式如图 2-49 所示。

2.3.3.3　膜组件形式

将膜、固定膜的支撑材料、间隔物等组装成的一个单元称为膜组件。根据需要，工业上应用的膜组件主要有中间纤维式、管式、螺旋卷式、板框式等形式[3]。

板框式膜组件具有结构紧凑、构造简单、牢固、能承受高压、性能稳定、工艺简单等

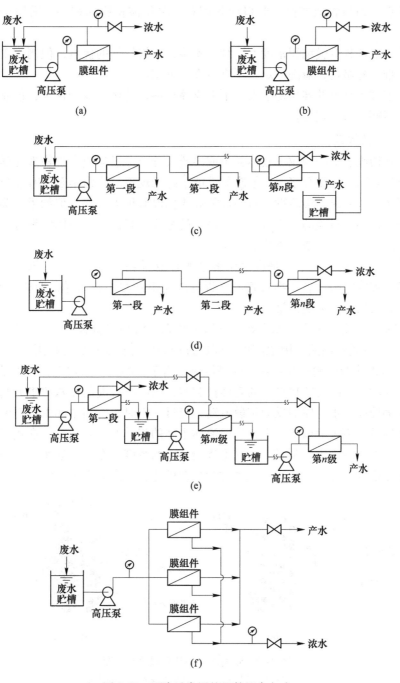

图 2-49 反渗透常用的组件组合方式
（a）一级一段循环式；（b）一级一段连续式；（c）一级多段循环式；
（d）一级多段连续式；（e）多级多段循环式；（f）多组件并联式

优点，但装置成本高，流动状态不好，浓度极化严重，易堵塞，清洗严重和单位体积面积
小，适用于处理较小的水量。

管式膜组件具有膜容易清洗和更换，压力损失小，耐高压，能处理含悬浮物、黏度高

的废水的优点，但装置成本高，管口密封困难，单位体积膜面积小，适用于处理中、小水量。

螺旋卷式组件具有膜堆积密度大，结构紧凑，价格较低的优点，但制作工艺和技术复杂，密封困难，易堵塞，清洗困难，不宜在高压下工作。

中空纤维式具有膜的堆积密度大，不需支撑材料，价格较低的优点，但制作工艺和技术复杂，易堵塞，清洗困难。

2.3.3.4　膜污染

膜污染是指废水中的颗粒、胶体粒子或溶质大分子由于与膜发生物理化学作用或机械作用，导致膜表面上或膜孔堵塞，使膜的性能下降的现象。膜污染是所有膜分离过程经常发生的问题之一，如果污染轻微，对膜性能和操作没有很大影响，但如果污染严重，不仅使膜性能降低，还会对膜的使用寿命产生极大的影响。膜污染的原因大致分为三类：悬浮物的影响、溶质的析出和浓差极化的影响[3]。

（1）悬浮物的影响：主要是废水中的亲水性悬浮物（如蛋白质、糖质、脂肪类等）在水透过膜时被膜吸附。悬浮物对膜危害程度因膜组件的构造而异，管状膜不易被污染，而中空纤维式膜组件最易被污染。

（2）溶质的析出：废水中原来处于非饱和状态的溶质（如碳酸盐、磷酸盐、硅酸盐、硫酸盐等），经水透过膜后，因浓度提高变成过饱和状态从而在膜上析出。

（3）浓差极化的影响：废水在膜的高压侧，由于膜的选择透过性，废水不断地从高压侧透过膜，因此水中的污染物在膜的表面被截留，引起膜表面的废水浓度升高，这种浓度积累会导致溶质向废水主体的反向扩散流动，经过一定时间，当主体中以对流方式流向膜表面的溶质的量与膜表面以扩散方式返回流体主体的溶质的量相等时，在边界层形成一个垂直于膜方向的由流体主体到膜表面浓度逐渐升高的浓度分布，引起水中污染物从浓度高的地方向浓度低的部分扩散，这一现象称为浓差极化，如图2-50所示。

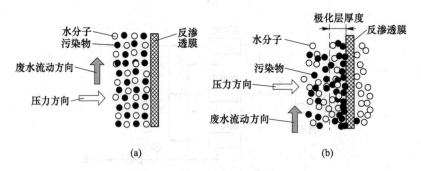

图 2-50　膜表面浓差计划现象示意图

（a）反渗透开始时；（b）浓差极化产生后的情况

浓差极化带来的危害有：1）引起渗透压的升高和污染物扩散的增加，从而减少传质推动力，造成膜通量下降；2）由于膜表面废水浓度增大，加速了膜的衰退，使膜的寿命缩短；3）当膜表面的溶质浓度达到某一数值后，会在膜表面形成垢层（凝胶层、结垢层），影响正常操作运转。浓差极化现象是不可避免的，但造成的膜通量降低是可逆的，为减少浓差极化，一般是采用以下两种措施：一是增加废水湍流程度，二是采用浓水循环流程。膜污染问题是不可避免的，而且对膜寿命影响极大，是制约膜技术推广应用的关键，一般在进行膜分离前，应对废水进行预处理。

2.3.3.5 膜清洗

一般所有膜分离过程运行一段时间后就需要清洗，清洗方法包括物理方法和化学方法。物理方法即用产品水冲洗膜面，只能去除沉降于膜表面的悬浮物或某些有机物。而化学方法是采用一定的化学清洗剂，在一定压力下一次冲洗或循环冲洗膜表面。常见的物理清洗和化学清洗方法见下表 2-3。

表 2-3　常见的物理清洗和化学清洗方法[3,4]

物理清洗	化学清洗
变流速冲洗法：脉冲、逆向、反向流动 海绵球清洗法 超声波法 热水冲洗法 空气-水混合冲洗法	氧化剂：$NaClO$、I_2、H_2O_2、O_3 还原剂：甲醛 螯合剂：EDTA、六偏磷酸钠 酸：HNO_3、H_3PO_4、草酸等 碱：$NaOH$、$NaCO_3$、C_2H_5OH 等 表面活性剂：十二烷基磺酸钠、十二烷基苯磺酸钠 酵母清洗剂

2.4　零排放技术

2.4.1　膜浓缩

高效膜浓缩是一种集合高密度沉淀池、离子交换、双膜工艺的处理技术，该技术解决了传统反渗透系统存在的因有机物、生物、胶体颗粒以及无机物结垢污染等造成堵塞的问题，既可以允许一定硬度的进水，有效去除进水中的氨氮，也可以应对废水中各种化学组分的变化，实现在低化学品消耗、高回收率条件下稳定运行[14]。

膜浓缩液目前只能做到减量化，无法实现近零排放，因此必须后续增加蒸发技术。目前正在研究或应用的膜分离技术主要有高效反渗透、超高压反渗透、电渗析、DTRO、正渗透、振动膜技术等[15]。本节主要讲述高效反渗透技术和电渗析技术。

2.4.1.1 高效反渗透

高效反渗透（HERO）是在常规反渗透基础上发展起来的一种新兴工艺，结合了离子交换和常规反渗透两者的优点。其主要原理是反渗透在高 pH 值（pH = 9~10）条件下运行，硅主要以离子形式存在，避免了反渗透膜形成硅垢；在高 pH 值条件下，有机物皂化或溶解，微生物生长受到抑制，不会发生有机物和微生物在膜表面的黏附现象[16]。

此外，通过药剂混凝和离子交换二级软化对废水进行预处理，使废水硬度、碱度降到最低，避免了高 pH 值下运行时水中无机物在膜表面结垢。因此，反渗透回收率可提高至90%以上。目前，高效反渗透工艺在石化废水、电力废水、市政污水等领域应用广泛[16]。

高效反渗透工艺的特点有：（1）抗有机物污染强；（2）抗生物污染强；（3）抗颗粒

性/胶体污染性强；（4）无硅的污染，并有极高的去除率；（5）无难溶盐的污染。常规反渗透与高效反渗透比较见表 2-4[17]。

表 2-4　常规反渗透与高效反渗透比较[17]

项目	常规反渗透	高效反渗透（HERO）
产品回收率	≤75%，浓水排放量很大	一般在 90%以上，从而有效减少后续蒸发结晶的处理量，投资及运行费用降低
预处理系统	进水 SDI<5 要求严格，预处理需配套投资高的超滤或微滤系统，增加投资	需去除硬度、碱度，但对 SDI 没有限制。超滤系统选择性设置
膜的清洗	虽然超滤系统可去除大分子长链有机物，但小分子的有机物同样可以透过超滤，所以反渗透依然存在有机物污染，还存在硬垢、硅垢、油脂、颗粒物等污染，需进行在线反洗和定期化学清洗，控制复杂	反渗透膜是在高 pH 值环境下运行的，这对于大部分污染物是属于一种清洗的环境，包括有机污染物，可有效防止这些污染物的污染，因此无需复杂的清洗工艺
药剂消耗	反渗透的回收率取决于水中的难溶物，有些盐与 pH 值无关，比如 Ba、Sr、Ca 及 Mg 的硫酸盐和氟化物。这些物质在常规的反渗透系统中是靠投加昂贵的阻垢剂来控制清洗频繁，投资及运行费用高	在预处理中已去除部分 Ba，Sr 及硬度等多价离子，不会过多产生 CaF_2 等难溶物，无需（或少量）添加昂贵的阻垢剂，减少清洗次数，缩短停机时间，降低运行费用
运行效果	反渗透的回收率取决于水中的难溶物，有些盐与 pH 值有关，比如 $CaCO_3$ 和 SiO_2，这些物质会污染膜。$CaCO_3$ 的污染可通过调低 pH 值实现，但这对 SiO_2 没有作用，无法解决高 SiO_2 含量与高回收率的问题	在预处理中已去除硬度和碱度，不会有 $CaCO_3$ 的污染。在高 pH 值条件下，SiO_2 的溶解度非常高，对反渗透的回收率不会有影响，因此运行稳定，除硅效果好，解决了高 SiO_2 含量与高回收率的问题
投资	预处理相对简单，但由于浓水产生量较大，在 5%左右，后续蒸发结晶装置的投资规模大，相比较投资增加 150%	预处理做得比较全面，相应投资有所增加，但由于浓水产生量少，只有 10%左右，可有效降级后续蒸发结晶装置的投资规模，经济性明显
运行费用	需投加昂贵的阻垢剂及复杂的在线清洗，运行费用高	由于不用（或少量）投加昂贵的阻垢剂及复杂的再清洗，比常规反渗透运行费用低 15%~20%

2.4.1.2　电渗析

电渗析（ED）是在外加直流电场作用下，使离子选择性地从一种溶液透过离子交换膜进入另一种溶液，以达到去除或回收废水中离子的方法。其中关键是具有选择透过性的离子交换膜，分为阳离子交换膜和阴离子交换膜，阳离子交换膜（简称阳膜）只允许阳离子通过，而不允许阴离子通过；阴离子交换膜（简称阴膜）只允许阴离子通过而不允许阳离子通过。电渗析的特点[18]：（1）对进水的含盐量变化适应能力强；（2）系统操作压力低，对管道、阀门的材料要求低；（3）运行维护简单；（4）浓水量小，含盐量高。现在已广泛应用于海水大规模淡化、制盐、物质纯化、金属离子回收、废水处理等领域。

电渗析器的结构如图 2-51 所示[3]。一系列阴阳离子交换膜在两电极之间交替分布，阴阳离子交换膜之间用垫片隔开形成单独的小室，分别编号为①~⑥。当电极通入直流电时，在极板之间形成电场，在电场作用下，水中阳离子不断透过阳膜向阴极方向迁移，阴离子不断透过阴膜向阳极方向迁移，导致②、④室内离子浓度升高，而③、⑤室内离子浓度降低，分别收集不同小室的水，即可得到浓水和产品水。从图2-51中看出，①、⑥两室和电极接触，称为极室，在两个极室内会出现离子电荷不平衡的现象，因此要发生电极反应，以保持电荷的平衡，所以极室的水要单独收集。

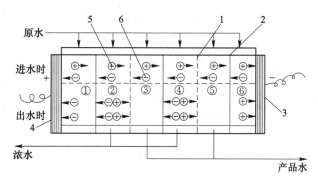

图 2-51 电渗析器的结构及其工作过程

1—阴离子交换膜；2—阳离子交换膜；3—电极阴极；4—电极阳极；5—阳离子；6—阴离子

A 电渗析的传质过程[19]

在电渗析过程中，除了基本过程的发生外，常常也会伴随着发生其他反应过程。除了主要过程外，其他伴随反应过程均可称为次要过程。以 NaCl 溶液为例，其电渗析示意图见图2-52。

（1）主要过程：电渗析的主要过程为反离子的迁移，即与膜的固定离子所带电荷相反的离子的迁移。阳离子交换膜的反离子为阳离子，因此可以选择性透过阳离子，而阴离子交换膜的反离子为阴离子，因此可以选择性透过阴离子。

（2）次要过程：在电渗析过程中由唐南平衡可知，离子交换膜的选择性不能够达到100%，因此总会有与膜的固定电荷所带电荷相同的离子发生迁移即所谓的同名离子迁移，它会降低电渗析的工作效率。

渗析又称浓差扩散，渗析的发生是由于膜两侧存在着浓度差，导致电解质沿浓度梯度方向进行扩散的过程，渗析也会降低电渗析的工作效率。

渗透指的是水从电解质浓度低的一侧渗透到电解质浓度高的一侧，膜两侧的浓度差是渗透的主要推动力，浓度差越大，渗透越厉害。

渗漏指的是在压力差的存在下，溶液透过膜的现象，压差是由电渗析装置自身原因引起的，在电渗析过程中应该尽可能减少渗漏的发生。

B 离子交换膜[3,19]

离子交换膜是电渗析器的关键部分，其中含有活性基团和能使离子透过的细孔。离子交换膜的种类很多，一般可以按照膜体的宏观结构、膜的选择性以及材料性质三大类来区分。按照膜的结构分类可以分为异相离子交换膜、均相离子交换膜和半均相离子交换膜。按照膜的选择性分类可以分为阳离子交换膜、阴离子交换膜和特种膜。按照膜材料的性质可以分为无机离子交换膜和有机高分子离子交换膜。

C 电渗析的影响因素[3]

（1）电流密度：电流密度是指电渗析器电极单位面积上所通过的电流，一般用 A/cm²

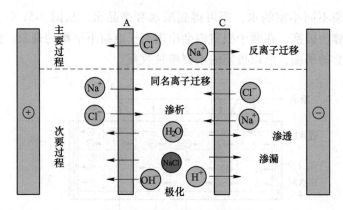

图 2-52   电渗析过程示意图

表示。在水质一定的条件下，采用较大的电流密度可以减少膜的面积，降低电渗析器的造价，但电能的消耗会增加；反之，降低电流密度可以降低电能的消耗，但由于膜的面积必须增加，所以电渗析器的造价会增加。因此，存在最佳电流密度，使得电渗析器的造价和运行费用之和最小。

（2）流速和压力：流速是指水流在电渗析器膜对内流动的速度，与进水的压力有关。当流速增加时，进水压力也增加，从而导致电渗析器产生变形或漏水。当流速过小时，水流达不到湍流状态，容易产生极化结垢，不仅使处理效果下降，而且也会使悬浮物在膜上沉积。因此，一般将流速控制在 5~25 cm/s 内，进水压力不超过 0.3 MPa。

（3）水质要求：由于电渗析过程只能除去水中的无机离子，而对非离子态的物质或大部分有机物的去除效果很差。因此，电渗析的进水需要经过预处理（过滤或混凝沉淀法），除去废水中的悬浮物、胶体杂质和有机物。一般电渗析的产品水中溶解性固体的含量在 1 mg/L 以上。

（4）浓缩倍数：浓水中污染物的浓度与进水中污染物的浓度之比称为浓缩倍数。浓缩倍数高，浓水体积小，有利于浓水的进一步处理，同时产品水体积也越大，也有利于水的充分利用。但是浓缩倍数越高，浓水和淡水之间的浓度差越大，使膜的选择透过性降低，污染物的去除率下降，产品水水质也会下降。目前常用的浓缩倍数为 5~10 倍。对不同水质和不同的离子交换膜，应该通过试验确定最佳浓缩倍数。

D   电渗析工艺[3]

根据废水的处理要求不同，常用的电渗析工艺分为直流式、间隙循环式和部分循环式三种。

（1）直流式电渗析工艺：直流式电渗析工艺如图 2-53 所示，即废水只通过一次电渗析器就可达到处理要求。根据处理水量的大小和水质的要求，可以采用串联式、并联式或串、并联混合式。如果需要提高出水水质采用串联方式，增加出水的处理量采用并联方式。直流式电渗析工艺的特点是运行参数基本固定，电渗析器和水泵都可以在高效率下运行。这种工艺适合于水量和原水水质恒定的情况。

（2）间歇循环式电渗析工艺：间隙循环式电渗析工艺如图 2-54 所示，该工艺是间歇运行的，即一次性把水槽充满，然后使废水经过电渗析器进行循环，在循环过程中不断排

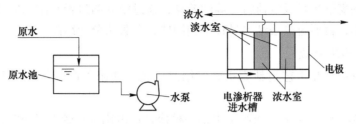

图 2-53　直流式电渗析工艺示意图

出浓水，去除废水中的污染物，当水池中的产品水水质达到标准时，停止循环，完成处理过程。取出水池中的产品水，再换成废水进行下一批处理。间歇循环式工艺具有处理水质好和除盐速度快的优点；缺点是不能连续出水，操作麻烦。适用于处理废水浓度高，处理水量小，但水质要求高的情况。

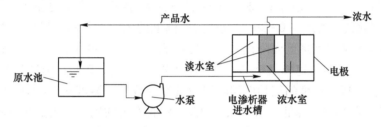

图 2-54　间歇循环式电渗析工艺示意图

（3）部分循环式电渗析工艺：部分循环式电渗析工艺如图 2-55 所示，是将直流式和循环式相结合的一种工艺。该工艺是将废水连续通入水池，同时经过电渗析器排出等量的产品水，但存在一部分水在电渗析器内循环，由于该部分水与产水量无关，因此电渗析器内的流速不受产水量的影响，运行管理方便，但需要循环系统，设备和动力消耗有所增加。适用于处理废水水量较大的情况。

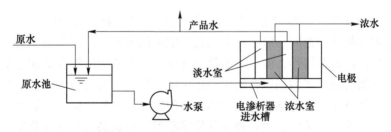

图 2-55　部分循环式电渗析工艺示意图

2.4.2　分盐技术

钢铁行业等废水中分盐结晶过程的分离对象主要是氯化钠和硫酸钠。这是因为废水中的阴离子通常以氯离子和硫酸根离子为主，一价阳离子以钠离子为主，二价阳离子经过一系列处理后，也已经在化学软化或离子交换等过程中置换成了钠离子。分盐结晶工艺主要有两种：一是直接利用废水中不同无机盐的浓度差异或溶解度差异，通过在结晶过程中控制合适的运行温度和浓缩倍数等来实现盐的分离，即热法分盐结晶工艺；二是利用氯离子和硫酸根离子的离子半径或电荷特性等的差异，通过膜分离过程在结晶之前实现不同盐之间的分离或富集，再通过热法结晶过程得到固体，即膜法分盐结晶工艺。

2.4.2.1　热法分盐

废水热法分盐结晶工艺包括直接蒸发结晶工艺、盐硝联产分盐结晶工艺和低温结晶工艺[20,21]。

（1）直接蒸发结晶工艺：当废水中某一种盐含量占比具有较大优势时，可以考虑采用直接蒸发结晶的方式，分离回收该优势盐组分，而其余成分最终以混盐形式结晶析出。

（2）盐硝联产分盐结晶工艺：当废水中不存在占比较大的优势盐组分时，采用直接蒸发结晶工艺会导致最终得到的纯盐回收率较低，杂盐产量大，固废处置费用高。为了解决上述问题，可采用硫酸钠和氯化钠分步结晶的方式，分别在较高温度下结晶得到硫酸钠，在较低温度下结晶得到氯化钠，此工艺称为盐硝联产工艺。

（3）低温结晶工艺：由于硫酸钠在低温段从水溶液中结晶时主要形成十水硫酸钠（芒硝），因此其溶解度在 0~30 ℃ 范围内对温度的依赖性与高温段完全不同。在这一范围内，其溶解度随温度降低而降低，且幅度极大。比如，30 ℃ 时硫酸钠在纯水中的溶解度为 40.8 g，20 ℃ 时迅速降低至 19.5 g，10 ℃ 时至 9.1 g，0 ℃ 时则只有 4.9 g。而氯化钠的溶解度在低温段对温度的依赖性与高温段具有一致性。温度从 30 ℃ 降低至 0 ℃，氯化钠的溶解度仅从 36.3 g 降低至 35.7 g。因此，将含有硫酸钠和氯化钠混合盐的高盐废水在较高温度下浓缩至一定程度，然后迅速降温，可以结晶析出大量的十水硫酸钠固体。这就是低温结晶实现分盐的基本原理。由于低温结晶过程只能得到硫酸钠固体，为了得到氯化钠，还需要与高温结晶过程联用。

2.4.2.2　膜法分盐

膜法分盐结晶工艺包括纳滤分盐工艺和电渗析分盐工艺。由于膜过程仅将无机盐分离在两股溶液中，无法使无机盐结晶析出，因此通常要与热法结晶过程联用来实现分盐结晶目的[20,22]。

（1）纳滤分盐工艺：纳滤膜是一种新型分离膜，一般纳滤膜孔径 1~2 nm，截留分子量介于反渗透膜和超滤膜之间，对无机盐具有一定的截留率。纳滤分盐工艺主要利用纳滤膜对二价盐的选择性截留特性，实现一价盐氯化钠和二价盐硫酸钠在液相中的分离。氯化钠主要进入纳滤透过液，硫酸钠则在纳滤浓水中被浓缩。通过对纳滤透过液和浓缩液分别进行结晶处理，最终实现氯化钠和硫酸钠结晶盐的回收。含氯化钠的纳滤透过液一般先通过膜过程或蒸发工艺进行浓缩，之后进入蒸发结晶器，得到高纯度的氯化钠，极少量母液干化得到杂盐。由于二价盐被纳滤膜截留，纳滤透过液中氯化钠相对含量通常高于 95%，因此这部分氯化钠结晶盐的回收率较高。纳滤浓水为氯化钠和硫酸钠的混合溶液，各组分的占比与原水组成以及纳滤单元水回收率有关，可据此进一步选择合适的热法分盐工艺对浓水中富集的硫酸钠进行回收。

（2）电渗析分盐工艺：电渗析，是一种以电位差为推动力，利用离子交换膜的选择透过性，从溶液中脱除或富集电解质的膜分离操作。离子交换膜利用对不同电性的离子起选择性透过作用实现 NaCl 和 Na_2SO_4 的分离[20]。分盐电渗析膜堆内单价选择性阴离子交换膜与普通阳离子交换膜交替布置。在直流电场作用下，原水中的氯离子和钠离子分别透过单价选择性阴离子交换膜和阳离子交换膜进入浓室，得到氯化钠浓缩液。而淡室中的原水由于氯化钠浓度的降低使得硫酸钠的相对含量增加，氯化钠和硫酸钠由此实现分离。

电渗析的分盐效果与纳滤过程类似，均得到一股氯化钠盐水和一股氯化钠与硫酸钠的混合盐水。不同之处在于，电渗析过程得到的氯化钠盐水在分离的同时实现了浓缩，即浓水中氯化钠的含量高于原水中氯化钠的含量；另一方面由淡室出来的混合盐水中的硫酸钠含量与原水中基本相同，不像纳滤过程那样对硫酸钠实现了浓缩。

电渗析分盐系统的不同之处也决定了其与热法结晶的组合应用与纳滤分盐系统有所不同。氯化钠盐水和混合盐水可在分别进一步浓缩后，通过蒸发结晶分别得到氯化钠和硫酸钠结晶盐。

2.4.3 蒸发结晶

蒸发浓缩是工业中非常典型的化工单元操作，广泛应用于在化工、轻工、食品、制药、海水淡化、废水处理等工业生产中。处理钢铁行业的废水常用的热蒸发技术主要分为多效蒸发技术、膜分离技术以及机械蒸汽再压缩蒸发三种重要技术[23-25]，本节主要讲述多效蒸发技术和机械蒸汽再压缩蒸发技术。

2.4.3.1 多效蒸发技术

多效蒸发技术是将蒸发器连接起来，前面蒸发器产生的蒸汽作为后面蒸发器加热的热源，使热能得到高效利用。这种多效蒸发技术的进水预处理是比较简单的，分类的效果也较好，能够彻底分离掉废水中具有不挥发性质的溶剂以及溶质，不会残留大量的浓缩液，热解之后便于处理。不仅能够单独使用，也可以联合使用，操作比较安全。结合二次蒸汽以及料液流向，将多效蒸发技术流程分为并流、平流、逆流以及错流几种，在实际应用中需要结合生产需要以及物料物化性质等选择合适的流程[23]。

多效蒸发原理[24,25]：蒸发装置由蒸发器、冷凝器、分离器、真空系统、泵、管件阀门及控制系统等组成。其工作原理是，预热后的原料液经原料泵输送到一效蒸发器的顶部进料室，经过布液器进入列管内与管外的生蒸汽进行换热，原料液以降膜方式蒸发。蒸发产生的浓缩液和二次蒸汽进入分离器内分离，分离后的浓缩液经泵打入到二效蒸发器内，分离出二次蒸汽进入第二效的加热室作为加热蒸汽，浓缩液在第二效内被进一步浓缩。第二效产生的浓缩液经泵打入到三效蒸发器内，分离出二次蒸汽进入第三效的加热室作为加热蒸汽，浓缩液在第三效内被浓缩到规定浓度经出料泵排出，第三效的二次蒸汽则送至冷凝器全部冷凝。

2.4.3.2 MVR

MVR 是机械式蒸汽再压缩技术（Mechanical Vapor Recompression）的简称，是利用蒸发系统自身产生的二次蒸汽及其能量，将低品位的蒸汽经压缩机的机械做功提升为高品位的蒸汽热源。如此循环向蒸发系统提供热能，从而减少对外界能源需求的一项节能技术[26,27]。

在 MVR 系统中，预热阶段的热源由蒸汽发生器提供，直至物料开始蒸发产生蒸汽。物料经过加热产生的二次蒸汽，通过压缩机压缩成为高温高压的蒸汽，在此产生的高温高压蒸汽作为加热的热源，蒸发腔内的物料经加热不断蒸发，而经过压缩机的高温高压蒸汽通过不断的换热，冷却变成冷凝水，即处理后的水。压缩机作为整个系统的热源，实现了电能向热能的转换，避免了整个系统对外界蒸汽的依赖与摄取。

MVR 蒸发系统是由各个设备串联在一起所组成，各设备之间要在热力学和传热学方面巧妙地匹配，以使整个系统达到最佳效果。系统中主要设备有压缩机、蒸发器、热交换器和气液分离器等。

MVR 工艺技术优势[26,27]：（1）与传统的蒸发系统相比，MVR 系统只需要在启动时，通入生蒸汽作为热源，而当二次蒸汽产生，系统稳定运行，将不需要外部的热源，系统的能耗仅有压缩机和各类泵的能耗，所以节能效果相当显著。（2）MVR 蒸发器系统能耗主要是压缩机的电耗，运行费用大幅下降，由于系统不需要工业蒸汽，其安全隐患较低，操作简单。（3）在同样的蒸发处理量下，MVR 蒸发器所需的占地面积是远远小于传统多效蒸发设备。

——— 本 章 小 结 ———

本章主要介绍了钢铁行业废水常用的处理技术，包括常规处理技术、生物处理技术、深度处理技术以及零排放技术。常规处理技术包括沉淀、过滤、混凝、气浮、中和等；生物处理技术包括活性污泥法、生物膜法、厌氧生物处理等；深度处理技术包括高级氧化法、吸附法、膜技术等；零排放技术包括膜浓缩、分盐技术以及蒸发结晶技术等。

思 考 题

2-1　简述水处理过程中沉砂池的基本原理及作用是什么，常见的沉淀池有哪些？

2-2　简述水处理过程中过滤的基本原理及影响因素有哪些。

2-3　混凝的基本原理是什么，水处理过程中常用的混凝剂有哪些，影响混凝的因素哪些？

2-4　气浮的基本原理是什么，基本要求有哪些，常见的气浮池有哪些？

2-5　药剂中和法的基本原理是什么，废水中常用的药剂有哪些？

2-6　简述活性污泥法的净化机理。

2-7　SBR 工艺和氧化沟工艺与传统活性污泥法相比较有哪些特征？

2-8　简述厌氧生物处理法的原理及其影响因素。

2-9　简述生物脱氮原理。

2-10　简述传统活性污泥法脱氮工艺和缺氧-好氧活性污泥法脱氮工艺的过程。

2-11　高级氧化法的原理是什么？

2-12　简述吸附机理及其分类，影响吸附的因素有哪些？

2-13　超滤膜和反渗透膜的机理是什么？

2-14　膜污染的原因是什么？

2-15　高效反渗透的基本原理是什么，与常规反渗透相比有何优势？

2-16　电渗析的基本原理是什么，是如何进行传质的？

2-17　分盐结晶工艺主要分为几种，其基本原理是什么？

2-18　简述多效蒸发技术和 MVR 的工艺流程。

参 考 文 献

[1] 任南琪，等．高浓度有机工业废水处理技术［M］．北京：化学工业出版社，2012.

[2] 高廷耀，等．水污染控制工程（下）［M］．北京：高等教育出版社，2015.

[3] 孙体昌，娄金生，等．水污染控制工程［M］．北京：机械工业出版社，2009.

[4] 张自杰，等．排水工程［M］．北京：中国建筑出版社，2000.

[5] 严煦世，范瑾初，等．给水工程［M］．北京：中国建筑出版社，1999.

[6] 龚斌斌．好氧活性污泥法处理水污染应用技术研究［J］．清洗世界，2022，38（8）：100-102.

[7] 吴宇峰．厌氧生物技术在工业废水处理中的应用［J］．科技风，2021（5）：183-184.

[8] 夏新兴，黄海．厌氧生物处理技术的影响因素、种类与发展［J］．黑龙江造纸，2006（4）：20-22.

[9] 常敏，张盼盼．厌氧生物处理工业废水影响因素研究［J］．绿色科技，2019（18）：92-93.

[10] 黄桂华，肖科．厌氧生物处理工业废水影响因素研究［J］．资源节约与环保，2020（8）：100.

[11] 李圭白，张杰，等．水质工程学［M］．北京：中国建筑出版社，2013.

[12] 王振杰．高级氧化技术在难降解废水处理中的应用现状［J］．山东化工，2021，50（13）：266-267.

[13] 胡洪营．环境工程原理［M］．北京：高等教育出版社，2015.

[14] 颜福贵．高效膜浓缩技术的污水处理系统研究与应用［J］．广东化工，2022，49（6）：152-154.

[15] 王海棠，刘立国，熊日华．煤化工膜浓缩液近零排放（MLD）技术研究进展［J］．洁净煤技术，2020，26（S1）：35-39.

[16] 李亚娟，曹瑞雪．高效反渗透工艺处理电厂废水［J］．化工环保，2020，40（5）：560-565.

[17] 李成，魏江波．高效反渗透技术在煤化工废水零排放中的应用［J］．煤炭加工与综合利用，2017（6）：26-31.

[18] 邓李佳，高意．废水零排放减量化的工艺比较［J］．化工管理，2018（18）：156-157.

[19] 吴读帅．电解电渗析法在有机酸处理中的应用［D］．天津：河北工业大学，2019.

[20] 熊日华，何灿．高盐废水分盐结晶工艺及其技术经济分析［J］．煤炭科学技术，2018，46（9）：37-43.

[21] 刘二．煤化工高盐废水分质提盐结晶技术研究［D］．银川：宁夏大学，2020.

[22] 刘晓晶，王建刚．高浓盐水零排放分盐技术的研究进展［J］．应用化工，2021，50（12）：3468-3471.

[23] 朱云．蒸发结晶技术在煤化工废水零排放领域的应用［J］．资源节约与环保，2018（5）：56.

[24] 高丽丽，张琳，杜明照．MVR 蒸发与多效蒸发技术的能效对比分析研究［J］．现代化工，2012，32（10）：84-86.

[25] 陈晓庆，卢奇．多效蒸发系统影响因素分析［J］．石油化工设备，2015，44（B8）：64-67.

[26] 刘波，丛蕾．MVR 技术在高盐废水零排放处理中的应用进展研究［J］．节能，2022，41（6）：23-26.

[27] 武超，梁鹏飞，等．MVR 技术处理高盐废水应用进展［J］．化学工程与装备，2020（2）：202-203.

3 焦化废水处理与回用

本章提要:
(1) 了解焦化废水的来源、废水特征及污染物,并能对相应指标加以说明;
(2) 了解焦化废水回用的实例,掌握焦化废水预处理技术的原理及具体的处理方法。

3.1 焦化废水特征与水质水量

煤化工行业是我国经济发展和能源安全的重要产业之一,而焦化行业则是该产业的重要组成部分。焦化生产过程是通过煤的干馏制取焦炭,并回收煤气和化工产品。该过程一般可分为煤焦系统(包括备煤、炼焦和焦处理三个部分)、煤气净化(也称化工产品回收)及化工产品精制。近年来,焦化行业在我国得到了迅速发展,但随着其规模的扩大,环境问题也日益凸显,尤其是焦化废水的处理问题。焦化废水中含有多种复杂的污染物,需要采取有效措施加以解决。

3.1.1 焦化废水的来源

焦化废水的水质特性受原煤和炼焦工艺的影响而有所不同。主要包括三种类型的废水:炼焦过程中带入的水分(表面水和化合水)、化学产品回收和精制过程中排放的水以及剩余氨水和煤气净化过程中的工艺介质分离水。在焦化废水中,剩余氨水和煤气净化以及化学产品精制过程中分离出来的废水属于高浓度焦化废水的一部分。值得注意的是,在焦油蒸馏和酚精制蒸馏过程中分离出来的高浓度有机废水中,含有许多无法再生和难以通过微生物降解的物质。为了处理这些高浓度有机废水,通常需要使用焦油车间的管式焚烧炉进行焚烧处理。这种处理方法可以有效地将废水中的有机物进行氧化分解,并最大限度地减少对环境的不良影响。除了焦油蒸馏和酚精制过程中产生的高浓度有机废水需要通过焚烧处理外,其他从工艺介质中分离出来的高浓度废水,包括煤气净化和化学产品精制过程中产生的废水,需要与剩余氨水混合后进行蒸氨处理,以蒸氨废水的形式进行排放,并送至焦化厂的污水处理站进行处理。综上所述,焦化废水的来源主要包括焦油蒸馏和酚精制过程中的高浓度有机废水以及煤气净化和化学产品精制过程中的废水,这些废水需要经过适当的处理方法来净化和处理。焦化废水的来源主要包括:

(1) 炼焦煤中的表面水及化合水。在炼焦过程中,挥发分的逸出对焦炭的品质有很大的影响。而对焦化煤炭进行洗选后,其含水率一般控制在10%左右。当煤中的水被加热分解时会释放出结合水。在焦化过程,这些水蒸气会与干馏煤气一同从焦炉中排放出来,并通过上升管和初冷器进行冷却,形成冷凝水,即剩余氨水。剩余氨水是焦化工业需要关注处理的主要废水，其中含有高浓度的氨、酚、氰化物、硫化物以及有机油类等有害物质。

（2）生产过程中引入的生产用水和蒸汽等形成的废水。在生产过程中，生产用水主要用于洗选煤、物料冷却、换热、熄焦、水封、冲洗地坪、化验以及补充循环水系统等环节。这些生产过程会产生两种类型的废水，分别是生产净排水和生产废水。生产净排水中的污染物含量相对较低，主要包括间接冷却水排放以及排放的蒸汽冷凝水等。而生产废水则是直接与物料接触时产生的废水，主要包括以下三种类型：

1）接触煤、焦粉尘物质的废水；2）含有酚、氰、硫化物和有机油类的酚氰废水，主要有：①煤气终冷时的直接冷却水；②粗苯加工的直接蒸汽冷凝分离水；③焦油精制加工过程的直接蒸汽冷凝分离水、洗涤水；④煤气管道水封水；⑤车间地坪或设备清洗水等。这类污水含有一定浓度的酚、氰、硫化物及石油类，与前述煤中所形成的剩余氨水一起通称酚氰废水。该类废水不仅水量大，而且成分复杂、危害大，是焦化废水治理的重点。

3）生产古马隆树脂过程中的洗涤废水。

图 3-1 表示了焦化生产的简单工艺流程和各工序的废水主要来源。

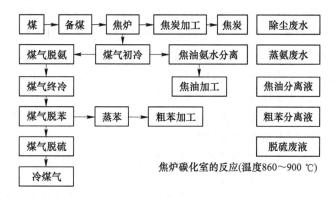

图 3-1　焦化生产工艺流程及废水来源

3.1.2　各工段焦化废水水质水量

焦化生产过程用水包括：焦化及焦化工艺用水、煤气净化及化工产品回收过程的用水、化工产品精制过程的用水等。焦化厂给水种类较多，有生产新水（含工业新水、蒸汽、过滤水、软化水及除盐水等）、间接冷却给水、直接冷却给水、串级给水、生产废水回用水等；还可以按照循环冷却水与生产用水进行分类。焦化厂废水主要包括焦化废水、粉尘废水和生产废水。焦化废水在排放或回用之前，应先对其进行无害化处理。焦化过程中炼焦属于高温冶炼工艺，化工产品的回收过程中还伴随有多次的加热冷却过程，在整个生产过程中，循环冷却水的使用比例超过 80%，其用水体系非常复杂。尽管生产用水仅占总用水量的 20% 以下，但在生产过程中会产生大量高浓度的生产废水，必须对其排放量进行严格控制。

3.1.2.1　煤焦系统用水分析

焦化厂的煤焦系统包括备煤、炼焦和焦处理三个关键过程。备煤阶段主要涉及煤炭破碎和混合配比等工序，而炼焦阶段则是指煤炭在高温焦炉内进行干馏，转化为焦炭。焦处理阶段则包括出焦、熄焦、筛分和转运等环节。

在这三个过程中，都会涉及水的使用、废水排放和水量损失。为了解决排水的问题，可以采取独立处理或综合处理的方法。煤焦系统中的用水可以划分为以下几类：焦炉本体用水、熄焦用水、除尘用水、设备冷却用水以及地面冲洗用水等。

(1) 焦炉本体用水。焦炉本体用水包括煤气上升管水封盖用水、生产技术用水和循环氨水事故用水。煤气上升管水封盖用水的需求量一般在每吨焦炭 $0.006 \sim 0.008$ m³，而焦炉炉盖封泥用水的需求量为每吨焦炭 $0.0067 \sim 0.007$ m³。需要注意的是，炉盖封泥用水全部蒸发而无法回收利用。焦炉本体用水对水质的要求较低。

(2) 熄焦用水。熄焦用水主要适用于湿法熄焦过程。该过程所需的熄焦用水量较大，并且容易受到焦粉等污染物的影响，因此通常采用封闭循环供水方式。在熄焦塔内进行熄焦过程时，大量的熄焦水会在短时间内喷洒到焦炭上。部分熄焦水会通过蒸发和焦炭携带而流失，而剩余的熄焦水则会流入熄焦塔底部并进入粉焦沉淀池。粉焦沉淀池中的沉淀物会定期使用抓斗进行清除，随后沉淀池中的水会流入清水池。清水池中的水在经过加压后会被重新送入熄焦塔进行循环使用。在湿法熄焦时，对水质的要求较低，可以使用其他系统的排水，熄焦排水循环使用。在焦台上，还需要对一些未熄的红热焦炭进行补充熄焦。熄焦用水过程有 3 种水量，即熄焦用循环水、补充用水、焦台补充熄焦用水。通常情况下，熄焦用水量为每吨焦炭 $2.6 \sim 2.7$ m³，有时甚至可达到 $3.0 \sim 4.0$ m³。损失水量，如蒸发和焦炭带走等无法回收的水分，为每吨焦炭 $0.5 \sim 0.6$ m³。焦台补充熄焦用水量为每吨焦炭 $0.05 \sim 0.005$ m³，此部分用水基本上都被焦炭带走。因此，湿法熄焦的总用水量为每吨焦炭 $2.65 \sim 2.755$ m³，而总耗水量为每吨焦炭 $0.5 \sim 0.6$ m³。如果采用干熄焦工艺，则不再需要湿法熄焦所需的用水量和水量损失。

(3) 除尘用水。焦化生产中的除尘用水主要在煤焦系统内使用，而煤焦系统采用了两种主要的除尘方式，即干式除尘和湿式除尘。在煤焦系统中，常采用干式除尘的地方包括配煤槽、破碎机和煤的转运过程，以及煤的调湿干燥装置、出焦除尘设备、干燥熄焦系统中熄焦槽的出焦口、筛焦、切焦和焦炭转运等环节。常采用湿式除尘的地方主要包括成型煤混机、分配槽、混捏机、冷却输送机和煤成型机等设备，以及捣固焦炉装煤除尘、湿法熄焦转运、贮焦槽、筛焦和切焦设备等环节。而对于一些地方，两种除尘方式都可以采用，这主要包括普通焦炉装煤和干熄焦槽加料除尘等情况。

(4) 设备冷却用水。设备冷却用水主要在备煤、干熄焦和干式除尘系统等方面有所涉及。这包括对煤场解冻库烟泵轴承的冷却、干熄焦系统中粉焦的冷却，并用于热风机系统的冷却。此外，还包括对煤调湿系统中的热风机轴承进行冷却以及对载热油进行调温冷却。冷却用水还在焦炉干式除尘地面站的抽风机设备和液力耦合器的油冷却器中起到冷却作用。最后，还包括对煤塔仪表室内空调系统进行冷却。

3.1.2.2　煤气净化系统用水和化产回收及精制系统的用水分析

在煤气的净化过程中，所使用的工艺用水主要用在工艺介质上，对工艺介质进行冷却和冷凝分缩。根据冷却介质的需求，一般采用净循环冷却水或低温水束冷却。在煤气净化过程中会产生工艺废水，这些工艺废水主要是来自煤气和其他工艺介质的分离液。而在化产回收及精制系统中使用的水可以分为两类，一是工艺介质冷却用水，二是工艺过程用水（如蒸汽）。

在化产回收和精制过程中，会产生一定量的含有高浓度的有毒有害物质，如酚和氰化物，以及氨氮等富含营养物质的焦化废水。首先，这些废水会经过综合处理工艺进行处理，然后再进一步进行生化处理。需要注意的是，不同焦化厂回收的化工产品种类各异，但排放的废水量相对较小，这些废水会被输送到煤气净化系统中进行统一处理。

水质和水量的变化情况一般遵循表 3-1 所示的规律。蒸氨废水和粗苯分离水是挥发酚的主要来源，蒸氨废水在脱酚前的挥发酚浓度为 200～12000 mg/L，而脱酚后浓度为 150～200 mg/L。脱酚工艺在很大程度上减轻了废水的后续处理负荷，COD_{Cr} 也从 5000～8000 mg/L 降至 4000～6000 mg/L。焦油类和硫化物主要来自蒸氨废水和终冷水排水，而具有较高毒性的氰化物则来自粗苯分离水终冷水排水和精苯车间废水。这些化合物的浓度分别为 100～250 mg/L、100～200 mg/L 和 50～750 mg/L。同时，粗苯分离水和蒸氨废水也是挥发氨的主要来源。

以广东省韶关钢铁集团有限公司焦化厂为例，其焦炭生产规模为 $1.0×10^6$ 吨/年。该焦化厂每天产生的焦化废水量约为 1800 m³，废水的 COD 浓度在 2900～4100 mg/L 之间，氨氮的质量浓度在 100～400 mg/L 范围内。这一数据可以代表该焦化厂的技术工艺水平，然而值得一提的是，一些技术较为落后、规模较小的焦化厂，废水的 COD 浓度可能超过 8000 mg/L。

焦化厂产生的废水，根据其生产过程及化工产品加工深度的不同，其产量及性质也各不相同。主要的废水产生来源包括炼焦、煤气净化和化工产品精制等过程，这些过程排放的废水数量庞大，水质成分复杂。具体的废水水质和水量见表 3-1。

表 3-1 含酚、氰焦化废水水质水量表

废水名称		挥发酚 /mg·L⁻¹	COD_{Cr} /mg·L⁻¹	焦油类 /mg·L⁻¹	氰化物 /mg·L⁻¹	苯 /mg·L⁻¹	硫化物 /mg·L⁻¹	挥发酚 /mg·L⁻¹	水温 /℃	水量 /m³·t⁻¹
蒸氨废水	脱酚	150～200	4000～6000	200～500	10～25	—	50～70	120～350	98	0.34～1.05
	未脱酚	200～12000	5000～8000	—	—	—	—	—		0.34～1.05
粗苯分离水		300～600	1000～2500	微量	100～250	100～500	1～2	100～200	46～65	0.05～0.08
终冷排水		100～300	700～1000	200～300	100～200	—	20～50	50～100	30	0.5
精苯废水		350	350～2500	—	50～750	200～400	5～30	35～85	—	0.022

3.1.3 焦化废水特征及污染物

3.1.3.1 焦化废水特征

焦化废水的水质特性受到煤炭种类、焦炭冶炼工艺以及副产品的加工条件等多种因素的影响。尽管焦化废水的特性存在一定的差异，但总体符合：

（1）由高浓度有机、无机物质混合而成。有机物通常包含酚类物质、芳香类物质、不同元素取代的杂环类物质等。无机物通常包括氨盐、氰化物、硫化物及含有 Na^+、Mg^{2+} 等无机盐离子的化合物。

（2）毒性高且不易生物降解。其中，苯系物、酚类和多环芳烃等被视为优先控制污染物，这些污染物常具有致死作用，并严重抑制生物活性。BOD_5/COD_{Cr} 值常被用作评估废水的生物降解性能，焦化废水的 BOD_5/COD_{Cr} 值通常在 $0.1\sim0.3$，表明其生化降解能力较差。

（3）色度高并伴随较差的嗅觉感受。焦化废水中富含大量的生色团和助色团，其外观呈现深褐色。同时，焦化废水还伴随着刺鼻的气味，这可以归因于其中的挥发性物质。当长时间暴露在未封闭的焦化废水环境中时，这些挥发性物质极易引起头晕、恶心等症状，对人体呼吸系统和身心健康造成严重损害。

综上所述，焦化废水中的挥发性污染物如酚类等能够通过皮肤和呼吸系统进入人体，对人体器官造成破坏，其他有机物如多环芳烃会在水体或土壤生物中进行积累并产生持久性污染，并随着食物链危害顶级生物，生物体缺乏能够代谢污染物的酶，这可能导致生物的死亡，并对生态环境的平衡产生威胁。因此，对焦化废水中有机物进行宏观和微观层面的识别变得非常重要。同时，必须采取措施来控制这些有机物的产生，以减少或消除其对生物和环境所带来的风险。

3.1.3.2　焦化废水中典型污染物

焦化废水中有机物的组成结构复杂多样，已有的研究在焦化废水中检测出的有机物高达 300 多种，其中的有机物主要可以分为苯系物、酚类、多环芳烃类和杂环类有机物[1]。其中苯系物和酚类有机物分子量相对较低，挥发性较好，也具有明显的生物毒性，对生物体的呼吸系统和神经系统均会造成不同程度的损伤，被国家列为优先控制的污染物。多环芳烃（PAHs）主要来源于焦炭生产过程中煤炭的不完全燃烧，即使在低浓度下也具有较强的致癌、致畸、致突变特性，是焦化废水高毒性、难降解特性的主要来源，而且多环芳烃的毒性和生物累积性会随着其分子量的升高而加剧。

焦化废水中的杂环类有机物又主要分为含氮杂环、含氧杂环、含硫杂环有机物三类，由于 N、O、S 杂原子的取代增加了杂环有机物的扩散特性和降解难度，使其毒性更高，扩散范围更广，危害更大，也是焦化废水处理过程中优先控制的污染物。而且喹啉、吲哚、吡啶等含氮杂环在杂环类有机物中的占比较高，多项研究均表明这些有机物不仅会抑制生物处理过程中对其他污染物的降解效率，同时具有蒸汽毒性，人体吸入后也常常产生头晕、恶心、代谢系统紊乱等较严重的不良后果。

此外，焦化废水不仅是一种高浓度的有机废水，同时还是一种高离子强度的含盐废水，通常电导率可达到 10 mS/cm 以上。钾、钙、钠、镁等无机离子与有机物的络合及裹挟常常为生物降解及后续的深度分离带来困难，而且无机污染物中的氰化物及硫氰化物均为剧毒物质，较高浓度的氨氮和硝态氮也增加了焦化废水排放引起水体富营养化的风险。因此，无机污染物的去除也成为焦化废水深度处理的一项主要任务。

近年来，国家不断提高对焦化废水污染物的排放标准，尤其重视对焦化废水中多环芳烃、氰化物、苯并芘类等高毒性污染物的管控，不断推进焦化行业废水回用和零排放的实现。由于焦化废水中污染物浓度高且成分复杂，目前处理焦化废水往往要经过预处理、生化处理和多种深度处理技术联合使用才能最终达标排放，整个处理流程复杂，占地面积大，运行维护成本高。因此，寻找一种更加高效节能、更集约的新型焦化废水回用技术是当前焦化行业持续发展的迫切需求。

3.2　焦化废水预处理技术原理

焦化废水属于典型的有毒且难以分解的工业有机废水，具有高浓度、多相和多成分共存的性质。为了确保后续的生物处理系统能够高效稳定地运行，需要对焦化废水进行预处理。对焦化废水进行预处理的主要步骤包括除油、除悬浮物、蒸氨、脱酚以及去除有毒、有害或难降解的有机物等[2]。预处理措施能够有效削减焦化废水中的酚类物质、氨氮和焦油含量，同时将大分子有机物氧化为微生物易于吸收和利用的小分子物质，并成功实现有用化学物质的回收。这些预处理操作确保了后续的生化处理系统的稳定性[3]。

对于焦化废水的处理工艺一般采用先物化预处理，后续生物处理，最终进行深度处理的工艺，基本处理流程及常用技术如图 3-2 所示。

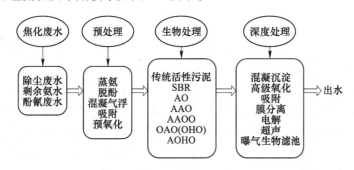

图 3-2　焦化废水处理的工艺流程

3.2.1　汽提与吹脱

焦化废水中高浓度氨氮主要来自剩余氨水。在高浓度氨氮条件下，硝化菌活性受到抑制，使脱氮效率降低，出水氨氮超标。因此，对氨的回收成为必要且有益的举措，也有助于资源的回收利用。目前，氨的回收主要采用水蒸气汽提—蒸氨工艺和蒸汽吹脱工艺。

水蒸气汽提法，也被称为蒸氨法或氨解析法，是一种用于处理焦化废水中的氨氮的常用方法。该方法在碱性条件下，通过给焦化废水施加高压蒸汽的方式，直接或间接地加热废水，以将其中的氨氮转化为游离氮，并将其吹出系统，从而实现氨氮的去除。这一去除过程的速率受到温度和气液比的影响。气体组成在液面上的分压和液体中的浓度成正比关系。利用蒸氨塔进行处理，对高浓度氨氮的去除率高达 93%，可以满足后续生化处理的要求。这种工艺技术成熟，具有简单的流程和操作便利性，能够高效去除焦化企业废水中的高浓度氨氮，适用于废水的预处理[4]。蒸汽吹脱法是一种既能去除焦化废水中氨氮，又能去除其中酚类物质的方法。该工艺的主要原理是利用氨和氨离子（NH_4^+）之间的动态平衡，在碱性条件下，通过将气体通入废水中，实现气液两相之间的充分接触。氨在气液两相中的分压差能够提供传质驱动力，溶解在水中的游离氨就会通过气液界面向气相转移，从而实现氨氮的去除。图 3-3 是蒸氨系统的简要工艺流程图。

剩余氨水在处理过程中首先被引入氨水储槽，以便重油可以在其中沉淀下来，在该储槽内部设有蒸汽加热盘管，蒸汽加热盘管的存在使得在温度较低的条件下也能够实现对重

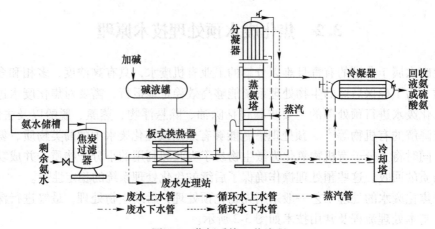

图 3-3　蒸氨系统工艺流程

油的加热、分离和排出。剩余氨水由泵抽送至焦炭过滤器，在重油经过滤器吸附后，剩余氨水将进入板式换热器进行换热操作。在板式换热器中，剩余氨水与经蒸馏后的高温废水进行热交换，使温度达到大约 85 ℃，然后进入蒸氨塔的顶部。为了使废水中的氨分子蒸发出来，通过在蒸氨塔底部注入蒸汽的方式来实现。这将使废水中的氨分子随蒸汽一起逸出，进一步从废水中分离出来，蒸汽经冷凝器进行吸收，然后回收成氨水或硫氨。蒸氨的效果受到蒸汽用量的影响。通常情况下，每立方米废水需要 $160 \sim 200 \ m^3$ 的蒸汽。蒸汽用量的增加有助于提高蒸氨的效果，即更多的氨分子会与蒸汽一起从废水中蒸发出来。然而，需要注意的是，随着蒸汽用量的增加，蒸汽中的氨含量会降低，导致蒸氨的成本增加。为了进一步提高蒸氨效果，在当前工程阶段，可以考虑添加碱性物质来将废水中的固定氨转化为游离氨。这种添加碱的方法可通过计量泵从碱液罐中按需加入到蒸氨塔的剩余氨水入口管道中。通过管道混合器的混合作用，碱液与剩余氨水混合，并一同进入蒸氨塔以提高蒸氨效果，控制蒸氨后废水的 pH 值保持在 $10 \sim 10.5$ 的范围。这样做是因为在碱性条件下，氨的蒸发效果更好，能够更有效地将废水中的氨分子带出。与此同时，为了控制未冷凝的氨蒸汽的温度，使用循环水作为分凝器的冷却介质。通过调节冷却水的流量，能够控制氨蒸汽的温度维持在 $100 \sim 130$ ℃ 的范围内。这样做的目的是保持氨蒸汽处于适当的温度区间，从而使氨的浓度降至 200 mg/L 以下。经过蒸馏过程后，废水通过重力从蒸馏塔底部流入板式换热器和废水槽中。在板式换热器中，废水与其他介质进行热交换，使废水的温度降至约 60 ℃。随后，废水进入废水槽，在这个过程中，废水再次与重油进行分离，分离后的废水通过废水泵送至后续的处理工序进行进一步处理。

在蒸氨的过程中，若不添加碱性物质，剩余的氨水本身会含有一定量的弱碱性物质，因此其 pH 值呈现弱碱性。在蒸氨塔正常运行后，可以观察到氨氮的变化情况，随着操作的稳定，氨氮的去除率可达到 90.8%。而当添加碱性物质后，出水的 pH 值呈上升趋势，氨氮的去除效果更为显著。在运行稳定后，蒸氨法能够实现高达 93% 的氨氮去除率[4]。无论是否添加碱性物质，蒸氨法在处理焦化废水中的高浓度剩余氨水方面都表现出明显的效果。该技术成熟、流程简单、操作方便，并且具有较高的去除效率，是适用于焦化企业对高浓度剩余氨水进行预处理的可行工艺[4]。

蒸氨时，进水温度、初始总氨浓度、初始 pH 值和蒸汽流量都会对总氨的去除率产生影响。通过提高进水温度、初始 pH 值和蒸汽流量，可以有效增加焦化废水中总氨的去除率。但是，当初始总氨浓度增加时，总氨的去除率会呈现先升高后下降的趋势。尽管如此，去除的氨氮的含量仍然是持续增加的[5]。水蒸汽汽提法是一种去除氨及焦油状成分、氰化物等有害成分的有效方法，该方法不仅可以稳定活性污泥，提高处理效率，还可以减少原氨水的稀释倍数。然而，该方法存在能耗高以及在高温高压条件下设备容易发生严重腐蚀等缺点[6]。

传统的吹脱法利用直接蒸汽作为吹脱介质，用于蒸发和去除废水中的氨等有害物质。在其他条件相同的情况下，增加直接蒸汽的使用量可提高蒸馏效果。随着蒸汽量的增加，蒸氨塔顶部蒸汽中氨的浓度会降低，同时冷却水的使用量也会增加，可能导致废水总量的增加[7]。与蒸汽吹脱方法相比，煤气吹脱析解法在原理、工艺、处理效果和经济环境效益等方面呈现出明显的优势。煤气吹脱析解法的工艺设备相对简单，并且吹脱介质（即煤气）采用闭路循环的方式进行循环利用。此外，该方法所需的成本费用较低，而氨氮（NH_3-N）的脱除效率可高达 99.57%，出水中的氨氮含量仅为 18.9 mg/L，符合国家二级排放标准[8]。研究者通过比较采用"空气吹脱解吸法"和"煤气吹脱解吸法"对武钢焦化剩余氨水进行氨氮脱除的效果，考察了反应温度、pH 值、气体流量和反应时间等参数对氨氮脱除效果的影响，并确定了最佳反应条件，同时探讨了该方法在工业上应用的可行性。实验结果表明，空气吹脱解吸法和煤气吹脱解吸法均能有效去除废水中的氨氮。然而空气吹脱解吸法会导致大气的二次污染，因此不适合采纳。相比之下，煤气吹脱解吸法具有更佳效果。其最佳反应条件为废水温度为 80 ℃，pH 值为 10.2，煤气流量为 5 L/min（气液比为 3000∶1），吹脱时间为 120 min，煤气中 NH_3 的含量为 0。此外，煤气吹脱解吸法与硫铵流程和 A^2/O 法联运在工业应用中展现出良好的环境友好性以及经济性，其经过生化处理后排放的废水中的氨氮指标能够达到国家的排放标准[9]。采用空气吹脱法对包钢焦化厂剩余氨水进行氨氮脱除效果的实验研究。探究了反应温度、pH 值、气液比、反应时间等因素对氨氮脱除效果的影响，并确定了最佳反应条件，同时探讨了该方法在工业上的应用潜力。实验结果表明，空气吹脱法能够有效地去除焦化废水中的氨氮，去除率可达到 95% 以上。通过正交实验的分析，发现 pH 值、反应温度、吹脱反应时间和气液比是影响脱氨氮效果的主次因素。通过正交和单因素实验，得出空气吹脱解吸法在脱氨氮方面的最佳反应条件：pH 值为 10.4，温度为 70 ℃，气液比为 6000，反应时间为 120 min。此外，在最佳反应条件下，脱氨氮效果最佳的温度为 70 ℃，与正常生产中原水温度范围（70～80 ℃）相符，因此该方法具有良好的经济性[10]。有研究通过实验结果说明，在碱性条件下采用加温通空气吹脱处理高浓度氨氮废水具有显著的处理效果。在此方法下，氨氮的去除率可达 95% 以上，而且没有二次污染的问题[11]。该处理工艺非常简单，操作也很方便。

蒸汽吹脱是一种利用酚类物质具有挥发性特点的方法，主要通过高温蒸汽加热废水来去除其中的酚类物质。在这个方法中，废水中的挥发性酚类与水蒸气混合，由于酚在气相中的平衡浓度高于水相中的平衡浓度，当含酚废水与水蒸气进行强烈对流时，酚会迅速转移到水蒸气中，从而实现废水的净化。随后，可以使用氢氧化钠洗涤含酚的水蒸气以回收酚类物质。这种方法不仅不会带入新的污染物，而且酚类物质的回收纯度较高，同时操作简便，投资成本较低。然而该方法存在一些缺点，如蒸汽消耗量较大，酚类的去除效率仅为80%左右。此外，该方法主要适用于挥发性酚类物质较少的水质。

俄罗斯"洁净公司"在研发的蒸汽脱酚设备表现出了良好的效果。该设备可将浓度为50000 mg/L的高浓度含酚废水进行处理，处理后的酚浓度可降至1500~3000 mg/L，脱酚率达到94%~97%。此外，该设备还可处理浓度在4000~20000 mg/L的中高浓度含酚废水，处理后的酚浓度可降至10~90 mg/L，脱酚率可达99.55%~99.75%[12]。

3.2.2　溶剂萃取法

目前，在处理焦化废水中的酚，常用的方法包括溶剂萃取法、蒸汽吹脱法和吸附脱酚法。其中，溶剂萃取法通过利用酚在水和萃取剂之间的分配系数差异，实现酚的提取与分离，具有高效率和低成本的优点，适用于高浓度酚废水的处理，因此在工业上得到广泛的应用。

萃取脱酚是一种利用酚在废水和与水不相溶的萃取剂之间溶解度或分配系数的差异，使酚从废水转移到萃取剂中的方法。通过多次反复的萃取过程，大部分酚可被提取出来。为了取得满意的萃取效果，必须选择适当的萃取剂。另一种脱酚方法是吸附脱酚，在这种方法中，废水与吸附剂发生接触，通过液固吸附和解吸的过程来实现酚的脱除。常用的吸附剂包括活性炭。然而，采用吸附方法（如活性炭吸附）回收酚存在一些困难，主要是由于有色物质的吸附是不可逆的，使得活性炭难以有效地洗脱吸附的有色物质，从而影响了活性炭的使用寿命。

已有研究指出，在温度低于40 ℃且pH值低于8.0的条件下，以30% TBP煤油为溶剂，采用R为1:2的萃取比例，并将反应时间控制在8 min，能够高效地对原焦化废水进行萃取处理。研究结果显示，萃取后的废水中酚的去除率可达96.94%，水中剩余的挥发酚含量为127.62 mg/L，已满足后续微生物处理的要求[13]。根据实验结果指出，研究以甲基叔戊基醚（TAME）为萃取剂处理焦化废水中的酚类物质的效果。实验在常温（298 K）下，以剂/水相比例为1:6，经过三级错流萃取，成功将废水中的酚浓度从5720 mg/L降至263 mg/L，达到了95.4%的酚去除率。这一方法能够有效地回收焦化废水中的酚类物质，实现了废水处理和经济效益的有益结合，同时为进一步进行深度处理提供了良好的基础[14]。有研究在焦化废水的处理过程中进行酚的去除，通过观察挥发酚的进入水和出水浓度值以及去除率的变化，可以明显看出系统对挥发酚的去除效果显著。在进水挥发酚平均浓度约为60 mg/L的条件下，出水平均浓度降至0.08 mg/L左右，去除率稳定在99.3%以上[15]。

图3-4介绍了溶剂萃取脱酚装置的流程。

溶剂脱酚工艺常常应用于焦化废水处理的前期，以有效降低废水中的酚含量，从而方便后续工段对废水的进一步处理。该工艺的操作流程通常为将焦化废水与萃取剂进行逆向接触，使酚从废水中被萃取出来。富含酚的萃取剂经过与NaOH溶液的碱洗处理后生成酚钠盐，然后经过碱洗溶剂再生，使其能够循环使用。而所富集的酚钠盐溶液则被送往后续的酚盐精制装置进行进一步处理。采用溶剂脱酚法处理焦化废水，不仅能有效去除废水中的酚，还可回收废水中的酚，从而具有良好的经济和环境效益。此外，该方法还有利于后续的蒸氨操作和对酚氰废水的处理[16]。

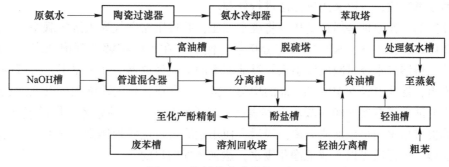

图 3-4　溶剂萃取脱酚装置流程

在脱酚的萃取过程中，萃取剂的选择以及萃取过程中的工艺参数对脱酚效果具有重要影响。工艺参数包括废水初始 pH 值、萃取温度、萃取相比和萃取级数等。常用的萃取剂包括甲基异丁基酮（MIBK）、甲基叔丁基醚（MTBE）和磷酸三丁酯（TBP）-30%煤油。MIBK 具有较高的水溶解度，可能引起二次污染，并且价格昂贵，导致生产成本较高，MTBE 的分配系数较低，而（TBP）-30%煤油在水中的溶解度较小，分配系数较大，并且价格较为经济[6]。研究通过实验考察了磷酸三丁酯煤油溶液在不同条件下对高酚焦化废水进行脱酚预处理的效果。实验结果表明，在萃取时间为 8 min、磷酸三丁酯煤油浓度为30%、温度低于 40 ℃、pH 值低于 8.0、以及萃取比（油/水）为 1：2 的条件下，通过此脱酚预处理方法可以使分水挥发酚去除率达到 96.94%以上。这为后续的生化处理提供了基础。因此，常常选择磷酸三丁酯作为萃取剂使用[13]。酚属于典型的 Lewis 酸。基于可逆络合反应的高效性和高选择性，磷酸三丁酯、胺类化合物及以中油为稀释剂组成的 MK 型络合萃取剂对酚类物质具有很高的分配系数，因此在脱酚过程中表现出优良的性能。在萃取工艺中，适宜的条件为温度维持在常温，pH 值为 6.0。相对于 1：1~1：4 的萃取比，采用 2 级~4 级的萃取级数能够获得更好的脱酚效果[17]。

（1）pH 值的影响。酚属于 Lewis 弱酸，在水中会发生微弱的电离，其电离程度受水相 pH 值的影响，在酸性条件下苯酚几乎不发生电离，苯酚以分子状态存在，萃取脱酚的效果较好；随着 pH 值的升高，苯酚开始发生解离而以酚盐的形式存在，使得萃取回收酚的效果下降。因此，含酚废水的萃取通常在酸性或中性水质情况下进行。所以为了获得更好的萃取脱酚效果，萃取前应将废水的 pH 值调低[18]。

（2）温度的影响。使用常见的磷酸三丁酯（TBP）作为萃取剂时，随着温度的升高，对苯酚物质的萃取效果会降低。这是由于 TBP 是一种中性的含磷氧化合物萃取剂，高温会不利于 TBP 与苯酚分子之间的氢键相互作用的形成和稳定[6]。

（3）萃取相比和萃取级数的影响。高相比可以显著地提高萃取传质过程，因为这会导致更大的浓度差异在两相之间。此外，较大的相比还可以减少所需的萃取级数，并相应降低萃取相中苯酚的浓度。然而，随着相比的增加，溶剂消耗量也会增加，并导致溶剂再生费用的增加[6]。因此，在满足工艺和设备指标的前提下，较小的相比是更为理想的选择。

3.2.3　气浮法

焦化废水富含大量的含油物质，严重降低了其可生物降解性。因此，为了回收和再利用其中的油类物质，可以采用气浮法进行处理。

气浮法的工作原理是通过高压泵将废水加压，并将压缩空气导入溶气罐中。在压力为196~392 kPa的条件下，水与空气充分接触，使空气在水中溶解达到饱和度，形成溶气水。随后，将溶气水经过减压阀引入气浮池底部的溶气释放器。在常温下，溶解的空气便从水中逸出，形成直径在10~80 μm的均匀、微小、密集、稳定而强大的气泡。这些气泡与废水中的油珠等杂质接触并吸附在其表面，形成密度小于1的絮体。借助气泡的浮力，这些絮体被带出水而得以油渣分离。最后，使用刮渣机将这些絮体刮入除油口，自流至废油箱。这样，气浮法可以有效地净化废水，达到环保的目的[6]。

在实际应用中，气浮隔油法的效果受到多种因素的影响，包括絮凝剂的种类、絮凝剂的投加量、气浮时间、分离时间和pH值等。相关实验研究了这些因素对气浮效果的影响。焦化废水可以采用聚丙烯酰胺（PAM）与无机絮凝剂的组合使用。聚丙烯酰胺（PAM）是一种线型的水溶性聚合物，可以与多种化合物反应生成聚丙烯酰胺衍生物。其中的酰胺基能够与多种能形成氢键的化合物结合。由于聚丙烯酰胺分子链的长度较长，能够在两个粒子之间形成桥接作用，即一个分子能够同时吸附几个粒子，并使其快速沉降。这种机制促使废水中的杂质快速絮凝并形成沉淀。随着无机絮凝剂用量的增加，焦化废水的浊度、色度和COD去除率表现出先增大后减小的趋势。对于PAM的用量，当PAM的用量小于80 mg/L时，与其他无机絮凝剂复配使用所形成的絮体的弹性较差，气浮效果不如大量使用时好。而当PAM的用量大于80 mg/L时，所形成的絮体具有较好的弹性和稳定性，净化效果也较好[19]。气浮是废水处理中广泛采用的一种技术，主要用于去除废水中的油类物质。在其工作过程中，废水加压后进入溶气罐，经过高压下与压缩空气充分接触，从而形成溶气水。随后，溶气水通过减压阀引入气浮池底部的溶气释放器，使溶解的空气逸出并形成微小而密集的气泡。继而油珠等杂质与气泡接触，吸附在气泡上形成密度小于1的絮体，从而实现从水体中的分离。该技术不仅具有操作简单、效率高水处理成本低等优点，同时分离时间也会直接影响分离效果。当分离时间过短时，气水分离效果不佳，浮渣含水率高，水中含带的絮凝体量也较多，净水效果不理想。然而，当分离时间过长时，会增加水处理成本，因此需要合理确定分离时间。此外，混凝效果也受pH值的影响。当pH值在6~8时，混凝剂水解产物主要为$Al(OH)_3$，具有较强的吸附絮凝能力，从而达到良好的脱色效果；当pH值小于6时，混凝剂水解产物以Al^{3+}为主，絮凝效果变差，含显色基团的有机物处理效果较差；而当pH值大于8时混凝剂水解产物主要为$Al(OH)_4$，水中胶体无法与其结合，导致处理效果下降[20]。

通过实验研究可得到混凝气浮对焦化废水预处理色度和COD去除效果明显，色度和COD去除率分别可以达到80%和65%，气浮预处理可行性较强，适应性比较广，操作简便，运行可靠[20]。

气浮隔油法应用于焦化废水处理中表现出多方面优势，包括反应迅速、运行操作简单和占地面积小等，此技术可有效去除焦化废水中的大量有机污染物。实验研究表明，在可产生微气泡的气浮系统中添加絮凝剂可以显著增强气浮效果。通过实验证明，气泡黏附性和上浮率得到了增强，从而可以达到80%的色度去除率和65%的COD去除率。需要注意的是，气浮过程中生成的浮渣通常需要经过额外处理。

3.2.4 水解酸化法

焦化行业的独特生产过程导致在产品制造过程中将会产生大量的阴离子表面活性剂和油类物质。这些物质具有亲脂疏水特性,容易形成非常稳定的乳化液。通过调节废水的pH 值使其降至小于 3,可以破坏乳化液的稳定状态。对于由羧酸盐和酯等成分组成的阴离子表面活性剂,酸化处理能够使其生成脂肪酸类物质,并从水体中分离出来。有机物的厌氧分解主要经历两个阶段:产酸阶段和产甲烷阶段。产酸阶段包括液化和产氢产乙酸两个步骤。液化阶段主要通过兼性厌氧微生物和少数厌氧菌的作用,将大分子有机物分解成小分子物质或简单的有机酸和醇。产氢产乙酸阶段则主要通过产乙酸细菌将液化阶段的产物进一步转化为乙酸、氢气和二氧化碳。因此,水解酸化过程改变了大分子有机物的化学结构,促进废水的可生化性能。

水解酸化池是考虑到焦化废水 COD、NH_3-N 浓度较高,有机物成分复杂且可生化性差,仅靠后续 A/O 工艺很难保证出水 COD 和 NH_3-N 达标而设置。水解酸化系统不仅能够提升废水的可生物降解性,而且能够有效降低化学需氧量(COD)和悬浮固体(SS)的含量。水解酸化系统具有开放式运行、无需加热、耐水量强、对水质冲击负荷具有良好的耐受性等多项优点,而且其投资和运行成本相对较低。将水解酸化技术应用于高浓度焦化废水的处理中可以获得以下几项好处:(1)提高废水的可生物降解性。水解酸化微生物的耐受高浓度酚毒害能力远高于好氧微生物,并能够将苯环打开,从而有利于后续的好氧降解过程。(2)降低废水中 COD 浓度,减轻后续好氧生物处理的有机负荷[21]。

在焦化废水处理的小试中,进行了水解酸化提高焦化废水可生化性的动力学分析。焦化废水经水解酸化预处理后,可生化性得到了改善,后续好氧活性污泥处理系统动力学半速度常数 K_s 从常规活性污泥法的 101.998 下降到 77.724,最大比降解速度 K 从 0.00224 上升到 0.00353,BOD_5/COD_{Cr} 比值从 0.27~0.29 提高至 0.32~0.39[22]。通过对处理焦化废水的两种工艺进行实验研究,我们发现采用水解酸化—好氧生物处理工艺相比单一好氧生物处理能够取得更好的效果。水解酸化作为焦化废水的预处理方法相对较为适宜。在实际应用中,当焦化废水的进水 COD_{Cr} 浓度为 2214 mg/L 时,采用水解酸化停留时间为 12 h,好氧曝气时间为 18 h 的条件下,经过间歇动态实验后,出水 COD_{Cr} 浓度降至 172 mg/L,COD_{Cr} 的去除率达到 92.23%,满足了《污水综合排放标准》(GB 8978—1996)的排放要求[23]。采用水解酸化-序批式反应器(SBR)工艺可以有效处理焦化废水。在进水水质为 COD 1100 mg/L 和 NH_3-N 210 mg/L 的条件下,水解酸化阶段持续时间为 4 h,SBR 曝气阶段持续时间为 8 h,搅拌阶段持续时间为 3 h,再曝气阶段持续时间为 4 h,沉降阶段持续时间为 1.5 h。最终出水的 COD 浓度为 68.2 mg/L,NH_3-N 浓度为 51.2 mg/L,COD 去除率达到了 93.8%,NH_3-N 去除率为 75.6%。这些结果表明水解酸化-SBR 工艺在处理焦化废水中具有良好的去除效果[24]。山西某焦化厂经过对多种焦化废水处理工艺的比较,并结合多年来在高浓度有机废水处理方面的工程实践,采用了物化—水解酸化—A/O 组合法作为处理焦化废水的新工艺。该工艺流程由预反应系统(包括蒸氨塔系统、隔油池、气浮池、生物调节池、混凝沉淀池)、水解酸化系统(包括水解酸化池、中间沉淀池)以及A/O 系统(包括缺氧池、好氧池、终沉淀池)组成。通过物化预处理,废水中的 NH_3-N、油类、酚类、氰化物等有害物质得到显著降解,水解酸化系统的引入提高了废水的可生化性。

　　水解酸化法作为一种常用的废水预处理技术，其主要目的在于通过调整废水 pH 值来达到去除污染物的目的。然而，该方法的实际应用面临着许多挑战，其中就包括对废水pH 值的严格限制。通常情况下，为了快速中和稳定的乳化剂成分，对废水 pH 值的要求较高，要求将 pH 值降低至低于 3 的条件下，以转变其结构形态。当然，该方法也能在一定程度上降低色度，但这必须要考虑到容器器皿的防腐问题以及投加酸性物质的成本。焦化废水的初始 pH 值通常为 9~10 左右偏碱性，因此单独的水解酸化法并不适用，目前常采用水解酸联合混凝、Fenton 氧化和 SBR 生物处理等方法来应对该技术的局限性。

3.3　焦化废水生物处理

3.3.1　传统生物处理工艺

　　国内焦化废水的生物处理主要采用 A/O 工艺，同时部分企业也尝试了 A^2/O、A/O^2、O/A/O、A/O/H/O、SBR 和生物膜等工艺。这些处理工艺在处理焦化废水时效果略有差异[25]。研究表明，应用 A/A/O 工艺通过调整水力停留时间（HRT），可以在 1 h 内高效去除焦化废水中的多环芳烃，其中缺氧段的去除率可达 60%。通过调整 A/O^2 反应器的碳氮比，可以获得最佳的有机物和脱氮条件，使 COD 和氨氮的去除率达到了 90% 和 99%。采用 A/O/H/O 工艺处理韶钢焦化废水时，好氧段和缺氧段的优势菌群有明显差异，酚类的去除率可达到 99%，硫化物的去除率可达到 98%。在相似的 HRT 和其他运行参数条件下，A^2/O 工艺与 A/O 工艺在 COD 和氨氮的去除率方面几乎相当，但 A^2/O 处理工艺能够通过产酸阶段去除大分子有机氮，从而更好地去除有机氮。同时，部分难降解物质在产酸阶段分解为在好氧段更易降解的中间产物，因此 A^2/O 工艺在焦化废水处理中表现更出色[26]。相较于 A/O 工艺，A^2/O 工艺具有减少 25% 需氧量和 50% 污泥产量的优势，并且能够承受较高的氨氮负荷[3]。

3.3.1.1　传统活性污泥法

　　传统的活性污泥法主要由曝气池、沉淀池、污泥回流和剩余污泥排除系统组成。其基本流程是将焦化废水与活性污泥混合后进入曝气池，形成悬浮液。在曝气池中通过向悬浮液注入空气进行曝气，使废水与活性污泥充分接触，并为混合液提供足够的溶解氧。这样，废水中的有机物就可以被活性污泥中的好氧微生物分解。随后，混合液进入二次沉淀池进行净化过程，澄清的水则通过溢流排出。在整个过程中，由于活性污泥的不断增长，部分剩余污泥需要从系统中排出以保持系统的稳定性。实验研究已经证明，在 pH 值为 6~8、温度在 30~50 ℃、曝气时间为 6~8 h 的条件下，应用活性污泥法处理焦化废水，可以达到 87.5% 的 COD 去除率。

　　焦化废水经过常规活性污泥法处理后，其含有的酚、氰和油等有害物质的浓度会显著降低。然而，该废水处理技术对 COD 和 NH_3-N 的去除效果并不理想。此外，由于焦化废水本身含有难降解的污染物，仅凭常规活性污泥法处理的焦化废水无法达到国家排放标准。因此，在焦化废水处理中，应采用改进后的方法或结合其他技术来处理。图 3-5 介绍了传统活性污泥法工艺流程。

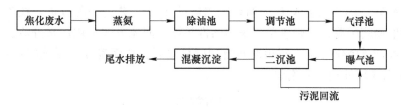

图 3-5　传统活性污泥法工艺流程图

考虑到常规活性污泥法无法有效去除焦化废水中的氨氮，并且经过活性污泥处理后的废水 COD 很难达到国家排放标准，因此，在现有处理工艺的基础上，发展了生物脱氮工艺来处理焦化废水。焦化废水生物脱氮工艺包括 A/O 工艺、A/A/O 工艺、O/A/O 工艺、A/O/O 工艺以及其他对 A/O 进行改进的工艺。

3.3.1.2　A/O 工艺

焦化废水中氨氮的有效去除在传统的活性污泥法中表现不佳，因此引入了 A/O 工艺。A/O 工艺由缺氧单元和好氧单元组成，其中兼氧池通过无氧搅拌使混合液充分混合，并且必须保持较低的溶解氧浓度和适当的生物质浓度。好氧池通过鼓风曝气的方式提供氧气供给，使氨氮氧化为亚硝酸盐和硝酸盐。通过回流上层清液和混合液中的污泥，A/O 工艺实现了反硝化过程。在缺氧单元中，有机物充当电子供体，使硝酸盐还原为氮气。通过 A/O 工艺结合絮凝沉淀和活性炭吸附等生物处理工艺的应用，焦化废水中的 COD、氨氮、挥发酚和氰化物的平均去除率可以分别达到 98.8%、99.3%、99.9% 和 96.5%[27]。

传统的 A/O 工艺对 COD 和 NH$_3$-N 的去除效果显著，但该技术存在着占地面积大、废水停留时间长、处理成本高、出水水质不稳定、色度高以及受回流比限制等问题。为了解决这些问题，可以采用 A/O/A/O 工艺，即在传统 A/O 工艺后增加一个二级 A/O 工艺。在二级 A 池中加入适量的碳源，以提高对焦化废水中氨氮和总氮的去除能力。由于焦化废水中氨氮的浓度较高，并且新的标准要求出水中总氮浓度低于 20 mg/L，因此采用两级 A/O 串联工艺可以是一个可行的选择[28]。研究了 A/O/A/O 生物处理过程中焦化废水的理化指标变化。结果显示，在处理过程中，一级 A/O 和二级 A/O 的平均 COD 去除率分别为 86.2% 和 61.6%。此外，A/O/A/O 生物处理过程实现了 94.2% 的 TN 去除率[29]。

根据污泥和上清液的回流形式，焦化废水预处理工艺可分为外循环和内循环两种方式，工艺分别如下图所示。A/O 外循环（图 3-6），缺氧单元和好氧单元均采用好氧活性污泥，好氧单元混合液回流至缺氧单元进行反硝化反应。该工艺的主要优点是无需额外向缺氧单元添加甲醇等有机碳源，但其主要缺点在于缺氧单元和好氧单元的污泥处于交替的轮回状态，导致污泥活性较低、微生物群落结构不稳定，从而影响废水处理效果。图 3-6 介绍了 A/O 外循环处理工艺流程。

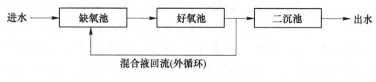

图 3-6　A/O 外循环处理工艺

A/O 内循环（图 3-7）：A/O 内循环工艺是对 A/O 工艺的一种改进。在该工艺中，缺氧单元采用生物膜污泥，而好氧单元采用活性污泥。回流方式采用泥水分流，上清液回流到缺氧单元进行反硝化反应，而污泥回流到好氧单元，从而确保了系统的稳定性。图 3-7 介绍了 A/O 内循环处理工艺流程。

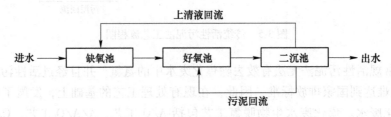

图 3-7　A/O 内循环处理工艺

3.3.1.3　A/O^2 工艺

（1）前置反硝化 A/O/O。在传统的硝化-反硝化过程中，氨氮的转化如下列步骤所示：

$$NH_4^+ \rightarrow NO_2^- \rightarrow NO_3^- \rightarrow NO_2^- \rightarrow N_2$$

$$NH_4^+ + 1.5O_2 \xrightarrow{\text{亚硝酸菌}} NO_2^- + 2H^+ + H_2O$$

$$NO_2^- + 0.5O_2 \xrightarrow{\text{硝酸菌}} NO_3^-$$

$$6NO_3^- + 5CH_3ON \xrightarrow{\text{反硝化细菌}} 5CO_2 + 3N_2 + 7H_2O + 6OH^-$$

而短程硝化-反硝化工艺的脱氮过程为：

$$NH_4^+ \rightarrow NO_2^- \rightarrow N_2$$

$$NH_4^+ + 1.5O_2 \xrightarrow{\text{亚硝酸菌}} NO_2^- + 2H^+ + H_2O$$

$$NO_2^- + 1.08CH_3OH + 0.24H_2CO_3 \xrightarrow{\text{反硝化细菌}} 0.056C_5H_7O_2N + 0.47N_2 + 1.68H_2O + HCO_3^-$$

显然，与硝化-反硝化工艺相比，短程硝化-反硝化工艺更具有优点。前置反硝化 A/O/O 如图 3-8 所示。

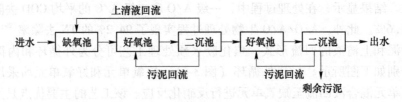

图 3-8　前置反硝化 A/O/O 工艺

宝钢焦化厂的焦化废水二期治理工艺通过对 A/O 工艺进行优化，采用了 A/O^2 工艺，提高了对废水中污染物的降解能力，基本能达标排放，但处理成本较高。

（2）后置反硝化 O/A/O 工艺。经过一级好氧单元的处理，废水中易降解或可降解的有机物得到了有效去除，这既降低了后续缺氧单元和二级好氧单元的处理负荷，也减少了有毒物质对 A/O 工艺的影响，从而确保了硝化和反硝化单元的稳定性。此外，通过调整硝化单元和二级好氧单元之间的回流，可以有效提高脱氮效率。在某焦化厂的研究中，将两级曝气工艺改为好氧—厌氧—好氧（O/A/O）工艺，通过好氧和厌氧的交替处理，一些难以降解的有机物得到了去除，同时酚、氰和 COD 的去除率明显提高。

3.3.1.4 A/A/O 工艺

焦化废水的生化单元进水水质经常受到 NH_4^+-N 浓度、BOD_5/COD、DO 浓度的波动的影响，从而对脱氮效率产生影响。为了减轻水质波动并提高处理效率，一般 A/O 工艺的基础上增加了厌氧段，并在厌氧生物单元中进行水解酸化，将大分子有机物降解为小分子物质。这样可以为后续的单元减轻水质波动的影响。该工艺被称为 A/A/O 工艺（图 3-9），其目的就是降低水质波动对废水处理效率的不利影响。A/A/O 工艺在水处理领域得到了广泛的关注，因为该工艺技术成熟，并且随着好氧颗粒污泥技术的发展，具有结构紧凑致密、沉降性能好、生物量较高以及具备多种微生物功能、剩余污泥量较少等优势[30]。A/A/O 工艺处理流程如 3-9 所示。

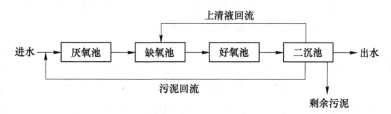

图 3-9　A/A/O 工艺处理流程

该工艺通过厌氧、缺氧和好氧三个过程依次处理经过预处理后的废水。在厌氧池中，发生着两个主要化学反应过程。首先是水解阶段：废水中含有大量的高分子有机化合物，由于其分子量较大，细菌无法通过细胞膜有效地降解这些大分子有机物。因此，胞外酶在这一阶段起到了关键的作用，将大分子有机物水解成小分子有机物，使其能够透过细胞膜被细菌利用。其次是发酵酸化阶段，在这个过程中，溶解性有机物在梭状芽胞杆菌和拟杆菌等发酵细菌的作用下被转化为脂肪酸等末端产物。这些末端产物的组成主要取决于反应条件、废水的成分和参与反应的微生物。缺氧池是废水脱氮和除磷处理的关键反应单元。缺氧池的反应活性直接影响系统中总氮的含量。在缺氧条件下（溶解氧约为 0.2~0.5 mg/L），反硝化菌利用废水中的有机物作为电子供体，NO_2^--N 和 NO_3^--N 作为电子受体进行反硝化反应。其氮的形态变化如式（3-1）：

$$NO_3^--N \rightarrow NO_2^--N \rightarrow NO \rightarrow N_2O \rightarrow N_2 \qquad (3-1)$$

首先，在硝酸盐还原酶的作用下，硝酸根离子被还原为亚硝酸根离子，而硝酸盐还原酶只有在缺氧和硝酸根离子存在的条件下才会诱发合成；其次亚硝酸根离子在亚硝酸盐还原酶的作用下生成；NO 在氧化氮还原酶作用下生成；最后 N_2O 在氧化亚氮还原酶作用下生成氮气。在具体反应的过程中，反硝化菌需要有机碳源作为电子供体，其反应如式（3-2）、式（3-3）：

$$NO_3^- + CH_3OH + H_2CO_3 \longrightarrow N_2\uparrow + H_2O + HCO_3^- + C_5H_7NO_2 \qquad (3-2)$$

$$NO_2^- + CH_3OH + H_2CO_3 \longrightarrow N_2\uparrow + H_2O + HCO_3^- + C_5H_7NO_2 \qquad (3-3)$$

好氧池，也称为曝气池，是 A^2/O 废水处理工艺中的重要工段，同时也是该工艺二级处理的最后一个工艺反应单元。在该单元中，底部通常设有曝气装置，以确保水中的溶解氧供应。在好氧环境中，氨氮转化成硝酸盐的过程分为两个步骤：首先在亚硝酸菌的作用

下将水体中的 NH_4^+-N 转化为亚硝酸盐，最后在硝化菌的作用下将亚硝酸盐转化为硝酸盐。

某焦化厂运用 A^2/O 工艺改造其废水处理站，并对 A/O 工艺和 A^2/O 工艺在焦化废水生物脱氮方面进行了比较研究。投产后，对进出水的水质分析结果表明，采用 A^2/O 工艺处理后的焦化废水能达到排放标准，且优于采用 A/O 工艺的结果。研究还发现，使用 A^2/O 工艺处理焦化废水的 COD 和 NH_4^+-N 难以同时达标。因此，采用厌氧—缺氧反硝化——级好氧—二级好氧工艺流程（A^2/O^2），对太原煤气化公司的焦化废水进行处理，出水 COD 和 NH_4^+-N 均可同时达到国家一级排放标准。此外，研究还采用倍增组合式强化生物脱碳脱氮 A^2/O-Fenton 工艺，该工艺具有抗冲击能力强、运行操作简单、成本低等优点。研究结果显示，该工程取得了良好的运行效果。COD_{Cr} 的质量浓度从 3500~5000 mg/L 降低到 150 mg/L 以下，氨氮的质量浓度从 200~350 mg/L 降低到 5 mg/L 以下，去除率分别达到了 95% 和 97%。此外，对于处理过程中存在的问题，例如生化系统曝气效果不理想、曝气头检修困难、好氧消泡系统喷头易堵塞、对菌胶团的影响较大以及碱度稳定控制困难等，研究者进行了改良的 A^2/O 工艺的研究。改良后的 A^2/O 工艺中，好氧池使用旋插式可提升曝气器以增强曝气效果，并且方便今后出现故障时的检修；好氧池消泡方式由末端混合液消泡改为缺氧池出水消泡；好氧池加药方式也进行了改进，通过投加适量的 Na_2CO_3 来补充碱度。通过对 A/A/O 系统的一系列优化与改进措施，成功实现了生化系统的长期稳定[31]。

3.3.1.5 A^2/O^2 工艺

A^2/O^2 工艺是一种由厌氧池（A_1）、缺氧池（A_2）、好氧池（O_1）、好氧池（O_2）组成的废水处理系统。在该系统中，厌氧池 A_1 通过水解酸化阶段、产氢产乙酸阶段和产甲烷阶段等三个阶段的反应过程，将大分子有机物转化为小分子有机物，并为下一阶段的微生物降解提供合适的基质。缺氧池 A_2 主要培养和富集能够在缺氧条件下将 NO_3^--N、NO_2^--N 还原为 N_2 的反硝化细菌。通过反硝化作用，废水中的 NO_3^--N 被转化为 N_2 并释放到大气中。由于 A_1 池的水解酸化作用，增加了废水的生化可降解性，满足了反硝化细菌对碳源的需求，因此不需要外部碳源补充。好氧池 O_1 用于将进水中的 NH_3-N 在氧化条件下转化为 NO_2^--N，然后进一步转化为 NO_3^--N，同时降解有机物。经过 A_1、A_2 和 O_1 处理后，焦化废水进入好氧池 O_2 的废水中仍含有未硝化的 NH_3^--N、未完全反硝化的 NO_3-N 及未降解的 COD_{Cr}。好氧池 O_2 的作用是将未硝化的 NH_3-N 进一步硝化，将反硝化不完全的亚硝态氮转化为硝态氮，以防止其进入周围环境对周围环境造成危害，并进一步降解 COD_{Cr} 以确保其达标排放。好氧池 O_2 的引入显著提高了 A^2/O^2 工艺的运行稳定性[32]。

与 A/A/O 工艺相比，该工艺将氧化反应和硝化反应分别在两个不同的好氧单元进行，从而提高了焦化废水的处理效率。有研究使用气浮-A^2/O^2 工艺成功处理了玉田县古玉煤焦化工有限公司产生的焦化废水，结果显示 COD、NH_4^+-N、氰化物和酚化合物的去除率均在 95% 以上。另外，研究者采用 A^2/O^2 生物膜法处理了某焦化厂的焦化废水，结果表明，在进水 COD_{Cr} 浓度为 1200~2200 mg/L，NH_3-N 浓度为 200~1000 mg/L 的情况下，系统对其的去除率相对稳定，能使出水的 COD_{Cr} 和 NH_3-N 浓度平均达到《污水综合排放标准》的二级标准和一级标准。调查研究显示，目前国内一些大型焦化厂如宝钢、济钢、包钢、河北临城某焦化厂、临汾钢铁公司、鞍钢等都采用 A^2/O^2 工艺作为核心处理工艺。A^2/O^2 工艺处理流程如图 3-10 所示。

图 3-10　A^2/O^2 工艺处理流程

以实际焦化厂中 A^2/O 和 A^2/O^2 工艺为研究对象，对两套工艺的出水水质进行了比较，同时调查了两套工艺中各生物单元对有机物的降解情况。此外，采用高通量测序技术分析了微生物群落的多样性，以探索难降解有机物与微生物群落结构之间的关系，为焦化废水生物处理技术的稳定运行提供理论基础。研究得出以下结论：

（1）A^2/O^2 工艺对于焦化废水的处理在色度、COD、UV_{254} 和 NH_4^+-N 的去除率方面表现出优势，分别达到了 23.1%、96.6%、95.1%、99.1%，较 A^2/O 工艺更高。说明 A^2/O^2 工艺在焦化废水处理方面效果更好。A^2/O 工艺主要通过好氧生物单元去除有机物，而 A^2/O^2 工艺在缺氧和好氧生物单元中都显示出较好的有机物去除效果，这主要归因于 A^2/O^2 工艺中的缺氧池水力停留时间（HRT）是 A^2/O 工艺的 1.4 倍。A^2/O^2 工艺的出水水质相较于 A^2/O 工艺更好。在缺氧生物单元中，A^2/O 和 A^2/O^2 工艺分别实现了对总氮（TN）的去除率 30.2% 和 87.4%，NH_4^+-N 的下降率分别为 30.3% 和 77.0%。经过好氧生物单元处理后，A^2/O 和 A^2/O^2 工艺分别将 NH_4^+-N 浓度降低了 48.82 mg/L 和 34.70 mg/L，同时 NO_2-N 的浓度分别增加了 0.10 mg/L 和 0.04 mg/L，这说明在缺氧和好氧生物单元中同时进行了硝化和反硝化反应。此外，A^2/O 工艺中曝气池中的污泥沉降性能较好且浓度较高，而 A^2/O^2 工艺中的活性污泥比例（MLVSS/MLSS）较大，间接反应污泥活性较高，繁殖速度快的微生物才能生存。这也直接导致了 A 段对水质及水量的冲击有着较强的缓冲和负荷能力，从而为 B 段提供较好的进水环境。

（2）焦化废水中主要含有酚类、PAHs 和含 N、O、S 杂环化合物，是造成焦化废水 COD 主要原因，经过生物降解（A^2/O 和 A^2/O^2 工艺），出水中主要为含 N、O、S 杂环化合物、PAHs、醇类化合物和羧酸类化合物，这些物质为难降解有机物。A^2/O 工艺对有机物的降解主要在好氧生物处理单元，A^2/O^2 工艺在厌氧单元对苯酚类物质开始有明显的降解作用。

（3）A^2/O 和 A^2/O^2 工艺的厌氧污泥优势门为 *Firmicutes*，缺氧污泥、好氧污泥、接触氧化污泥的优势门均为 Proteobacteria；A^2/O 和 A^2/O^2 工艺的厌氧污泥优势纲为 *Clostridia*，缺氧污泥、好氧污泥的优势纲为 *Betaproteobacteria*，接触氧化污泥的优势纲为 *Alphaproteobacteria*；A^2/O 和 A^2/O^2 工艺厌氧污泥、缺氧污泥、好氧污泥的优势菌属分别为：*Thermoanaerobacter*、*Woodsholea*、*Thiobacillus*，A^2/O^2 工艺接触氧化污泥的优势菌属为 *Halomonas*。因此环境条件（温度、溶解氧等）对微生物群落结构的影响力大于工艺因素。水体中难降解有机物的降解主要依靠优势微生物和多样微生物共同完成，苯酚、喹啉、吲哚等有机物降解的核心种属为 *Thermoanaerobacter*、*Woodsholea*、*Thiobacillus*、*Halomonas*、*Pseudomonas*、*Thauera* 和 *Thauera*。

3.3.1.6　SBR 工艺

SBR 工艺是由按一定时间顺序间歇操作运行并在单个反应器内完成全部操作和运行过程的处理工艺，传统意义上的 SBR 工艺一个完整的运行周期包括五个阶段：（1）进水期；（2）反应期；（3）沉淀期；（4）排水排泥期；（5）闲置期，依次完成缺氧、厌氧和好氧过程，实现对废水的生化处理。在一个运行周期中，各个阶段的运行时间、反应器内混合液体积的变化及运行状态等都可以根据具体废水的性质，出水水质及运行功能要求等灵活掌握，对于单一的 SBR 池而言，不存在空间上控制的障碍，只在时间上进行有效的控制与变换即可实现多种处理功能要求。

有研究采用浸没式膜-SBR 反应器去除焦化废水中氨氮，研究结果表明，在 HRT 为 32.7 h，泥龄（SRT）为 600 d，平均 COD 容积负荷为 0.45 kg/(m^3·d）的条件下，膜出水中 COD 可以稳定在 100 mg/L 以下[33]。有研究采用 SBR 法处理焦化废水，曝气反应前后分别设置缺氧段，曝气一段时间后，出水均达到国家二级标准。通过对比以海绵铁+聚氨酯泡沫复合载体与单独以聚氨酯泡沫为载体的 SBR 反应器对焦化废水的处理效果可以发现，相比于只投加聚氨酯泡沫的反应器，投加海绵铁的反应器对 COD 与 NH_3-N 的去除效果、强化作用更好，主要是因为所投入的海绵铁能够为微生物生长提供必要的营养元素，并改善污泥性能，使得焦化废水中的有机物可以更好地絮凝沉淀[34]。但 SBR 及其改进技术在目前焦化废水治理方面还存在膜造价较贵、易污染等缺点。

3.3.1.7　AB 工艺

AB 工艺处理技术是吸附—生物降解工艺的简称，整个工艺分为 A 段和 B 段，其中 A 段是吸附段、B 段是生物氧化段。工艺流程见图 3-11。

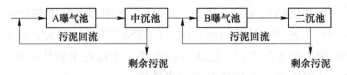

图 3-11　AB 技术工艺流程图

A、B 两段工艺的活性污泥各自单独回流。在 AB 工艺的运行过程当中，A 段曝气池通常在有机负荷很高的环境下运行，负荷率可以达到传统活性污泥法的 50~100 倍，但是水力停留时间通常只有 30~40 min，污泥龄也仅有 0.3~0.5 d。在这样的环境下，只有世代期短、繁殖速度快的微生物才能生存。这也直接导致了 A 段对水质及水量的冲击有着较强的缓冲和负荷能力，从而为 B 段提供较好的进水环境。

AB 法也存在一定问题，在 A 段曝气池通常出现恶臭的现象，这是由于 A 段在超高有机负荷下工作，经常处于缺氧甚至厌氧的环境中，会产生硫化氢、大粪素等恶臭气体；其次是 B 段曝气池的进水含碳有机物的碳氮比较低，不能有效脱氮，但是可以适应不同的处理要求，所以仍是比较符合我国国情的一种经济有效的废水处理技术，尤其对高负荷的有机废水有着很广阔的应用前景。

3.3.2　生物改良工艺

专家们针对传统活性污泥法中存在的污泥松散和高产量等问题，提出了生物改良技术，如生物流化床法、生物接触氧化法、生物滤池和生物燃料电池等，以此来弥补这些传统方法的不足。

3.3.2.1　BAF废水生物处理技术

曝气生物滤池（BAF）废水生物处理技术一般可直接应用于废水的二级生物处理，曝气生物滤池的运用面很广，对于难降解以及比较高冲击负荷的焦化废水具有无可取代的作用[35]。此工艺的主要装置是曝气生物滤池，在反应器中主要设有多个单元过滤器，且各单元又涵盖了内部配水系统及粗泡式曝气池两部分，同时铺设了过滤滤料。曝气池的多空管道可以为生物生长提供氧气，在过滤材料中，水、气的存在对氧的溶解起到了促进作用，而滤料本身又是生物膜生长的媒介。过滤材料的选择及粒度的选择，通常要根据具体的工艺来决定。同时，由于BAF工艺使用的小颗粒填料与普通快滤池相比增设了对SS的截留功能。其本身不仅具有负荷能力强、停留时间短等优点，还能确保在低污泥负荷下，也可以良好地运行，从而保障废水中的有污染物被深度降解。该工艺作为一项废水生物处理新技术，不仅适用于城市废水的二级处理、深度处理和受污水体的处理，也适用于不同工业废水的处理。

在某些处理项目中，氨氮浓度很高，为了降低氨氮指标，研究学者以废水处理厂二级出水为研究对象，采用曝气生物滤池对其进行处置，在3000 mg/L氨氮浓度的原水中，对氨氮的去除率高达93%~94%[36]。通常在常规生化处理后用BAF来深度处理焦化废水。将某焦化厂生化二级出水采用曝气生物滤池废水工艺进行深度处理，处理后其氨氮和COD可达到《污水排放综合标准》的要求[37]。

3.3.2.2　膜生物反应器废水生物处理技术

生物膜生物反应器（MBR）是一种将膜分离与处理系统相结合的工艺。采用膜组件取代二沉池，既节约了废水处理所占面积，又保证了高活性污泥浓度。同时，由于污泥负荷降低，污泥产量下降。应用MBR对焦化废水进行处理，不仅处理效率高、占地小，操作也较为简单[38]。当前我国主要集中在好氧陶瓷膜MBR、好氧聚乙烯中空纤维MBR和厌氧聚乙烯中空纤维MBR等三个方面。其作为废水生物处理方面的新工艺，在经济和环境方面具有巨大潜力，且当前在国际上已经具有初步的生产和技术产业规模。为了充分发挥MBR工艺的优势，目前需深入对影响其应用的瓶颈问题——膜材料成本的进一步降低进行研究，以开发成本低，性能更好的膜材料。此外，需对其工艺运行过程中的膜污染机理及防治途径进行研究，以有效地延长膜的使用寿命、减少更换率、降低运行能耗，并且进一步降低运转成本。

利用自主开发的流态化反应器对焦化废水进行了深度净化，使其达到了降低污染物浓度与消毒一体化的目的。研究人员利用间歇曝气生物滤池法提高了系统的反硝化能力，其COD、氨氮以及硝态氮的去除率分别达到了65.55%、54.61%和75.15%，该工艺的处理效果明显优于常规曝气生物滤池。此外，该技术还可用于焦化废水的治理。硝化反应生成的硝酸盐可快速穿过离子交换膜，从阴极移动到阳极，再和有机质发生反硝化作用；结果表明，在阳极室内，硝酸根的扩散及向氮气的转化速度远高于阴极室内，从而实现了硝化与反硝化的同步进行。研究学者利用微生物燃料电池技术同时实现硝化和反硝化，采用该工艺处理焦化废水，对COD、TN的平均去除率为83.8%、97.9%，与常规活性污泥工艺相比，该工艺对苯酚、氮杂环物质的脱除效果更好，同时不用外加碱度，证明生物燃料电池法可以有效地去除难降解有机物和总氮。

膜生物反应器（MBR）既能确保生物质的充分保留，又能保持高混合液体悬浮固体（MLSS），既能抵御入水负荷冲击，又能提高出水质量，减少污泥流失。然而，焦化废水中含有大量的悬浮物和含油杂质，易造成膜组件的阻塞，影响了系统的运行稳定性。因此，由于工业废水的处理难度不断提升，膜技术也得到了发展，目前 MBR 通常会和其他生物工艺或者物化处理工艺联用，从而得到最优的处理效果。采用缺氧移动床生物膜法与生物曝气滤池（ANMBBR-BAF-SBNR）短程生物脱氮技术联用，具有更好的脱氮效果，同时降低了 COD、氨氮和总氮的排放，三者去除率可达到 4.6%、85.0%、72.3%，该法的污泥损失量比较少，可以解决焦化废水出水氨氮、总氮不达标的问题。

3.3.2.3　移动床膜生物反应器废水生物处理技术

移动床膜生物反应器（MBBR）技术通过向反应器内投加一定比例的悬浮状态的活性生化填料，通过增加生物量及群体数目，有效地改善了反应器的生化性能。废水经臭氧化后，其可生化性大大增强，需经 MBBR 二次生化处理。将臭氧氧化后的废水送入中间池，在此池中进行沉淀和脱氧，一部分水被消泡泵送至前端的 O 池中消泡，而夏季则主要流经 MBBR（A）池，其水力停留时间约 3 h，达到脱氮的目的。通过添加碳源（醋酸钠试剂）辅助脱氧，构建最佳的反硝化条件，并在 MBBR（O 池）内进行均匀曝气（2 h 左右），利用硝化反应进一步降解 COD 等污染物。再通过向混合池中投加氧化剂去除 COD，向絮凝池中投加 PAM 进行絮凝沉淀，最终通过溶气气浮机去除 SS，从而达到标准进行排放。

臭氧氧化处理技术处理焦化废水不仅速度快且无二次污染，在此基础上，其生物降解性也得到了很大的提升，同时实现对大分子难降解有机物（如多环芳烃等）的降解。因此，研究者们发现，将该技术与生物反应器相结合，可以有效地去除出水中的 COD、总氮和色度[39]。

生物接触氧化法和生物滤池等新工艺在实验室阶段的处理效果良好，在应用方面潜力巨大，但还未在实际生产中得到广泛应用。面临如今愈加严格的排放和回用水标准，仍应继续开发新工艺，并关注各种工艺在实际中的应用效果。

3.3.3　生物强化工艺

在焦化废水中，通过改良工艺，可以较好地去除宏观污染物指标，但是其对于焦化废水中存在低浓度、高毒性的持久性有机污染物的去除率较低。生物强化技术是在废水中投加一定的降解细菌，从而在提升对难降解有机物降解能力的同时提高降解速率，从而更好地处理难降解有机物。生物强化是向废水处理体系中投放特定的优势菌群，或利用基因编辑等手段，投加研发的高效生化处理菌种，实现对废水中某些有害物质的有效去除，以达到提升焦化废水处理效能的目的[40]。其最大的特色在于能对特定种类的焦化废水进行高效地处理。且由于其此特性，这样就不会与物质在处理焦化废水时发生物化反应，或是减小这种概率[41]。生物强化技术的应用范围广泛，如固定化技术、膜生物反应器、抑制剂、直接或间接投加高效菌株等[34]。焦化废水的固定化细胞法是通过化学和物理方法，对焦化废水中具有可降解性的特定菌株进行研究，或者通过基因克隆等方法将其克隆，然后再合理、高效的固定化，既能保留其活性，又能重复使用。使用此法处理焦化废水，不仅使得原微生物细胞的浓度和纯度得到提升，还保证了菌种的高效率，降低了污泥的产生量。高效菌株可促进固液分离、脱氮、降解高浓度有机污染物[42]。这对于焦化废水提标改造是一条实用的思路。

运用生物强化技术处理焦化废水仍存在许多需要改善的问题，例如，筛选出具有更高靶向性的菌株，并将其用于实践，及通过生物分子工程等手段对菌种的生长和失活机理的深入研究。

一般的生物强化过程是添加预先处理过的菌种或纯菌种，在此基础上添加转基因细菌，通过添加与污染物降解相关基因将其导入载体，使其在微生物体内偶联并传递至原菌。该方法的优点是不依赖供体细菌的生存与生长。

微生物在生物强化技术中的应用需满足以下三个标准：

（1）即使存在其他抑制剂的情况下也能完全降解污染物；

（2）进入系统后必须继续保持竞争力；

（3）与本土菌群兼容。

同时，在选择添加菌种时要慎重，特别是在实际应用时，所添加的菌种不应与人体病原有紧密联系。生物反应器是一种复杂的生物体系，当多个微生物同时处理废水时，其内部会发生多种信号传导（如群体感应、水平细胞传递等）。

有学者研究报道了喹啉降解细菌 KDQ4 在焦化废水中的应用，可显著提高其对喹啉、吡啶的利用效率，强化对氨氮的去除。研究学者将吡啶和喹啉强化菌（*Paracoccussp*，*BWOO1*；*Pseudomonasssp*，*BWOO3*）投加到沸石曝气生物滤池中处理焦化废水，说明了生物强化可以加快细菌群落结构的演替，从而增加氨氮去除率。向 MBR 反应器中投加脱氮副球菌，由于 MBR 菌群结构的改变，导致吡啶的出水浓度大大降低。研究学者在 SBR 工艺中投添加一株吡啶类降解菌 *Rhizobiums*（*NJUST18*），该菌株能在 7.2 h 内完成对浓度为 4000 mg/L 吡啶的高效降解，并加速了该反应器的启动进程。研究学者通过投加自主研制的环境友好型微生物于焦化废水处理工艺中的厌氧池出水中，发现该生物菌剂能有效去除出水中的 COD 的，平均去除率达 18%；在生物化学体系中，污泥中的微生物多样性得到了极大的提高。研究学者在一家焦化厂的好氧反应器中加入自制的生物菌剂，对 COD、氰化物、总氮的去除率分别提高了 16.1%、12.3% 和 12.2%。

针对目前焦化废水水质不能达标这一难题，有研究拟通过添加厌氧池、投加微生物菌剂等方式实现生物强化，使出水总氮浓度由 40 mg/L 降至 10 mg/L；深度处理采用臭氧氧化技术可以使得 COD 降低到 30 mg/L[43]。研究学者利用喹啉作唯一氮源，从焦化废水处理厂活性污泥中分离得到一株能 24 h 内去除 96% 的喹啉降解红球菌。研究学者通过筛选得到的吡啶降解菌株 *KDpy1*，该菌株能在 48 h 内降解 1442 mg/L 的吡啶，降解率高达 99.6%，且不受高浓度吡啶的影响。研究学者分离的一株吲哚降解菌 *Burkholderia* 能在 14 h 内彻底脱除 100 mg/L 吲哚。通过在污泥中引入特异性降解菌改善污泥结构，使有利于降解的微生物占据主导地位，提高其降解效能。

与常规的生化工艺相比，生物强化工艺具有加速系统的启动速度、降低污泥量等优点。由于生物强化，污泥的群体结构往往也在某种程度上发生了变化。其中投加的强化菌有可能成为系统内的优势菌种，也有可能因为竞争能力差而消失，但是系统整体的优势菌群的演替方向都是为了降解目标污染物，从而使得系统中菌群的生物多样性增加，污泥性能得到改善，从而达到强化效果。

3.3.4 新型处理技术

3.3.4.1 微藻-细菌组合

研究人员采用微藻-细菌共培养技术，发现其与厌氧或好氧生物法不同，此方法能彻底去除水中的苯酚，但单一培养微藻时，脱除率低于30%，且产油率也提高了1.5倍。已有研究表明，微藻具有良好的脱氮抗毒能力，能够代谢多环芳烃、酚类、氰化物等，还可以定向降解废水中高浓度的有机污染物。研究发现微藻有去除含氮化合物的能力以及很强的耐毒性，能通过代谢降解 PAHs、酚类物质和氰化物等，可以针对性地去除焦化废水中含量较高的有机污染物[44]。采用藻类-细菌共培养技术，可以提高微藻对有机/无机复合污染水体的适应能力，能够在降低温室气体排放量的同时，增强对目标污染物的去除效率。该系统在处理焦化废水时，还可以产油，不仅可以减轻对环境的污染，还能够将废水资源充分合理地利用。

3.3.4.2 其他新工艺

一般 A/O 及其变形生物脱氮工艺被认为硝化和反硝化两个阶段是相互独立的，反应分别发生在好氧池和缺氧池。近年来许多研究表明，微生物可以在异养条件下发生硝化，好氧条件下发生反硝化，及异养硝化好氧反硝化，生物脱氮技术在概念和工艺上有了新发展。

在缺氧条件下，微生物以氨作为电子供体，以 NO_2^- 作为电子受体，将氨转变成氮气的生物氧化过程叫作厌氧氨氧化，去除的 NH_4^+-N、NO_2^--N 量和生成的 NO_3^--N 量之比为 1：1.32：0.26。研究学者利用短程硝化-厌氧氨氧化法对焦化废水进行了系统的实验，实验中总氮去除率达到 70%~80%。研究学者提出了一种新型的短程硝化/厌氧氨氧化/全程硝化生物的脱氮新工艺，并对处理焦化废水进行了初步研究，结果表明该工艺能将焦化废水中的氨氮和有机物等污染物有效去除。在传统的认知中，硝化与反硝化过程不能同时进行，而随着研究和实践的深入，这种观点被突破，二者也可以同时进行。研究学者通过分析各种不同的生物脱氮工艺里的同步硝化反硝化现象，研究表明，影响同步硝化反硝化的主要原因是溶解氧浓度、污泥絮体结构以及污泥的有机物含量。

近年来随着生物技术的不断发展和应用，其可行性和有效性也得到了增强，固定化细胞技术和生物强化技术等生物技术也越来越受到人们的青睐。虽然较传统的生物处理技术，利用固定化细胞及生物强化等方法，可有效地提高对特定污染物的去除效果，提高焦化工业废水中难降解有机化合物的去除效果，然而目前尚未形成规模化工业应用。

3.3.5 焦化废水生物处理工艺研究展望

焦化废水和市政污水不同，其特点是有大量有毒物质，对传统活性污泥冲击很大，污泥常常会比较松散，处理效果不理想。由于污染物的排放标准越来越高，常规的处理方法已不能满足其要求，导致后续深度处理较为困难，为了解决这一问题，改善处理效果，故生物处理工艺常常与其他工艺耦合，以更好地处理水质。由于新技术的应用和发展，除了基本的单元式处理工艺外，还增加了多种工艺的耦合处理，提高了焦化废水的治理效果。多种工艺耦合不仅可以弱化某一过程自身的缺陷，还可以通过联合作用发挥更好的处理效果，这也正是研究学者们共同努力的方向。

3.4 焦化废水深度处理技术

由于焦化废水中高浓度高毒性污染物的存在，焦化废水经生化处理后污染物排放值很难达标，除有明显的色度外，其中也含有无机盐和一些难降解的有机污染物，比如吡啶、喹啉和多环芳烃等，单纯依靠生物处理技术难以达标排放，尤其随着新的焦化废水排放标准（GB 16171—2012）的实行，焦化废水生化出水必需经过一系列深度处理工艺才能达标排放或者工业回用，常用的深度处理工艺主要包括混凝沉淀、吸附、膜分离、高级氧化等，而且实际应用中往往还需要多种深度处理技术的组合应用才能最终实现无害化或资源化利用，以满足日趋苛刻的环境保护要求。对于焦化厂焦化废水经过生物法和 Fenton 法存在的生物降解性差、电导率高、COD 高等问题，专家提出"多介质过滤+活性炭+超滤+反渗透+电渗析"联用技术[45]。试验结果表明，Fenton 处理后的废水经活性炭吸附后能高效脱除 COD 且其去除率可以达到 30%~50%；RO 浓水中的盐主要由电渗析去除，其脱盐率可达到 65%，产水率可达到 55%。该工艺产水可以用作循环冷却水，废水的利用率高于 92%。

3.4.1 混凝沉淀法

焦化废水中含有的粒径大的颗粒物可以通过沉淀去除，但对于一些悬浮的小粒径的物质需要采用混凝沉淀，即经过絮凝之后再进行沉降。混凝是向废水中投加混凝剂，从而使水中分散的胶体聚集变为易于分离的混凝体，此法可以将废水中的悬浮颗粒、胶体、杂质和有机污染物有效的去除，是具有巨大潜力的废水处理技术之一，并且其在实践中被广泛应用于焦化废水处理，还保障了后续工艺运行的高效和低能耗。

将该方法用于焦化废水的深度处理阶段，可以去除难被微生物降解的有机质、氮、磷等溶解性有机物，具有操作简单、成本低等优势，但其相比于高级氧化、膜分离等技术其处理效果较差，处理过程中会存在混凝剂用量大、出水 COD 浓度高等问题。应该加强对焦化废水中多组分难降解有机物处理的设计和改良，进一步深入研制适用于焦化废水处理的混凝剂。

处理效果好的混凝系统通常由三个部分组成，即合理的混凝剂、反应器和自控投药，其中混凝剂是整个系统的核心。以不同组成将混凝剂可分为四类，即无机混凝剂、有机高分子混凝剂、微生物混凝剂和复合混凝剂[46]。以传统焦化废水处理工艺为基础，研发新型复合混凝剂，不仅出水水质可以达到《炼焦化学工业污染物排放标准》的排放要求（COD 稳定在 80 mg/L 以下，总氰化物稳定在 0.1 mg/L 以下），还可以节约经费，降低运行成本，精简管理操作，在实践应用上有很好的示范作用以及推广价值[47]。采用聚合氯化铝（PAC）、聚合氯化铝（PAC）+聚丙烯酰胺（PAM）、聚合氯化铝（PAC）+硫酸铝（AS）三种复配体系对焦化废水的后处理效果进行实验室实验和工业应用研究，结果表明采用 PAC 与 PAM 相复配方案，对经生化处理后的焦化废水进行后处理，可有效地将废水中的有机污染物、色度和悬浮固体去除[48]。

其次，助凝剂的添加表现出优于单一混凝剂的效果，是混凝剂发展的主要趋势，可用于调节或改善混凝条件，减少混凝剂用量，并且可以促进凝聚作用以及改善絮凝体结构。有研究选择有机高分子混凝剂阳离子型聚丙烯酰胺 CPAM 和 FeCl₃ 为助凝剂，强化聚合氯化铝 PACl 混凝去除焦化废水中难降解有机污染物，同时可达到提高絮体沉降性能的目的。

3.4.1.1　无机混凝剂

无机混凝剂主要有铁盐、铝盐、硅酸盐和其水解聚合物几种类型。根据相对分子质量的大小可以将无机混凝剂分为无机低分子混凝剂和无机高分子混凝剂两种。无机低分子混凝剂存在着一些缺点，比如腐蚀性强、稳定性差、不易运输与储存等，无机高分子混凝剂则有更强的电中和和聚集能力，因而其在处理废水的过程中效果更好。聚铝混凝剂主要分为聚合氯化铝（PACl）、聚合硫酸铝（PAS）两种。制品碱化度不同，对废水的处理效果也不同。聚铁混凝剂中的聚合硫酸铁（PFS）对终端焦化废水的处理效果较好，能有效去除其中的 COD、浊度、酚类物质、氰类物质等，同时还可以除臭。以华东地区的一家大型焦化废水处理厂的生化废水为研究对象，采用了一种新型的铁盐类絮凝剂，实验结果显示，与普通的聚合硫酸铁混凝剂相比，其效果更为出色。当初始 pH 值为 7~8，混凝剂投加量为 2000 mg/L，快速搅拌时间为 20 min 时，其对于 COD 和色度的去除率可以达到 76% 和 85%，均满足国家排放标准[49]。研究证明加入磷酸根不仅可以强化聚合氯化铁（PFC）的稳定性，还可以增加可以起活化作用的 Feᵦ 的含量，对焦化废水中的 COD、重金属离子以及悬浮物（SS）都有良好的去除效果，且其减小色度和除臭的效果也很突出。将粉煤灰、含钛高炉渣、稀土废渣水、水淬渣提取物用来研制固体废渣基混凝剂，并且用来处理焦化废水，不仅能够很好地去除废水中的污染物，还将工业固废进行了合理且有价值的回用，达到了"以废制废"的效果。

3.1.4.2　有机高分子混凝剂

有机高分子混凝剂处理生成的絮粒大且紧实，主要是因为其的吸附-架桥作用。由于有机混凝剂往往不带电或者带很小的电荷，故其在单独处理焦化废水的时候电中和效果微弱，常常作为助凝剂和无机混凝剂进行联用。

有机混凝剂主要有天然有机混凝剂和人工合成有机混凝剂两种。在废水处理中人工合成有机混凝剂聚丙烯酰胺（PAM）被大量使用。许多研究人员用 PAC 作为混凝剂，PAM 作为助凝剂来对焦化废水的混凝过程进行深入研究，结果表明，其相较于仅使用 PAC 处理的出水，加入助凝剂后的水质更好。对于天然有机高分子混凝剂，使用 PFS-壳聚糖（CTS）复合混凝剂处理后的焦化废水的 TOC 去除率可高于 70%。

无机和有机混凝剂的联合使用可以充分发挥两种混凝剂各自的优点，达到较好的处理效果，但是两种或者两种以上的混凝剂应该分开投加，在操作上较为繁琐，在实际中，对其运行和设施的复杂程度都有更高的要求。

3.1.4.3　微生物混凝剂

微生物混凝剂是利用生物技术，从微生物体或其分泌物中提取、纯化而获得的，具有安全、无毒、易于生物降解以及良好的混凝沉淀性，是一种环境友好型混凝剂。与传统无机混凝剂相比，微生物混凝剂用量少。但目前微生物混凝剂的应用大多还处于菌种的筛选阶段，且成本较高，无法适应工业化生产的需要。国内对微生物混凝剂的研究大多停留在实验室阶段，工业生产的报道较少。

3.1.4.4 复合高分子混凝剂

复合高分子混凝剂是近年来人们关注的新型、高效水和废水处理药剂。大量研究表明，若把两种或两种以上的混凝剂在一定条件下通过混合或接枝杂化反应形成一种复合混凝剂，则可实现优势互补，提高废水的混凝效果，同时在操作上可避免分次投加的复杂性。近年来国内外研究的复合型高分子混凝剂主要包括无机复合高分子混凝剂、有机复合高分子混凝剂及无机-有机复合高分子混凝剂。

A 无机复合高分子混凝剂

目前已经研发出多种无机复合混凝剂产品，主要包括聚合硫酸氯化铝（PACS）、聚合氯化铝铁（PAFC）、聚合硅酸硫酸铝（PASiS）、聚合硅酸氯化铝（PASiC）和聚合硅酸硫酸铁（PFSiS）、聚合硅酸氯化铝铁（PAFSiC）等。该混凝剂提供的多羟基络合离子，能够促进胶体的团聚，并且发生物理化学反应，能够中和胶粒和悬浮物表层的电荷，从而促进胶粒之间的相互碰撞，形成絮状沉淀。使用原料以粉煤灰为主制备的 PAFSiC 混凝剂处理焦化废水，研究表明，其处理过程中适用的 pH 值范围较广，相较于聚铁混凝，其对 COD 的去除效果更好。而以炼钢污泥和高炉渣为基制备的聚硫酸铁铝（PAFSiS）对焦化废水的深度处理也有很好的效果，对 COD 和浊度的去除率都较高。使用复配药剂（改性钙盐、改性铝盐以及含铁或镁等多种元素）所研制的氧化耦合混凝剂来深度处理焦化废水，结果证明其稳定性相较于其他无机混凝剂较高，处理焦化废水效果更好。以 Na_2HPO_4 和 PFS 为原料制备聚合磷硫酸铁（PPFS）并将其应用于焦化废水处理中，具有较好的混凝效果。

相对于单一的无机混凝剂，无机复合高分子混凝剂对焦化废水的处理效果更好，应用范围也更广。但是相较于有机高分子混凝剂，其分子量较低，对于水中胶体物质的吸附架桥能力较弱、絮体松散、投药量较大、污泥量大。

B 有机复合高分子混凝剂

有机复合高分子混凝剂主要包括丙酰胺类、二甲基二烯丙基氯化类聚合物以及天然高分子混凝剂的接枝、杂化改性，依靠分子间共聚产生高分子混凝剂。但是有机负荷混凝剂由于投药量大的缺陷，会导致其成本较高且不易降解。

C 无机-有机复合混凝剂

无机-有机混凝剂是把无机和有机混凝剂复合起来，由于不同种类的混凝剂之间有协同效应，混凝剂的电中和和吸附架桥的特性都得到提升。相较于传统的无机高分子混凝剂，复合混凝剂的价格与其相差无几，但是其絮凝效果却得到很大的提升，同时投药量小、污泥产量低，降低了焦化废水的处理成本。而其相较于有机高分子混凝剂，其混凝效果也有所增强，同时投药量较少，降低了毒性物质的残留。无机-有机杂化絮凝剂在同一聚合结构中包含不同功能基团或组分，可实现分子水平的复合，能够更好地发挥无机和有机组分的协同作用，提高混凝性能，简化投加程序，具有广阔的应用前景。

聚合氯化铝是目前水和废水处理过程中使用最广泛的一种无机混凝剂，具有良好的除浊和除色性能，然而其对废水 pH 值适用范围较窄，且存在絮体松散不利于后续污泥处理等问题。聚合硫酸铁由于对废水 pH 值要求范围较宽且具有良好的混凝性，已成为当前焦化废水处理中主要的混凝剂。但铁盐类混凝剂处理后的出水，其中残留的铁离子还会腐蚀设备。且随着国家环保标准的日益严格，传统的铝盐、铁盐类混凝剂处理出水已难以满足排放要求。当前混凝剂总体正在向"高分子化、复合化、多功能化"的方向发展[38]。当前研究证明，复合混凝剂相较于单一的混凝剂有着巨大的潜力。但是其研发过程也有一定的难度，由于有机高分子化合物的种类和性质较为复杂多样，故挑选合适的有机复合物较为困难。在无机和有机混凝剂复合时，无机絮凝剂原本的电荷性质和结构都会有所变化，故要制备能够高效处理焦化废水的复合混凝剂，还需要继续深入研发。

选择不同的硅源分别制备离子键合型和共价键合型无机-有机杂化絮凝剂，将其应用于模拟废水、焦化废水的混凝处理。以 Na_2SiO_3 为无机硅源，通过与 $AlCl_3$ 复合反应制备了聚硅酸铝絮凝剂（PASi）。以 PASi 为无机组分，丙烯酰胺（AM）、丙烯酰氧乙基二甲基苄基氯化铵（ADB）为有机单体，采用原位聚合方法制备了离子键合型无机-有机杂化絮凝剂 PASi-P（AM-ADB）。经过混凝研究，表明在最佳投加量下，对焦化废水原水浊度、UV_{254}、DOC 和 COD 的去除率分别为 95.3%、19.9%、18.8%和 26.2%，混凝效果优于复合絮凝剂 PASi、PASi-P（AM-ADB）和商品絮凝剂 PAC。

为改善杂化体系的稳定性，采用 γ-氨丙基三乙氧基硅烷（APTES）为有机硅源，采用水解聚合法缓慢滴碱与无机组分 $AlCl_3$ 共聚，制备了共价键合型无机-有机杂化絮凝剂 PAAP。其中 Si/Al 摩尔比为 0.1，碱化度 B 为 0.5 时制备的 PAAP 对焦化废水原水浊度、UV_{254}、DOC 和 COD 的去除率分别为：82.1%、12.1%、9.3%、24.2%，混凝效果优于商品絮凝剂 PAC。此外，PAAP 具有优异的储存稳定性能，室温保存 18 个月后，仍未出现沉淀和胶凝，混凝性能仍保持良好。

通过研究对焦化废水混凝前后的有机物组分进行对比分析，PASi-P（AM-ADB）和 PAAP 均能有效去除焦化废水中强疏水性、高芳香性类物质，对类富里酸类、类腐殖酸类荧光物质的去除效果良好，与疏水碱性组分（HOB）和亲组分（HIS）相比，其对疏水性酸性成分（HOA）和疏水性中性成分（HON）具有更好的去除效果，去除率更高。而且，PASi-P（AM-ADB）可优先去除原水中的脂肪醇、羧酸、多环芳烃、含氮杂化类化合物，而 PAAP 除能去除原水中的脂肪醇、羧酸、含氮杂环类物质，还能高效去除酯类化合物和疏水性难降解物质，有利于废水的生化处理。生化出水中的多环芳烃、邻苯二甲酸酯类化合物等有毒物质被杂化絮凝剂有效去除，对环境的危害降低。

为加快沉降速度，缩短混凝处理时间，将杂化絮凝剂与 Fe_3O_4 耦合使用，通过磁混凝工艺强化处理焦化废水。研究发现，"磁粉→絮凝剂→在外加磁场下静置沉降"的方式下，沉降速度显著加快，混凝效果最好，产生的磁性絮体更加密实，抗剪切性能和破碎再恢复性能得到提升。磁混凝中磁粉可以起到增加体系中颗粒物浓度、促进磁核絮体生成、吸附有机物和强化絮凝剂的作用，促进混凝过程速度加快，混凝效果提升。磁粉经过回收再利用，仍可保持良好的磁混凝性能。

混凝法处理回用案例：实验用水取自山西某焦化厂经 A^2/O 生化阶段后沉淀池出水，其主要指标如表 3-2 所示。

表 3-2 实验所用焦化废水生化出水主要水质指标

pH 值	色度/度	浊度/NTU	UV_{254}/cm^{-1}	$COD_{Cr}/mg \cdot L^{-1}$	$TOC/mg \cdot L^{-1}$
7.80±0.3	130±5	28.9±0.5	1.217±0.05	126±4	30±0.8

用 pH 计测量 pH 值；使用数字色度仪测量色度；用重铬酸钾回流法测定 COD_{Cr}；采用总有机碳分析仪测定 TOC。

深度处理采用混凝法，混凝技术由于成本低、操作简单，经常用于焦化废水处理中。聚合氯化铝（PACl）是当前工业生产应用最为广泛的混凝剂，具有优良的除浊、脱色和去除腐殖质的能力。PACl 的水解产物是影响其混凝效率的关键因素，通过调控水解产物中铝形态的分布，可以有效提高其混凝效率，而碱化度（$B=OH/Al(mol/mol)$）与铝形态分布直接相关。进一步研究了合成不同碱化度的 PACl，以定向混凝去除焦化废水中携带特定基团的有机物，最终制备出适宜处理焦化废水的高效混凝剂。实验采用微量滴碱法合成不同碱化度（$B=0.5$，1，1.5，2，2.5）的 PACl，采用 Ferron 逐时络合比色法和傅立叶红外光谱法（FTIR）对合成 PACl 进行结构表征；采用气相色谱质谱联用（GC-MS）、三维荧光光谱（3D-EEM）和紫外光谱（UV）进行有机物特征分析。系统研究了合成 PACl 混凝去除焦化废水中难降解有机物的效率及影响因素，以及助凝剂阳离子聚丙烯酰胺（CPAM）和氯化铁（$FeCl_3$）对其混凝效果的影响。

（1）实验合成 PACl 的 pH 值在 3.9~4.8 之间。铝形态分析结果显示，低碱化度 PACl($B=0.5$) 的主要水解产物是低聚态 Al；而高碱化度 PACl($B=2.5$) 的主要水解产物是中聚态 Al。FTIR 分析结果表明，实验合成的 PACl 是一种具有 Al-OH、Al-O-Al 等官能团的无定形聚合产物，且高碱化度 PACl 中 Al-O-Al 的键合作用比低碱度 PACl 的强。

（2）有机物分析结果表明，碱化度为 2.5 的 PACl 能够定向去除多环芳烃、含 N、O、S 的杂环类化合物、长链烷烃及类腐殖质等难降解有机物；而碱化度为 0.5 的 PACl 能脱除酯类和酚类化合物。

（3）对碱化度为 2.5 的 PACl 混凝效果影响的实验结果表明，两种助凝剂均能够提高 PACl 对焦化废水中的难降解有机物的去除，并且能够增加絮体的沉降性能。CPAM 和 $FeCl_3$ 的最佳投加量分别为 1 mg/L、53.4 mg/L。有机物分析结果显示，CPAM 能够促进 PACl 对酯类化合物和长链烷烃的去除，去除率分别提高了 16.93% 和 29.56%；而 $FeCl_3$ 则提高了 PACl 对多环芳烃、杂环类化合物、醇类及羧酸类化合物等的去除，其去除率分别提高了 18.46%、19.80% 和 18.09%。上述研究表明，以合成碱化度为 2.5 的 PACl 为混凝剂、$FeCl_3$ 为助凝剂，可有效提高焦化废水中难降解有机物的去除[50]。

结果表明，在混凝过程中，采用合成的碱化度为 2.5 的 PACl，此时对焦化废水中有机物的去除效果最优，其次是碱化度为 0.5 的 PACl。在不调节废水 pH 值，投加量仅为 100 mg/L 时，碱化度为 0.5 和 2.5 的 PACl 对色度的去除率分别为 69.23%、70.77%，剩余色度为 40 度和 38 度；COD_{Cr} 的去除率分别为 38.10%、39.68%，剩余 COD_{Cr} 为 78 mg/L、76 mg/L。混凝之后废水的色度和 COD_{Cr} 均达到《炼焦化学工业污染物排放标》（GB 16171—2012）的排放要求。

对混凝 Fenton 和光催化组合工艺处理焦化废水的效果进行研究，将焦化废水生化处理后的出水用于实验中，水样呈暗棕色，带有刺鼻的气味，pH 值为 6~7，呈酸性，电导率 1800 μS/cm，COD 含量 400 mg/L。该工艺以生化出水—混凝 Fenton—光催化氧化—沉降过滤为主要工艺路线，其主要水质指标如表 3-3 所示[51]。

表 3-3　生化处理后的焦化废水主要水质指标

编号	$G/\mu S \cdot cm^{-1}$	pH 值	$COD/mg \cdot L^{-1}$
1 号	1800	6~7	410
2 号	1850	6~7	395

混凝 Fenton 处理：将生化处理之后的焦化废水采用混凝 Fenton 进行深度处理，由于在进行混凝反应时，由于混凝剂的加入以及反应进程的不断推进，废水的 pH 值在短时间内减小，在反应进行 5 min 后，pH 值由 6~7 下降至 3~4。在混凝条件进行优化的过程中，将四个烧杯中分别加入 500 mL 水样，再放入定量的混凝剂 A 和聚合硫酸铝铁，使其反应 30 min 进行混凝，在其间可以通过搅拌的方式使反应更加充分。混凝反应完全后，将水样静置沉降，再进行过滤，对其 COD 值进行测定。在加入混凝剂以后，水样 pH 值急剧下降至 2~4，反应过程中出现了大量絮体并且其体积不断增大，水样的色度也有所降低，从初始的深褐色变为浅黄色。根据水样中投加混凝剂的剂量不同，其沉淀效果也有所不同，但是 COD 的去除率变化不大。其最适投加量为 400 mg/L，此时沉淀聚合度最好且易于分离，若再继续增大投加量反而会导致沉降效果变差。故从实用性的角度来考量，后续实验采用 400 mg/L。在烧杯中加入 1 L 水样，聚合硫酸铝铁的投加量为 400 mg，根据不同的过氧化氢和亚铁离子的配比进行投药，反应 30 min 后，将其静置沉淀，取得上清液，将其 pH 值调节至 8~9，并测定过滤后水样的 COD 值。反应最适条件是 $nH_2O_2 : nFe^{2+}$ 为 4:1，其对 COD 的去除效果最好，相较于仅进行混凝的去除率提高了 20%。

光催化氧化过程：把生化出水混凝 Fenton 处理后，将上清液分离进行光催化氧化反应，反应后把 pH 值调节到 8~9，再对水样 COD 值进行测定。在光催化氧化过程中，对样品进行适当的预处理，可以获得较好的效果。取 1 L 的生化出水，用 HCl 将其 pH 值调节到 2~3，聚合硫酸铝铁的投加量为 400 mg/L，再加入定量的过氧化氢溶液，以紫外灯为光源，进行光催化氧化反应，取反应不同阶段的水样，将其 pH 值调节至 8~9，静置沉淀后对出水的 COD 值进行测定。由于该反应对过氧化氢的消耗速度较快，故在反应中应分次投加。在最适条件下，光催化氧化阶段对 COD 的去除率明显增强，且出水的色度也有所降低，从淡黄色变为无色，COD 去除率比仅调节 pH 值后进行光催化氧化提高了 30%。

结果显示，混凝 Fenton 和光催化氧化联合使用，COD 的去除效果较好，去除率高达 80% 以上，处理后出水 COD 值为 65 mg/L，色度很低，能够达到排放标准。

3.4.2　吸附法

吸附法是指利用吸附剂对废水中的污染物进行吸附后再脱除。吸附剂在其表面上吸附有机污染物，能够很好地去除焦化废水中的氨氮、氰化物、持久性有机污染物等，从而达到良好的处理效果。吸附法应用广泛，并且可以循环使用，是一种较为环保的处理方法。在焦化废水深度处理中常用的吸附剂有活性炭、粉煤灰、煤粉、钢渣、膨润土、硅藻土、沸石以及大孔树脂。当前在对焦化废水的处理过程中，活性炭是一种具有巨大应用潜力的吸附剂。利用活性炭处理二沉池的出水，不仅操作简单，而且效果较好。但是也存在一定的缺陷，比如活性炭价格较高，且其不能吸附大分子有机物及某些有极性的小分子有机物，其脱附还会造成二次污染。一些学者会将固体废物改性从而达到"以废治废"的目的，不过也会产生使用过后难以处置的问题。为了节约吸附剂，通常会将吸附法和其他方法联用，但联用会导致处理成本增加，在实际应用中无法满足经济性要求。

焦粉指原煤样在干馏炼焦过程后产生粒径较小的焦粉物质以及化工等行业在焦炭破碎过程中产生的大量焦粉。焦粉具有一定的孔隙率及比表面积，可用来作吸附剂。有研究采用焦粉处理焦化厂已经脱酚的废水，并且比较了三种不同类型的焦粉的处理效果；结果显示，熄焦粉表现最为优异，可以代替实际废水处理过程中的三级工艺。另外，焦粉本身是现成的，所以废水处理的成本变得非常低。经过吸附工艺处理之后，能够成为相应的煤炼焦的瘦化剂，没有二次污染发生[52]。褐煤基活性焦主要是在经过相应的炭化及活化处理而制成的，但其干馏或活化并不充分，产品具有一定的孔隙结构，也可用其来做吸附剂。

对于焦化废水的处理，吸附法由于具有方法简单的优点，非常适合用于对生化处理后的焦化废水进行预处理。其中活性炭吸附法应用广泛，但是其缺点也是十分的突出，比如说高成本以及容易饱和等大大限制了该方法的使用。研究发现，当废水中的 COD 含量小于 100 mg/L 时，活性炭的吸附量就很小了，基本达到了吸附平衡。因此，研发成本低并且效率高的吸附性材料是十分有前景的，必定会带来很大的经济利益。将固废或者低品位工业品选择性地用作吸附剂，既可以减少焦化废水的处理费用，又可以使一些固体废物得到回收利用，从而达到节能环保的目的。粉末活性炭不仅孔隙结构好，并且去除色度的能力强，在处理焦化废水的过程中能较快速沉降，从节约资源的角度来讲，应该控制投加量，增设曝气搅拌辅助处理，使得其孔隙结构发挥最大作用。活性炭的粒度对酚类物质的去除效果影响较大，结果表明处理酚类的最佳粒度为 0.25 mm，此时对挥发酚的去除率最高，而当粒度为 0.425 mm 时，处理效果最不好，而 0.18 mm 和 0.15 mm 的处于平均水平[35]。以活性炭为吸附剂对焦化废水进行处理，结果显示活性炭对废水中有机物去除率最高可以达到 70% 以上[53]。

用改性焦炭处理焦化废水，研究显示，吸附时间为 60 min，焦炭投加量为每 200 L 废水投加 13 g，在没有辅以其他工艺且未调节 pH 值和温度的情况下，其可以把废水中的 COD 浓度由 93 mg/L 降低到 48 mg/L，而反应后的改性焦炭可以脱附后循环使用或者烧结配矿。研究人员研发了无机-有机复合膨润土来处理焦化废水，研究显示，膨润土改性后对焦化废水出水中的氨氮和 COD 的去除率分别可以达到 75% 和 47%[54]。

有研究针对来源相近的焦油基活性炭（AC）、焦粉（PC）以及褐煤基活性焦（LAC）三种材料，对焦化废水中的可溶性有机物（ROPs）的吸附性能进行了研究。结果表明，活性焦在最佳操作条件（30 g/L，pH = 4，25 ℃，t = 2 h）下对 COD（55%）和色度（77%）的去除率最高，比 AC 和 PC 在各自最佳条件下去除率高 20% 和 80%。在此基础上，深入研究了 LAC 和 AC 的物化特性和表面化学特性及其吸附难降解有机物的控制因素和作用机理，明确了影响有效吸附的关键因素。结果显示，即便其比表面积较低

（238.05 m²/g），且孔容较小（0.21 cm³/g），但是 LAC 对 ROPs 有优异的吸附性能（57.9%），明显高于 AC（45.2%）。以生物降解苯酚为研究对象，探究活性焦生物强化工艺的可行性，从生物可降解性、污泥特性及微生物特性等几个层面揭示 LAC 的生物强化作用机制，建立了一种微生物学数据与处理效果之间的关系。实验结果显示，LAC/AS 体系对苯酚的脱除效果比 AS 好 2~3 倍，且能较快地进入稳态。以苯酚浓度（0~200 mg/L）为研究对象，探究活性焦生物强化法的影响，系统研究酚类物质对活性焦生物强化效果的作用机制，以及其中生物降解、污泥性能和微生物群落的相互关系，识别不同的苯酚负荷条件下与 LAC/AS 过程相关的微生物指标。结果显示，在苯酚浓度达到 200 mg/L 时，LAC/AS 性能才会受到干扰，当苯酚的浓度为 50 mg/L 时，单独的活性污泥处理工艺就会被扰动。LAC/AS 为生物强化技术，促进了优势菌群的形成和稳定，实现了对酚类污染物具有抗冲击能力且高效去除。

　　有研究吸附处理法与其他工艺进行的耦合处理，起到协同作用，提高处理效率，同时降低处理成本，提高经济可行性[55]。研究者使用"多介质过滤+活性炭吸附+超滤+反渗透"联合工艺对其进行净化，其出水水质可满足 GB/T 50050—2017《工业循环冷却水处理设计规范》中再生水水质指标要求，且其出水可以作为循环冷却水的补充水[56]。这种组合工艺处理焦化废水，回收率可超过 80%，不仅能够节约新水量，还可以减少外排量，达到工程设计的需求，具有很大的潜力和推广价值。

吸附法处理回用焦化废水案例：

焦化废水深度处理采用吸附法，吸附法处理效果好，投资费用低，工艺简单且吸附剂可以再生。对焦粉吸附深度处理焦化废水进行研究，所选用的水样来自某焦化厂经过 A²/O 工艺处理后的生化出水，水质指标见表 3-4[57]。

表 3-4　原水水质指标

COD 浓度 /mg·L⁻¹	pH 值	氰化物浓度 /mg·L⁻¹	硫化物浓度 /mg·L⁻¹	氨氮化物浓度 /mg·L⁻¹	挥发酚浓度 /mg·L⁻¹
7.80±0.3	130±5	28.9±0.5	1.217±0.05	126±4	30±0.8

　　首先在 250 mL 烧杯中放入 100 mL 的水样，采用 98% 的浓硫酸或者氢氧化钠将水样的 pH 值调节至固定值。在混合液中加入定量的焦粉，常温下搅拌两小时，再对其色度和 COD 值进行测量。再进行单因素实验，探究焦粉不同投加量和粒径，以及溶液 pH 值、反应时间对实验结果的影响。再在单因素实验的基础上进行正交实验设计，以焦粉的投加量、粒径、溶液 pH 值、反应时间作为影响因素，COD 和色度的去除效果作为考察指标，采用极差分析和方差分析优化实验，最终得到最适条件，并进行验证。

　　在常温下，pH 值不变，焦粉投加量为 100 mg/L，反应时间为两小时，投加不同粒径的焦粉。随着粒径的增大，COD 的去除率从 48% 提升至 62% 左右，色度的去除率也从 47% 升高到 53%；当其粒径大于 6 mm 时，COD 和色度的去除率便趋于稳定。出现这种现象的原因是焦粉粒径较小的时候，其具有较大的表面能容易聚集，从而减小了焦粉的吸附作用。而当粒径逐渐增加后，其聚集现象明显减弱。当其粒径增大到一定范围后，其吸附表面也增加到稳定值。将粒径作为实验的影响因素进行考量，在后续实验选取粒径为 4~

5 mm、5~6 mm 以及大于 6 mm 作为其水平条件。在常温和酸性条件下，投加焦粉量 100 g，粒径选取 4~5 mm，反应两小时，其间 pH 值升高，对 COD 和色度的去除效果减弱；当选取 pH>9 的范围时，二者的去除效果也随 pH 值的升高而减弱；当选取 pH=8 时，二者的去除效果最好，COD 和色度的去除率分别达到 47% 和 50%。考虑 pH 值作为实验的影响因素，选择 pH=7、8、9 作为正交实验水平条件。在常温下，不改变 pH 值，投加焦粉 100 g，粒径 4~5 mm，探究反应时间对 COD 和色度的去除效果。在反应时间从 0.5 h 增加到 2.5 h 的过程中，对 COD 的去除率逐渐从 30% 升高到 46%，而对色度的去除率逐渐由 41% 增加到 48%；反应时间超出 2.5 h 后，对二者的去除效果趋于稳定。综合考虑反应时间作为实验的影响因素，采用 2.5 h、3.0 h、3.5 h 作为正交实验的水平条件。最终结果表明，当焦粉投加量为 200 g/L，粒径 5~6 mm，pH=8，反应时间为 3 h 的时候，其处理效果最好，是反应的最适条件。

焦粉对焦化废水处理后，主要影响实验效果的四个因素是焦粉投加量、焦粉粒径、pH 值、反应时间。其中其对 COD 去除效果的影响排序是投加量>反应时间>pH 值>粒径。对 COD 去除的最适条件是焦粉投加量 200 g/L，粒径 5~6 mm，反应时间 3 h，pH=8。

研究表明，焦粉投加量是最主要的影响因素，反应时间为其次；选取各实验条件如下：焦粉投加量 200 g/L，反应时间 3 h，粒径 5~6 mm，pH=8，其对 COD 的去除率可以达到 66.8%，对色度的去除率达到 71.2%。

研究树脂吸附法深度处理焦化废水，考察了温度、投加量、初始 pH 值、时间和流速对 COD_{Cr} 和色度去除效果的影响。废水采用某大型焦化厂的生化出水，经过滤后作为水样进行实验。水样的氨氮和总氰化物指标达到排放标准，重点探究树脂吸附剂对色度和 COD_{Cr} 的去除效果。水质指标见表 3-5[58]。

表 3-5 主要水质指标

项目	pH 值	色度/度	COD/mg·L^{-1}
数值	7.8	98	199

树脂先用 95% 乙醇浸泡 12 h，再利用索氏提取器，采用酒精将其回流提取，达到去除树脂孔道中的制孔剂和杂质的目的，提取后的树脂置于电热恒温干燥箱内于 60 ℃烘干至恒重，放入干燥器内备用。准确称量一定量的干燥至恒重的树脂置于 250 mL 具塞锥形瓶内，加入 100 mL 焦化废水，用 1 mol/L 的氢氧化钠或 1 mol/L 的硫酸调节初始 pH 值，将其放于水浴恒温振荡器中，固定温度下，以 150 r/min 的转速振荡 12 h，使吸附达到平衡。静置沉淀后取上清液测定 COD_{Cr} 和色度，并计算相应的去除率。

树脂投加量分别为 0.100 g、0.200 g、0.300 g、0.400 g、0.500 g 时，测 NDA-99 树脂吸附剂对焦化废水中 COD_{Cr} 的吸附等温线。293 K 和 323 K 时 NDA-99 型树脂对 COD_{Cr} 的平衡吸附量分别为 68 mg/g 和 57 mg/g。随着温度的升高，吸附剂对 COD_{Cr} 的去除效果减弱，证明该反应为放热反应，应降低温度促进反应进行。随着投加量的增加，平衡吸附量逐渐减少，即单位质量的树脂吸附的有机物减少；当吸附达到平衡时，溶液中的吸附物浓度也相应降低。当投加量大于 0.200 g 时，在吸附平衡条件下 COD 值在 100 mg/L 以下。当添加量超过 0.300 g 时，吸附平衡时溶液中 COD_{Cr} 变化很小（小于 10 mg/L），说明 NDA-99 树脂投加量为 0.300 g 时，树脂对 COD_{Cr} 的吸附基本达到饱和。因此，后续实验的投加量定为 0.300 g。pH 值从 2.0 升高至 6.0 时，COD_{Cr} 去除率增加至 80.7%；初始 pH 值再升高至 7.8 时，COD_{Cr} 去除率却降至 78.8%；初始 pH 值升至 10.0 时，COD_{Cr} 去除率又升高至 81.4%，即 COD_{Cr} 的去除率随初始 pH 值的升高出现先大幅升高而后小幅降低又再升高的现象。结果表明：树脂吸附后的废水 COD 值由原来的 199 mg/L 降低至 100 mg/L，色度由原来的 98 倍降低至小于原来的 50 倍，满足了《污水综合排放标准》（GB 8978—1996）一级标准的要求。

3.4.3　高级氧化法

高级氧化法主要依靠光、声、电磁及无毒试剂等技术对废水进行处置，从而达到催化氧化的效果。TiO_2 光催化氧化法的优点是其对焦化废水中的多环芳烃以外的其他有机污染物有较好的去除效果，但是该方法要求被处理物质具有一定的性质，比如透光性良好等。臭氧氧化法处理焦化废水是当前具有巨大潜力的方法，但是其处理工程中耗能较高，电力消耗大，并且在处理过程中还会产生一些副产物。催化湿式氧化法在美国和日本已经用于实际处理，但是由于催化剂成本高昂未能广泛应用于工业中。臭氧催化氧化、Fenton 氧化、电化学氧化是目前国内外对焦化废水进行深度处理的主要方法。

（1）臭氧催化氧化法。传统的焦化废水处理方法对有机污染物的去除效果不理想，由于存在大量难以降解的有毒化合物，且排放标准越来越严苛，故开发更高效的焦化废水处理工艺迫在眉睫。臭氧催化氧化技术条件温和，在常温常压下即可进行，无需其他的光、热或高压辅助系统，具有环境友好性，在处理废水中有机物方面得到了广泛的关注。臭氧氧化法主要是借助臭氧分子与废水中的污染物相互作用或者利用臭氧分解后产生的羟基自由基与污染物发生作用，从而把废水中的大分子有机污染物分解的方法，其不仅反应时间短、操作简单，还无中间产物造成污染。因此在焦化废水处理领域，臭氧氧化法也成为了目前的热门研究方向。

臭氧最大的特点就是其氧化性非常强，用臭氧氧化法处理后的焦化废水，其 COD、BOD_5、酚类和氰化物的含量都会显著减少，同时还可以除色、除臭和去除毒性物质。但是其也有一定的缺陷，例如反应过程中臭氧利用效率较低，氧化反应具有较强的选择性，使得污染物难以被快速矿化，从而导致降解不完全的现象发生。为了避免这些缺陷，可以在废水处理过程中使用臭氧催化氧化技术。臭氧高级氧化技术主要包括均相催化氧化和非均相催化氧化。均相催化氧化主要为 O_3/H_2O_2 技术和过渡金属离子催化法，在实际处理过程中，为了避免水体被重金属离子污染和浪费催化剂，过渡金属离子均相催化氧化需要将金属离子催化剂回收，故其操作较为繁琐，一般使用 O_3/H_2O_2 更多。非均相催化氧化的催化剂主要分为三种，第一种是过渡金属氧化物，主要有 Al_2O_3、TiO_2、MnO_2 等；第二种是活性炭 AC；第三种是负载型催化剂，其中载体主要有 Al_2O_3、TiO_2、MnO_2、AC 等，常用活性组分为过渡金属元素和稀土元素，其中第三类催化剂应用最为广泛。

目前臭氧氧化处理工艺在工业废水深度处理中广泛应用。该工艺利用臭氧氧化中的直接氧化与间接氧化来去除水中的有机污染物，其中直接氧化可以处理烯烃类化合物、不饱和的芳香族化合物和一些富含电子的反应基团；间接氧化主要是利用臭氧单独分解及催化分解产生·OH；·OH 的氧化速度很快，且其选择性较低，和各种类型的有机物都能发生氧化反应。该工艺不仅可以去除有机污染物，同时还能起到降低色度，去除有毒有害有臭味的物质的作用,不会产生二次污染,方法操作简便,设备便于管理。

在处理焦化废水时采用臭氧-生物炭的方法,处理后的出水不仅提高了可生化性,还能够达到排放要求[59]。只采用臭氧处理焦化废水和在处理的过程中加入催化剂,所达到的效果截然不同,催化剂可以使反应时间大大减少,并且其氧化效率也得到了增强,在催化剂+臭氧的联合作用下,对UV_{254}的去除率可高达71.03%,可生化性也得到提升,对下一步的深度处理有益[60]。研究在经 A/O 工艺生物处理之后,采用“臭氧催化氧化+双膜处理”工艺来进行深度处理。深度处理工艺包括臭氧接触氧化法、超滤工艺和反渗透膜三个部分。在臭氧接触氧化法中,采用了可保护膜组件,以降低膜表面的污染,延长膜的运行时间,提高产水率[61]。使用反渗透膜组件,产水可以满足生产净循环水补水的需要,其中25%的浓水可以喷洒到煤场,另外还可以用来进行湿法熄焦。经过深度处理后出水满足《炼焦化学工业污染物排放标准》(GB 16171—2012)的要求,且每年可节约112.56万元。在臭氧氧化的处理阶段会产生副产物,导致臭氧利用率的降低。絮凝是将分散在废水中的污染物团聚起来,形成混合物或者絮凝物,从而从废水中分离去除的方法,一般使用化学法达到此目的。絮凝与催化臭氧氧化联用的处理过程中,首先把其中容易被氧化分解的污染物分离,再将其中难以被氧化分解的污染物和惰性副产物通过絮凝法去除,还要利用分体式流化床催化臭氧反应装置,保证臭氧利用率较高[62]。研究发现首先被去除的主要是芳香族化合物和可溶性微生物的代谢产物,以及一些腐殖酸和富里酸,臭氧可以破坏它们的结构从而达到降低芳香性和腐殖化程度的作用。在絮凝处理部分,废水中剩余的一些腐殖酸和富里酸以及羧酸类副产物被分离出来。对于臭氧催化氧化法处理钢厂焦化废水 A/O 出水的效果,学者也进行了深入的研究。主要通过研制各种以活性炭和氧化铝为基,其上负载金属氧化物催化剂,将催化效果进行比较,从而筛选出了最佳的催化剂即MnO_x/Al_2O_3。在此基础上,优选出MnO_x/Al_2O_3复合催化剂。通过对所筛选出的催化剂进行了深入的实验,结果表明,所筛选出的催化剂对焦化废水中的有机物具有良好的降解效果,与单独使用臭氧化法相比,COD、TOC、UV_{254}的去除率分别提高了9.5%、5.1%、10%,色度提高了10.5%[63]。

(2)Fenton 氧化法。焦化废水具有高浓度的氨氮、氰化物、硫氰酸盐和挥发性酚类等物质,并含有多环芳烃和含氮、氧和硫的杂环化合物,其不仅组成复杂多样,且具有较高的污染物浓度、降解困难、毒性强、可生化性差。经过生化处理后,污染物不能被全部降解,伴随着越来越严重的环境污染和水资源短缺现象,如何进一步处理传统生化法处置后的工业废水,使这部分废水实现更好地净化且进行回用或者近零排放已经迫在眉睫。Fenton 高级氧化法被认为是去除持久性难降解有机污染物的处理方面是最有前景和潜力的水处理技术之一,因为用 Fenton 高级氧化法处理有机废水的过程中,Fenton 试剂能产生·OH 并诱发后续一系列链式反应,并能无差别地将废水中的大部分有机污染物无机化,直至最后转变生成水、二氧化碳及无机盐。

Fenton 法主要是借助亚铁离子作为催化剂,从而使过氧化氢产生氧化性很强的·OH,其对多种难降解有机物,以及苯、挥发酚等污染物,都有优秀的去除效果。在焦化废水处理中使用 Fenton 氧化法主要是利用其高氧化性,把难以降解的大分子有机物分解成小分子有机物，从而使 COD 降低的同时，达到去除色度的作用。在废水处理中 Fenton 试剂的有以下两个方面的应用：1）可单独作为一种方法来氧化处理有机废水；2）与生物法、活性碳法、混凝法等其他方法耦合使用。Fenton 试剂可以使难降解的废水中的有机物分子氧化降解成乙醇、酸等产物，这些产物相对于原先的有机基质，不仅毒性减弱而且生物利用起来也更容易。

Fenton 氧化法的优点如下：1）催化剂的价格便宜、用量少且没有二次污染；2）对工业废水的适应性强，因为 H_2O_2 分解产生的·OH 对绝大多数有机物能进行迅速地无选择性地氧化降解，且可提高反应后出水的可生化性和沉降性能；3）氧化剂过氧化氢反应后的残留物质能自己分化而不形成二次污染；4）过氧化氢对工业废水有明显的氧化脱色效果，且废水中有机物的去除不会受氯离子的影响；5）反应温度和压力都比湿式空气氧化法要低，且能耗更小，运行费用更低。国内外学者近些年来在 H_2O_2 对工业废水处理方面做了诸多研究，结果一致表明 H_2O_2 氧化法对工业废水的处理是较为可行的方法。

将 Fenton 试剂投加至焦化废水生化处理后的出水中，再加入 PAM、PAC 以及 PFS 等混凝剂，目的是强化处理效果。结果显示，在合理的 pH 值范围内，投加 PAM 的对 COD 去除率可以达到 45%，投加 PAC 可达到 49.9%，投加 PFS 可以达到 51.1%[64]。在废水深度处理时，采用 Fenton 氧化、混凝或者联用工艺处理生化出水，当氧化混凝工艺条件合适的时候，其对 COD 的去除率可以达到 88%，而除色度和浊度的效果更为明显，去除率高于 90%[65]。

在去除焦化废水中的 COD 及降低色度的过程中，采用 Fenton 试剂和微电解联合工艺，实验结果显示，两者的去除效率的影响因素较多，包括不同 pH 值、双氧水用量、亚铁盐用量和反应时间。在最适条件下，去除 COD 和色度的效果较好，分别达到 74.3% 和 96.9%[66]。以河北一家焦化厂的生化出水为研究对象，采用"Cu-Mn-Co/Al_2O_3 催化臭氧化"的方法去除废水中 COD 和氨氮，研究表明，在臭氧浓度为 1.16 mg/L，气体流速为 50 L/h，反应时间为 80 min 时，对 COD 和氨氮的去除率分别达到了 69.28% 和 87.01%[67]。将使用 A^2/O^2 工艺处理后的焦化废水的生化出水，用电催化氧化法对其进行深度处理，当电解电压维持在 10 V、极板间距为 1.5 cm、溶液的 pH 值为 6.0、氯化钠的投加量为 300 mg/L、电解时间为 60 min 的时候，对废水中 COD 的去除率高于 60%[68]。

混凝法具有成本低廉、操作便捷、处理效果优异的特点，在焦化废水的深度处理中被广泛运用。化学氧化法中最常用的是 Fenton 氧化法，Fenton 氧化法相对于传统氧化法有不可替代的优点，但是如果仅仅使用单一的 Fenton 氧化法，其处理废水的成本很高，达不到工业应用的经济要求。有研究拟将混凝和 Fenton 氧化法相结合，对其处理厂的生化出水进行处理。有学者研究了混凝-Fenton 氧化深度处理焦化废水，其出水能够满足《炼焦化学工业水污染排放标准》（GB 16171—2012）排放标准[69]。

（3）电催化氧化法。电催化氧化技术主要是利用电化学原理，在电解液中生成具有强氧化性自由基，实现使目标污染物失去电子后被有效去除。电催化氧化技术具有高降解效率、较为简便的操作及反应易控制等优势，是高级氧化领域的研究热点。由于焦化废水生化出水中盐度较高，故电催化氧化工艺特别适合对其进行深度处理。电催化氧化法主要是将废水中的有机物直接氧化分解成小分子有机物，或是使废水中的金属离子在电解池的阳极失去电子，变成高价态的金属离子，从而把废水中的大分子有机物分解为小分子有机物的过程。电化学氧化法有许多优点，比如降解效率高、占地小、停留时间短、不产生有害副产物、易于控制等。

阳极是影响电化学氧化法的重要因素，目前，广泛应用的电极材料有：硼掺杂金刚石薄膜电极（BDD），钛基二氧化锡，钛基二氧化铅、亚氧化钛，碳材料，钛基钌钛网格电极（DSA）等。DSA 是一种形稳型阳极，主要应用于氯碱工业，在电化学氧化方面也具有明显的效果，可应用于含氯有机废水的处理提高其可生化性，对后续反应进行有益。Ti_4O_7 电极是一种新型的阳极材料，其在电化学领域性能良好，相较于石墨电极，其不仅导电性高，且氧化性也较强。BDD 电极也是一种效果较好的阳极材料，其电氧化性很强，对有机污染物的降解率很高。有学者将掺杂硼的钻石作为阳极材料，其相较于传统电极，对于废水中氨氮和 COD 的脱除率较高。通过扫描电镜和 X 射线衍射对三种不同电极的性能进行了研究，发现 BDD 电极上的金刚石膜是一种以三角形晶面为主的、具有较好晶体结构的晶膜，且晶粒的尺寸均匀、棱角清晰，且硼在电极表面的分布较为均匀。亚氧化钛电极的表面是由大量球状颗粒组成的，这使得表面变得更加粗糙，因此可以提供更多的反应位点，加速电氧化反应进程。钌钛电极内存在较强的 TiO_2、RuO_2 衍射峰，这为电极在基底上的覆盖提供了有利条件。钌钛电极中具有明显的和衍射峰，有利于电极涂层在基地表面的覆盖，证明了此电极稳定性较好。根据电极氧化能力来排序，由强至弱顺序为：BDD，亚氧化钛，钌钛。综合考虑费用和治理效果，亚氧化钛电极在工程上更适合广泛用[70]。有研究拟采用电化学氧化-絮凝组合工艺来处理焦化废水，通过对电流线密度、pH 值、水力停留时间（HRT）以及絮凝剂投加量等影响因素进行考察，研究发现，在处理焦化废水时将二者联用，当 COD 浓度为 99 mg/L、电流线密度 30 mA/cm、HRT 30 min、pH 值为 6.5、PAM 投加量 600 mg/L 时，COD 的去除率超过 80%[71]。

此外，阳极材料都有一些共同的缺陷，比如其活性层容易脱落和使用周期较短等。故继续研发新的制备方法、提高电流效率和加长使用寿命是当前研究的重点，且该法的动力学和热力学机理也需要进一步探究。同时也需要继续研究在大规模处理时该法的运行效果，为将来工业大规模利用打好基础，提供更多的经验和数据支持是重要的研究方向。随着专家们的深入研究以及工艺的不断改良，采用电化学氧化法处理焦化废水会是一种绿色、节能的有巨大潜力的处理工艺。

高级氧化法处理回用焦化废水案例：

对 Fenton 高级氧化深度处理焦化废水进行研究，实验用水为某钢铁企业经活性污泥生化处理后的焦化废水，其水质指标如表 3-6：COD 为 479 mg/L，NH_3-N 为 180 mg/L，色度为 389 度，pH 值为 9.50[72]。

表 3-6　主要水质指标

项目	pH 值	色度/度	NH_3-N/mg·L^{-1}	COD/mg·L^{-1}
数值	9.50	130±5	180	479

在室温下，在 500 mL 烧杯中加入 100 mL 焦化废水，先用质量分数为 15%的硫酸溶液及 10%的氢氧化钠溶液把废水 pH 值调节到设定值，再加入定量的七水合硫酸亚铁和固定体积的过氧化氢，再用转速为 120 r/min 的电动搅拌器搅拌 10 min。在其中加入 800 mg/L 的 PAM，再在 60 r/min 的转速下搅拌 5 min，静置沉淀 30 min，取上清液分别测定其 COD、NH_3-N 和色度，并计算 COD、NH_3-N 和色度去除率。

当初始 pH 值在 4 以内时，随着 pH 值的增加，COD 和 NH_3-N 去除率均升高；当初始 pH 值为 4~10 时，COD 和 NH_3-N 去除率基本维持不变，而色度去除率则在 pH 值为 2~10 的范围内随着 pH 值的增加而升高。当初始 pH 值达到 10 以上时，COD、NH_3-N 和色度去除率均迅速下降，这是因为初始 pH 值过高，废水中会存在大量的 OH^-，从而抑制了·OH 的产生，同时使其中的 Fe^{2+} 和 Fe^{3+} 以氢氧化物的形式直接生成沉淀而失去了催化能力。从处理效果和试剂的消耗等方面综合考虑，废水初始 pH 值维持在原水 pH 值（即 pH=9.50）时较为适宜。探究 $FeSO_4·7H_2O$ 投加量对处理结果的影响发现：随着 $FeSO_4·7H_2O$ 投加量的增加，COD、NH_3-N 和色度去除率升高，当 $FeSO_4·7H_2O$ 投加量增加至 500 mg/L 时，处理效果达到最佳，继续增加 $FeSO_4·7H_2O$ 投加量，COD、NH_3-N 和色度去除率则有所下降。这是因为当 $FeSO_4·7H_2O$ 投加量较低时，溶液中 Fe^{2+} 催化 H_2O_2 产生·OH 的速度慢、产量少，因此氧化效果差；而当 $FeSO_4·7H_2O$ 投加量过大时，过量的 Fe^{2+} 会与·OH 发生氧化反应，从而消耗掉起主要作用的有效因子·OH，导致 COD、NH_3-N 和色度去除率下降。选择 $FeSO_4·7H_2O$ 投加量为 500 mg/L 较为适宜。

随着 H_2O_2 投加量的增加，COD、NH_3-N 和色度去除率升高，当 H_2O_2 投加量增加到一定程度后，继续增加 H_2O_2 投加量，COD 和 NH_3-N 去除率的变化变得平缓，而色度去除率则有所下降。这可能是因为 H_2O_2 投加量较低时，增加 H_2O_2 投加量会使生成的·OH 增加，在这种情况下，COD、NH_3-N 和色度去除率会有较大提高；但是 H_2O_2 投加量也不能过大，如果 H_2O_2 浓度过高，自身的分解反应会加剧，而且 H_2O_2 自身也会消耗一定的·OH。除此之外，由于 H_2O_2 会将 Fe^{2+} 氧化为 Fe^{3+}，因此在这一催化氧化过程中也会有大量的·OH 被消耗。而废水中微溶的 Fe^{3+} 由于其本身所具有的颜色特征，也会使色度有所上升。从处理效果与试剂的消耗成本等方面综合考虑，选择 H_2O_2 投加量为 3.5 mL/L 较为适宜。

PAM 投加量的不同，对焦化生化废水的处理效果是不同的。随着 PAM 投加量的增加，COD、NH_3-N 和色度去除率均升高，当 PAM 投加量大于 4.0 mg/L 时，COD、NH_3-N 和色度去除率的升高幅度不大。从 PAM 的降解性、处理效果和试剂的消耗等多方面考虑，PAM 最适宜的投加量为 4.0 mg/L。

结果表明：对于中等浓度的焦化生化废水（COD 为 200~500 mg/L），将焦化废水的初始 pH 值维持在 8~10，每升水样投加 500 mg $FeSO_4·7H_2O$，3.5 mL H_2O_2，4.0 mg PAM，在这样的条件下，COD 被去除 85.9%，NH_3-N 被去除 97.3%，色度被去除 84.6%。经 Fenton 高级氧化法深度处理后，出水水质符合《污水综合排放标准》（GB 8978—1996）一级排放标准的要求，并有望实现其在企业内部的循环回用。

有学者选取企业中实际焦化废水经过生化处理后的出水作为研究对象，用三种不同的 Fenton 氧化工艺来分别处理出水，并且比较了三种不同工艺对出水的处理效能，根据实际的效能综合分析了紫外 Fenton 氧化工艺处理后出水的水质特征。焦化废水样品来自于内蒙古某焦化厂，其水质指标如表 3-7 所示[73]。

表 3-7 原水的水质指标

项目	pH 值	COD /mg·L^{-1}	TOC /mg·L^{-1}	BOD /mg·L^{-1}	UV$_{254}$ /cm^{-1}	浊度 /NTU	总铁 /mg·L^{-1}	Cl$^-$ /mg·L^{-1}	NH$_4^+$-N /mg·L^{-1}
指标	7.3	320	107	10	4.14	4	3	1211	2

焦化废水首先经过预处理，包括蒸氨、脱酚和隔油，然后在 A/O 工艺中去除大部分的酚类和氨氮，对 A/O 工艺的二沉池出水进行混凝、沉淀和过滤，最后采取臭氧氧化工艺处理。以下是三种不同 Fenton 氧化工艺处理焦化废水的实验方法。

均相 Fenton 氧化反应在烧杯中进行，取 250 mL 过滤后的焦化废水加到烧杯中，用稀盐酸将 pH 值调为 5，加入 FeSO$_4$·7H$_2$O 搅拌溶解，加入 H$_2$O$_2$ 反应 1 h，间隔固定时间取一定量的水样分析其水质。紫外 Fenton 氧化反应在紫外催化反应器中进行，与均相 Fenton 氧化反应不同在于在 H$_2$O$_2$ 加至反应器前打开紫外灯，其余反应条件和操作步骤相同。非均相 Fenton 氧化反应在烧杯中进行，与均相 Fenton 氧化反应不同在于添加的催化剂为 Fe$_3$O$_4$/Al-SiO$_2$，其余反应条件和操作步骤相同。

在 pH 值为 5 的条件下，使用上述不同 Fenton 氧化方法处理的出水 COD 去除率分别为 45%、72% 和 36%，作为对比实验，只有紫外光照射的焦化废水出水 COD 去除率为 14%，说明紫外光和 Fenton 试剂的联用显著提高了焦化废水中污染物去除效率，并且紫外 Fenton 氧化反应过程中只产生少量的铁泥。综上可知，使用紫外 Fenton 氧化法焦化废水经生化处理后出水与其他方法相比具有最优的 COD 处理效果，副产物较少且反应简单。反应过程中产生铁泥，需要进一步处理。在相同的条件下，经紫外 Fenton 试剂氧化法处理后出水的 COD 去除率达 72%，且只产生很少量的铁泥；只有 UV 反应的焦化废水出水的 COD 去除率仅为 14%，说明紫外光和 Fenton 试剂的联用显著提升了污染物的去除效果；非均相 Fenton 法降解焦化废水后，出水的 COD 去除率仅为 36%。经过对比以上方法可以得出，使用紫外 Fenton 试剂氧化法处理焦化废水，虽然需要输入额外的能量，但该方法具有最佳的 COD 去除效果，副产物较少并且反应简单。

综合以上内容，经过对比三种方法得出结论：在 pH 值为 5 的起始条件下，与传统 Fenton 氧化法和非均相 Fenton 氧化法相比，紫外 Fenton 氧化法的化学需氧量（COD）降解去除率和生化性改善效果更好，反应 1 h 后 COD 去除率可以达到 72%。

3.4.4 膜分离处理法

3.4.4.1 膜分离技术原理

膜分离的分离介质选用具有选择透过性的膜，在膜两侧施加一定的压力，将进料中的不同组分选择性地透过，实现物质的分离，提取目标产物并进行浓缩和纯化。目前已经开发并实现利用的膜分离技术有微滤（MF）、超滤（UF）、纳滤（NF）和反渗透（RO）等。膜元件制备过程中，一般选择有机高分子或陶瓷材料，膜内孔隙结构用于支持物质经分离膜进行选择性分离，膜孔径直接影响混合体系内不同粒径物质可否穿过分离膜。这项技术拥有大量优点，譬如节能、高效、方便使用、成本低等，能直接取代早期精馏、萃取等分离过程，被视作分离领域的重要突破。

微滤推动力来自膜两端压力差，重点负责除掉物料内大分子颗粒、悬浮物等；超滤膜的推动力和微滤膜一样都来自膜两侧的压力差，但常用于分离不同相对分子质量或者形状有差异的大分子物质，常常用在蛋白质或多肽溶液浓缩、酶制剂纯化等方面，发挥出良好效果；纳滤膜通常本身携带相应电荷，面向二阶离子尤其对二价阴离子截留率能够达到99%，多用于水质净化；反渗透膜一般是非对称的，通过向溶液施加一定的压力，用来抵消溶剂的渗透压，从而溶剂能够逆浓度地向溶液一侧渗透，实现溶剂与溶液的分离，一般用于小分子溶质、悬浮物与胶体物之间的分离，多应用于海水淡化以及醇、糖等浓缩制备等方面。表3-8为膜的分类及其基本特征。

表3-8　膜的分类及其基本特征

过程	膜	驱动力	截留组分	适用范围
MF	多孔膜	压力差	0.02~10 μm 粒子	去菌、澄清、细胞分离
UF	非对称膜	压力差	10~100 大分子溶质	大分子物质分离
NF	非对称或复合膜	压力差	超过 1 nm 溶质	小分子物质分离
RO	非对称或复合膜	压力差	1~10 小分子溶质	小分子溶质浓缩
渗析	非对称或离子交换膜	浓度差	>0.02 μm，血液内渗析；>0.005 μm 截留	小分子有机物与无机离子分离
ED	离子交换膜	压力差	同名离子、大离子与水	离子与蛋白质分离
GS	均值、多孔、非对称复合膜	压力差浓度差	偏大组分	气体混合物分离、富集或特殊组分去除
PVAP	均值、多孔、非对称复合膜	分压差浓度差	难溶解组分或偏大、难挥发物	挥发性液体混合物分离
ET	液膜	浓度差	液膜内难溶解组分	液体混合物分离、富集或特殊组分去除

3.4.4.2　膜分离技术在焦化废水中的应用

通常采用"双膜法"对焦化废水进行深度处理，在经过超滤-反渗透处理后，处理水的各类污染物含量明显减少。然而，这种工艺对进水水质的要求很高，所需要的投资和运营成本也相对较高，同时还面临膜污染和处理高盐水的问题，这些因素限制了其在实际工程中的广泛应用。

根据发展现状来看，目前膜分离技术在焦化废水上主要有以下几个方面的应用：

预处理+UF+NF 工艺：采用该工艺对焦化废水进行深度处理，除氯离子外其他水质参数可实现达标排放，能当成循环水补水实现回用。结合实际情况来看，此工艺虽然可增加出水率，但由于氯离子在纳滤中无法得到有效分离，因此在废水回用期间，设备容易受到严重的腐蚀。有研究以焦化废水为研究对象，在中试系统研究了取消超滤预处理系统的情况下，单独的纳滤处理系统对这类废水中污染物的处理效果。研究表明，只有纳滤的工艺也能够深度处理焦化废水，并且 COD 和氨氮的去除率保持在 70% 和 50%，符合循环冷却水的要求，满足各项水质标准[74]。对焦化废水生化出水使用超滤-纳滤组合工艺处理，研究显示，焦化废水经过 A/O 生物处理和混凝沉淀等处理后，再经过砂滤，然后通过超滤-纳滤组合工艺处理。在这一过程中，超滤对 COD 的去除率为 30.6%，纳滤对 COD 的去除率为 50.8%，出水 COD 小于 60 mg/L，浊度小于 1 NTU，可将总硬度控制在 20 mg/L 以下[75]。

预处理+UF+RO 工艺：采用该工艺面向处理站生化出水完成深度处理，所得出水能当成循环水补充水实现回用。结合实际情况来看，出水水质高，能直接当成循环水实现回用，加上氯离子含量很低，换言之不会给设备造成严重腐蚀影响。某煤化工公司采用超滤（UF）和反渗透（RO）组合工艺对废水进行深度处理，将 RO 产水作为循环水，同时有效地利用了浓水，实现了焦化废水的零排放[76]。有研究表明，采用超滤+反渗透技术对焦化厂的生化出水进行深度处理后，氯离子的含量大幅降低，使得废水能够达到循环水标准并进行回用[77]。采用"预处理+超滤（UF）+反渗透（RO）"对焦化废水进行中试实验。实验结果表明，通过这种方法处理后的水可以满足工业循环冷却水回用的水质标准[78]。研究开发设计了一套用于焦化废水的深度生化处理和回用的工艺系统，该系统包括催化氧化的预处理步骤以及双膜处理（UF+RO），以实现废水的回用。

预处理+MBR+RO 工艺：有公司使用该工艺深度处理焦化废水，将处理后的水用作锅炉的补水源进行回用，处理后出水各组分不会超标，但膜生物反应器工作中易堵塞，清洗频率较高。采用 BAF+MBR+活性炭过滤器+RO+混床工艺，可以使污水得以净化并回用，运行效果稳定，达到了环境效益与经济效益的统一[79]。

预处理+UF+NF+RO 工艺：采用该工艺面向焦化废水完成深度处理，所得出水能当成循环水补水实现回用。结合实际情况来看，由于增加了纳滤分离的过程环节，不但能降低 RO 过滤负荷，而且提升了 RO 的工作周期与寿命，有效降低膜反洗频率，增加工艺整体产水率，同时废水得到 RO 处理后，出水氯离子含量很低，不会给设备造成严重腐蚀影响，但是该工艺一次性投资较高，不利于大范围推广使用。通过串联使用超滤、纳滤和反渗透三种膜工艺，我们成功地实现了焦化废水的处理，使出水指标完全满足了其循环使用的要求[80]。研究表明，焦化废水经过超滤、纳滤和反渗透的组合工艺深度处理之后，可以实现污染物的去除效率达到约 95%，同时降低了运行成本[81]。北京桑德环境工程有限公司在唐山中润煤化工项目中使用超滤+纳滤双膜法处理工艺，同时使用达丰焦化厂等多个焦化废水进行中试处理，采用了超滤+纳滤+反渗透三膜联用技术。经过处理后的出水在各个工程中都达到了焦化废水回用和排放的最新标准，获得了工程实践的认可[82]。

以膜法+树脂吸附联用工艺作为主体深度处理焦化废水，该组合主要包括高效澄清软化池、多介质过滤器、超滤、树脂吸附器和反渗透等工艺。树脂吸附单元通过吸附减少了废水中的有机物含量，从而缓解了反渗透膜的污染堵塞问题。实际运行结果显示，在系统整体回收率维持在 75% 的前提下，系统产水水质在各项指标上均优于《污水再生利用工程设计规范》（GB 50335—2002）中关于循环冷却水补水水质的要求标准，同时能够安全稳定地运行。经过扩大生产运行后，该系统成功地减少了焦化企业的新鲜用水需求，降低了焦化废水排放量和有机污染物的排放，具备一定的经济效益[83]。

采用 Fenton 氧化、电渗析、超滤和反渗透膜法的组合工艺来深度处理废水。Fenton 氧化技术和电渗析粗脱盐技术属于强化预处理设施，能够有效减轻反渗透装置的膜污染问题，将反渗透膜的清洗周期延长至 3 个月。对于高污染的焦化废水二级生化出水，该深度处理工艺能够稳定实现废水的回收率达到 75%，高于传统的双膜法 60%~70% 的回收率，这一工艺将厂区各种废水进行回收利用，外排废水减少，减轻了煤化工企业对周边环境的污染影响。采用这一组合工艺对河北某煤化工企业的焦化废水二级生化出水进行深度处理，经过处理后的产水水质达到并超过了《工业循环冷却水处理设计规范》（GB 50050—2007）中对再生水的各项水质要求标准，能够对厂区生产所需新水进行补充，降低了工业的新水需求。这一组合为深度处理焦化废水领域贡献了一个值得借鉴的技术路线，具有广泛的应用潜力[84]。

关于臭氧催化氧化-超滤-反渗透深度处理焦化废水，有研究使用粉末活性炭+活性污泥法对焦化废水进行深度处理。研究结果表明，这一组合工艺在有充足的活性炭时，能够缓解有毒物质对生物氧化的抑制效果，有效去除废水中难降解的 COD_{Cr}，并且能够达到一级 A 排放标准的要求[85]。

废水来源及水质：选取某企业的焦化废水处理工艺的二沉池出水作为实验用水，其主要水质项目及对应指标如表 3-9 所示。

表 3-9　原水水质

项目	$COD_{Cr}/mg \cdot L^{-1}$	pH 值	SS	色度/度
指标	150~250	7.5~9.0	70~120	70~110

主要试剂材料：粉末状活性炭，过筛粒度为 0.048 mm，强度不小于 94%，含水量不大于 8%，碘吸附值在 900~1500 mg/g，灰分不大于 15%，比表面积为 1200 m²/g。

试验方法：取 3 L 量筒 4 个，编号 1、2、3、4，向量筒内加入不同的焦化废水水样和活性污泥。

（1）COD_{Cr} 降解测定实验：向 4 个量筒内加入 2.5 L 焦化废水，10 g 活性污泥，活性污泥经过焦化废水培养一周，保证充足的 N 和 P，搅拌曝气 72 h，在曝气过程中加入纯水保持量筒内液体始终为 2.5 L，每天在相同时刻静置沉淀 0.5 h，测定上清液样中 COD_{Cr}。

（2）活性炭吸附量测定实验：分别向 4 个量筒中加入活性炭 12.5 g 和 25 g，搅拌 8 h，间隔 2 h 静置沉淀 0.5 h，测定上清液样中 COD_{Cr}。

（3）活性炭+活性污泥组合处理废水：在实验（1）的基础上，向 4 个量筒内分别加入活性炭 12.5 g 和 25 g，搅拌曝气 72 h，在曝气过程中加入纯水保持量筒内液体始终为 2.5 L，每天在相同时刻静置沉淀 0.5 h，测定上清液样中 COD_{Cr}。

实验结果分析如下：

（1）COD_{Cr} 降解测定实验结果见图 3-12。

根据图 3-12 的实验结果发现，经过预处理和生物处理，水样中的 COD_{Cr} 值基本不变。这表明，只通过简单的生化处理无法满足规定的排放标准。

（2）活性炭吸附量测定实验结果见图 3-13。

根据图 3-13 所示，在活性炭充足的情况下，经过 2 h 降解，COD_{Cr} 值基本稳定，对于难降解有机物也有一定的去除效果，但仍未能满足规定的排放标准。

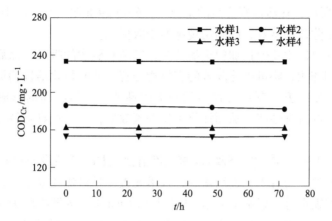

图 3-12 生物处理工艺与出水 COD_{Cr} 的关系[85]

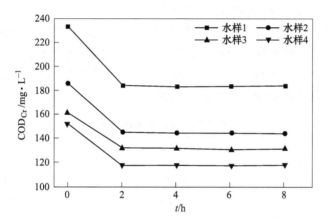

图 3-13 经活性炭吸附的出水 COD_{Cr} 值变化[85]

（3）活性炭+活性污泥组合处理废水实验结果见图 3-14。

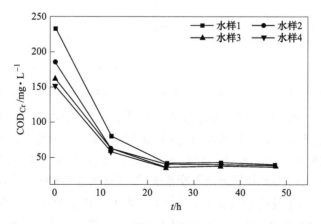

图 3-14 活性炭吸附和活性污泥处理的出水 COD_{Cr} 值变化[85]

　　根据图 3-14 所示，在活性炭充足的情况下，经过 24 h 曝气后，COD_{Cr} 值基本稳定，对于难降解有机物去除效果良好，能满足规定的排放标准。

　　结果表明，通过向生化池投加粉末活性炭，实现有机物的吸附，而后利用粉末活性炭与活性污泥的协同作用，将可生化降解的有机物分解，从而强化活性污泥的净化效果，系统的处理能力有一定提升。利用活性炭的高吸附性能，为生物膜的形成提供了较大表面积，同时改善污泥的沉降性能，从而强化生化处理效果，尤其在难降解有机物的去除方面表现出色。

　　有研究将 A^2/O+高压脉冲电絮凝+高密度澄清池+臭氧-活性炭滤池+超滤+反渗透组合来处理焦化废水。这一组合工艺连结紧凑，技术先进，且对焦化废水处理效果显著。在处理每天 9550 m³ 的废水时，废水的入水 COD 为 574 mg/L，氨氮浓度为 44.2 mg/L，SS 浓度为 275 mg/L，Cl⁻浓度为 740 mg/L，电导率为 5600 μS/cm，浊度为 146 NTU，总硬度为 210 mg/L，出水的所有指标都远超《工业循环冷却水处理设计规范》(GB/T 50050—2007) 规定的再生水水质标准，并且能够达标回用[86]。

　　水量、水质设计：该工业园通常每日排放废水量保持在 8750～9860 m³，根据最不利的进水水质指标，设计处理规模为每天 10000 m³。回用水的水质标准根据《工业循环冷却水处理设计规范》(GB/T 50050—2007) 制定，并且符合工业园内各焦化企业的回用水质标准。水样中主要特征污染物指标如表 3-10 所示。

表 3-10　设计进出水水质

项目	进水	出水
pH 值	6.0～9.0	6.0～9.0
SS/mg·L⁻¹	300	10
浊度/NTU	150	5
总硬度/mg·L⁻¹	250	250
Cl⁻/mg·L⁻¹	800	250
电导率/μS·cm⁻¹	5500	500
COD/mg·L⁻¹	650	30
氨氮/mg·L⁻¹	45	5

　　工艺选择分析：根据本工程中焦化废水的水质特点，关键问题是中水回用中的悬浮物、浊度、Cl⁻、电导率、COD 以及氨氮等指标的处理效果，因此工艺流程中设置了包括预处理、二级生化处理、深度处理和膜处理等单元，以确保处理效果符合要求。采用格栅+调节池+A^2/O+二沉池+高压脉冲电絮凝系统+加碱曝气池+高密度澄清池+O_3-BAC 系统+超滤系统+一级反渗透系统的组合工艺。A^2/O 工艺去除调节池出水中大部分的 COD、N、P 等污染物，好氧池出水在二沉池中完成泥水分离，一部分污泥排进污泥池，另一部分污泥回流到好氧池。二沉池泥水分离后的出水进行电絮凝处理，在高压电絮凝装置中进行氧化、还原、吸附、凝聚反应，然后经过曝气和加碱处理进入高密度沉淀池进行混凝沉淀。

混凝沉淀后出水进入臭氧-生物活性炭工艺，水中的有机物和氨氮再进一步降解，硬度和浊度降低。生物活性炭滤池出水经过超滤去除无机和有机悬浮物、胶体物质，同时降低浊度和硬度，以满足进入反渗透系统的水质要求。通过反渗透膜去除出水中的可溶性盐分、有机物、Cl^-和微生物，同时大幅降低电导率。通过回用水泵将反渗透出水供应至用水点，浓液排进浓水池，然后送至前端进行预处理，系统的污泥经过脱水处理后外运处置。运行期间，处理水量为 8400~9900 m^3/d，pH 值在 7.8~8.6。各个单元的处理效果稳定，出水各项指标均优于《工业循环冷却水处理设计规范》（GB/T 50050—2007）中的再生水水质标准。

3.4.4.3 膜分离技术在焦化废水深度处理中的优势

从深度处理煤化工废水的各种工艺比较来看，膜技术实用性强，稳定可控、高效节能、易操作，虽然尚停留在研发阶段，但市场潜力非常巨大，目前已成为各水处理科研单位重点研究课题与发展项目之一，现实价值十分显著。

根据发展现状可知，焦化废水处理方面膜技术存在明显优势主要体现在如下几方面：

（1）使用维护难度低，方便做到自动化管控；

（2）膜分离技术用于焦化废水的深度处理，有助于资源化利用，大幅节省水资源；

（3）可有效截留难降解有机物，在重金属等有害物质方面截留率非常高，出水水质稳定并且运行成本低；

（4）集成度高，能够明显缩小占地范围；

（5）相较早期活性污泥法而言，污泥生成量约减少 30%，污泥处置成本大大减少。

3.4.5 焦化处理技术展望

目前焦化废水深度处理的主要趋势是综合应用多种工艺组合，因为单一工艺处理焦化废水难以满足《炼焦化学工业污染物排放标准》（GB 16171—2012）对出水水质要求。其中高级氧化法、吸附法和膜处理法受到广泛关注，不过由于高级氧化法的应用相对较有限，树脂和活性炭在吸附应用中容易达到饱和。相较之下，膜处理法处理不同水质的焦化废水时容易受到污染。因此，发展高效、低成本、易于清洗的膜技术已经成为未来的主要方向[87]。

某焦化废水二级处理出水使用 Fenton+氧化+电渗析+超滤+反渗透膜法组合工艺，最终出水能够稳定达到可回用的标准。在预处理部分采用 Fenton+氧化结合电渗析粗脱盐技术，有效缓解了反渗透装置中膜污染的问题，降低了清洗的频次[84]。

在沧州中铁-河北丰凯节能科技有限公司的焦化废水深度处理与回用项目中，经过除油、除氟、软化的预处理，生化处理使用间歇式同步硝化反硝化和反硝化协同生物倍增工艺串联，然后经过 Fenton 氧化和多级过滤的深度处理和超滤+反渗透的脱盐处理，在这一组合中，各个处理单元的技术优势都得到充分发挥，确保了系统整体的效率和收益[76]。

有研究采用 A^2/O 处理焦化废水中的氮，使用超滤+树脂吸附+反渗透的组合工艺作进一步处理使出水水质符合回用水标准，还有效解决了单一双膜法存在的膜元件容易受到污染堵塞和需要频繁清洗的问题[88]。

河北某钢铁公司在生化处理焦化废水工程中采用了铁碳微电解+中和+曝气池+竖流沉淀池+电催化氧化+多介质过滤器+陶瓷膜超滤+反渗透的深度处理工艺。该系统在投产之后运行稳定，取得了显著的处理效果。联用铁碳微电解装置和电催化氧化装置显著提高了COD和氨氮的去除效率，有效缓解了膜单元的污染与堵塞。整个系统产水率和脱盐率分别达到65%和98.3%[89]。

3.5　焦化系统废水回用应用案例

3.5.1　焦化废水处理回用案例一

3.5.1.1　废水的来源及特征

以山东某焦化厂污水处理站为例，该处理站处理的废水主要包括蒸氨废水、生活废水和消泡水。在处理过程中，陶瓷膜过滤剩余氨水中的小颗粒煤粉等杂质，之后通过蒸氨处理降低铵盐的浓度。这一处理过程每小时产生蒸氨废水40 m^3，含有高浓度的氨氮、挥发性酚、氰化物以及其他有毒有害物质，还包括多环芳香族化合物和含氮硫的杂环化合物[90]，难以通过生物降解去除，厂区产生的生活废水每小时约为30 m^3，含有浓度较低污染物。废水的水质和水量见表3-11。

表 3-11　废水的水质和水量

项目	水量 /$m^3 \cdot h^{-1}$	COD /$mg \cdot L^{-1}$	氨氮浓度 /$mg \cdot L^{-1}$	总氮 /$mg \cdot L^{-1}$	色度/度	氰化物浓度 /$mg \cdot L^{-1}$	挥发酚浓度 /$mg \cdot L^{-1}$
蒸氨废水	40	3000~5000	100~150	120~200	200~500	20~80	500~1500
生活废水	30	100~200	<50	<100	<20	—	—
消泡水	30~40	<30	<5	<10	<20	—	—

3.5.1.2　工艺流程简介

焦化废水处理工艺包括预处理、两级 A/O 生物处理、磁混凝沉淀和臭氧催化氧化。通过除油罐、隔油池和曝气氧化等预处理方法，去除 COD、氨氮、油类、氰化物、挥发酚等。接着，废水进入两级 A/O 生物处理工艺，碳、氮、酚和氰类物质通过微生物新陈代谢去除。随后，废水进入深度处理系统，在磁混凝沉淀降低废水中的悬浮物和不溶性 COD之后，废水在多相催化臭氧氧化单元去除大部分难降解的 COD。最终，经过处理的水达到排放标准，被送至下游污水处理厂。处理过程还包括了对废水中产生的污泥进行浓缩和脱水处理，生成的泥饼被用于与炼焦煤混合后焚烧。这种组合联用工艺适应性强，可以应对较强的水质，缓解了水质波动和未达标的问题。总氮和难降解有机物的去除是焦化废水深度处理部分的重点，降低了焦化废水的出水毒性，使出水达到排放标准。废水处理工艺的流程图如图 3-15 所示。

3.5.1.3　预处理

在蒸氨废水中，对微生物活动有着抑制和毒害作用的是其中的氰化物、硫化物以及石油类物质。40 m^3/h 的蒸氨废水先经过预处理，而 30 m^3/h 的生活废水直接排进预曝池，溶药加到预曝池，消泡水加到一级 A/O 生物处理单元中。这些预处理步骤的目标是去除废水中的有害物质，以确保后续的生化处理过程能够有效运行，降低抑制性和毒性的影响。

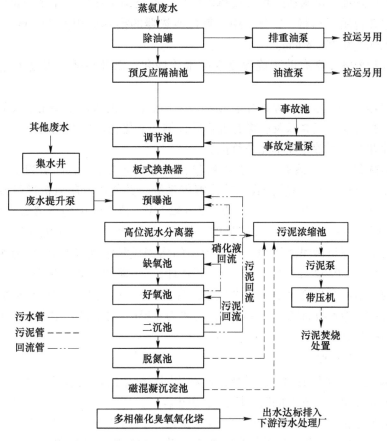

图 3-15 废水处理工艺流程

（1）除油罐和隔油池。在废水处理工程中，采用了多个设备和方法来有效去除废水中的油分。

立式除油罐：由于油水的密度存在差异，重油油滴被除去。除油罐的处理能力为每小时 50 m³，废水在除油罐中停留 8 min，油滴浓度为 30~40 mg/L，而出水中的油浓度降低至 10 mg/L。

隔油池：系统中包括两个系列的隔油池，每个系列中有两斗式平流隔油池一座，刮油机两组，刮泥机两组。每座隔油池长 7 m，宽 2.2 m，高 6 m。隔油池的表面负荷为 1.3 m³/(m²·h)。主要用于分离废水中的乳化油、清油和浮渣，以进一步净化废水。

这些设备和步骤的组合有助于高效去除废水中的油分，确保出水符合水质标准。

（2）调节池与事故池。在废水处理工程中，使用了调节池和事故池来确保废水的水质均和，以及处理单元的稳定进水。

系统中有两个系列，由两格调节池和一格事故池组成。每格调节池长 13 m，宽 6 m，高 6 m，每格事故池长 13 m，宽 7.5 m，高 6 m。调节池和事故池的适宜停留时间（HRT）分别是大于 20 h 和大于 12 h。在这个案例中，调节池的水力停留时间约为 40 h，事故池的水力停留时间约为 13 h。

废水进入调节池的温度约为 44~46 ℃，这不适宜活性污泥的生长和代谢。因此，在出水进入生化处理前，废水通过板式换热器进行降温至31~33℃。系统中设置了4台板式换热器，其中2台用于运行，2台备用。每台换热器的换热面积为110 m²，设计温度为200℃，通道间距为251.8 mm。

这些设备和控制步骤有助于确保废水的水质均和，以及在适宜温度下进行后续生化处理。

（3）预曝池。在废水处理系统中，预曝池采用活性污泥法，主要用于好氧降解焦化废水中的大部分有机物、氨氮以及有毒有害物质，例如氰化物、硫氰化物、挥发酚等，以降低废水的毒性并减轻下游处理单元的负担。

预曝池系统包括两个系列，每个系列包括两格，每格的尺寸为29 m（长）×6.5 m（宽）×6 m（高）。预曝池采用悬挂式和管式曝气系统，并使用罗茨风机进行鼓风曝气。风机参数为$Q = 70$ m³/min，$H = 80$ kPa，功率为132 kW。预曝池中的溶解氧（DO）浓度为3~6 mg/L。此外，系统还使用了大流量的汽提污泥回流系统，将污泥回流至预曝池，并定期排放余留的污泥至污泥浓缩池。预曝池中的污泥质量浓度（MLSS）为4~7 g/L，单位MLSS污泥负荷为0.32 kg/(kg·d)（以COD计），污泥的沉降比率SV30为25%~35%。预曝池产生的上清液会自流至缺氧池集水井，然后经污水提升泵被抽送至缺氧池。提升泵为离心泵，参数为$Q = 40$ m³/h，$H = 18$ m，功率为4 kW。每个系列中设置了1台运行的提升泵和备用的提升泵。

3.5.1.4　生化处理

（1）缺氧池。在缺氧池中，反硝化细菌利用回流液中的亚硝态氮和硝态氮进行反硝化作用，将硝态氮转化为氮气，同时去除部分BOD_5。

缺氧池系统包括两个系列，每个系列包括两格，每格的尺寸为19 m（长）×9.75 m（宽）×6 m（高）。每个池内设有两台低速推流式潜水搅拌机，呈对角式布置，以确保整个池内的泥水充分混合和接触。缺氧池中的HRT（停留时间）宜在20~40 h，而本案例中缺氧池的HRT为37 h。MLSS（混合液悬浮物质量浓度）为4~6 g/L，溶解氧（DO）约为0.5 mg/L。此外，通过外加葡萄糖或接入少量蒸氨废水来补充碳源，以维持反硝化过程所需的碳源。硝化液回流比率在200%~300%，而单位活性污泥质量浓度（MLVSS）下的反硝化速率约为0.03 kg/(kg·d)（以NO_3-N计）。

缺氧池中的反硝化过程有助于去除硝态氮，将其转化为氮气，同时还能降解部分BOD_5，进一步净化废水。系统参数和操作有助于维持反硝化的高效性。

（2）好氧池。好氧池在废水生物处理中起着核心关键的作用。好氧池系统包括两个系列，每个系列包括三格好氧池，每格的尺寸为20 m（长）×6.5 m（宽）×5.85 m（高）。每个好氧池内装有悬挂式硅橡胶膜微孔曝气管，采用罗茨风机进行鼓风曝气，通风量（Q）为70 m³/min，压力（H）为80 kPa，功率（N）为132 kW，溶解氧（DO）维持在5~6 mg/L。好氧池的HRT（停留时间）为39 h，单位MLVSS（混合液悬浮物质量浓度）中的COD污泥负荷为0.45~0.65 kg/(kg·d)，NH_3-N污泥负荷约为0.09~0.12 kg/(kg·d)，而MLSS（混合液悬浮物质量浓度）为4~6 g/L。污泥沉降比SV_{30}为20%~35%，而回流污泥的沉降比SV_{30}为70%~80%。

好氧池是一个关键的生化单元，通过曝气活性污泥法，在水质进一步净化前，对有机物进行降解和硝化反应，将氨氮转化为硝态氮。经过缺氧和好氧单元的生化处理后，有机物浓度显著降低，好氧池的出水流向二沉池，从而完成更多的净化和固液分离。

（3）二沉池。二沉池系统包括两个系列，每个系列包括一座二沉池，每座的尺寸为直径 12 m，池深 5 m，沉淀时间为 11 h，表面负荷为 0.45 $m^3/(m^2 \cdot h)$。每座二沉池配备 2 台周边传动刮泥机，其周边线速度为 2.1 m/min，减速机功率为 1.5 kW。此外，还配备有污泥回流离心泵 2 台，流量（Q）为 40 m^3/h，扬程（H）为 18 m，功率（N）为 4 kW，为一用一备。二沉池的上清液自流进入脱氮池的给水池，然后由离心泵提升至脱氮池。系统中配备了 4 台离心泵，每台的流量（Q）为 45 m^3/h，扬程（H）为 15 m，功率（N）为 4 kW，为两用两备。此外，沉降下来的污泥分级回流，一部分回流至预曝池，另一部分回流至好氧池，以维持预曝池和好氧池的污泥浓度。

二沉池在废水处理中起到关键的作用，通过充分的沉淀时间和污泥的分级回流，有效地实现了固液分离，将污泥从水中分离出来，使出水更加清澈。同时，系统还通过离心泵将上清液提升至下游脱氮池，进一步处理废水中的含氮污染物。

（4）脱氮池。脱氮池采用 A/O 工艺，通过厌氧池和好氧池的结合，以及添加葡萄糖作为补充碳源来提高对废水中总氮的去除效率。

脱氮池系统包括两个系列，每个系列包括一格厌氧池、一格好氧池以及一座与好氧池共建的沉淀池。厌氧池的尺寸为 $L \times B \times H = 20\ m \times 7.5\ m \times 6\ m$，而好氧池和沉淀池则是共建的，尺寸为 $L \times B \times H = 20\ m \times 12.5\ m \times 6\ m$。沉淀池的直径为 9 m。

沉淀池每格沉淀池配备两台周边传动刮泥机，其周边线速度为 2.1 m/min，减速机功率为 1.5 kW。此外，每格沉淀池还配备一台污泥回流离心泵，流量（Q）为 45 m^3/h，扬程（H）为 15 m，功率（N）为 4 kW。这些离心泵用于定期排放老化污泥至浓缩池，以保持污泥的处理效率。

3.5.1.5 深度处理

焦化废水经过生化处理后，尽管可生物降解的有机物浓度很低，但可生化性很差，导致脱氮池出水的 BOD5/COD 仅为 0.052。生化出水的 COD 浓度在 140~170 mg/L，远高于 COD < 80 mg/L 的排放标准。为了解决这一问题，采用了氯化铁混凝沉淀联合臭氧催化氧化工艺。

在这个工艺中，氯化铁被用作混凝剂，同时 PAM（聚丙烯酰胺）作为助凝剂，以加强废水中的 COD 去除效果。此外，磁粉也被引入以增强吸附和沉降功能。整个深度处理工艺采用了磁沉淀和臭氧催化氧化的组合，以处理焦化废水。

（1）磁沉淀池。在磁沉淀工艺段，首先投加氢氧化钠，然后再投加絮凝剂。混凝剂氯化铁的投加质量浓度通常在 150~200 mg/L，而助凝剂 PAM 的投加质量浓度在 1.5~2 mg/L。此外，还设置了一个污泥回流系统，其目的是增强絮凝效果并减少药剂使用量。回流比一般被控制在 5%~8%，以确保最佳的处理效果。

该系统配置了 3 台渣浆泵，其中 2 台用于运行，1 台备用。这些泵的流量（Q）为 5 m^3/h，扬程（H）为 20 m，功率（N）为 4 kW。功能包括污泥回流和剩余污泥回流。此外，还配置了一个磁分离机，其处理量（Q）为 5 m^3/h，磁粉的质量浓度为 2~4 g/L。这个磁分离机的效率非常高，可实现磁粉的回收率超过 98%。最终出水的悬浮物浓度（SS）控制在低于 20 mg/L，确保出水水质满足要求。

（2）多相催化臭氧氧化单元。多相催化氧化是一种非均相催化氧化技术，利用固态金属、金属氧化物或负载在载体上的金属或金属氧化物来进行气固相催化反应。在多相催化臭氧氧化中，臭氧及其在催化剂作用下释放出的氧化性很强的羟基自由基将废水中的大多数有机污染物氧化成无害的中间产物，或者将其分解为无害的小分子无机物。这种技术可以有效处理工业废水中毒性大、难降解的污染物，因此在工业废水处理领域得到广泛应用。

在本案例中，采用碳化硅负载铁型催化剂，这种催化剂以高强度碳化硅颗粒为基体，通过硅溶胶表面改性，然后涂覆氧化硅，最后通过沉淀结晶法将铁负载到颗粒表面，形成的催化剂颗粒的粒径在 300~400 μm，微观结构为直径 10~30 μm 的不规则晶体颗粒的结合。这种催化剂具有比较大的比表面积、丰富的孔道结构和均匀的活性组分负载，这有利于提高臭氧与活性组分的接触概率，提高羟基自由基的产率，从而降低催化剂的用量。此外，催化剂的质量较轻，粒径较小，不容易在高盐废水处理过程中板结失活。

多相催化臭氧氧化单元由罐体、沉淀池、高效气水混合装置等组成。废水从上向下流入罐体，罐体内填充了含有 1% 催化剂的填料。在罐体中，气、液、固三相进行充分接触反应，然后出水进入沉淀池。沉淀池内设置了 2 个内回流系统。一个内回流系统用于将静沉沉淀的催化剂回收和再次利用。另一个内回流系统利用回流水进行射流曝气，以形成高浓度臭氧水，然后通过池底的二次增压喷嘴均匀投加入罐体内。这种方法有助于确保废水充分接触臭氧，实现高效氧化反应。

3.5.1.6 污泥处理

（1）污泥浓缩池。污泥浓缩池总共有 2 座，每座浓缩池直径 5 m，深 5 m。在预曝池、脱氮池和磁沉淀池中产生的多余污泥被输送至污泥浓缩池，经过此处的处理，污泥的含水率被浓缩至 97%~98%。使用了 3 台螺杆泵，包括 2 台主用和 1 台备用，其排泥能力为 4 m³/h，泵升力为 30 m，功率为 2.2 kW。在排泥之前，通过通入压缩空气进行搅拌，然后将污泥抽送至污泥脱水车间。

（2）污泥脱水间。污泥脱水间的占地面积为 12 m×7 m，内设有 2 台叠螺机。每台叠螺机的处理能力在 50~70 kg/h（基于干燥污泥计算），并且每台机器的功率是 1.3 kW。在污泥脱水过程中，污泥需要大约 12 h 的浓缩时间，泥饼的含水率达到 70%~80%。这些泥饼随后被送往煤场，与炼焦煤混合后进行焚烧处理。

3.5.1.7 运行效果

为了分析废水处理系统对污染物的去除效果，采集了 2021 年 8 月份的连续 3 天废水样本。在每天早上、中午和晚上各取样 1 次，将这些样本等比例混合后进行水质分析。最终，以这 3 天的水质分析结果的平均值作为监测数据评估废水处理系统的性能。

系统通过调节池的均质作用和板式换热器的降温作用，将蒸氨废水的温度降至适宜微生物生长的范围，即 30~35 ℃。同时，在预曝池中添加纯碱来维持生化处理段的 pH 值在 8.0~8.5 的适宜范围。这一预处理阶段有效地控制了废水的物理指标，为后续生化处理提供丁良好的条件。

蒸氨废水含有较高浓度的有机物，而生活废水的有机物浓度相对较低。这两种废水经过隔油处理后均进入预曝池。在预曝池中，通过氧化、微生物降解以及持续添加消泡水，污染物得到了一定程度的稀释。预曝池的出水 COD 浓度约为 200 mg/L，随后进入生化处理阶段。

在生化处理阶段，好氧池可以去除 40~50 mg/L 的 COD，脱氮池可以去除 10~20 mg/L 的 COD，将 COD 进一步降至 140~170 mg/L。接下来，在磁混凝沉淀池中，40~50 mg/L 的 COD 得到了进一步去除，将 COD 降至 90~120 mg/L。

最后，在多相催化臭氧氧化单元中，臭氧和羟基自由基分解了废水中的苯环结构和生、助色基团（C＝C、—OH、—NH$_2$），使 COD 浓度降至 50~60 mg/L，去除率约为 50%。UV$_{254}$ 和色度的去除效果也显著提高。

3.5.2 焦化废水处理回用案例二

3.5.2.1 废水的来源及特征

以江西某焦化废水处理厂为例，在冷却、洗涤、净化等过程中，煤气会产生大量复杂成分和高浓度的废水，其中包括煤气水封排水、地坪清洗水以及蒸氨废水。总废水量达到 113 m³/h，而设计的处理能力为 150 m³/h。其中，蒸氨废水占大约 85% 的比例，而煤气水封排水和地坪清洗水共占大约 15%[27]。蒸氨废水的组成非常复杂，其中氨氮含量高、油类多、有机物浓度也相对较高，这使得焦化废水处理面临相当大的挑战。

设计要求的进水水质参数如下：pH 值范围：6~9，COD 浓度：3.5~4.0 mg/L；NH$_3$-N 浓度；<400 mg/L；挥发酚浓度：<700 mg/L；氰化物浓度：<15 mg/L；石油类浓度：<50 mg/L；悬浮物（SS）浓度：<500 mg/L。

这些参数将作为废水处理系统设计的依据，以确保废水处理系统能够有效地满足这些水质要求。

3.5.2.2 废水处理的工艺流程

采用气浮-预曝气+A/O 工艺-絮凝沉淀-活性炭吸附组合处理工艺，可以有效应对焦化废水的水质特点，确保水质达到规定标准。工艺流程见图 3-16。

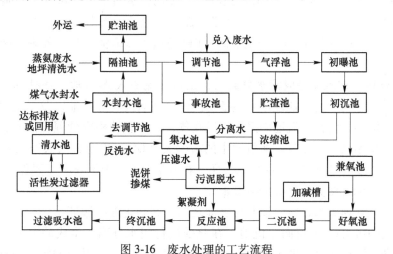

图 3-16 废水处理的工艺流程

在预处理 A/O 工艺之前引入好氧单元，可以分解水中的高浓度有机物和其他有毒物质，从而有助于在缺氧阶段更容易分解难降解的有机物，降低 A 段反硝化细菌和 O 段硝化细菌的负担，改善 COD 和氨氮的分解环境。

3.5.2.3　预处理

（1）隔油池。蒸氨废水和地坪清洗水先汇合，随后进入隔油池。与此同时，煤气水封水首先进入水封水池，然后通过提升泵被抽升到隔油池中。在隔油池中，浮在水表的油脂会被刮到收集槽中，然后通过重力导入储油池，以便在规定时间内进行外运。底部的重油则受到重力作用，逐渐沉积到集油斗中。这个集油斗的末端出口处装有一个排油阀，以定期将积聚的重油收集起来，以供后续再利用。

（2）气浮池。经过隔油处理后，焦化废水会自行流入调节池，同时也会补充部分循环系统的排水进入调节池，这一过程有利于调整水质和水量。循环系统的排水相对浓度较低，将其混入调节池可以减轻后续处理系统的负担。

调节池出水随后进入气浮池，此时进行 PAC（质量 125 g，质量浓度 5 g/L）和 PAM（质量 6 g，质量浓度 0.2 g/L）的投加。这有助于更有效地去除废水中的胶体、微粒、TP 以及难降解的有机物。通过气浮装置产生的微气泡大量浮升至水面，使废水中的小油滴和 SS 等杂质浮到水表形成浮渣。这些浮渣会被持续刮除，确保水面保持相对清洁。

3.5.2.4　生化处理

焦化废水属于高污染物含量的工业废水，其中包含复杂的成分，特别是有机物和总氮含量相对较高。对于这种类型的废水，采用单一的处理方法通常难以达到理想的效果。因此，采用了一种综合的处理系统，即预曝气+A/O 生物处理系统。这个处理系统包括多个处理单元，如预曝池、初沉池、兼氧池、好氧池和二沉池等。通过这些单元的协同作用，可以更有效地处理焦化废水，降低其有机物和总氮含量，以满足废水排放标准。

（1）预曝池。经气浮处理后的废水中含有大量抑制脱氮菌生长的 CN- 和 SCN-，因此，首要任务是将其去除，以防止活性污泥的膨胀。此外，需要保持溶解氧（DO）的浓度在约 2 mg/L 左右。经过气浮后，废水首先流入预曝池，然后进入初沉池进行泥水分离。初沉池的出水自然流向 A/O 段，而废水处理过程中产生的一部分污泥被送回至初曝池，以保持一定的回流比例（约 75%），而其余污泥则被送入浓缩池。整个处理系统包括两座初沉池。

（2）A/O 段。初沉池完成泥水分离后，出水自流进入 A/O 段，该处理单元负责进行生物脱碳和脱氮处理。这个处理单元包括初沉池、兼氧池、好氧池以及二沉池。在兼氧池中，采用无氧搅拌，而在好氧池中采用鼓风曝气，确保各结构内的混合液充分混合，以维持完全混合或悬浮状态。此时，兼氧池中的溶解氧（DO）浓度必须低于 0.8 mg/L，而悬浮污泥的质量浓度（MLSS）应在 6~8 g/L。在好氧池中，DO 浓度需要保持在 3.5 mg/L 以上，同时 MLSS 的浓度应在 4.5~6.0 g/L。

为确保脱氮处理效果，兼氧池和好氧池之间设有硝化液内循环系统，回流比例维持在 200%。好氧池中的混合液流向二沉池，在此处进行泥水分离。生成的沉淀污泥一部分经过污泥泵提升回流至兼氧池的入口处，回流比例约为 75%，而其余的污泥则排入污泥浓缩池。如果二沉池的出水达到排放标准，可以直接通过超越管排放至排放口。

3.5.2.5　深度处理

为了进一步提高出水水质，引入了后续的物化处理工艺，包括混凝反应池和活性炭过滤池等处理单元。这些单元将有助于进一步净化废水，确保废水的排放达到相关水质标准。

（1）混凝反应池。反应池包括两个不同阶段，即凝聚和絮凝。在凝聚阶段，添加质量浓度 5%的 PAC，并以搅拌速度为 120 r/min 的方式进行混合。在接下来的絮凝阶段，投加质量浓度 0.2%的 PAM，并以搅拌速度为 30 r/min 进行处理。这些步骤有助于去除焦化废水中难以处理的有机物，通过混凝和絮凝使其沉淀下来。随后，污泥渣进入浓缩池，经过浓缩处理后，再进行污泥脱水，压滤后得到干泥，最后将干泥作为配煤处理的一部分外运。

（2）活性炭过滤池。在活性炭过滤池中对终沉池出水进行进一步处理，确保出水水质符合回用标准或外排要求。我们使用直径为 0.9 mm 的木质柱状活性炭，其碘值为 1000。此外，压滤机的压滤出水、活性炭过滤池的反冲洗水，以及污泥浓缩池的分离水都被收集到一个集水池中，然后通过水泵提升，再进入调节池，以实现均匀化水量和水质的调控。

3.5.2.6 运行效果

在过程调试完成后，该处理站在正常运行条件下，对其运行过程中的主要污染物指标进行了为期 1 个月的监测。监测结果可参见表 3-12。系统中主要污染物指标包括 COD、NH_3-N、酚和氰化物的去除率，这些去除率的数据请参考图 3-17。

表 3-12 进出水水质

进出水	pH 值	色度	COD /mg·L^{-1}	NH_3-N /mg·L^{-1}	挥发酚 /mg·L^{-1}	氰化物 /mg·L^{-1}
进水	9.84	200 倍	3854	131.5	465.4	6.6
出水	7.30	10 倍	43	0.8	0.1	0.2

根据表中数据可以得知，该工艺在运行中表现出很好的稳定性，且取得了出色的水质处理效果。成功处理了高 COD 和高 NH_3-N、酚、氰化物含量的水体，使主要污染物的出水指标均低于 GB 16171—2012《污染物直接排放标准》的要求。

根据图 3-17 可以看出，当进水的 COD 在 2378~4726 mg/L 范围内时，出水的 COD 可以降低到 10.5~79.8 mg/L，平均去除率为 98.8%，满足将废水排入城市下水道的要求。对于进水 NH_3-N 的质量浓度在 77.67~210.8 mg/L 范围内，出水 NH_3-N 的质量浓度可以降至 0.34~1.89 mg/L，平均去除率为 99.3%。此外，出水中酚和氰化物的平均质量浓度都低于 0.14 mg/L 和 0.20 mg/L，完全符合 GB 8978—1996 的一级排放标准。而且，这些出水质量也满足了 GB/T 18920—2002 标准，使其可以在工厂内进行循环利用。

3.5.3 焦化废水处理回用案例三

3.5.3.1 废水的来源及特征

本工程是针对某焦化生产有限公司产生的大量综合废水进行处理的，设计的处理流量为每天 1920 m³，系统需要连续 24 h 运行，每小时的处理流量为 80 m³。综合废水主要包括以下三种类型的废水：蒸氨废水（大约 45 m³/h），生活废水（大约 2 m³/h），以及各种冲洗水（大约 33 m³/h）。其中，蒸氨废水占比最大，具有复杂的成分，高色度，高 pH

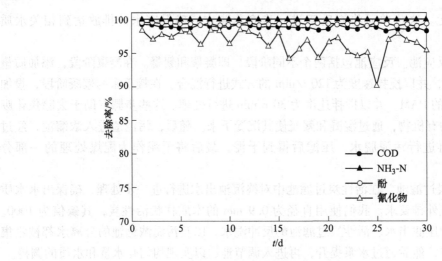

图 3-17 主要污染物的去除率

值，高有机物含量，且难以进行生物降解，属于高浓度难降解的有机废水。设计进水水质及排放标准见表 3-13[91]。

表 3-13 进水水质及排放标准

项目	pH 值	ρ(COD)	ρ(SS)	ρ(NH$_3$-N)	ρ(石油类)	ρ(挥发酚)
设计水质	10	5000~6000	300	200~300	200	700
排放标准	6~9	100	30	10	3	0.5

3.5.3.2 工艺流程

结合焦化废水的特点以及参考已有的焦化废水处理工程案例，同时考虑本工程项目的特点，采用"预处理+A^2/O+深度处理"工艺。工艺流程见图 3-18。

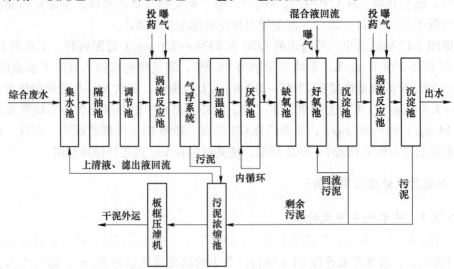

图 3-18 废水处理工艺流程

3.5.3.3 预处理

预处理在焦化废水处理系统中扮演着关键的角色，其主要目标是去除废水中的油脂和杂质，以创造适宜的水质条件，使后续的 A^2/O 生化处理更加有效。预处理工程包括隔油池、涡流反应池及气浮系统。

综合废水在车间排水管道中汇集后，经过集水池接收，随后由提升泵升至折流隔油池。折流隔油池内设有折板结构，这些折板的设置有助于更有效地将废水进行分离。通过引导废水上下和左右折流，协助重焦油和部分轻焦油更好地脱离水相。在这个过程中，重焦油会沉积在隔油池的底部的集油斗内，而轻焦油则浮在废水表面，由撇油机汇集至收油槽。集油斗中的重焦油和收油槽中的轻焦油经过管路输送至储油槽。定期将储油槽中的油外运，确保有效处理焦化废水中的重油成分。经过去除重焦油和轻焦油后，废水继续自流进入调节池，为后续的处理阶段提供具体水质条件。这一预处理过程有助于有效去除焦化废水中的油脂物质，从而减轻后续处理单元的负担。

废水首先经过调节池进行水质和水量的调整，这有助于防止大的负荷冲击对后续处理单元产生严重不利影响。接着，由提升水泵将废水从调节池抽升至涡流反应池。在涡流反应池内，我们引入亚铁作为絮凝剂，同时也加入聚丙烯酰胺作为助凝剂。亚铁絮凝剂在水中发生水解反应，形成水合离子和氢氧化物胶体。这些产物有助于将水中的胶体、悬浮颗粒等不稳定物质凝聚成较大的絮体，从而能够更有效地去除。考虑到蒸氨系统操作的不稳定性，导致废水中 pH 值经常波动较大，尤其是在较低的范围（pH = 5.0~10.0）内波动。因此，在涡流反应池内，我们还需要添加 pH 值调节剂，以稳定出水的 pH 值。这一措施有助于维持废水的稳定性，确保后续处理步骤能够在合适的 pH 值环境下进行。

接下来，废水自流进入气浮系统，而这一系统采用高效的加压溶气气浮法。首先，空气以及气浮系统产生的水被导入溶气水泵。溶气水泵输出的水已经被充分饱和了气体，特别是空气。然后，溶气水通过释放器会产生许多非常小的气泡，这些气泡的直径约为 40 μm。这些微小气泡能够黏附到污染物颗粒和悬浮物等上，从而促使它们浮升到水面，形成浮渣。这些浮渣会被刮渣机收集到收渣槽中。气浮系统的作用是降低出水的浊度、色度、悬浮物含量以及有机污染物浓度，同时维持了稳定的 pH 值。随后，处理后的废水继续流入厌氧池。

3.5.3.4 生化处理

在厌氧池中进行厌氧反应的过程非常关键，因为这可以将焦化废水中的杂环化合物和稠环芳烃等难以好氧降解的复杂结构有机物，转化为结构更简单、易于生物降解的小分子有机物。这种处理方法提高了废水的可生物降解性，有利于后续处理中的细菌对其进行降解。根据研究，经过厌氧反应后，焦化废水中不可降解和难降解有机物的含量降低到了 8%~10%。如果不进行厌氧处理，焦化废水在后续缺氧池反应中不能充分改善其可生物降解性，也不能彻底改善焦化废水的 COD 组成和结构。这可能会导致 COD 去除率下降约 40%。厌氧处理可以提高好氧活性污泥的沉降性能。此外，厌氧池配置了循环水泵，以确保泥水更充分混合，从而最大程度地提高废水的可生物降解性。

缺氧池的工作原理是在缺氧条件下，通过利用经过培养和驯化的生物膜覆盖的组合填料，实现反硝化作用。在这个过程中，反硝化细菌利用易降解的有机物作为碳源，将来自好氧池回流的亚硝酸和硝酸盐还原为氮气，使其逸出废水，从而实现脱氮的目标。同时，这个过程也有助于降解废水中的 COD。

缺氧池废水与回流活性污泥经污泥泵提升后混合成泥水混合液，这一混合液在好氧池中接受微生物的处理，微生物通过降解废水中的有害物质来净化水质。好氧池中的生化反应在初期阶段受到进水中有机物浓度的影响，因为进水中有机物浓度较高，所以异养菌在这一阶段占据主导地位，在好氧条件下迅速分解水中的高浓度有机物。当水中的可降解有机物浓度降至一定水平时，硝化作用开始成为主要的反应过程。硝化过程分为两个阶段，首先是亚硝化菌将氨氮转化为亚硝酸盐，然后是硝化菌将亚硝酸盐进一步氧化为硝酸盐。这些过程有助于将氮化合物从废水中去除。

生化沉淀池主要用来分离好氧池出来的泥水混合物。分离出的活性污泥作为回流污泥返回好氧池，回流泥量为 $50\ m^3/h$，剩余部分作为生化过程中产生的剩余污泥送往污泥浓缩池进行进一步处理；分离后的部分出水作为为缺氧池提供硝态氮的回流水回流到缺氧池，回流水量为 300%。

3.5.3.5　后处理

后处理的主要目标是通过物理化学方法对废水进行进一步的混凝和沉淀，以降低废水中的悬浮物、色度和 COD 等指标。后处理过程包括加药混合、反应和泥水分离。在涡流反应器中，投加絮凝剂、助凝剂以及焦化废水专用药剂。设备内还设有曝气系统，确保药剂充分与废水混合。接下来，混合物进入沉淀池，经过泥水分离。分离后的出水可外排，而沉淀后的污泥则进入污泥浓缩池以进行进一步处理。

3.5.3.6　运行效果

经过调试运行，该废水处理系统处理效果良好，出水水质稳定，各项指标均已达到最初设计要求。具体检测结果见表 3-14。

表 3-14　监测结果

处理阶段	pH 值	$\rho(COD_{Cr})$	$\rho(SS)$	$\rho(NH_3\text{-}N)$	$\rho(石油类)$
预处理出水	6~9	2250~3300	135~150	170~276	30~50
厌氧处理出水	6~9	1238~1980	108~135	—	18~27.5
缺氧处理出水	6~9	595~1089	87~122	111~221	11.7~18
好氧处理出水	6~9	80~142	28~49	9~10	7.6~10.8
后处理出水	6~9	60~100	15~23	—	1.9~2.7
最终出水	6~9	≤100	≤30	≤10	≤3

———— 本 章 小 结 ————

本章主要介绍了焦化废水的来源、特征及污染物、焦化废水的处理工艺以及焦化废水的回用实例。焦化过程中产生的焦化废水主要来自炼焦过程中带入的水分以及生产过程中引入的水分，主要由高浓度有机、无机物质混合而成，毒性高且不易生物降解，色度高并伴随较差的嗅觉感受。焦化废水不仅是一种高浓度的有机废水，还是一种高离子强度的含盐废水，其中的有机物主要包括苯系物、酚类、多环芳烃类和杂环类，都具有较强的危害性，无机离子以及无机污染物的存在也为水体的深度净化处理带来了困难。焦化废水处理工艺需要先经过预处理降低后续处理工艺的负荷，常用的预处理技术有汽提与吹脱、溶剂萃取法、气浮法、水解酸化法等。对焦化废水进行生物处理能更有效地去除其中的污染物，常用的生物处理工艺主要有传统的活性污泥法、A/O、A²/O 等，改良的 BAF、MBR、MBBR 等生物强化工艺和新型处理技术。对于焦化废水的深度处理工艺，主要有混凝沉淀法、吸附法、高级氧化法、膜分离处理法等。对于焦化废水处理技术的了解有助于在实际处理过程中使用。最后结合焦化废水回用的实例加深对本章内容的学习理解。

思 考 题

3-1　焦化废水的特征是什么，常见的污染物种类有哪些？

3-2　焦化废水预处理技术有哪些？具体介绍气浮法的相关内容。

3-3　焦化废水深度处理技术有哪几种？具体介绍膜分离技术的相关内容。

参 考 文 献

[1]　韦朝海．煤化工中焦化废水的污染、控制原理与技术应用［J］．环境化学，2012，31（10）：1465-1472.

[2]　武恒平，韦朝海，任源，等．焦化废水预处理及其特征污染物的变化分析［J］．化工进展，2017，36（10）：3911-3920.

[3]　张万辉，韦朝海．焦化废水的污染物特征及处理技术的分析［J］．化工环保，2015，35（3）：272-278.

[4]　沈连峰，苗蕾，宋海军，等．蒸氨塔处理高浓度剩余氨水的应用研究［J］．给水排水，2012，48（8）：58-60.

[5]　姚晓琰．焦化厂蒸氨工艺的实验研究及节能工艺的探索［D］．天津：天津大学，2015.

[6]　武晓毅．焦化废水预处理技术的应用与展望［J］．科技情报开发与经济，2005（13）：139-141.

[7]　陈菊香，马智博，元月．焦化废水氨氮去除方法的研究进展［J］．广东化工，2014，41（1）：73-74.

[8]　高祥，王光华，李立，等．煤气吹脱解吸法代替水蒸汽蒸氨法的对比研究［J］．洁净煤技术，2008（3）：80-83.

[9]　文艳．吹脱解吸法去除焦化废水中氨氮的研究［D］．武汉：武汉科技大学，2007.

[10]　徐彬彬．吹脱法处理焦化厂高浓度氨氮废水的试验研究［D］．成都：西南交通大学，2012.

[11]　蔡秀珍，李吉生，温俨．吹脱法处理高浓度氨氮废水试验［J］．环境科学动态，1998（4）：22-24.

[12]　朱金城．俄罗斯含酚废水处理技术概述［J］．辽宁城乡环境科技，1998（1）：82-84.

[13]　张红涛，刘永军，张云鹏，等．高酚焦化废水萃取脱酚预处理［J］．环境工程学报，2013，7（11）：4427-4430.

[14]　冯利波．煤气化废水萃取脱酚及其深度处理［D］．大连：大连理工大学，2006.

[15]　陈艳艳，王军胜，盛飞，等．煤化工废水处理技术试验研究［J］．环境工程，2014，32（2）：68-71.

［16］韦亚东，高恋，吴木之，等．溶剂脱酚装置处理焦化废水的应用［J］．能源研究与信息，2015，31（1）：14-18.

［17］陈贵锋，高明龙．MK 型络合萃取剂萃取脱酚实验研究［J］．煤化工，2018，46（2）：54-57.

［18］钱宇，杨思宇，马东辉，等．煤气化高浓酚氨废水处理技术研究进展［J］．化工进展，2016，35（6）：1884-1893.

［19］徐晓军，魏在山，宫磊，等．絮凝气浮法处理高浓度焦化废水的试验研究［J］．青岛建筑工程学院学报，2003（4）：1-4，90.

［20］安耀辉，彭中良，杜小庆．微气泡气浮系统在焦化废水预处理中的应用［J］．化工设计通讯，2017，43（9）：224-225.

［21］许睿，李妍．厌氧酸化技术在焦化废水预处理中的应用［J］．包钢科技，2008，34（6）：84-85，88.

［22］陈启斌，杨云龙．水解酸化提高焦化废水可生化性的动力学分析［J］．科技情报开发与经济，2004（5）：164-165.

［23］史长苗，陈启斌．水解酸化-好氧生物处理焦化废水的试验研究［J］．科技情报开发与经济，2002（1）：114-115.

［24］张子间．水解酸化-SBR 组合工艺处理焦化废水［J］．山东理工大学学报（自然科学版），2004（6）：68-70.

［25］韦朝海，朱家亮，吴超飞，等．焦化行业废水水质变化影响因素及污染控制［J］．化工进展，2011，30（1）：225-232.

［26］任源，韦朝海，吴超飞，等．生物流化床 A/O² 工艺处理焦化废水过程中有机组分的 GC/MS 分析［J］．环境科学学报，2006（11）：1785-1791.

［27］李朝明，曹俊，周宁莉，等．江西某焦化废水处理工程实例［J］．水处理技术，2021，47（11）：133-135，140.

［28］程伟健．焦化废水生化及深度处理工程实例［J］．煤炭加工与综合利用，2021（5）：73-77.

［29］张璇，蒋伟勤，罗玲，等．AOAO 工艺处理焦化废水的性能及微生物演替规律［J］．应用化工，2022，51（3）：728-733，736.

［30］夏立全，陈贵锋，李文博，等．焦化废水处理技术进展与发展方向［J］．洁净煤技术，2020，26（4）：56-63.

［31］翟伟光，张成展．对 A-A-O 工艺处理焦化废水的优化与改进［J］．煤炭与化工，2022，45（8）：152-154，160.

［32］傅爱国，王林平．用 A²/O 新工艺处理焦化废水［J］．工业安全与环保，2003（1）：15-17.

［33］耿琰，周琪，李春杰．浸没式膜-SBR 反应器去除焦化废水中氨氮的研究［J］．工业用水与废水，2002（1）：24-26.

［34］米玉辉，孙慧霞．焦化废水处理技术进展与发展方向［J］．山西化工，2021，41（1）：215-217.

［35］刘芳勇，李建康．焦化废水传统处理技术浅析［J］．广东化工，2022，49（12）：117-118，83.

［36］胡晓农，肖忠东，潘真．曝气生物滤池在焦化废水处理中的应用［J］．燃料与化工，2006（2）：35-37.

［37］孙丰英，唐文锋．焦化废水曝气生物滤池深度处理试验研究［J］．中国建设信息（水工业市场），2010（12）：68-71.

［38］王欢，孙浩嘉，韩炳旭．焦化废水处理新技术［J］．广州化工，2020，48（4）：12-14.

［39］黄力．臭氧氧化与 MBBR 工艺在焦化废水中的应用［J］．化工管理，2018（1）：70-71.

［40］陈磊．焦化废水处理技术现状与发展研究［J］．皮革制作与环保科技，2021，2（18）：164-165.

[41] 彭治平．焦化废水处理方法的研究进展［C］//中国金属学会炼铁分会．2019年全国炼铁设备及设计年会论文集．

[42] 张小军，杨文明．焦化废水处理技术的发展［J］．山西化工，2018，38（2）：46-48．

[43] 洪欣娟，张雪，闫哲，等．焦化废水生物强化处理及工艺优化［J］．中国冶金，2017，27（3）：62-66．

[44] 郝馨，付绍珠，于博洋，等．焦化废水处理难点、新型技术与研究展望［J］．土木与环境工程学报（中英文），2020，42（6）：153-164．

[45] 门枢，王凯，杨飞．焦化废水回用处理工艺设计及运行分析［J］．工业水处理，2023，43（3）：186-191．

[46] 曲余玲，毛艳丽，翟晓东．焦化废水深度处理技术及工艺现状［J］．工业水处理，2015，35（1）：14-17．

[47] 李杰．基于新型复合混凝剂的焦化废水深度处理技术［J］．山东化工，2020，49（7）：259-260．

[48] 程胜宇．焦化废水混凝后处理研究［J］．山西能源与节能，2010（5）：51-52，60．

[49] 袁霄，李杰，李风亭．新型强化铁盐混凝剂对焦化废水深度处理的研究［J］．工业水处理，2016，36（10）：65-66，71．

[50] 杨茹霞．高效聚合氯化铝在焦化废水深度处理中的应用与优化［D］．太原：山西大学，2019．

[51] 陆朝阳，刘金荣，陈安明，等．混凝Fenton结合光催化深度处理焦化废水研究［J］．科技创业月刊，2013，26（6）：162-163．

[52] 张劲勇，王环宇，林述刚．用熄焦粉处理焦化废水的试验研究［J］．化工环保，2003（4）：200-203．

[53] 胡记杰，肖俊霞，任源，等．焦化废水原水中有机污染物的活性炭吸附过程解析［J］．环境科学，2008（6）：1567-1571．

[54] 石秀旺，邵建安．钢渣过滤深度处理焦化废水研究［J］．广东化工，2010，37（9）：115-117．

[55] 王琼杰，张勇，汪金晓雪，等．吸附法深度处理焦化废水研究进展［J］．水处理技术，2020，46（1）：7-11．

[56] 黄集华，吴思妍，杨飞，等．活性炭吸附与双膜法组合工艺在焦化废水深度处理的应用［J］．燃料与化工，2022，53（2）：60-62．

[57] 闫博华，李希龙，蒋庆，等．焦粉吸附深度处理焦化废水研究［J］．洁净煤技术，2019，25（1）：160-167．

[58] 逯志昌，邱兆富，孟冠华，等．树脂吸附法深度处理焦化废水［J］．离子交换与吸附，2012，28（5）：423-431．

[59] 张文启，饶品华，陈思浩，等．焦化废水臭氧-生物活性炭的深度处理技术［J］．上海工程技术大学学报，2011，25（2）：101-103．

[60] 刘璞，王丽娜，张垒，等．焦化废水臭氧催化氧化深度处理试验研究［J］．工业用水与废水，2016，47（5）：33-35．

[61] 徐建宇，林安川，胡一多，等．臭氧催化氧化-双膜深度处理焦化废水的设计研究［J］．云南冶金，2022，51（3）：164-169，178．

[62] 初永宝，陈德林，刘生，等．分体式流化床催化臭氧-絮凝工艺深度处理焦化废水生化尾水［J］．北京大学学报（自然科学版），2022，58（1）：177-185．

[63] 洪苡辰，刘永泽，张立秋，等．臭氧催化氧化深度处理焦化废水效能研究［J］．给水排水，2017，53（12）：53-57．

［64］　刘卫平 . Fenton 氧化/混凝深度处理焦化废水的实验研究［J］. 中国资源综合利用，2008（4）：7-9.

［65］　于庆满，颜家保，褚华宁 . 混凝-Fenton 试剂氧化联合处理焦化废水的试验研究［J］. 工业水处理，2007（3）：40-43.

［66］　明云峰，姚立忱，刘伟 . Fenton 试剂-微电解处理焦化废水实验研究［J］. 工业水处理，2012，32（7）：78-80.

［67］　吴丹，闫艳芳，罗胜铁，等 . 臭氧催化氧化处理焦化废水的实验研究［J］. 辽宁大学学报（自然科学版），2016，43（4）：381-384.

［68］　黄现统，韦芳，汤爱华，等 . 电催化氧化法深度处理焦化废水［J］. 枣庄学院学报，2016，33（2）：71-75.

［69］　徐卫东，张发奎，李杰，等 . 混凝-响应面法优化 Fenton 工艺深度处理焦化废水［J］. 人民珠江，2021，42（8）：93-99，108.

［70］　许驰，杨艺，马磊，等 . 多种电极电氧化深度处理焦化废水生化出水的研究［J］. 现代化工，2022，42（8）：177-182.

［71］　段爱民，张垒，刘尚超，等 . 电化学氧化耦合絮凝技术深度处理焦化废水影响因素分析［J］. 工业用水与废水，2010，41（6）：46-48.

［72］　杨水莲，田晓媛，吴滨，等 . Fenton 高级氧化法深度处理焦化生化废水的实验研究［J］. 工业水处理，2014，34（10）：26-29.

［73］　张先，刘熙璘，花昱伉，等 . 芬顿试剂氧化工艺深度处理焦化废水及其出水水质研究［J］. 煤质技术，2021，36（1）：43-48，57.

［74］　王姣，陈景辉，张艳，等 . 纳滤工艺深度处理焦化废水的中试研究［J］. 工业水处理，2017，37（7）：55-57，95.

［75］　闻晓今，周正，魏钢，等 . 超滤-纳滤对焦化废水深度处理的试验研究［J］. 水处理技术，2010，36（3）：93-95，103.

［76］　尹胜奎，曹文彬，耿天甲，等 . 焦化废水深度处理回用技术的创新与实践［J］. 工业水处理，2017，37（9）：104-108.

［77］　王文强，段继海 . 焦化废水深度处理研究现状［J］. 当代化工，2016，45（8）：1959-1963.

［78］　周超，高学理，郭喜亮，等 . 双膜法工艺处理回用焦化废水的中试研究［J］. 现代化工，2012，32（8）：81-84，86.

［79］　边凌涛，刘晓伟，赵萌 . 固定化高效微生物与 MBR-RO 组合技术深度处理焦化废水的研究［J］. 西南师范大学学报（自然科学版），2017，42（12）：113-118.

［80］　王立东 . 焦化废水深度处理与回用研究［D］. 上海：华东理工大学，2017.

［81］　穆明明，左青 . 全膜法在焦化废水回用的应用［J］. 工业水处理，2015，35（1）：97-100.

［82］　何绪文，张斯宇，何灿 . 焦化废水深度处理现状及技术进展［J］. 煤炭科学技术，2020，48（1）：100-107.

［83］　孙彩玉，边喜龙，刘芳，等 . 膜法联合树脂吸附处理焦化废水中试研究［J］. 工业水处理，2019，39（1）：78-81.

［84］　马昕，安东子，寇彦德，等 . 焦化废水膜法组合深度处理工艺设计与应用［J］. 工业水处理，2017，37（4）：102-105.

［85］　崔焕滨 . 活性炭+活性污泥法深度处理焦化废水研究［J］. 山东水利，2020（5）：13-14.

［86］　杨少斌，刘志轩 . A²O/高压脉冲电絮凝/O₃-BAC/膜法处理焦化废水［J］. 中国给水排水，2020，36（6）：60-64.

[87] 孟冠华，刘鹏，邱菲，等．焦化废水深度处理技术［J］．钢铁，2015，50（12）：19-25.

[88] 董明．双膜法与树脂吸附组合工艺在焦化废水深度处理上的应用［J］．工业用水与废水，2016，47（1）：55-58.

[89] 吴永志．一种焦化废水深度处理工艺的设计及工程应用［J］．给水排水，2017，53（12）：62-66.

[90] 张志超，牛涛，于豹，等．焦化废水处理工程实例分析［J］．工业水处理，2022，42（7）：179-185.

[91] 王家彩．焦化废水处理工程实例［J］．环境科技，2011，24（6）：32-34，37.

4 钢铁废水处理与回用

本章提要：

　　本章主要介绍了钢铁行业生产过程中产生的各类废水来源及水质情况，详细阐述了钢铁废水不同处理回用方式，包括沉淀回用、膜法回用和综合处理回用，分析了相应技术原理及在实际工程中的应用案例。要求学生了解并掌握钢铁废水来源、水质情况和主要处理回用技术。

　　根据钢铁生产工序，其废水主要包括如下几种：烧结废水、炼铁废水、炼钢废水、热轧废水以及冷轧废水等。针对钢铁废水中不同种类的污染物质，主要处理包括悬浮物的去除、油脂和氧化铁皮的去除、水温水质的稳定以及酸碱度调节等。

　　根据钢铁废水水质及回用要求，回用方式主要包括沉淀回用、膜法回用以及综合处理回用。沉淀回用主要是以沉淀或混凝沉淀技术为主，结合格栅、过滤、磁化、中和或隔油气浮等对废水中悬浮物质、部分油类物质以及酸碱度进行去除或调整。膜法回用是在上述基础上，使用膜分离技术去除钢铁废水中的盐类物质，解决了废水回用的深度处理问题。综合处理回用主要针对在回用过程产生的外排废水，或因不断循环使用过程中盐类浓度持续上升而必须外排的浓盐水。

4.1 钢铁废水水质特征与处理技术

　　钢铁行业是工业化国家的基础工业之一，是发展国民经济与国防建设的物质基础。我国作为世界上最大的发展中国家，钢铁产量多年位居世界第一[1]。2019 年我国粗钢、生铁和钢材产量分别为 9.96 亿吨、8.09 亿吨和 12.04 亿吨[1]。随着钢铁产量的增加，水的消耗、排污量也大幅增加[1]。钢铁行业目前仍是我国工业污染大户，因此加强钢铁行业废水的治理，实现钢铁废水的回用对解决我国水资源匮乏和水污染问题至关重要[1]。

4.1.1 钢铁废水来源

　　在钢铁行业的生产过程中，使用铁矿石的"联合"法和使用废铁、废钢的电弧炉（EAF）法是主流的两种工艺路线。目前，我国钢铁厂的主要工艺路线是使用铁矿石的"联合"法，其生产工艺流程主要包括：选矿、烧结、焦化、炼铁、炼钢、轧钢等，每个生产工序在生产过程中均需要用水，因此产生大量的工业废水[1]。

　　（1）烧结工艺废水：在钢铁行业烧结过程中因使用含硫煤而产生含有二氧化硫的烟气，当采用湿法对烟气进行脱硫处理时，会产生含硫的除尘废水。此外，烧结废水还包括冲洗地坪水和设备冷却排水。

（2）焦化过程中的废水：在焦化过程中产生的焦化废水是钢铁行业排出的主要废水之一。对于钢铁行业，焦化过程可以生产炼铁和炼钢过程中使用的焦炭，并且会产生焦炉煤气等副产物。因此，焦化废水主要来源于煤炭高温干馏裂解和煤气冷却过程。

（3）炼铁过程中的废水：在高炉冶铁过程中会产生大量的煤气，当在洗涤塔和文氏管中对煤气进行处理时，水与煤气对流接触进行煤气的净化。由于水与煤气直接接触，煤气中的细小固体杂质进入水中，水温随之升高，一些矿物质和煤气中的酚、氰等有害物质也会部分溶入水中，形成了高炉煤气洗涤水。高炉煤气洗涤水是炼铁工序中主要的废水类型，也是炼铁过程中废水产量最大、成分最复杂、危害最大的废水。

（4）炼钢过程中的废水：在钢铁工业体系中，炼钢是整个工艺路线中的中心环节，而转炉吹氧工艺是目前应用最广泛的方法。在转炉吹氧工艺运行过程中，需要吹入大量的氧气，同时产生大量的含尘烟气，为保证炼钢工序正常运行，需要对烟气进行冷却除尘处理。在采用水对转炉烟气进行降温除尘的过程中，烟气中的污染物质会转移到水中，产生转炉除尘废水。

（5）轧钢过程中的废水：按照轧制温度的不同，轧钢分为热轧和冷轧，两种轧钢方法在运行过程中均需要生产用水。在热轧工艺中，由于温度过高，需要对轧机、轧辊、轧辊轴承等设备进行间接冷却和直接冷却，因此，热轧工艺中的废水主要来自热连轧生产线的冷却水。相对于热轧，在冷轧工艺的运行中，需要以酸清洗钢材表面，以乳化液或棕榈油为润滑或冷却剂，以碱作为脱脂溶液，所以冷轧工艺段会产生酸性废水、含油废水、含乳化液废水以及碱性含油废水等。

综上所述，钢铁行业废水主要包括烧结废水、焦化废水、冶金废水（炼铁炼钢废水）和轧钢废水等。其中有关焦化废水的处理与回用在本书第 3 章已经详细阐述，本章不做详细介绍。

4.1.1.1 烧结废水来源

烧结系统是冶炼前原料准备的重要组成部分，烧结工艺流程主要包括焦炭破碎筛分、配料、混合、点火、烧结、冷却、成品筛分等工序。烧结系统用水主要有工艺用水、工艺设备冷却水、除尘用水与清扫用水等。根据烧结系统用水情况，烧结废水主要来自湿式除尘器、冲洗输送皮带、冲洗地坪和冷却设备产生的废水。不同的烧结厂废水种类有所差异，有的烧结厂四种均有，有的只有两三种，多数是湿式除尘和冲洗地坪两种废水[2,3]。

A 冷却系统排污水

冷却水主要包括工艺设备低温冷却水和一般冷却水，属于净循环水。前者包括电动机、抽风机、热返矿圆盘等冷却器及热振筛油冷却器和环冷机冷却用水等，这部分冷却水对水质要求较高，SS 不高于 25 mg/L，水温不大于 25 ℃，使用之后水质变化不大但温度升高，可经冷却后循环回用或供其他用户串级使用。后者包括点火器、隔热板、箱式水幕、固定筛横梁冷却、单辊破碎机、振动冷却机用水等，这部分冷却水要求 SS 不大于 50 mg/L，水温不大于 40 ℃，因此从水质要求看完全可以串级使用上述低温冷却水的排水[2,3]。

冷却水使用后水温升高，经冷却后可循环使用。需要注意的是水经冷却塔冷却时，由于蒸发与充氧，使水质具有腐蚀、结垢倾向，并产生泥垢。因此需对冷却水进行稳定处理，在冷却水中投加缓蚀剂、阻垢剂、杀菌剂、灭藻剂，并排放部分被浓缩的水，补充部分新水，以保持循环水的水质[2,3]。

B　湿式除尘废水

现代烧结厂大都采用干式除尘装置，但也有采用湿式除尘装置的，因此产生了湿式除尘废水。每吨烧结矿约产生湿式除尘废水量为 0.64 m^3，悬浮物浓度在 5000 mg/L 以上，甚至有的高达 10000 mg/L，主要成分包括 FeO 和 Fe_2O_3，除此之外还有 SiO_2、CaO 以及 MgO 等[2,3]。

C　胶带机冲洗废水

胶带机在烧结过程中主要用于输送及配料，每吨烧结矿约产生胶带机冲洗废水量为 0.0582 m^3，悬浮物浓度高达 5000 mg/L，而对于循环水要求其 SS 浓度不高于 600 mg/L[2,3]。

D　清洗地坪废水

考虑到废水收集和除尘效果，部分地坪和平台用水冲洗，部分采用洒水清扫，如配料、混合和烧结车间的地坪采用水力冲洗地坪，转运站和筛分车间的地坪采用洒水清扫。冲洗地坪的具体水量与冲洗龙头用水量、排水量、冲洗龙头间距、冲洗时间、工作压力和冲洗次数等因素有关[2,3]。

上述四种废水中，后三者属于浊循环水，悬浮物浓度高，需经处理后方可外排或循环使用。

4.1.1.2　冶炼废水来源

钢铁行业冶炼废水主要包括炼铁废水和炼钢废水两种[2,3]。

A　炼铁废水

在钢铁行业中，炼铁用水量与生产工艺有关，一般用量较大，占整个企业的 25% 左右。因此，随之产生的炼铁废水也较多，一般生产 1 t 产品，炼铁废水量约为 12~14 m^3。根据炼铁过程中水的具体用途可分为炼铁设备的间接冷却水、炼铁设备及产品的直接冷却水以及炼铁生产过程废水等。

（1）炼铁设备间接冷却水。炼铁设备间接冷却水主要是指炼铁过程中，为了防止设备被烧坏，保证生产顺利进行，高炉及其热风炉的炉身、炉腹、出铁口、风口及其大套和周围冷却板等均需使用冷却水进行冷却的过程中而产生的冷却废水。这部分冷却废水因不与产品或物料直接接触，使用过后水温升高，因此这部分废水一般需经过冷却塔或其他冷却构筑物降温处理后继续循环使用。严格来讲，在实际生产过程中，间接冷却废水循环使用过程中，悬浮物质和盐类物质浓度因水分蒸发而浓缩，产生结垢、腐蚀和黏泥现象，影响其循环使用，所以必须解决水质稳定问题，可通过排放一定量污水来补充新鲜冷却水，并将排污水进行系统内部阶梯循环使用，如可作为高炉煤气洗涤废水或者高炉炉渣粒化循环系统补允水使用。

（2）炼铁设备及产品直接冷却水。炼铁设备及产品的直接冷却水主要是指在炼铁过程中，高炉炉缸的喷水冷却、高炉在生产后期的炉皮喷水冷却、铸铁机的喷水冷却以及铸铁块的喷水冷却过程中产生的冷却废水。这部分直接冷却水因与铸铁块和设备直接接触，除了水温升高之外，水质也受到污染，尤其是悬浮物质和残渣浓度较高，因此水质较间接冷却水污染严重，需对水温及悬浮物质进行处理。但在实际生产过程中，因直接冷却过程本身对水质的要求较低，一般经冷却塔降温和沉淀法简单处理悬浮物质后即可在内部循环使用。该部分水与间接冷却水一样，需要部分排污并补充新鲜水，排污水一般排至对水质要求较低的工序中使用，不会外排污染环境。

（3）炼铁生产过程废水。炼铁生产过程废水主要包括炼铁过程中高炉煤气洗涤废水和冲洗水渣废水。

在高炉冶铁过程中会产生大量的荒煤气，其炉尘含量一般高达 $10 \sim 40 \ \mathrm{g/m^3}$ 煤气，而像高炉和热风炉等加热设备要求煤气含尘量低于 $10 \ \mathrm{mg/L}$，因此高炉煤气必须经净化除尘之后才能使用。高炉煤气净化工艺一般是采用洗涤塔和文氏管并联洗涤或者是采用双文氏管串联洗涤，在洗涤塔和文氏管中对煤气进行处理时，水与煤气对流接触实现净化。由于水与煤气直接接触，煤气中的细小固体杂质进入水中，水温随之升高，一些矿物质和煤气中的酚、氰等有害物质也会部分溶入水中，形成了高炉煤气洗涤水。该废水水温高达 $60 \ ℃$ 以上，因含有大量的铁矿粉和焦炭粉导致悬浮物浓度很高，一般为 $600 \ \mathrm{mg/L}$ 以上，有的甚至高达 $3000 \ \mathrm{mg/L}$；同时含有酚、氰等有害物质。高炉煤气洗涤水是炼铁工序中主要的废水类型，也是炼铁过程中废水产量最大、成分最复杂、危害最大的废水，因此必须进行处理并回用。

高炉炼铁的同时还会排出大量废渣，因其主要成分是硅酸钙或铝酸钙等，被粒化之后可用作水泥、渣砖和建筑材料。高炉炉渣粒化处理方法有急冷处理（水淬和风淬）、慢冷处理（自然冷却）和慢级冷却。高炉冲渣废水是指水淬处理时产生的废水，尤其是炉前水淬所产生的废水。这些冲渣废水因与炉渣直接接触，导致其悬浮物含量较高，有时甚至高达 $3000 \ \mathrm{mg/L}$，同时含有有毒有害物质，若不经处理直接外排或者回用将会影响生态环境及设备的运行，因此需处理并回用。

B 炼钢废水

在钢铁行业中，炼钢是整个工艺路线中的中心环节。炼钢技术已由原来的平炉炼钢法改进提升为转炉吹氧炼钢法，该工艺是目前应用最广泛的方法。炼钢废水水量与炼钢工艺及系统有关，若转炉采用湿式除尘，一般生产 $1 \ \mathrm{t}$ 钢，炼钢用水量约为 $70 \ \mathrm{m^3}$，其废水产量较大。在采用水对转炉烟气进行降温除尘的过程中，烟气中的污染物质会转移到水中，产生转炉除尘废水。炼钢废水与炼铁废水类似，归纳起来主要包括炼钢设备间接冷却水、炼钢设备及产品直接冷却水和炼钢生产过程废水等。

（1）炼钢设备间接冷却水。转炉及其连铸机是炼钢生产过程的核心设备。炼钢设备间接冷却水主要包括转炉高温烟气间接冷却水和转炉连铸机设备间接冷却水等。

在转炉炼钢过程中，产生大量高温烟气，首先需对其进行冷却处理并回收其中的余热，主要包括对活动裙罩、固定烟罩和烟道等系统的冷却，这些冷却系统中的水与高温烟气均不进行直接接触，因此转炉高温烟气冷却处理主要污染是热污染，一般经冷却处理后能够直接循环使用。

炼钢过程中的连铸是指用强制水冷的方法使钢水凝固，该过程中结晶器和其他设备冷却产生的废水即为连铸间接冷却水，该废水未与钢产品直接进行接触，因此也是仅仅经过冷却塔或冷却设备降温处理后均可循环使用。这些炼钢间接冷却水与炼铁间接冷却水一样，需要注意水质稳定的问题，主要包括防止结垢、腐蚀及藻类滋生等。

（2）炼钢设备及产品直接冷却水。在转炉炼钢过程中，炼钢设备及产品直接冷却水是指连铸过程中钢坯在二次冷却区冷却时产生的废水。为保证钢坯进一步冷却固化以及保护冷却区设备，冷却水通过喷嘴从周围向钢坯喷水而产生废水，这部分废水因与钢坯产品及设备直接接触，不仅水温升高，同时还会有氧化铁皮和油脂等污染物质进入水中。另外，因保证均匀冷却及钢坯表面质量，浇注过程中会加入硅钙合金、石墨和萤石等其他混合物，随之也会进入二次冷却水中。因此这部分直接冷却废水水质污染严重，需进行处理之后循环使用。

（3）炼钢生产过程废水。炼钢生产过程中，主要产生的废水有转炉高温烟气净化除尘废水、连铸机工作中的火焰清理机的除尘废水和转炉钢渣冷却废水等。

在转炉炼钢过程中，产生大量高温烟气，该烟气含有大量 CO 和氧化铁粉尘，对烟气除了进行上述冷却之外，还需进行净化，这是保证回收煤气和氧化铁粉尘的重要措施。该净化过程中产生的废水即为转炉高温烟气净化除尘废水，该废水水量较大，因与烟气直接接触，悬浮物浓度较高，成分复杂，水质污染严重，是炼钢系统中最主要的废水，该废水须经沉淀、冷却处理后循环使用。

为保证连铸坯和成品钢材的质量，一般需要使用火焰清理机灼烧经过切割的钢坯表面缺陷，火焰清理机操作时，产生大量含尘烟气和被污染的废水，包括水力冲洗槽内和给料辊道上的氧化铁皮和渣的清理、冷却火焰清理机设备和给料辊道的清理以及在钢坯火焰清理时所产生的煤气清洗等过程中所产生的各种废水，这部分废水因含有大量氧化铁皮或者粉尘，其悬浮物浓度较高，如火焰清理机废水的悬浮物含量在 440~1100 mg/L，煤气清洗废水悬浮物为 1500 mg/L 左右，因此也需要进行处理后才能循环使用。

炼钢过程中会产生大量的钢渣，对钢渣进行加工处理是实现资源化利用的保证条件。钢渣处理方法很多，其中水淬法是主要的方法，即向热钢渣上喷水，产生大量水蒸气，随后水、蒸汽和钢渣进行一系列物理化学反应后，钢渣淬裂，此过程中将会产生转炉钢渣冷却废水，因水与钢渣直接接触，水中悬浮物浓度较高，硬度较高，需进行处理后才能循环使用。

4.1.1.3　轧钢废水来源

轧钢是钢铁行业中一个重要的生产环节，据统计该行业中约 90% 的钢材是通过轧制产生的，主要是指上游生产的钢锭或钢坯通过轧制方式转变成钢板、钢管、型钢和线材等多种钢材的过程。轧钢过程中，按照轧制温度的不同，轧钢分为热轧和冷轧。热轧主要是指将钢锭或钢坯在均热炉或加热炉里加热至 1150~1250 ℃ 后，在热轧机上轧制成相应的钢材的过程，包括连铸、热轧热装和控轧控冷等过程。冷轧主要是指在常温下进行的轧制过程，不需要加热，包括生产冷轧板和冷轧卷材。两种轧钢方法在运行过程中均需要生产用水，如冷却、冲洗钢材和设备等，因此产生相应的轧钢废水。轧钢废水的水量和水质与轧机种类、生产工艺、生产能力及操作水平等因素均有关[2,3]。不同情况下产生的轧钢废水水质和水量差别较大。

　A　热轧废水

热轧废水主要包括间接冷却水、直接冷却水和生产过程水。热轧过程因需将钢锭或钢坯加热到 1000 ℃ 以上进行轧制，因此相关轧制设备及某些轧件均需要进行冷却才能顺利生产，如热轧机的轧辊、轴承；输送高温轧件的各类辊道；初轧机的剪机、打印机，宽厚板轧机的热剪、热切机；中板轧机的矫直机，带钢连轧机的卷取机；大、中型轧机的热锯、热剪机；钢管轧机的穿孔、均整、定径、矫直机等热轧设备及轧件，这部分废水属于间接冷却废水。另外，在热轧之后，某些产品，如初轧中厚板、宽热连轧带钢及大型型钢产品，一般均需喷水进行冷却，这部分废水属于直接冷却水。热轧生产过程废水主要包括钢锭或钢坯表面冲洗废水和除尘器清洗废水。钢锭或钢坯在加热过程中表面容易形成较厚的氧化铁皮，这部分铁皮需要用 10~15 MPa 的高压水除鳞，形成冲洗铁皮废水，一般在使用中、厚板轧机，宽热连轧机，大型轧机及钢管轧机时会产生这部分废水。带钢热连轧机的精轧机组、钢管连轧机等现代轧机在高速轧制以及从初轧机的热火焰清理机中，均会产生大量氧化铁粉尘，一般使用电除尘器净化，电除尘器净化之后需进行清洗，这部分废水就是除尘器清洗废水[2,3]。

实际生产中，热轧废水的水量多少与轧机及产品规格有关，对于大型轧钢厂其废水量如表 4-1 所示。热轧废水水温为 40~60 ℃，悬浮物浓度为每升废水中几百至数千毫克，主要为氧化铁皮（粒径为几微米到几厘米不等），同时废水中油浓度为 20~50 mg/L。

表 4-1　大型轧钢厂其废水量[2,3]

废水种类	废水量（吨钢锭）/m³	废水总量（吨钢锭）/m³
轧机、轧辊、辊道的冷却循环废水	3.84	
板坯及方坯的冷却循环废水	26.4	
冲铁皮的循环废水	3.01	36
火焰清理机、高压冲洗溶液的循环	2.61	
火焰清理机除尘器循环	0.188	

B　冷轧废水

冷轧废水主要包括酸性废水、含油废水、含乳化液废水、碱性含油废水以及含重金属废水等。现将按照冷轧过程分别介绍几种冷轧废水的来源：（1）在冷轧前，必须清除原料表面的氧化铁皮，才能保证钢材表面质量以及防止轧辊损伤。对于氧化铁皮的清除，一般采用酸洗方法进行酸洗后再经喷洗和漂洗，因此在酸洗时将产生大量的酸洗废液和酸洗漂洗水；（2）漂洗后的钢材经钝化、中和后，用热风吹干，随之产生钝化液或碱洗液；（3）冷轧生产过程中，带钢冷轧时容易产生变形热，为了避免此现象出现，一般采用乳化液或棕榈油进行冷却和润滑，因此将产生含油乳化液废水；（4）冷轧带钢在松卷退火和使用棕榈油时，需在退火前后使用碱性溶液脱脂，随之产生碱性含油废水。此外，冷轧带钢还需金属镀层或非金属涂层，产生各种重金属或磷酸盐类废水。

4.1.1.4　综合废水来源

钢铁行业产生废水种类较多，如冶炼废水、焦化废水、轧钢废水等，这些废水分别经各单元处理之后，一般可回用或部分回用，但在回用过程又会产生必须的外排废水，或因不断循环使用中使盐类浓度持续上升而必须外排。因此对于这部分废水需综合处理而成为综合废水。钢铁厂的综合废水来源主要包括以下几部分：（1）强制排污水：大型钢铁企业的直接与间接循环冷却水系统的强制排污水；（2）浓盐水：钢铁行业在进行水质软化、除盐过程中，由软化水、脱盐水以及纯水制备设施产生的浓盐水；（3）跑、冒、滴、漏等零星排水；（4）其他综合废水：某些钢铁企业由于使用合流制排水系统，或因改扩建等原因造成分流制排水系统或用水循环系统不够完善，未经处理的全厂废水或因排水体制不够完善而造成必须外排的废水[2,3]。

在钢铁企业内为了保证综合废水处理系统处理水达到回用标准的要求，需要注意的是：（1）大型联合钢铁厂内的焦化废水必须分开处理，不得排入综合处理系统；（2）冷轧过程中产生的冷轧废水一般需要先经单独处理，再经酸碱废水处理系统中和沉淀后，才能进入综合废水处理系统。

4.1.2　钢铁废水水质

钢铁工业各生产工艺都会产生废水，如设备与产品冷却水、生产工序过程用水、设备与场地清洁用水等。其中冷却水占比较大，接近所有废水的70%，而生产废水就只占较少部分，这些废水中的污染物主要为生产过程中产生的污染物、污染物排放过程中衍生的中间产物以及部分流失的生产用原料和产品。

4.1.2.1　钢铁废水主要污染物种类

钢铁工业生产过程中，因生产工艺的不同和生产方式的不同而产生的废水水质会千差万别。即使同一种生产工艺产生的废水水质波动也会很大。例如氧气顶吹转炉除尘废水的pH值和悬浮物变化非常大。钢铁工业中间接冷却水的污染物最少，直接冷却后就可回用。直接接触产品物料的直接冷却水，所含污染物比较多，水中容易含有同原料、生产产品、燃料等成分有关的多种物质。总体来说，钢铁工业废水中主要含有以下几种污染物[2,3]。

（1）无机悬浮物。钢铁企业（特别是联合钢铁企业）生产过程排放的废水中主要污染物就是无机悬浮物。各生产工艺中的焦炉生物处理装置的遗留物，原料装卸遗失，高炉、转炉、连铸等湿式除尘净化系统或水处理系统，酸洗系统以及涂镀作业区水处理装置等产生的废水中或多或少都会含有固体悬浮物，这些固体悬浮物分别为金属氢氧化物、生物污泥、煤等固体。其中，焦化废水的悬浮物有毒，其他工序产生的悬浮物在水环境中大多是无毒的，但会降低水中氧的传导，导致水体缺氧、水质恶化以及变色。

（2）重金属。钢铁工业生产废水中会含有不同浓度的重金属，如炼钢过程中会用锰和锌作为原料进入该工序产生的生产废水中，可能导致有高浓度的锰和锌，而冷轧机和涂镀区可能产生含有铬、镉、铝、锌和铜废水。重金属不能被生物降解，排入水体后一部分会被水生动物（如鱼虾蟹等）和水生植物（如藕等）吸收外，其他大部分重金属会被水中各种微粒物质或者胶团吸附，随后汇集沉到水底底泥中，通过生物循环、生物链累积等进入人或动物体内，最终影响人类健康。

另外，重金属可能会与其他有毒成分结合，如氨、氰化物、润滑油、酸、碱以及有机物等，它们相互作用，重新生成对环境危害更大的有毒物质。因此，必须采用物理、化学、物化以及生化法等，最大限度地减少重金属废物产生的污染和危害。

（3）油与油脂。钢铁工业中的油和油脂主要产生于冷轧、铸造、热轧、涂镀和废钢贮存与加工等过程。正常情况下，油和油脂是无毒无危害的，但是一旦排入水体后，会在水体表面形成一层薄膜，降低氧的传导作用，导致水体缺氧，引起水体表面变色，水质恶化、发臭，对水生生物、水体鱼类等的生存环境造成了很大破坏。

（4）酸性废水。一般钢材通常采用硫酸、盐酸对钢材表面上形成的氧化铁皮（FeO、Fe_3O_4、Fe_2O_3）进行酸洗，不锈钢则通常采用硝酸-氢氟酸混酸进行酸洗。酸洗过程中钢材表面上铁的氧化物会与酸发生各种化学氧化反应，不断消耗酸而使其浓度随清洗时间延长不断降低，盐分不断增高。当酸的浓度下降到一定程度后，就必须更换酸洗液，形成酸洗废液。更换后的酸洗废液因残留了酸液故含高盐量高、pH 值低。另外，冲洗酸洗后的钢材以去除表面的游离酸和亚铁盐，冲洗之后的水又转化成低浓度含酸废水。酸洗废水具有腐蚀性，腐蚀管道和处理构筑物，影响水体 pH 值和水生生物的生长，干扰水体自净。

（5）有机污染物。钢铁工业生产中还会排出许多有机污染物，如炼焦过程和炼钢过程中产生的有机污染物主要包括苯、甲苯、二甲苯、萘、酚、多环芳烃（PAH）、多氯联苯（PCB）以及二噁英等。另外如果采用湿式烟气净化处理钢铁工业中产生的废气，废气中的有机污染物就不可避免地残存于废水中，这些污染物危害性与致癌性非常大，必须经过妥善处理。

根据工序排污专题调研统计分析，钢铁工业废水中主要污染物如 COD、悬浮物质、油与油脂、氨氮、酚以及氰化物在各工序中的分布情况如表 4-2 所示。

表 4-2   钢铁工业废水中主要污染物在各工序中的分布情况

工序名称	COD/%	悬浮物质/%	油与油脂/%	氨氮/%	酚/%	氰化物/%
焦化	43.68	21.72	27.61	93.68	87.87	85.65
烧结	2.40	7.75	0.22	0.44	0.10	0.03
炼铁	21.33	23.97	14.57	0.43	7.71	11.46
炼钢	12.72	23.29	17.93	4.39	3.84	1.59
轧钢	19.87	23.27	39.67	1.06	0.48	1.27

4.1.2.2 各种钢铁废水污染物分布情况

炼铁废水中的间接冷却水因与产品或物料没有直接接触，仅存在水温升高，即热污染。而炼铁过程中的直接冷却水及生产过程工艺水因与产品或设备直接接触，除了水温升高之外，水质也受到污染，尤其是悬浮物质和残渣浓度较高。不同生产过程产生的废水水质有所差异。对于高炉煤气洗涤废水，除了热污染之外，其他污染物为 SS 和 COD 等，含少量酚、氰、Zn、Pb 和硫化物等，其中 SS 浓度为 1000～5000 mg/L，酚浓度较低为 0.05～3.0 mg/L，氰化物为 0.1～10 mg/L。对于渣处理系统产生的炉渣粒化废水，主要污染物质为 SS，其浓度为 600～1500 mg/L，另外还有少量的酚（0.01～0.08 mg/L）和氰化物（0.002～1 mg/L）。对于铸铁机喷淋冷却废水主要污染物质为 SS，浓度为 300～3500 mg/L[4,5]。

炼钢废水与炼铁废水类似，对于炼钢过程中的间接冷却水仅存在水温升高，即热污染。而炼钢过程中的直接冷却水及生产过程工艺因与产品或设备直接接触，水质也受到污染。对于转炉烟气湿法除尘废水主要污染物质是 SS，其浓度为 3000～20000 mg/L，其中未燃法废水中 SS 以 FeO 为主，燃烧法废水中 SS 以 Fe_2O_3 为主。对于连铸生产废水中污染物质主要为 SS、氧化铁皮和油脂等，其中 SS 浓度为 200～2000 mg/L，油浓度为 20～50 mg/L。对于火焰清理机废水中污染物质也主要为 SS、氧化铁皮和油脂，其中 SS 浓度为 400～1500 mg/L[4]。

热轧废水主要污染物质为氧化铁皮和油脂等，其中 SS 浓度为 200~4000 mg/L，油浓度为 20~50 mg/L。

冷轧废水成分复杂，种类繁多，用水及废水量差别也大。废水中主要含有悬浮物 200~600 mg/L，矿物油约 1000 mg/L，乳化液 20000~100000 mg/L，COD 20000~50000 mg/L 等。对于冷轧酸碱废水的主要污染物是酸和碱；对于冷轧含油和乳化液废水的主要污染物为润滑油和液压油；除此之外还有冷轧含铬废水，该废水主要以铬、锌和铅等重金属离子为主，属于重金属废水。

钢铁工业综合废水水质、水量波动变化大，各工序排污水量和水质随生产周期、季节的变化而变化。一般在生产高峰和夏季，由于循环水系统用水量、蒸发量增大，导致系统的排污水量增加，增加了后续综合废水处理的难度。由于各排水点排放污废水时间不尽相同，水质变化也很大。钢铁工业综合废水主要含有浊度、COD、硬度与碱度、油类、盐类等污染物质。表 4-3 是中国几家有代表性的钢铁厂综合废水的主要水质。另外，需要注意的是该废水有时由于酸洗废水的存在，综合废水中可能也含有一定浓度的硝态氮。

表 4-3　中国部分钢铁厂综合废水水质表[5]

钢厂	pH 值	浊度/NTU	电导率 /mS·cm^{-1}	总硬度 /mg·L^{-1}	碱度 /mg·L^{-1}	Cl$^-$ /mg·L^{-1}	全铁 /mg·L^{-1}	油 /mg·L^{-1}	COD$_{Cr}$ /mg·L^{-1}
A	7~8	30~40	<3300	1200	130	280	3~6	5~10	30~40
B	7.8~9	9~244	614~669	194~282	50~120	—	4.8~17	0.1~1.2	11~30.4
C	7~9	45	—	325	171	464	0.36		114.2
D	6~9	200	2000	500	200	300	0.4	10	150

钢铁综合废水中的浊度：主要是由该水中的悬浮物和胶体物质造成的，这些悬浮物质来源于工业循环水中存在的泥土、砂粒、尘埃、腐蚀性产物、水垢、微生物黏泥等不溶性物质。另外，氧化铁皮、金属粉尘等也是主要的悬浮物质，是在煤气清洗、冲渣、火焰切割、喷雾冷却、淬火冷却、精炼除尘等生产过程中进入循环水系统的。上述这些悬浮物质都是通过排污由循环水系统进入了综合废水系统。胶体物质主要来源于空气或者补充水中带入的一些有机胶体物质，还有铁、铝、硅的无机胶体物质，也可能是在循环水系统运行中生成[5]。

钢铁综合废水 COD：钢铁综合废水 COD 表示废水中还原性物质的指标，包括各种有机物，另外亚硝酸盐、硫化物、亚铁盐等也属于还原性物质，但以有机物为主。钢铁综合废水中的 COD 主要来源于两方面，一是补充水进入工业循环水系统，在运行过程中，原水中的还原性物质被不断浓缩，浓度逐渐升高；二是工业循环冷却水系统投加的水质稳定药剂如缓蚀剂、阻垢剂、分散剂、杀菌剂、混凝剂以及助凝剂等，这些药剂中很多是高分子有机药剂，也有部分是还原性较强的物质，会增加循环水中的 COD 浓度。

钢铁综合废水碱度和硬度：对于循环水系统而言，随着循环冷却水被浓缩，冷却水的硬度和碱度会逐渐升高，循环水系统排污水进入综合废水系统，使综合废水的硬度和碱度浓度提升[5]。

钢铁综合废水油类：钢铁综合废水油类主要是由于在炼钢和轧钢的过程中，连铸和热轧等设备泄漏的液压油以及冷轧乳化油等含油废水进入综合废水系统[5]。

钢铁综合废水盐类：钢铁综合废水盐类主要由补充水带入循环水系统并不断被浓缩，最后随循环水系统的排污水进入综合废水系统[5]。

综上所述，钢铁综合废水中含有复杂组分的污染物，是一类典型的高有机物、高盐分的难处理工业废水。

4.1.3 钢铁废水处理回用技术

近年来，我国钢铁工业遵循清洁生产、环境保护以及循环经济发展规划，企业用水量逐渐减少（吨钢耗水量下降 34.55%），外排水量明显降低（下降 63.39%），废水处理回用率不断提升（提高了 15.06%），因此我国钢铁工业在节水以及废水处理与回用方面取得显著成效。但由于钢铁产量增加，用水总量仍然处于上升趋势，钢铁企业缺水问题仍然是企业面临的首要问题。综合国内外钢铁工业废水处理与回用成果，钢铁废水处理与回用技术与原水水质以及生产环节回用水质要求有密切关系。

根据钢铁废水水质、处理回用方式及回用要求不同，主要包括沉淀回用、膜法回用以及综合处理回用三种回用方式（图 4-1）。其中沉淀回用主要是以沉淀或混凝沉淀技术为主，结合格栅、过滤、中和或隔油气浮等对废水中悬浮物质、部分油类物质以及酸碱度进行去除。膜法回用是在上述基础上，使用膜分离技术去除钢铁废水中的盐类物质，解决了废水回用的深度处理问题。综合处理回用主要针对在回用过程产生的外排废水，或因不断循环使用过程中盐类浓度持续上升而必须外排的浓盐水。

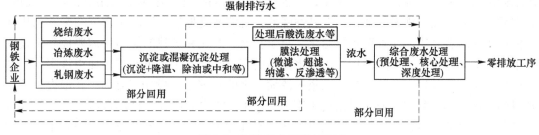

图 4-1　钢铁废水处理与回用

4.2　沉　淀　回　用

4.2.1　沉淀回用废水来源[2]

钢铁生产所有阶段产生的废水主要来自烧结阶段、炼铁阶段、炼钢阶段、热轧阶段以及冷轧阶段这 5 个工序的循环废水以及一些辅助设施等的循环废水。其中每个阶段（除冷轧阶段）都含有净循环废水和浊循环废水。而净循环废水一般是未与设备或其他物质直接接触，除添加了水质稳定剂外，仅有水温较高的特点，因此可以简单进行单独的冷却处理即可作为系统内的循环冷却水进行回用。

对于浊循环废水而言，不同工艺阶段的废水水质有所区别。（1）喷洒的浊环水系统，水中污染物主要以大量的原料固体颗粒和少量渗溶物为主。（2）在炼铁系统中，煤气洗涤浊循环废水中含 30%～50% 的氧化铁皮、石灰粉、焦炭粉或煤粉，还有重金属离子及氰化物等；水淬渣废水含有较多的含盐物质和细渣棉；铸铁机喷水废水包含石灰泥浆、氧化铁皮等。（3）在炼钢系统中，转炉烟气净化、水淬钢渣、循环冷却和洗涤废水等过程会使水质呈碱性，硬度离子、悬浮物浓度增加。（4）在轧钢系统中，浊循环废水产生在高压水去除氧化铁皮、轧辊和辊道等冷却过程中，其主要污染是大块铁皮和粒径较大的颗粒悬浮固体、细颗粒铁皮和油污。（5）对于其中某些冲洗废水，还包括烟气洗涤中接触的燃煤污染物，如含硫物质等。上述几种浊水共同特点都是含有大量的悬浮物质，故一般可以采用沉淀或混凝沉淀等处理，即可除去大部分污染物质，达到内部回用或串级回用水质标准。此外针对油脂等其他污染物可增加额外的污染处理工序。

以下将对上述 5 个阶段的浊循环废水的处理回用技术进行详细介绍。

4.2.2　烧结废水处理回用技术[2,3]

烧结废水中悬浮固体浓度很高，含有大量粉尘，粉尘中含铁量占 40%～50%，并含有 14%～40% 的焦粉和石灰粉等，具有一定的回收价值。因此要求烧结废水必须处理，减少管道堵塞和水体污染，保证湿式除尘设备正常运行及水力冲洗地坪的正常工作。

烧结废水因含有较高的悬浮物，且悬浮物粒径较细，黏度较大，脱水相对困难，因此处理过程中重点关注悬浮物的去除和后期的污泥脱水。20 世纪 80 年代以后，《钢铁工业污染物排放标准》（GB 4911—1985）实施之后，对钢铁烧结厂外排废水悬浮物浓度限制在 200 mg/L 以下，但该水质仍然无法满足除尘器回用和设备冷却用水水质要求。为满足废水回用水质要求，提高循环利用率，目前烧结废水的处理方法主要采用沉淀浓缩处理，处理后出水的污泥含铁量下降，污泥黏性降低，沉淀速度加快，同时实现烧结废水回用和固体矿泥的综合利用，实现废水资源化。对于新建、改建和扩建的烧结厂需要优先把废水集中至浓缩池处理，溢流水回用。由于水资源的有限性和相关政策要求，使得许多工厂和企业进一步完善处理工艺和措施，在集中浓缩处理的基础上，投加絮凝剂，并增设过滤处理设施，使得出水悬浮物质质量浓度小于 50 mg/L，整体能达到净循环水质需求。烧结废水净化处理之后，可达到烧结厂工艺设备冷却水和除尘器用水的水质要求，提高了循环用水率和串级使用率，可实现"零"排放的目标。根据《钢铁工业废水治理及回用技术规范》，常见工艺流程如图 4-2 所示[4]。

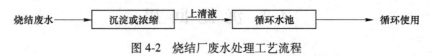

图 4-2　烧结厂废水处理工艺流程

基于我国现用的烧结工艺设备差异较大，故有着不同废水处理工艺的选择和应用。最为常见的有以下五种烧结废水处理工艺。

4.2.2.1　平流式沉淀池分散处理回用工艺

采用平流式沉淀池处理烧结废水的处理方式是一种较为传统和简单的处理工艺，在我国钢铁行业废水的处理前期阶段有着广泛应用，也有成熟的运营经验。但因资源的巨大消耗和高额成本使得大型工厂企业进行另行选择，目前仅在中小型烧结厂使用或作为辅助工艺在大型企业中被采用[6]。与时俱进的一点是可以在原生产工艺的基础上更换新的机械设备对污泥进行清除，如链式刮泥机和机械抓斗起重机。

4.2.2.2 集中浓缩浓泥斗处理回用工艺

目前集中浓缩浓泥斗处理工艺在实际运用中技术已经比较成熟，特别是在中小型烧结厂中的运用比较广泛，该工艺的工艺流程如图4-3所示。集中浓缩浓泥斗处理技术是将烧结厂排出的废水首先引入到浓缩池，废水经过浓缩池并在浓缩池沉淀，直到沉淀出沉泥，然后浓缩池上清液通过循环水泵抽出循环使用，对于浓缩池底的浓缩沉泥用渣浆泵将其扬送到浓泥斗中继续进行沉淀，浓泥斗是架设在返矿皮带口的应用装置。当浓泥斗中泥面上升至一定高度后，停止进料，溢流水排出随烧结废水进入浓缩池，底部污泥一般情况下放在浓泥斗里静置3~6天的时间为最佳。主要是因为如果静置的时间较长，污泥会沉淀压实，在后面的排污环节造成污泥的排置困难；如果静置时间较短，沉淀效果不佳，导致污泥中含水率过高，容易造成环境污染。浓缩泥斗应不少于3个，一个斗预沉，一个斗工作，一个斗排泥，效率可在80%以上。在现代技术水平下，集中浓缩浓泥斗处理工艺是中小型烧结厂废水处理中一种比较高效的处理方式，既可回收大量矿物资源，也改善了出水水质，但存在浓泥斗排泥不畅以及间断排泥与连续工作矛盾的弊端[2,3,6]。

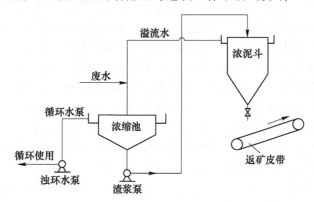

图4-3　浓缩池—浓泥斗处理工艺流程

浓泥斗的关键问题之一在于含水率的控制。跑稀泥、混合料过湿、燃点较高、燃料消耗较高等问题是由于泥的浓度过低。若泥浓度过高，会使得污泥含水率低，质地较硬，不易后续破碎，在烧结机上仍呈固体态。生产实践经验证明污泥含水率适宜控制在20%~30%。较好的处理方式是增设压缩空气，将污泥利用压缩空气搅拌均匀。另外，均衡浓泥斗脱水和脱水后输送的连续和间断性，对于污泥的含水率有一定影响，故需要工人提高操作意识和责任意识。

4.2.2.3 集中浓缩拉链机处理回用工艺

集中浓缩拉链机处理回用工艺可解决集中浓缩浓泥斗处理回用工艺中间断排泥的问题，其工艺流程如图4-4所示。在该工艺中，烧结厂产生的各种烧结废水进入浓缩池，经浓缩池浓缩之后的溢流水通过循环水泵抽出循环使用，浓缩后的底部污泥送入拉链机，沉淀的污泥由拉链机传送到传送带上，输送至配料工序。经处理之后的矿泥含水率一般为20%~30%，工序中产生的溢流水因悬浮物含量较高需要回流至浓缩池处理，此外浓缩池应有部分水外排，目的是防止颗粒悬浮物在其中富集。该工艺处理后的水质可以满足浊循环用水水质标准，同时也能保证排泥的连续性。在该工艺中，浓缩池主要作用是保证出水的水质，水封拉链机作用是保证沉泥的连续排出，该工艺处理环节较少，易于管理，运行费用较低，但矿泥含水率较高，在输送过程中容易产生溢流[2,3,7]。

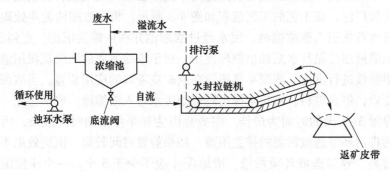

图 4-4　浓缩池—拉链机工艺流程

4.2.2.4　集中浓缩过滤处理回用工艺

集中浓缩过滤工艺与集中浓缩处理一部分处理工艺相同，主要在前半部分的处理方式相同，而后半部分污泥处理则主要采用脱水机，一般真空压滤机使用较多，其工艺流程如图 4-5 所示。在该工艺中，烧结废水经浓缩池沉淀后循环使用，而真空过滤机则进行沉淀矿泥的脱水，然后输送至原料车间。该工艺中浓缩池的主要作用是保证出水水质，过滤机主要作用是保证矿泥脱水，脱水后的矿泥含水率一般约为 30%~40%，主要原因在于烧结废水中悬浮物颗粒较细，黏度较大，导致渗透性较差，因此在真空过滤机中的过滤速度较小，脱水率较低。近年来，为解决矿泥含水率高的问题，采用了如下优化措施：（1）真空过滤联合转筒干燥机：真空过滤后采用转筒干燥机对脱水矿泥进行进一步脱水处理。经过干燥后的矿泥可按照需求控制其含水率，然后送往配料室。干燥机的增加在提高脱水率的同时，增加了处理费用。（2）投加药剂：真空过滤时，通过投加药剂提高过滤机脱水效率，该措施较第一个措施经济[2,3,6]。

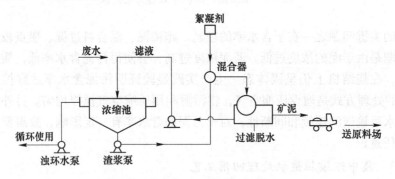

图 4-5　浓缩池—过滤脱水工艺流程

4.2.2.5　浓缩喷浆处理回用工艺

浓缩喷浆处理回用工艺是利用烧结工艺的混合环节的用水特点，将浓缩池的底泥直接送至一次混合机作为添加水，解决节水问题和废水重复利用效率问题，其工艺流程如图 4-6 所示。该工艺中，各种烧结废水进入浓缩池进行浓缩，保证出水水质，浓缩池上清液通过循环水泵抽出循环使用；采用渣浆泵使用喷浆法将浓缩池底泥喷入混合料中作为混合料添加水。具体的处理流程与烧结废水的种类有关，主要有如下几种工艺组合：（1）进水为湿式除尘器废水、胶带机冲洗废水和冲洗地坪废水三者混合或者是湿式除尘器废水和冲洗地坪废水混合：此时因为废水中含有大于1 mm的较大粗颗粒，影响后续喷浆过程，因此需要添加振动筛，进行筛分后能有效提高浓缩—喷浆法处理的工作效率。具体流程为：振动筛→浓缩池→渣浆泵→喷浆（混合添加水）。（2）进水只有湿式除尘器废水：此时废水中悬浮物颗粒较细，无需提前筛分粗颗粒，具体流程为：浓缩池→渣浆泵→喷浆。（3）进水无湿式除尘器废水，此时废水中颗粒粒径较大，沉淀速度较快，需提前筛分粗颗粒，防止喷浆堵塞。具体流程为：振动筛→浓缩池→渣浆泵→喷浆。此工艺的浓缩溢流水可回用，无废水外排，无二次污染，工艺流程简单有效，环境保护和经济效益兼顾[2,3]。

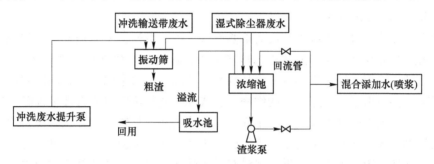

图4-6　浓缩—喷浆法处理工艺流程

目前，对于烧结废水的处理，很多烧结厂采用串级循环综合利用，就是按照产生废水的水质类型采用不同工艺进行污染处理，按质供水，串级使用，采取针对性措施来提高效率和综合利用率，有效减少废水外排。如烧结厂部分受污染的冷却废水，可供给除尘和冲洗地坪使用；烧结厂除尘废水与冲洗地坪废水分开处理，前者因颗粒较细，可经搅拌槽后作为一次混合机添加水，后者因颗粒较粗，沉淀效果好，经浓缩之后，上清溢流液水质稳定，可循环到除尘器和地坪冲洗用水[3]。

4.2.3　炼铁直接循环冷却水处理回用技术

钢铁行业生产过程中，尤其是炼铁和炼钢过程中循环冷却水使用量巨大，占总用水量的80%，其冷却方式有间接冷却和直接冷却两种。间接冷却水因不直接与产品接触，属于净循环冷却用水；后者因与生产产品直接接触，水质受到污染，水中悬浮物浓度较高，属于浊循环冷却用水。本节主要介绍炼铁过程中直接循环冷却水的处理回用技术，炼铁直接循环冷却用水的废水主要包括高炉炉缸的直接洒水、铸铁机用水和炼铁系统中串级用水。

4.2.3.1　高炉炉缸直接洒水

高炉是炼铁过程中的重要设备。炼铁过程中，为使铁水凝固的1150 ℃等温面远离高炉炉壳，防止炉底和炉缸被铁水烧漏，必须进行高炉炉缸冷却。采用水冷时，可直接向高炉炉缸和炉底外壁直接洒水冷却，此时产生相应的高炉炉缸冷却废水。该部分冷却水在循环冷却时，其显著特点是水温升高，悬浮物大量出现，因此需对水温及悬浮物质进行处理。但在实际生产过程中，因直接冷却过程本身对水质的要求较低，一般经冷却塔降温和沉淀法简单处理悬浮物质后即可在内部循环使用，有时甚至对水温控制也不严格，这部分冷却水先汇集于设在炉缸底部外侧的排水沟，然后流入集水井，利用余压直接回流至沉淀池，沉淀后再用水泵送回内部循环使用[2,3]。

该冷却水与间接冷却水一样，需要部分排污并补充新鲜水，排污水一般排至对水质要求较低的工序中使用，不会外排污染环境。补给水来自净循环系统的排污水，也可采用工业用水作补充水。系统不设置投药设备，循环水质不仅可利用日常人工测定，还可通过安装在吸水井处的电导率计，将循环水的电导率传至循环水操作室和能源中心，再根据电导率的目标值，由人工控制排放阀进行水质控制。系统中的排污水由立式排水泵抽至煤气清洗循环水系统，实现串级使用，提高循环利用率。这部分废水处理过程中使用的主要设备和构筑物包括立式泵、柴油机立式泵、柴油机室、水平式沉淀池等[2,3]。

4.2.3.2　铸铁机用水

铸铁机是高炉炼铁中浇铸生铁块的重要设备，由一系列铸型的循环链带组成，在铸型过程中，需进行冷却处理而形成铸铁机冷却废水，该废水主要来自铸铁机各个工作阶段，如铸模、溜槽、链板、铁块等部分的冷却洒水。这部分废水水温升高，同时水质也受到污染，该污染大多数由于与工序产生的铁渣、石灰和石墨片等废料的直接接触而导致[2,3]。

铸铁机冷却废水的处理方法主要是降温和沉淀去除，具体去除方法则是将冷却后产生的废水收集再汇入地面的集水沟中，流入循环水池，在此降温、沉淀处理，完成处理后的出水可进行循环回用。因该工序循环水没有具体的水质要求，系统补充水也可由高炉鼓风机的循环水系统的排污水补给[2,3]。

铸铁机冷却废水处理相应的设施主要由循环水池、循环水泵、给水泵组成。循环水池对废水进行沉淀降温，同时还具备调节贮存功能，降温主要是依靠跌水、补给水以及循环水池调节。循环水泵一般设置两台，一用一备[2,3]。

4.2.3.3　炼铁系统串级用水系统[2,3]

钢铁企业串级用水是对炼铁各阶段产生的废水水质差异进行合理地规划安排的一种循环用水方式，该法有效节约了用水量和降低吨钢用水。串级用水必须建立在对各系统水质要求充分了解的前提下，才能顺利实现，否则会妨碍系统正常运转。

图4-7是宝钢高炉炼铁系统多级串联用水情况，该系统将高炉炉体冷却系统（净循环）、炉缸直接冷却系统（浊循环）、煤气冷却系统（浊循环）、冲渣系统（浊循环）按照串联方式连接，水流依次流过。高炉炉体净循环水的排污水作为炉缸喷淋冷却水的补充水，炉缸喷淋系统的排污水作为后续煤气洗涤循环的补充水，以此类推，最后进入高炉冲渣系统，因冲渣对水中含盐量不作要求，可将前面高盐水消耗掉。该方法合理利用每个用水系统对水质要求的差异，实现了零排放。这种系统内部串级实践增设了工业水补充水管道，节省了药耗，还可以降低相互影响，供水安全可靠，经济效益显著[2,3]。

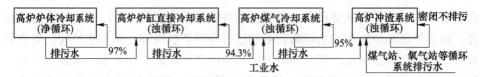

图4-7　宝钢高炉多级串联用水情况

4.2.4 高炉煤气洗涤废水处理回用技术

高炉煤气洗涤废水是钢铁行业主要废水之一,其主要特点是水量大、水温高和 SS 高,该悬浮物中主要包括铁矿粉、焦炭粉和一些氧化物,以浓度较高的无机悬浮物为主,除此之外,还含有少量的酚、氰、硫化物、无机盐以及锌金属离子等,属于一种无机悬浮物工业废水。其物理化学性质与原水有关,洗涤水中的碱性物质可以由减少煤气中的含尘量来降低,二氧化碳含量由炉顶煤气压力和洗涤水温度决定,并与前者呈负相关,后者呈正相关的数学关系。此外水中硬度也是与易溶于水的气体和氧化钙的溶解量有关[2,3]。

高炉煤气洗涤水污染物含量高且水量很大,如果直接排放,不仅会造成周边环境污染,同时也浪费水资源。出于对减少污染和节约水资源的考虑,处理高炉煤气洗涤废水后进行回用,真正实现污废水资源化。因此高炉煤气洗涤废水一般都设置循环供水系统,废水经相应处理后循环利用。针对高炉煤气洗涤废水的水质特点,要使其循环利用,处理主要包括水温控制、悬浮物控制和水质稳定,除此之外,还包括氰化物处理和沉渣处理。因此高炉煤气洗涤水处理包括沉淀、冷却、水质稳定和污泥脱水等主要工序,其工艺流程如图 4-8 所示[8]。

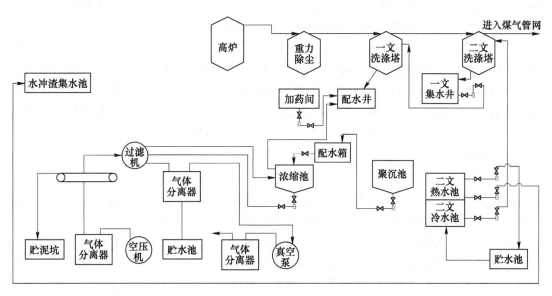

图 4-8 高炉煤气洗涤工艺流程

4.2.4.1 水温控制

高炉煤气经洗涤后水温升高,造成热污染,循环用水如不排放,热污染不构成对环境的破坏。但为保证循环,针对不同系统的不同要求,应采取冷却措施。炼铁厂的几种废水都产生温升,由于生产工艺不同,有的系统可不设冷却设备,如冲渣水。水温的高低,对混凝沉淀效果以及结垢与腐蚀的程度均有影响。设备间接冷却水系统应设冷却塔,而直接冷却水或工艺过程冷却系统,则应视具体情况而定[2,3]。

采用两级文氏管串联供水加余压发电的煤气净化工艺,高炉煤气的最终冷却不是靠冷却水，而是在经过两级文氏管洗涤之后，进入余压发电装置，在此过程中，煤气骤然膨胀降压，煤气自身的温度可以下降 20 ℃ 左右，达到了使用和输送、贮存的温度要求。所以清洗工艺对洗涤水温无严格要求，可以不设冷却塔。但无高炉煤气余压发电装置的两级文氏管串联系统仍要设置冷却塔[2,3]。

4.2.4.2　悬浮物控制

高炉煤气洗涤水以悬浮物污染为主要特征，其质量浓度达 1000~3000 mg/L。目前大、中型高炉煤气洗涤废水中悬浮物的处理主要采用沉淀法，一般经沉淀处理后出水悬浮物的质量浓度应小于 150 mg/L，才能满足循环利用的要求。该废水中悬浮物的沉淀处理可分为自然沉淀和混凝沉淀[2,3]。

A　自然沉淀

自然沉淀法去除高炉煤气洗涤废水中的悬浮物 SS 就是依靠重力使洗涤水进入沉淀池或浓缩池，沉淀后经冷却塔冷却循环使用，经该方法处理之后的出水 SS 浓度低于 90 mg/L，其循环率高达 90% 以上。湘潭钢铁公司、首都钢铁公司、上海第一钢铁厂、攀枝花钢铁公司等钢铁企业中的高炉煤气洗涤废水均采用自然沉淀为主的方法进行悬浮物的沉淀。莱芜钢铁厂高炉煤气洗涤废水以往主要通过两个直径为 12 m 的浓缩池进行处理，未达到工业用水及排放标准，随后改用平流式沉淀池进行自然沉淀，出水 SS 含量小于 100 mg/L，沉淀效率达 90% 左右，冷却以后水温约 40 ℃，水的循环率达 90%[9]。

自然沉淀法在工业初期使用较多，其优点是不用投加任何化学药剂，也没有任何能源消耗，缺点是在沉淀过程中为保证沉淀效果，使用的沉淀池面积过大，即占地面积较大，同时水力停留时间 HRT 过长；另外，当悬浮颗粒粒径过细时，自然沉淀法对悬浮物的去除效果较差，导致出水后的水中悬浮物含量偏高，输水管道、水泵吸水井积泥较多，冷却塔和煤气洗涤设备污泥堵塞现象较严重，因此目前使用较少。

B　混凝沉淀法

目前在国内，大型钢铁厂的高炉煤气洗涤废水处理多采用混凝沉淀法。混凝沉淀法就是通过投加混凝剂破坏洗涤废水中悬浮物质（尤其是细小悬浮物质）的稳定性，然后聚集沉淀得到去除。混凝沉淀法不但对洗涤废水中悬浮物的去除率高，对其他污染物（如酚、氰、重金属）的去除也有不错的效果。如首都钢铁公司投加 0.3 mg/L 聚丙烯酰胺到高炉煤气洗涤水进行混凝沉淀，沉降效率可达 90% 以上；本溪钢铁公司通过投加有机高分子絮凝剂和无机高分子絮凝剂，沉降效率可达 98%；武汉钢铁公司高炉煤气洗涤水投加聚丙烯酰胺 0.5 mg/L，沉淀池出水悬浮物小于 50 mg/L；宝山钢铁总厂废水混凝沉淀处理后悬浮物由 2000 mg/L 降到 100 mg/L 以下，总循环率可达 97%[9,10]。

目前国外针对高炉煤气洗涤废水的主流处理技术也是混凝沉淀法。日本某大型钢厂采取的处理工艺是：先通过粗粒分离机去除大颗粒杂质，随后投加氢氧化钠提高 pH 值，再注入高分子凝聚剂到凝聚沉淀槽，使铁离子、锌离子生成 $Fe(OH)_2$、$Zn(OH)_2$ 沉淀。混凝沉淀处理过的废水悬浮物含量 SS<30 mg/L，经冷却塔冷却后循环使用。埃及钢铁企业（EISCO）将高炉煤气洗涤废水汇入沉淀池，静置一段时间，加入絮凝剂使其混凝沉淀，可使 SS<50 mg/L，随后进入冷却塔冷却后循环使用[10-12]。

鉴于混凝药剂近年来得到广泛应用，高炉煤气洗涤水大多采用聚丙烯酰胺絮凝剂或聚丙烯酰胺与铁盐并用，都取得良好效果，沉降速度可达 3 mm/s 以上，单位面积水力负荷提高到 2 $m^3/(m^2 \cdot h)$，相应的沉淀池出水悬浮物的质量浓度可控制小于 100 mg/L。炼铁厂多采用辐射式沉淀池，有利于排泥。不管采用什么形式的沉淀池，都应有加药设施，可达到事半功倍的效果，并保证循环利用的实施[2]。

虽然目前国内高炉煤气洗涤废水的处理技术已较为先进，但是仍然存在沉淀时间较长、药剂成本较高等问题。研究絮凝效果更好更迅速，成本更加低廉的絮凝剂具有重要意义。

4.2.4.3 水质稳定

水质稳定是指在输送水过程中，其本身的化学成分是否起变化，是否引起腐蚀或结垢的现象。既不结垢也不腐蚀的水称为稳定水。所谓不结垢不腐蚀是相对而言，实际上水对管道和设备都有结垢和腐蚀问题，可控制在允许范围之内，即称水质是稳定的。20 世纪 70 年代以前，我国炼铁厂的废水，由于没有解决水质稳定问题，尽管有沉淀和降温设施，但几乎都不能正常运转，循环率很低，甚至直排，大量的水资源被浪费掉。水处理技术的发展，特别是近年来水质稳定药剂的开发，对水质稳定的控制已有了成熟的技术。设备间接冷却循环水不与污染物直接接触，称为净循环水，其水质稳定控制已有成熟的理论和成套技术；对于直接与污染物接触的水，循环利用，称为浊循环水，它的水质稳定技术更复杂，多采用复合水质稳定技术，有针对性地解决[3]。

高炉煤气洗涤废水属于浊循环水，该废水在循环使用过程中会发生蒸发浓缩、变温、富氧化等变化，对管道材质产生锈蚀，水中盐类浓度升高，硬度和电导率升高，出现盐类沉积结垢及管道腐蚀现象，从而产生设备严重耗损、水质恶化、传热效果大幅下降等问题，因此对于高炉煤气洗涤废水需要解决水质稳定问题[2,3]。

高炉煤气洗涤废水循环过程中水垢成分受炼铁所用原料与矿石影响，若炼铁矿石为不含锌的矿石，后期洗涤废水中的水垢成分以 Ca^{2+} 和 Mg^{2+} 为主；若以含锌矿石为主，则洗涤废水中水垢成分为约 40% ~ 50% 的 ZnO，20% ~ 25% 的 Fe_2O_3，25% ~ 40% 的 CaO 和其他成分。水垢包括硬垢和污垢，硬垢是在某些特定条件下，水中某些溶解性盐类物质结晶析出所形成的固相沉积物，如 $CaCO_3$ 和 $MgCO_3$ 等，质地坚硬、密实，能牢固地粘在金属表面上。污垢是在多组分的盐沉积过程中，水中夹带的有机物质或其他悬浮物，在金属表面上形成较疏松的垢层。水垢的形成会严重影响传热效率，增加水流阻力及能耗，出现垢下局部腐蚀，降低设备使用寿命。

高炉煤气洗涤废水属于结垢型为主的循环水类型，解决其水质稳定就是解决溶解盐，主要是碳酸钙的平衡问题，化学方程式如下：

$$CaCO_3 + CO_2 + H_2O \Longrightarrow Ca(HCO_3)_2$$

当反应达到平衡时，水中溶解的 $CaCO_3$、CO_2 和 $Ca(HCO_3)_2$ 量保持不变，此时水处于稳定状态。当水中 HCO_3^- 超过平衡需求量时，反应左移，水中 $CaCO_3$ 量增加，产生沉积，出现水垢，水质稳定破坏。因此，一般常用极限碳酸盐硬度来控制 $CaCO_3$ 的结垢，极限碳酸盐硬度是指循环水所允许的最大碳酸盐硬度值，超过这个数值，就产生结垢。目前高炉煤气洗涤废水水质稳定主要采用以下几种方法。

A 酸化法

高炉煤气洗涤废水经自然沉淀或者混凝沉淀处理之后，再进入冷却塔进行降温处理，随后通过输送管道返回循环系统，在输送管道上设置加酸口，均匀地加入硫酸或盐酸（废酸），利用 $CaSO_4$、$CaCl_2$ 的溶解度远远大于 $CaCO_3$ 的原理，防止结垢。其工艺流程如图 4-9 所示。

$$Ca(HCO_3)_2 + H_2SO_4 \longrightarrow CaSO_4 + 2CO_2 + 2H_2O$$

$$Ca(HCO_3)_2 + 2HCl \longrightarrow CaCl_2 + 2CO_2 + 2H_2O$$

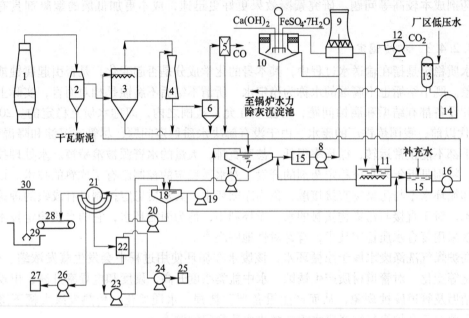

图 4-9　石灰软化—碳化法工艺流程

1—高炉；2—干式除尘器；3—洗涤塔；4—文氏管；5—蝶阀组；6—脱水器；7—ϕ30 m 辐射沉淀池；
8—上塔泵；9—冷却塔；10—机械加速澄清池；11—加烟井；12—抽烟机；13—泡沫塔；14—烟道；
15—吸水井；16—供水泵；17—泥浆泵；18—ϕ12 m 浓缩池；19—提升泵；20—砂泵；21—真空过滤机；
22—滤液缸；23—砂泵；24—真空泵；25、27—循环水箱；26—压缩机；28—皮带机；29—贮泥仓；30—天车抓斗

该方法仅对不含锌的洗涤废水有部分作用，不能彻底解决结垢问题，为维持正常生产运转，需排出部分污水，排放量较大，同时也需要补充一些新鲜水，维持循环系统水质平衡。若处理过程中采用废硫酸，有时会产生异味。

B　石灰软化法

高炉煤气洗涤废水经沉淀及降温之后，出水中加入石灰乳，充分利用石灰能够脱除硬度的作用，降低暂时硬度，达到水质软化目的。

$$CaO + H_2O \longrightarrow Ca(OH)_2$$

$$Ca(OH)_2 + Ca(HCO_3)_2 \longrightarrow 2CaCO_3 + 2H_2O$$

需要注意的是，使用石灰软化法时，可添加絮凝剂，促进形成较大的 $CaCO_3$ 颗粒。另外实际生产中，石灰法会与其他方法联合使用，如石灰软化—碳化法和石灰软化—药剂法，相应的工艺流程后续介绍。

C　CO_2 吹脱法

CO_2 吹脱法本质其实是在废水进行沉淀流程前先经过曝气处理。将水中溶解的二氧化

碳吹脱，使得结垢物质偏向析出结晶的反应方向进行，沉淀后可以与悬浮物质一起排出处理，减小器壁上结垢的可能。当曝气时间增加时，其效果逐渐显著。但曝气半小时以上，虽然吹脱效果明显，但悬浮物易沉淀，曝气池的清泥成为难题。此外，还有其他诸多不便的操作难以直接实现，如曝气强度和空气分配的操控，设备安装较为复杂，且耗电较高。

D　碳化法

炼铁厂使用碳化法防止水结垢的原理是通过在高炉煤气洗涤废水中通入过量气体 CO_2（一般维持游离 CO_2 浓度为 1~3 mg/L），然后 CO_2 与水中溶解度较小的 $CaCO_3$ 发生反应，生成溶解度较大但不稳定的 $Ca(HCO_3)_2$，因废水中 CO_2 过量平衡向右平移，保证 $Ca(HCO_3)_2$ 不分解，即不会结垢。在炼铁厂使用烟道气废气中的 CO_2，达到"以废治废"的目的。

$$CaCO_3 + CO_2 + H_2O \Longrightarrow Ca(HCO_3)_2$$

一般在炼铁厂使用碳化法与石灰软化法相结合，协同控制高炉煤气洗涤废水结垢现象。高炉煤气洗涤废水经混凝沉淀降低 SS 之后，80%的出水进入冷却塔降温，20%的出水进入澄清池软化，随后冷却水和软化水混合进入烟道井，利用烟道气中的 CO_2 进行碳化处理，达到共同抑制 $CaCO_3$ 结晶析出。

E　渣滤法

20 世纪 70 年代初期，我国在一些小型炼铁厂试验成功的高炉煤气洗涤废水与高炉冲渣水联合处理的方法是一种比较切实可行的方法。它是用粒化后的高炉渣作为滤料，使高炉煤气洗涤水通过水渣滤料过滤，过滤后的水相当清澈，而且暂时硬度亦有显著下降，这在一定程度上缓解了系统的结垢发生，但是这种渣滤法处理能力有限，而且在渣滤过程中，洗涤废水中的瓦斯泥往往要堵塞滤料，减慢滤速，增加清理和维修的次数和时间[3]。

F　不完全软化法

部分工厂会将沉淀池的出水部分输送到加速澄清池中并投加石灰乳和絮凝剂，以前者的脱硬作用去除水中部分暂时硬度，再往循环水中通入 CO_2，使之形成溶解度较大的 $Ca(HCO_3)_2$，以达到消除水垢的目的[3]。

G　药剂缓垢法

该法主要步骤是在水中投加有机磷类、聚羧酸型阻垢剂。利用其分散的效果、晶格畸变效应等有利性能，来控制晶体的成长，从而控制水质的稳定。较为常用的药剂为聚磷酸钠、NTMP、EDP 和聚马来酸酐等。据理论和实践证明，药剂的复合使用可以有增效作用。在具体的系统中，其实际投入使用前，应做好相应的模拟实验。

4.2.4.4　氰化物处理

高炉煤气洗涤废水去除悬浮物后，氰化物浓度相对升高。若废水水量巨大，可忽略其中氰化物浓度，反之则应进行相应处理。以下是几种主要处理方式[2,3]。

（1）碱式氯化法。当环境呈碱性时，可以施加氯酸钠或次氯酸钠等氧化剂，将氰化物氧化成盐类，效果显著但经济效益低。

（2）回收法。此法与吹脱类似，调整废水 pH 值环境为酸性，然后进行空气吹脱处理，使氰化氢逸出，收集后用碱液处理，最后回收氰化钠。

（3）亚铁盐络合法。该方法是向废水中投加硫酸亚铁，使其与水中的氰化物反应生成亚铁氰化物的络合物。它的缺点是沉淀池污泥外排后，可能还原成氰化物，再次造成污染。

（4）生物氧化法。该方法原理是利用微生物的呼吸等生物活动，将水中氰化物分解为无害物质或吸收在生物体内。常见方式有生物滤池和生物转盘等。

4.2.4.5　沉渣处理

炼铁系统产生的废渣主要源自于高炉煤气洗涤水沉渣和高炉渣。高炉水淬渣用于生产水泥，已是供不应求的形势，技术也十分成熟。高炉煤气洗涤沉渣的主要成分是铁的氧化物和焦炭粉，将这些沉渣加以利用，经济效益可观，同时也减轻了对环境的污染。由于沉渣粒度较细，小于 0.075 mm 的颗粒占 70% 左右，脱水比较困难。常用真空过滤机脱水，泥饼含水率20%左右，然后将泥饼送至烧结，作为烧结矿的掺和料加以利用。在含 ZnO 较高的厂，高炉煤气洗涤沉渣还应采取脱锌措施，一般要求回收污泥的锌含量小于 1%。

4.2.4.6　污泥处理

此处进行沉淀处理时，沉淀池底部会积累大量污泥，其中铁和碳物质含量较高。若对污泥进行回收处理，可以有效得到近精矿粉品位的产物。而一般处理方法是采用污泥浓缩、污泥压缩或真空过滤脱水。含铁量较高的污泥可以作为良好的生产原料的烧结球团回用。

4.2.5　高炉冲渣废水处理回用技术

钢铁企业炼铁时，高炉排出的废渣称为高炉渣，产量高达 300~900 kg/t 生铁，因其主要成分为硅酸钙或铝酸钙，可经过粒化后资源化利用，如建筑材料、水泥和渣砖等，因此排出的高炉渣需进行处理[2,3]。高炉渣的处理方法包括慢冷处理（自然冷却）、急冷处理（水淬和风淬）和慢急冷处理。水淬急冷过程中会产生高炉冲渣废水。高炉冲渣废水包括渣池水淬废水和炉前废水。在高炉工段前进行冲渣处理，可以提高产率和减少能量损耗，节约经济成本。此工段系统内的循环水质要求低，一般悬浮物浓度低于 400 mg/L，温度不高于 60 ℃ 即可，因此进行简单的渣水分离，降低悬浮物浓度即可循环回用，即使较高的温度也仅有细微的影响，因此对冲渣废水的处理仅仅是针对悬浮物和温度的处理[2,3]。

4.2.5.1　悬浮物控制——渣水分离

渣水分离的方法有以下几种：（1）渣滤法：废水通入滤池中，废渣可作为过滤滤料，在滤池中实现水渣分离，且能有效去除部分悬浮物质，降低部分硬度。此外作为滤料的废渣还能循环使用。为保证效率，通常设置多个滤池进行轮替工作，但由于占地面积的需求和人工控制的资源有限，一般只用于小高炉的水渣分离。（2）槽式脱水法：经水泵将废水输送至过滤槽内，滤槽为钢丝网状，可有效截留废渣，使水流通过，略带浮渣流入沉淀池。最终的废渣被收集在槽底部的阀门室，可自动控制外排与否，经溢流水冲洗冷却后即可循环使用。（3）转鼓脱水法：将冲渣水引入一个转动的圆筒形设备，均匀分配后，使渣水混合物进入转鼓，快速将水和渣进行分离。水通过网，从鼓下部流出。渣随鼓进行同心运动，待运动至顶部时，随重力落在鼓中心的传输皮带上[2,3]。

4.2.5.2　温度控制

关于冲渣废水的温度控制，目前没有统一要求。一部分工作者认为冲渣水要与高达

1400 ℃炽热红渣直接接触，水温升至90 ℃以上，但在渣水分离净化过程中，水温可下降到70 ℃左右，即使不降温处理也不影响水渣质量，因此不需要进行降温处理。另外一些工作者认为冲渣水温度偏高，会产生渣棉而影响水渣质量，污染环境，因此需要进行降温处理。实际生产中，有些企业设置了冷却塔进行降温处理，也有不设置冷却塔的。但从环保及安全角度考虑，应进行水温控制[2,3]。

4.2.6 转炉除尘废水处理回用技术

炼钢过程是一个铁水中碳和其他元素氧化的过程。铁水中的碳与氧发生反应，生成CO，随炉气从炉口排出。目前钢铁企业主要采用未燃法回收这部分炉气，即封闭炉口，使上述CO通过余热锅炉回收和除尘降温处理，仍以CO的形式存在并回收这部分炉气（即转炉煤气），回收后作为工厂能源。若炉口不采取密封，则会有大量空气与炉气混合，在烟道内的氧气和伴随高温的CO反应燃烧，将其消耗，并放出大量热，此法即燃烧法[7]。这种方法目前应用较少。

转炉除尘废水就是指上述炉气回收过程中，其降温除尘处理主要是依次通过两级文丘里洗涤器（两级文氏管）进行清洗，除掉烟气的灰尘，同时降低烟气温度，这个过程中排出的废水即为转炉除尘废水，废水量一般为 5~6 m³/t 钢，如果企业内部采用串接供水，其水量接近减少一半[2]。这部分废水的水质与除尘设备、除尘工艺有关，烟气中灰尘的含量随时间变化，除尘废水中的悬浮物含量也随时间变化，一般悬浮物浓度在 5000~15000 mg/L 范围内变化。采用未燃法处理炉气时，除尘废水中的悬浮物质以 FeO 为主，颗粒粒径及密度较大，易于沉降，颜色为黑灰色，pH 值增大偏碱性，甚至高达 10 以上[2]。

4.2.6.1 转炉除尘废水处理与回用技术分析

转炉除尘废水的处理要达到稳定回用，实现闭路循环，最主要包括悬浮物的去除、水质稳定以及污泥的脱水与回收。

A 悬浮物的去除

纯氧顶吹转炉除尘废水中的悬浮物杂质均为无机化合物，一般采用以下几种沉淀法处理。

（1）自然沉淀：采用自然沉淀的物理方法，沉淀之后出水悬浮物含量达到 150~200 mg/L，但存在循环效率不高的缺点[2,7]。

（2）强化沉淀：自然沉淀效果不佳，需采用强化沉淀的措施。常见为以下几种：

1）混凝沉淀：一般在辐射沉淀池或立式沉淀池前加入混凝药剂，如常见的聚丙烯酰胺，据实践结果显示，投加浓度为 1 mg/L 的聚丙烯酰胺，出水悬浮物浓度可降到 100 mg/L，可正常循环使用。

2）磁化沉淀：由于废水中悬浮物主要为废弃铁皮，利用物质本身的磁性，进入沉淀池之前，先通过磁力凝聚器对水中悬浮物质进行磁化（如预磁沉降处理、磁滤净化和磁盘处理等），然后进入沉淀池进行沉淀，利用磁场感应作用，在沉淀池可以和其他物质相互碰撞形成大的絮凝体便于沉淀。对于污泥的脱水性能也有一定优化作用。

3）水力旋流分离：更优化的处理方式是采用重力分离的理论，选择水力旋流器，对除尘废水进行处理，将粒径较大的悬浮颗粒截留或排出，来降低后续沉淀池的工作负荷。

B 水质稳定

因炼钢工序中需添加的石灰呈粉末状，容易在吹氧时还未与钢液接触就被空气带走吹出炉外，进入除尘系统，因此在除尘过程中，较多的钙离子与水中溶解的 CO_2 反应生成碳酸钙，使水质硬度暂时升高而水质失去稳定性。保持水质稳定的方法主要有以下几种方法：

（1）投加水质稳定剂（或分散剂）：在沉淀池之后，采用投入分散剂，如 Na_2CO_3，利用螯合、分散的作用，可有效阻垢缓蚀。CO_3^{2-} 与 Ca^{2+} 反应生成碳酸钙沉淀和 NaOH，后者又和水中溶解的 CO_2 反应重新生成 Na_2CO_3，由此可以减少其投加量，少量的药剂即可维持整个工段的进行。

（2）高炉煤气洗涤废水与转炉除尘废水混合处理：高炉煤气洗涤废水中含有大量的 HCO_3^-，转炉除尘废水中含有大量的 OH^-，故将二者按照一定比例混合处理，也可与 Na_2CO_3 起到类似作用，反应过程中生成碳酸钙沉淀得以去除，能有效且经济地实现"以废治废"，实现水质稳定[2]。

C 污泥的脱水与回用

为实现转炉废水密闭循环，沉淀的污泥必须进行处理与回用，此工段废水产生的污泥中含铁量达 70% 以上，应用价值较高。国内常采用真空过滤或压滤机脱水。前者因污泥颗粒较细，透气性差，脱水效果不理想；后者脱水效果显著，但经济费用较高。二者可依据工厂规模来进行选择[2]。

4.2.6.2 转炉除尘废水处理与回用典型工艺流程

基于上述转炉除尘废水处理与回用技术分析，简单介绍目前钢铁企业针对转炉除尘废水处理的几种典型工艺流程[2,3]。

（1）混凝沉淀+水质稳定药剂处理与回用。转炉除尘废水首先经一级文氏管清洗之后，通过明渠进入粗颗粒分离槽，通过分离机将粗颗粒（粒径大于 60 μm）分离出来，随后其他细颗粒随水流进入沉淀池，因颗粒较细，为提高沉淀效果，添加混凝剂进行混凝沉淀处理，出水通过循环水泵进入两级文氏管进一步处理，随后再通过水泵加压循环至一级文氏管串联使用。出水在循环水泵流动的过程中，添加水质稳定剂，防止水垢出现，保持水质稳定。

（2）混凝沉淀+永磁除垢处理与回用。转炉除尘废水首先通过明渠进入水力旋流器，通过旋流分离粗颗粒后，旋流分离器上清液进入永磁场进行磁化处理，随后在出水中投加混凝剂（如聚丙烯酰胺），再流入沉淀池（如斜管沉淀池）进行沉淀，经冷却塔降温后，最后通过磁除垢设备稳定水质再进行加压循环。

（3）磁凝聚沉淀+水质稳定药剂。转炉除尘废水首先通过磁凝聚器磁化废水中的悬浮物质，随后进入沉淀池进行磁化沉淀，最后在沉淀出水中投加水质稳定药剂（如碳酸钠）来稳定水质，出水再进行循环使用。

4.2.7 连铸废水处理回用技术

连铸机是钢铁企业炼钢过程中使用较为广泛的浇铸设备，将高温钢水浇铸成具有一定规格的铸坯。连铸工艺减去了模铸和初轧开坯的工序，钢水直接流入连铸机的结晶器，使液态金属急剧冷却，从结晶器尾部拉出的钢坯进入二次冷却区，二次冷却区由辊道和喷水冷却设备构成。在连铸过程中，供水起着重要的作用，为了提高钢坯的质量，对连铸机用水水质的要求越来越高，水的冷却效果好坏直接影响到钢坯的质量和结晶器的使用寿命。由于连铸工艺的实施，简化了加工钢材的过程，不但大量节省基建投资和运行费用，而且减少能耗，提高成材率[2,3]。

4.2.7.1 连铸废水处理回用技术分析

连铸生产中废水主要包括软化水、二次冷却水以及设备和产品的直接冷却水三部分，主要形成以下三组循环系统[7]。

（1）软化水—设备间接冷却水。软化水即设备间接冷却水，主要用于冷却结晶器和其他设备的间接冷却。因为水质要求较高，需使用软化水，必须注意水质稳定问题。此部分废水通常进行简单分离后就进行脱硬处理。为保证水质稳定，阻垢缓蚀也是关键所在。另考虑到盐类物质的富集情况，应对方法也是投加药剂来对含量进行控制。此外排污量的控制也可采用旁通过滤的方式[7]。

（2）二次冷却水循环系统。二次冷却水主要用于间接冷却软化水，水源一般为工业给水系统，通过热交换器与软水进行热量交换。对于热交换之后的二次冷却水将被送入冷却塔中进行降温冷却，而后循环回用。由于冷却塔和蓄水池并非密闭设施，需考虑外界的污染和水量的损失[7]。

（3）设备和产品的直接冷却水。废水的区域主要来自二次冷却区。大量的喷嘴向拉辊牵引的钢坯喷水，进一步使钢坯冷却固化，此水受热污染并带有氧化铁皮和油脂。二次冷却池区的耗水量一般为 $0.5 \sim 0.8 \ m^3/t$ 钢，因此这部分废水属于浊水，含有悬浮物质（主要为氧化铁皮）、油脂和其他杂质，同时伴随水温升高。常用处理手段为固液分离沉淀、液液分离除油、过滤、冷却、水质稳定措施，来实现水的循环利用。

对于上述前两种废水属于净循环系统的废水，水质污染较小；最后一种属于浊循环系统废水。后面介绍的典型工艺流程主要针对最后一种废水。

4.2.7.2 连铸废水处理回用典型工艺流程[2,3]

对于上述前两种废水属于净循环系统的废水，水质污染较小；第三种属于浊循环系统废水，废水中主要含有氧化铁皮和油脂等，同时还受热污染。下面介绍的典型工艺流程主要针对第三种废水，图 4-10 为连铸废水常规处理流程[2,3]。

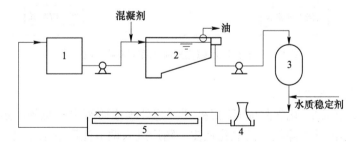

图 4-10　连铸废水处理与回用常规处理流程

1—铁皮坑；2—沉淀除油池；3—过滤器；4—冷却塔；5—喷淋

常规流程中各个构筑物的作用如下：（1）铁皮坑：主要作用是去除颗粒较大的氧化铁

皮（粒径大于 50 μm）。（2）沉淀除油池：该构筑物有两部分作用，一是去除颗粒较细的氧化铁皮，沉淀池前一般投加混凝剂，如聚丙烯酰等，加速沉淀速度，提升沉淀效果，保证后续喷嘴不被堵塞；二是利用上浮原理去除废水中的油脂。（3）过滤器：进一步降低水中细小悬浮物的浓度。（4）冷却塔：该构筑物对连铸废水进行降温处理，是循环冷却水是否达到冷却温度要求的关键所在。经过处理之后的出水循环进入喷淋系统继续运行，形成闭路循环。以下是几种具体的工艺流程，已在实际中应用[2,3]。

A 平流沉淀+物理除油过滤+降温[2,3]

图 4-11 是采用平流沉淀+物理除油过滤+降温处理工艺处理连铸废水，该工艺已在天津某铁厂实际使用。连铸废水经平流沉淀池进行沉淀去除大颗粒悬浮物质，随后通过水泵加压送入除油过滤器（该过滤器中填充的滤料是加工后的核桃壳），除油的同时也能够进一步去除细小悬浮物质，出水进入冷却塔进行降温处理之后进入冷水池循环使用。

图 4-11　连铸废水平流沉淀+物理除油过滤+降温处理工艺

B 磁化絮凝沉淀+降温[2,3]

连铸废水中的悬浮物质主要是氧化铁皮，具有铁磁性，外加磁场后能被磁化。图 4-12 所示是采用磁化絮凝沉淀+降温处理工艺处理连铸废水示意图，该工艺中，大块的氧化铁皮被格栅拦截，出水进入永磁絮凝器内，废水中的氧化铁皮颗粒被磁化，尤其是小颗粒悬浮物，磁化后的粒子与非磁化粒子发生吸引、碰撞以及黏聚等，使悬浮物质颗粒粒径增大，沉淀速度提升。另外，在此加入絮凝剂会继续提高混凝效果（出水悬浮物浓度下降至 50 mg/L 以下），随后出水进入旋流沉淀池，悬浮颗粒被去除，最后进行降温处理并回用。

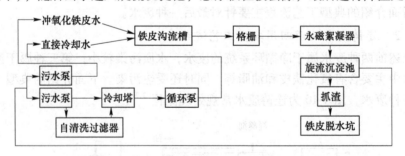

图 4-12　连铸废水磁化絮凝沉淀+降温处理工艺

C 沉淀+化学除油+降温[2,3]

图 4-13 是采用沉淀+化学除油+降温处理工艺处理连铸废水示意图。连铸废水首先进入沉淀池通过自然沉淀去除较大的氧化铁皮，随后进入调节池调节水量之后进入化学除油器，化学除油器是该工艺中的核心设备之一，主要包括反应区和沉淀区，在反应区投加混凝剂（如聚合氯化铝等）和阴离子型高分子絮凝剂（如阴离子型净水灵除油剂等），最后进入斜管沉淀池区进行沉淀，该设备可去除小颗粒悬浮物质，还可以有效去除油脂，包括

浮油、乳化油和溶解油，最后进行降温处理后回用。该工艺已在多个钢铁企业使用，如包钢、武钢等工程中应用。

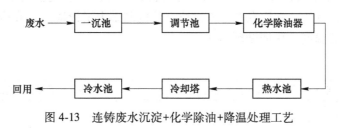

图 4-13　连铸废水沉淀+化学除油+降温处理工艺

4.2.8　轧钢废水处理回用技术

在钢铁企业，从炼钢厂出来的钢坯还仅仅是半成品，必须到轧钢厂去进行轧制以后，才能成为合格的产品，因此轧钢也是很关键的生产环节。根据轧钢的温度不同，轧钢可分热轧和冷轧两类。前者以钢坯或钢锭为原料，加热温度一般在 1100~1250 ℃，在热轧机上轧制成钢板、型钢、线材、钢管四类。而冷轧是指在常温下，用轧辊的压力挤压钢材，改变钢材形状。热轧和冷轧都是钢板或型材成型的工序，它们对钢材的组织和性能有很大的影响。

热轧厂的废水主要是轧制过程中的直接冷却水，因轧制过程中温度很高，很多设备和轧件均需直接冷却，因此产生了直接冷却废水，该废水的污染物质主要是氧化铁皮悬浮物、润滑油，同时水温升高。针对热轧废水的污染特征，一般采用沉淀、机械除油、过滤热等多级净化和冷却处理来提高循环水质，同时减少排污和补充水量。

冷轧厂的废水主要是冷轧过程中进行酸洗、钝化或中和、消除变形以及松卷退火等过程中产生的废水，这部分废水中除常规污染物质（氧化铁皮悬浮物质等）外，还有大量酸洗废液，以及含油、乳化液废水。因此需要将冷轧和热轧废水二者分离，单独处理。下面主要介绍两种废水的处理回用技术。

4.2.8.1　热轧废水处理回用

根据热轧废水水质，按照治理要求和治理程度不同，有不同的工艺组合，最终实现循环水质要求，下面是几种常用的处理工艺流程[2,3,7]。

A　一次沉淀工艺流程[2,3,7]

图 4-14 是热轧废水一次沉淀处理工艺流程图，该处理工艺是国内应用较多的一种流程。该流程中主要处理设施仅为一个旋流沉淀池，该沉淀池在去除氧化铁皮的同时去除了油脂。实际工程设计中，该沉淀池的设计负荷在 25~30 m³/(m²·h)，池中水力停留时间较短，一般为 6~10 min，整体占地面积较小，管理简单，但处理出水水质相对较差。

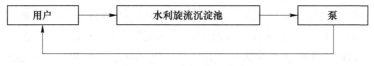

图 4-14　一次沉淀工艺流程

B　二次沉淀工艺流程[2,3,7]

图 4-15 是热轧废水二次沉淀处理工艺流程图，该处理工艺设置两个铁皮坑进行沉淀，去除氧化铁皮悬浮物质，随后在两个铁皮坑沉淀的基础上增设输送泵和冷却塔，根据生产需求来调控出水的温度，保证循环用水。

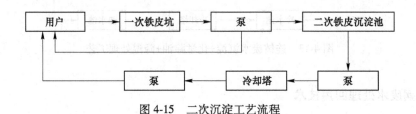

图 4-15　二次沉淀工艺流程

C　沉淀—混凝沉淀—过滤—冷却工艺[2,3,7]

热轧废水的传统处理方式是采用沉淀+混凝沉淀+过滤相结合的工艺，这是一个完整的工艺流程。收集的废水，首先通过初次沉淀来去掉水中粒径较大的颗粒或悬浮物，然后输送至二沉池进行下一步的絮凝沉淀。絮凝沉淀完成后，可用刮油机或撇油机将浮油去除，废水由泵输送至过滤器过滤并在冷却塔中冷却，然后按照不同压力流将出水输送至不同用户循环使用。该工艺可以去除废水中大部分的悬浮物和油类物质，处理后固体悬浮物（SS）不大于 20 mg/L、油类不大于 5 mg/L，具体见图 4-16。

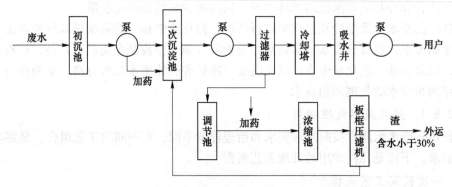

图 4-16　沉淀—混凝沉淀—过滤—冷却工艺

D　沉淀—絮凝—气浮—过滤工艺[13]

沉淀—絮凝—气浮—过滤工艺主要以絮凝—气浮—曝气组合的方式取代了絮凝—沉淀—过滤工艺中的二次沉淀池。气浮法又称浮选法，就是在废水中通入空气，使水中产生大量的微气泡，微气泡与水中的乳化油和密度接近水的微细悬浮颗粒相黏附，黏合体因密度小于水而上浮到水面，形成浮渣，从而加以分离去除。气浮法又分为溶气气浮、布气气浮和电解气浮，目前应用较多的为溶气气浮。该工艺适用于对处理后水质要求较严格或原水水质较差的热轧废水处理；处理后油类不大于 5 mg/L，铁不大于 1 mg/L，SS≤20 mg/L，化学需氧量（COD）去除率为 60%～80%。

E 稀土磁盘工艺[2,3,13]

稀土磁盘技术是最近几年我国新开发的热轧废水处理技术，主要是利用稀土永磁材料的磁场力作用，使热轧废水中的铁磁性物质微粒通过磁场力的作用吸附在稀土磁盘表面；对于非磁性物质微粒和乳化油，采用絮凝技术或预磁技术，使其与磁性物质黏合，一起吸附到磁盘表面去除。根据轧钢废水特性，稀土磁盘技术可以和其他技术组合，形成多种稀土磁盘工艺，如沉淀—稀土磁盘—过滤、沉淀—絮凝—稀土磁盘—过滤、沉淀—絮凝—稀土磁盘—气浮等工艺。典型的沉淀—絮凝—稀土磁盘—过滤工艺如图4-17所示。图4-17中虚线框内的设备按用户需求决定取舍。该方法处理后 SS ≤ 20 mg/L，油类不大于5 mg/L，废水循环率大于95%。

在此工艺中有时使用活性氧化铁粉作为絮凝剂，该絮凝剂是将一定比例的泥炭、氧化铁粉末和皂类活性剂混在一起隔绝空气进行干馏接种的，经活化后，氧化铁粉是烃基、羧基、铁和氧化铁的混合物，不仅容易被磁化且具有亲油的烃基和亲水的羧基，对废水中的分散油和乳化油有显著去除效果。结合了除油机、磁化罐、稀土磁盘脱水机进行协同作用，且能将油渣分离，实现经济高效、安全无毒的处理。该工艺的处理机理是利用烃基吸附浮油、分散油和 W/O 型乳化油；利用羧基吸附 W/O 型乳化油。泥炭类物质提供烃基和羧基并作为二者的载体。作为磁种的氧化铁皮粉末的主要成分是 Fe_3O_4，在磁场环境下立即被磁化。在轧制废水中吸附不同粒径大小和状态的油分，然后在稀土磁盘分离机中被磁盘吸附，与水分离，达到去油目的。该工艺对油的去除率可达94%左右，处理后平均含油量低于5 mg/L。

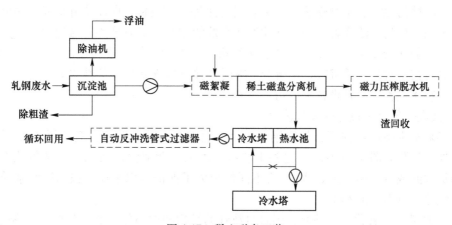

图 4-17 稀土磁盘工艺

4.2.8.2 冷轧废水处理回用

冷轧厂排放的废水主要含有废酸液、碱液、乳化液、润滑剂、表面活性剂、金属离子等复杂成分。按照分质处理的原则，将来源于酸洗段清洗、漂洗水、检化验、过滤器反洗等环节产生的废水作为含酸废水收集；镀锌机组和连退机组脱脂段的漂洗及刷洗槽清洗等工序产生的废水作为含油废水收集、含铬废水收集。对于不同的冷轧废水，均需进行前期的预处理，如除油、中和及金属离子的去除等[2,3]。

A　含油废水处理[2,3]

钢铁厂轧制过程中，为了消除带钢冷轧时的热变形，需要用乳化液或棕榈油等进行冷却和润滑，其后产生了大量的冷却乳化废液，此外类似废油废液还包括平整液、磨削液、杂油及金属皂化物、机械杂质等，通常和含油废水一起处理[14]。含油废水因使用油品种类较多，油类性能有所差异，产生的含油废水也不尽相同，因此含油废水的处理因所含油类污染物质成分和存在形态不同，具体采用的处理方法也有所差异。常见的油种类有悬浮油、分散油、乳化油、溶解油以及油-固体物等。(1) 悬浮油：粒径较大（大于 15 μm），漂浮于水面，浮油层厚度随油量不同而不同，一般采用隔油池去除，还可以采用吸附法、分离法、分散或者凝聚法等。(2) 分散油：一般悬浮分散在水中，粒径大于 1 μm，可聚集成悬浮油或者转化为乳化油，因悬浮于水中难于油水分离，一般采用粗粒化方法去除。(3) 乳化油：一般粒径较小（<1 μm），分散稳定，在水中呈现乳状液，不易漂浮水面，处理较困难，因此一般需要破乳或者 COD 降解处理，常采用的方法有浮选、混凝、过滤等方法。(4) 溶解油：在水中形成油-水均相体系，近似分子状态，较为稳定，分离很困难，一般可采用吸附、化学氧化或生物化学方法处理。(5) 油-固体物：油吸附在固体悬浮物的表面形成油-固体物，可采用分离方法去除。

对于钢铁厂排出的含油废水不仅含有油，还含有大量的铁屑、灰尘等固体颗粒杂质，一般在除油之前需进行预处理，如采用调节池和平流沉淀池等，而对于油类物质处理相对难度大，通常需要多种方法组合处理，如物理法（重力分离、离心分离、粗颗粒法、过滤法、气浮法以及膜分离法等）、物理化学法（浮选法、吸附法、溶剂油提、凝聚法、酸化法以及磁吸附分离等）、化学法（化学破乳、化学氧化法以及电化学法等）、生物法（接触氧化、活性污泥法、生物膜法以及厌氧氧化法等），整体归纳为采用物理方法分离，化学方法去除，生物方法降解。处理浮油经济有效的方法是重力分离与撇油法；而对于乳化油的处理一般比较复杂，经重力分离后进行进一步处理，如凝聚和过滤、超滤和反渗透、化学混凝后接空气浮选或沉降、电解等，有时还接有生物处理和活性炭处理等。下面介绍几种含油废水油类物质处理常见的组合工艺。

a　破乳—气浮—过滤处理工艺[2,3]

近年来不少国内钢铁厂，如宝钢、包钢、酒钢等在冷轧废水处理方面总结了不少经验，其处理流程如图 4-18 所示。这些工艺特点均采用调节池、破乳、气浮和过滤（砂滤加活性炭过滤或者核桃壳过滤器），所不同的是为了保证出水水质，根据原水水质状况设置多级气浮、COD 氧化槽等。

(1) 破乳：含乳化剂的油脂会因自身特殊的结构和微小分散度，在水分子热运动的影响下，油滴结构十分稳定，还包含脱脂剂和悬浮物等污染物。为将其进行油水分离，需首先进行破乳，常用的破乳方法有：投加混凝剂；加酸或同时加入有机分散剂；投加盐并加热乳液；投加盐并电解[2,3,15-19]。

(2) 絮凝气浮：破乳之后使得原水脱稳，加入一定比例的絮凝剂，絮凝剂在水中水解后形成带止电荷的胶团与带负电荷的油类产生电中和，呈现胶体状态，油粒聚集、粒径增大，同时产生的絮状物利用表面电荷影响吸附细小油滴，形成大体积的絮凝剂胶体，再借助气浮法分离油水。气浮的多级设置依靠水中含油浓度决定。

(3) 过滤：经过气浮处理后的含油量仍然较高，故增加过滤处理。过滤材料可选择亲

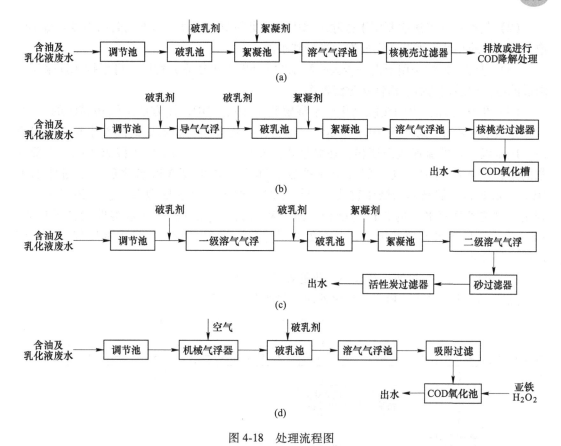

图 4-18 处理流程图

（a）破乳；（b）絮凝气浮；（c）过滤；（d）COD 降解

油性的活性炭或是核桃壳。

（4）COD 降解：若水中 COD 含量较高，还需要再使用化学法降解 COD，或是采用生物处理。水中的二价铁离子可作催化剂，通过活化氧化剂将大分子有机物氧化成小分子有机物和水。

b 絮凝—气浮—过滤—生物接触氧化工艺

絮凝—气浮—过滤—生物接触氧化工艺流程如图 4-19 所示。

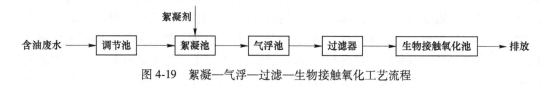

图 4-19 絮凝—气浮—过滤—生物接触氧化工艺流程

（1）絮凝破乳：在该工艺流程中，通过投加絮凝剂进行破乳，该方法是工业废水处理中常用的方法。絮凝剂水解后生成胶体，吸附废水中的油珠，并通过电性中和、吸附架桥等作用形成矾花絮凝体，然后通过后面的沉降或气浮的方法去除。常用的絮凝剂有无机絮凝剂和有机絮凝剂，包括铝盐（硫酸铝和聚合氯化铝 PAC 等）、铁盐（氯化铁和聚合铁等）、聚合硅酸、聚丙烯酰胺 PAM 等[2,3]。

（2）气浮：气浮法主要用于去除废水中的油类物质，通过不同方式向水中鼓入微小气泡，破乳后的小油滴附着在小气泡上被带到水面。

（3）过滤：过滤法用于进一步去除废水中的 SS 和部分油类物质，可根据水质采用不同过滤器，如砂过滤器、活性炭过滤器等。

（4）生化处理：生物接触氧化用于降解废水中的 COD，该方法是生物膜法的一种，其技术实质是在生物反应池内填充填料，部分微生物以生物膜的形式固着生长在填料表面，废水以一定的流速流经填料，在微生物的作用下，有机污染物被降解去除。需要注意的是在实际应用中，也有部分企业根据实际需要在生物接触氧化后增加过滤器或MBR。MBR 是将膜技术与微生物技术相结合的一种先进废水处理新工艺，该工艺首先利用生物技术降解水中的有机污染物，然后利用膜技术过滤 SS 和水溶性大分子物质。MBR 作为一种污水处理新工艺，具有处理效率高、占地面积小、出水水质好、运行管理简单等优点。

c 隔油—超滤—过滤—超滤—生化处理工艺[2,3,24]

隔油—超滤—过滤—超滤—生化处理工艺如图 4-20 所示。

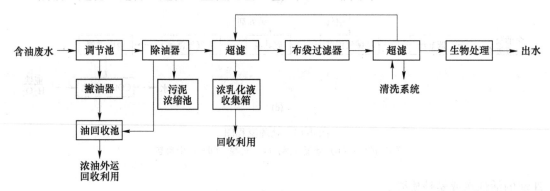

图 4-20 隔油—超滤—过滤—超滤—生化处理工艺

近年来，膜分离技术在含油废水的处理中也发挥着重要作用，如超滤和反渗透。反渗透膜孔径小，超滤膜孔径大，在含油、乳化液等处理时大多采用超滤法[20-23]。超滤技术以其高效、低成本、易操作、处理效果好，不会产生大量油泥（经浓缩的母液可定期去除）等特点广泛应用于各大钢铁企业，但存在膜易污染且清洗难的问题[2,3,24]。目前，济钢冷轧厂乳化液含油废水处理采用超滤技术。超滤用于处理乳化液污水的工艺主要有：平板式超滤、中空纤维膜超滤、管式膜超滤和卷式膜超滤等。钢铁厂排出的含油废水，因含有大量的铁屑等固体颗粒，因此在超滤系统之前需要经过预处理，如沉淀等。经过预处理之后的含油废水经过撇油器和除油器进行浮油的去除并进行回收。随后乳化液含油废水进入超滤系统进行第一次油水分离，浓乳化液回收，出水进入过滤器进一步去除油类物质，随后再进行超滤实现第二次油水分离。超滤过程中，一部分乳化液含油废水在两个超滤系统间循环， 部分通过超滤膜过滤后渗透液进入后续生物处理系统进一步处理。在超滤过程中乳化液含油废水不断浓缩，当浓度达到一定程度排放到浓缩乳化液收集箱，外运回收。当超滤运行一段时间根据需要进行清洗[24]。

B 酸碱废水处理

对于冷轧酸碱废水,一般需要采用中和法进行前期预处理,然后再进行后期处理,如金属离子的处理和硝酸盐等的处理等。中和法是根据废水的 pH 值,使用废酸中和碱性废水,纯碱、生石灰或 10%浓度的石灰乳中和酸性废水,使 pH 值控制在正常范围 5.8~8.6。为了除去水中某些重金属离子,可以使之反应生成沉淀,如不溶于水的氢氧化物沉淀,再进行混凝沉淀过滤分离。因此,对于酸碱废水处理一般采用中和—絮凝—沉淀—过滤的工艺进行处理。另外,若酸洗采用硝酸溶液,将产生高浓度的硝酸盐氮污染,可采用生物法进行相应处理。

a 中和+混凝沉淀常规处理

酸碱废水的常规处理一般采用中和沉淀处理。其典型的工艺流程如图 4-21 所示。

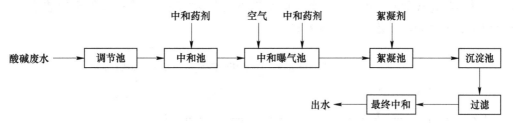

图 4-21 中和+混凝沉淀常规处理工艺流程

从冷轧厂各机组排放的含酸碱废水首先进入处理站的酸、碱废水调节池,进行水量调节和水质均衡,然后再流入中和处理构筑物,通常采用两级中和,一级中和控制 pH 值为7~9,二级中和控制 pH 值为 8.5~9.5,一般采用石灰和盐酸作为中和剂。因在一级中和过程中产生的 $Fe(OH)_2$ 溶解度大且不易沉淀,因此二级处理采用曝气中和处理方式,调节 pH 值的同时将 $Fe(OH)_2$ 转化为 $Fe(OH)_3$。为了提高废水去除效果,二级中和曝气处理出水进入混凝沉淀池进行氢氧化物和其他悬浮物的进一步去除。对于排放标准较高区域,沉淀池出水仍需通过过滤器处理,最后进行 pH 值再次调整达到出水标准。需要注意的是沉淀池沉淀的污泥需进行浓缩、脱水处理。对冷轧污泥,其污染成分主要以氢氧化物为主,含水率较高,污泥脱水设备选择不可忽视。污泥脱水要以最低的费用达到污泥规则排除为目的。

b 中和+絮凝沉淀常规处理+高密度污泥法[2,3,25]

高密度污泥法处理酸碱废水工艺已应用在日本 JFE 钢厂、美国 ARMCO 钢厂、国内宝钢、唐钢和柳钢等。与中和法相比,该方法设置一个污泥反应池,并将沉淀池内一定数量的污泥回送至中和池循环使用,从而提高污泥浓度,减少污泥处置费用。该工艺具有沉淀效率高,污泥脱水性能好,系统稳定等优点,其工艺流程如图 4-22 所示。

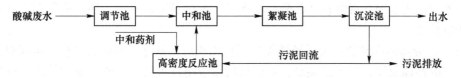

图 4-22 高密度污泥中和沉淀法工艺流程

　　从各机组输送的废水进入酸碱废液调节池，进行水量水质调节，再进入中和池，调节 pH 值，然后进入絮凝沉淀池进行悬浮物质去除。沉淀池沉淀的污泥根据水量的大小，按一定比例进行污泥回流，进入高密度沉淀池并送入中和池循环使用，提高污泥浓度。JFE 钢铁厂采用该工艺后，污泥含固量从 22% 提升至 45%，相对污泥产生量减少了 50%。

　　c　中和+混凝沉淀常规处理+硝酸盐处理[26,27]

　　冷轧过程中，硝酸是国内外常采用的一种强酸性洗涤剂，这就导致在后段的混酸废水排放中含有高浓度的硝酸盐氮。太原某大型不锈钢生产企业每天可外排 14000 m³ 酸洗废水，其中硝态氮含量为 800 ~ 1300 mg/L，且不锈钢酸洗废水的碳氮比较低，大约为 1:8。硝酸盐是自然环境中最稳定的含氮化合物，在水中的溶解度高，若不经过处理或者是处理之后仍不达标的硝酸盐氮废水排放进入水体，将会对地表水以及地下水造成环境污染，对人体和动植物造成危害。因此冷轧酸洗废水需要在常规处理之后进一步处理硝酸盐。某钢铁企业酸洗废水处理工艺流程见图 4-23。

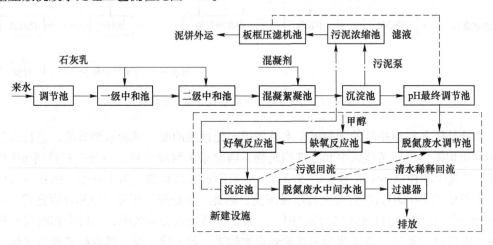

图 4-23　某钢铁企业酸洗废水处理工艺流程

　　轧钢厂的酸洗废水首先进入调节池进行水质水量均衡，随后进行两级中和，通过投加石灰乳进行中和提高废水 pH 值；出水进入混凝沉淀处理单元去除悬浮物质后再次进行 pH 值调整；最后将出水引入多级 A/O 生物处理单元，进行硝酸盐处理。近年来，有越来越多的学者开始研究多级 A/O 生物脱氮技术，该技术是将若干个缺氧池和若干个好氧池串联起来，进行多级脱氮。因酸洗废水中不含有碳源，因此需要通过外加碳源（如甲醇）进行反硝化脱氮。该工艺不仅可以提高硝态氮的去除率，同时也可以让好氧池污泥发酵，内源呼吸来产生一部分碳源，这样既减少了污泥的排放量，也为反硝化反应提供了一部分可使用的碳源。该工艺能够在 C/N 低至 4 时，仍有 99% 以上的硝酸盐脱除效率。

　　另外酸碱废水因含有酸碱和部分金属离子，考虑到资源回收，还可采用以下几种方法进行相应处理。

　　（1）膜分离回收铁盐：废酸液浓缩后可析出相应的铁盐，而膜分离技术可同时回收盐和酸。膜的性能及操作技术是关键，对膜材料及应用技术的深入研究是该技术广泛应用的前提和主要发展方向。采用阴离子交换膜对盐酸废液进行分离，酸回收率达 90%，酸中 Fe^{2+} 的质量浓度小于 10 g/L。纳滤膜过滤技术具有膜体耐热、耐酸碱性能好、操作压力低、集浓缩与透析于一体等特点，可从硫酸废液中回收 $FeSO_4 \cdot 7H_2O$ 和 20% 的 H_2SO_4。

（2）制备磁体：用铁盐合成 Fe_3O_4 超微粒子是制备铁磁流体最廉价的方法，其中铁盐成本占总成本的一半以上。用盐酸废液制备水基铁磁流体，使合成成本降低 35% 以上。氧化剂加入量和反应温度是氧化反应的关键，此外，pH 值、Fe^{2+}/Fe^{3+}、共沉淀温度和时间等都对产率、组成成分、磁性等也构成影响。

（3）制备无机高分子絮凝剂：用硫酸酸洗废液制备聚合硫酸铁已能达到正规方法制备的质量指标。技术的关键在于控制溶液中 H^+、SO_4^{2-}/Cl^- 和 Fe^{2+} 浓度及其比例关系。氧化剂可用 O_2、空气、Cl_2、HNO_3、酸盐或 H_2O_2 等。反应温度一般不高于 90 ℃。聚合程度的大小直接影响聚合硫酸铁的质量，碱化度以 11~14 为佳。溶液中 SO_4^{2-}/Fe^{2+} 的摩尔比一般取 4:5。氮氧化物、亚硝酸及其盐、硝酸及其盐都可催化聚合氯化铁的合成反应，加入量以 0.25% 为宜，间断变量加入效果尤佳。除此之外，还可以制备颜料和超细金属磁粉等。

C 含铬废水处理[2,3]

含铬废水来自热镀锌机组、电镀锌机组等，水中铬以六价形式存在，浓度低，但毒性强。处理方法通常选择化学沉淀法。为防止二次污染，含铬的中和沉淀污泥单独处理工艺流程如图 4-24 所示。

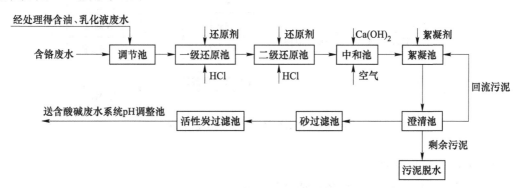

图 4-24 含铬废水处理工艺流程

废水进入一二级还原池中，投加盐酸或废酸，控制还原池的 pH 值在 2 左右，氧化还原电位控制在 250 mV 左右，充分还原六价铬为三价铬。在中和池中投加生石灰或石灰乳，将 pH 值调节至 8~9，并输入压缩空气，充分氧化二价铁离子。然后投加一定比例絮凝剂，进行常规的絮凝沉淀过滤流程，去除悬浮物。进行最终 pH 值调节后即可出水。若检验铬的含量是否达标，可在第二级还原池出口处设置六价铬检测器，未达标的废水回流再次进行前阶段处理。

上述所有废水的处理均是以沉淀或混凝沉淀技术为主，结合格栅、磁化、中和或隔油气浮等对废水中悬浮物质、部分油类物质以及酸碱度进行去除。上述介绍主要是针对每一种废水的实际水质进行相应的处理，实际生产中，这些废水可以单独处理，也可以根据原水水质、回用水质以及提高循环利用率等要求，进行串级使用或者混合处理。

4.2.9 沉淀回用工程案例

钢铁企业中，以沉淀或者混凝沉淀为主，结合其他处理如格栅、磁化、中和或隔油气浮等对废水中悬浮物质、部分油类物质以及酸碱度进行去除调节，实现钢铁废水循环利用的技术在实际生产中使用还是较常见的，下面介绍几个工程案例。

4.2.9.1　唐山钢铁的废水处理回用

以唐山钢铁废水处理中心为例，其采用 DENSADEG 高密度沉淀池处理该企业工业废水。组成部分有：格栅间、调节池提升泵房、DENSADEG 高密度沉淀池、V 型滤池及配套加药间和污泥脱水间[28]。

A　工艺流程

图 4-25 为唐山钢铁废水处理工艺流程，废水进入格栅间去除漂浮物和粒径较大的颗粒物，在调节池中调节水质、水量，经提升水泵进入 DENSADEG 高密度沉淀池进行混凝沉淀，出水在 V 型滤池过滤，此后进入后续的深度处理，来满足其他用水水质要求。

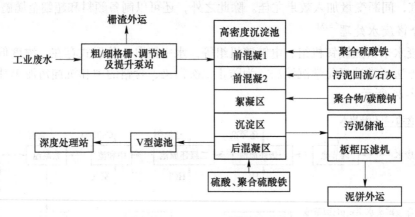

图 4-25　唐山钢铁废水处理工艺流程

B　主要处理构筑物

该处理中主要的构筑物及设备详细设置如下。

格栅渠道有 2 条，有效水深 1.4 m，宽度 1.0 m，每条栅渠内设栅条间隙 25 mm、10 mm 全自动机械格栅各 1 条。调节池有 2 座，停留时间 2.5 h，单池有效容积 3750 m³，每池设潜水搅拌器 4 台，单台 $N = 25$ kW。提升泵站吸水井内设潜水提升泵 4 台，DENSADEG 高密度沉淀池有 3 座，单座处理能力 1050 m³/h，沉淀池由前混凝池、絮凝反应池、斜管沉淀-浓缩池、后混凝池及污泥泵房组成。

本工程串联 2 个搅拌池，第一个搅拌池用于聚合硫酸铁与污水快速混合，第二个搅拌池用于石灰、回流污泥与污水快速混合。单池尺寸 2.5 m×2.5 m，有效水深 2.8 m，总停留时间 60 s。

加药系统包括：聚合硫酸铁储存及投加系统，石灰制备及投加系统，PAM 制备及投加系统，碳酸钠制备及投加系统，浓硫酸储存及投加系统。

高密度沉淀池排泥浓度为 3%~15%，无需污泥浓缩。设污泥储池 3 座，单池有效容积 300 m³，采用板框压滤机进行污泥脱水。

经混凝沉淀后，出水浊度可稳定控制在 0.5 NTU 以下，有效降低了后续 V 型滤池及双膜法的运行压力，高密度沉淀池排泥浓度为 3%~15%，可直接进入板框压滤机脱水成为含水 55%的泥饼。

4.2.9.2 新余钢铁集团的废水处理回用

新钢收集新区炼铁、炼钢、热轧、冷轧等系统排放的生产废水进行集中处理，处理后回用于炉渣冷却、料场浇洒等系统。收集的生产废水 SS 高、浮油高、浊度大、水质波动大。采用以混凝沉淀为主体的处理工艺流程（图 4-26）[29]。

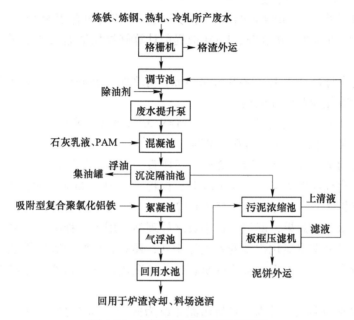

图 4-26　新钢公司水处理工艺流程

A　工艺流程

各个系统的排放废水经收集后会首先经过调节池进水端的格栅机除去部分悬浮物，然后进入调节池，进行水量水质调节。将除油剂加入提升泵管道混合器中，经过充分混合后废水排入混凝池，并加入石灰乳液和 PAM 助凝剂进行混凝处理。废水通过沉淀隔油池处理后进入絮凝池，并加入吸附型复合聚氯化铝铁。经絮凝处理后的废水流入气浮池，经气浮处理后出水进入回用水池，采用水泵来进行恒压供水回用。

沉淀隔油池产生的污泥通过污泥泵送至浓缩池，气浮产生的浮渣泵入浓缩池。经浓缩、压滤脱水后泥饼外运。板框压滤机的滤液、浓缩池的上清液排入调节池。其处理出水水质见表 4-4。

表 4-4　出水水质表

水质指标	pH 值	悬浮物质 /mg·L⁻¹	总硬度 /mg·L⁻¹	氯离子 /mg·L⁻¹	全铁 /mg·L⁻¹	石油类 /mg·L⁻¹	浊度 /NTU	总溶固 /mg·L⁻¹
第 1 个月	7~8	19.60	191.2	37.33	0.26	1.39	9.4	278.4
第 2 个月	7~8	19.40	179.4	36.65	0.23	1.23	8.7	276.6
第 3 个月	7~8	15.16	165.6	35.78	0.23	0.94	8.6	268.2
第 4 个月	7~8	14.06	140.4	35.78	0.21	0.84	8.5	237.0

B　主要构筑物

在上述构筑物之中，格栅间隙为 10 mm。调节池分 2 格，设计尺寸为 35 m×25 m×5 m，总有效容积 3500 m³，废水滞留时间为 3.5 h。设有 4 台潜水搅拌器，搅拌器全部重量的受力在一个支架上，并且这个支架可承受搅拌器形成的推力。提升泵为长轴立式泵，根据生产运行状况确定启、停台数。

混凝池设计尺寸为 12 m×4 m×4 m，分为 3 格，单格有效容积为 56 m³。各格配搅拌机 1 台。需要的投加药剂如石灰乳液、PAM 应提前计算好投加量加入计量泵。絮凝池的详细参数同混凝池。

沉淀隔油池设计尺寸为 12 m×40 m×4.5 m，分 2 组，并联运行，为多孔式进水，孔径为 DN200，且配有相应刮油除渣机。

气浮池设置 2 座，单座设计尺寸为 17 m×9 m×2.5 m，有效容积 360 m³，停留时间 40 min，设溶气罐 2 座，工作压力 0.4 MPa。

污泥浓缩池为圆形地上式，数量 2 座，每座直径 8 m。设 NEZ8-1/b 型 φ8 m 中心传动浓缩机 1 台，周边线速度为 1.5~1.6 m/min，提耙高度为 0.25 m。配置渣浆泵 2 台，一开一备。板框压滤机 2 台，型号为 XMGZ160/1250。

为了改善废水处理效果，新钢公司中央水处理站选用了一种吸附型复合聚氯化铝铁药剂。该絮凝剂除了具有聚氯化铝铁的絮凝性能外，还具有良好的吸附性能，能够将废水中的有色杂质进行有效吸附，而且形成的矾花大、速度快、矾花密实、极易沉降、分层效果明显。

此外将进水改为多孔式进水，且将污泥斗改为倾角为 60° 的锥形斗能有效减少水中浊度，并能基本消除斗内的一些污泥死角。

4.2.9.3　某烧结厂烧结废水处理与回用

某烧结厂生产工艺主要包括原料储存、制备、配料、混料、烧结、冷却、筛分等工艺环节。该烧结厂配备 64 m² 烧结机 2 台，烧结矿产量为每年 120 万吨[2,3]。

烧结废水主要来自 47 台湿式除尘器和 146 个冲洗地坪水龙头冲洗废水，工艺过程中产生的废水约 4080 m³/d，具体废水水质见表 4-5。

表 4-5　废水水质状况

废水产生地	pH 值	悬浮物 /mg·L⁻¹	水温/℃	废水产生地	pH 值	悬浮物 /mg·L⁻¹	水温/℃
烧结主厂房	7	1000	16	受矿	6	200	12
一次混合机	9	4200	26	成品筛分	8	400	17
原料胶泵	6	2200	12	成品装车	6	2000	16

A　工艺流程

图 4-27 为该烧结厂烧结废水产生环节及废水处理工艺流程图，废水中的主要污染物质是悬浮物质，该工艺主要采用浓缩池-浓泥斗法进行处理与回用的。烧结厂各个生产环节产生的生产废水经 26 台 2PNL 型砂泵和 4 台 4PNJ 型胶泵送往高架流槽汇合后进入浓缩池进行第一次浓缩，浓缩池的溢流水通过水泵输送到浊循环水池再回用，浓缩池底部沉淀

的矿泥经胶泵送入高架浓泥斗再次浓缩脱水，浓泥斗的溢流泥水回流到浓缩池再浓缩处理，泥斗底部沉泥通过浓泥斗底部的旋转阀直接排到混合料皮带送往配料间配料回用。

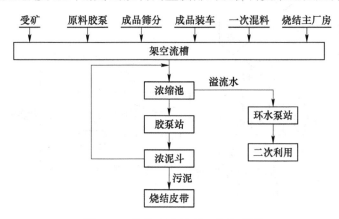

图 4-27 烧结废水处理工艺流程图

B 主要构筑物

上述废水处理流程中，架空流槽 1 座，设计尺寸 156.6 m×0.35 m。

浓缩池设有 2 座，配备 JN2-12 型浓缩机 2 台，耙子转速 0.18 r/min，直径 12 m，深 3.5 m，容积 340 m³，池体为钢筋混凝土结构，浓缩机为金属结构。

浓泥斗设有 4 座，螺旋排泥台 4 台，转速 7.1 r/min，直径 4 m，深 6.5 m，锥角 70°，为金属结构。

污水泵站 1 座，包括 4PNJ 泥泵两台，流量为 110 m³/h，扬程为 28.5 m，尺寸 6.6 m× 6.6 m。

4.2.9.4 宝钢高炉煤气洗涤废水处理与回用

宝钢 1 号和 2 号高炉为国内最大型高炉，产铁量为 10000 t/d。3 号高炉最大煤气发生量为 $7×10^5$ m³/h，产灰量为 15 kg/t 铁。高炉产生的煤气经干湿式除尘器除尘后进入两级文氏管进行高炉煤气洗涤，洗涤过程中产生高炉煤气洗涤废水[2,3]。

A 工艺流程

图 4-28 为高炉煤气洗涤废水处理流程。（1）悬浮物去除：从一级文氏管出水携带灰尘进入沉淀池进行沉淀处理，为保证不影响循环水水质和煤气洗涤效果，在沉淀池入口处投加絮凝剂（弱阴离子型高分子助凝剂 PHP_4，0.3~0.7 mg/L），加速沉淀池悬浮物质沉淀，沉淀池悬浮物浓度从 0.2% 下降至 0.01% 以下。（2）水质稳定：为保证循环水系统中不发生结垢现象，沉淀池出口投加阻垢剂（阻垢剂 SN-103，3 mg/L），SN-103 对以碳酸钙为主的水垢有很好的防治效果，并能防止与氧化铁、SiO_2、$Zn(OH)_2$ 等结合生成的水垢。（3）pH 值调整：为保证循环水水质，需对循环水进行 pH 值调整，保持在 7~9 之间，这样有利于水中的部分溶解金属盐类转变为不溶于水的氢氧化物，并随着大量悬浮物的沉淀而沉降。（4）补充新鲜水：为了保证水质，还要进行循环水浓缩倍数的管理，定期向循环系统不断补充新水并排污，使水质达到相对稳定。

B 主要构筑物

该处理中主要的构筑物及设备详细设置如下。

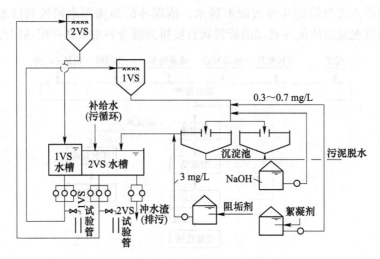

图 4-28　高炉煤气洗涤废水处理流程

沉淀池有 2 座，直径为 29 m，其结构为中心传动升降式辐射式，有效容积 3052 m³。

沉淀池底部刮泥机有 2 个，主耙长 12.99 m，副耙长 4.3 m。最大负荷 15 t，升降行程 500 mm。

水槽有 2 个，1VS 水槽，尺寸 15 m×7 m×8.5 m，2VS 水槽，尺寸 18 m×7 m×8.5 m。

加药系统包括：PHP_4 储存及投加系统，SN-103 储存及投加系统，氢氧化钠储存及投加系统。

高架水沟有 1 座，排水沟宽 0.81 m。

4.2.9.5　某钢铁企业轧钢酸洗废水处理与回用

山西某钢铁企业不锈钢股份有限公司中和站处理不锈冷轧厂、冷轧硅钢厂、热轧厂、型材厂、钢管公司、线材厂等的含硫酸、混酸（硝酸、氢氟酸）、盐酸的废酸及废水等，其中设计酸废水处理水量 540 m³/h[26]。

A　工艺流程

传统处理采用"调节池+一级中和池+二级中和曝气池+絮凝罐+沉淀池+最终调节池"的处理工艺，出水 pH 值、SS 达标排放，但没有针对性降低水中硝酸盐的措施。由于不锈钢废水中含有大量的硝酸盐，硝酸盐氮浓度高达 800~1300 mg/L，根据山西省人民政府 2017 年 4 月发布的《山西省水污染防治 2017 年行动计划》要求，全厂废水需按照《钢铁工业水污染物排放标准》（GB 13456—2012）排放标准要求进行治理。为减轻后续外排水处理负荷，须实施污染物源头管控、对重点污染物实行专项处理，对现有中和站中和后的酸废水的硝酸盐进行处理，增加脱氮脱硝处理系统，并对现有的中和站污泥脱水系统进行改造。其改进工艺流程如图 4-29 所示。

来自不锈钢冷轧薄板厂的含酸废水由管道送至稀酸废水调节池，浓酸由汽车运输至废酸中和站。浓酸按照种类分别设置储罐，通过调节阀控制定量重力自流至稀酸废水调节池。含酸废水经泵提升后，进入一级中和池中与来自高密度污泥罐的含有硝石灰的污泥混合进行中和，流入二级中和曝气池，在此废水经投加石灰乳调节 pH 值，使废水达到金属离子共沉所需的最佳 pH 值。废水在该池内充分曝气，使二价铁充分氧化成三价铁，有利

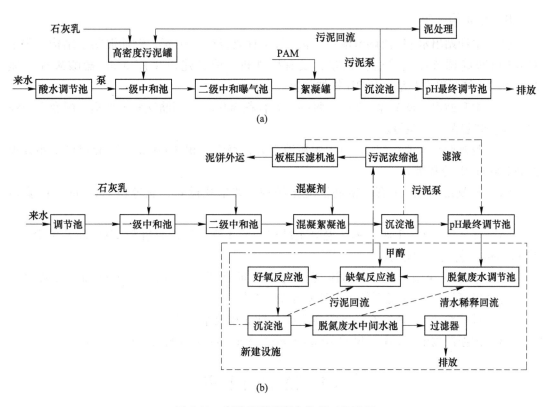

图 4-29 废酸及稀酸废水处理工艺流程

（a）原处理工艺；（b）改进后处理工艺

于形成 $Fe(OH)_3$ 析出沉淀。经二级中和曝气池出来的废水已有金属氢氧化物析出，为了增大氢氧化物絮体的颗粒，废水流入絮凝罐，在此投加聚丙烯酰胺，使悬浮物絮体增大以提高其沉淀效果，然后废水流入 2 座澄清池进行沉淀。沉淀后水进入最终中和池，在此经投加盐酸调节 pH 值达到排放标准后，原先是排入厂区排水系统，改进后将出水泵入生物脱氮系统。

该生物脱氮是一套高效脱氮 A/O 生化工艺，缺氧池采用 7 列 5+3 单元串联折流式设计，管控精度高、效率高。可根据来水总氮浓度，调整缺氧池运行状态，脱氮效率高、稳定，且节约能耗和药耗。污染物和微生物活性污泥在每个反应单元中充分接触；同时多个反应单元的串联可以有效地减少反硝化菌的流失。在该系统中，通过投加甲醇及系统内部污泥好氧内源呼吸产生的碳源进行反硝化脱除硝酸盐。

辐流式沉淀池产生的污泥，由污泥泵提升，一部分进入污泥浓缩池进行浓缩，一部分进入高密度污泥反应罐与中和的石灰乳混合后，进入第一中和池。进入污泥浓缩池的污泥经浓缩池浓缩后，经加压泵进入板框压滤机进行脱水，脱水后的污泥卸入泥斗储存，定期由汽车外运堆存。废水废酸经过废酸及稀酸废水处理系统之后，其出水水质如下：出水悬浮物不大于 70 mg/L，pH=6~9，氟化物小于 10 mg/L，达到《污水综合排放标准》（GB 8978—1996）的标准要求。

B 主要构筑物

（1）中和站出水 pH 值调节池：2 座，每座有效容积 300 m^3，钢筋混凝土结构，用于对 pH 值精确调节以满足脱氮需求，设有搅拌机，配套建设 1 座 5 m^3 盐酸罐和 1 座 3 m^3 NaOH 储罐以及盐酸、NaOH 投加装置。

（2）中和站出水调节池：2 座，每座有效容积 300 m^3，钢筋混凝土结构，配套有压缩空气搅拌装置及提升泵等。

（3）脱氮调节水池：2 座，位于脱氮池上方，每座容积 2700 m^3，配套建设 2 座处理能力 300 m^3/h 冷却塔。

（4）脱氮反应池：1 套，钢筋混凝土结构，架空式设置，总容积 9800 m^3，配套搅拌机。

（5）好氧反应池：1 座，钢筋混凝土结构，分 3 格布置，总容积 2500 m^3，配套 $Q = 30$ m^3/min（标态）鼓风机。

（6）生化沉淀池：2 座，辐流沉淀池，钢筋混凝土结构，直径 26 m，有效水深 4.5 m，配套刮泥机、排泥泵等；沉淀刮泥机：2 套。

（7）排放水池：1 座，有效容积 360 m^3，配套排放水泵等。

（8）污泥浓缩池：2 座，尺寸 10 m×8 m×5.5 m，配套污泥泵、刮泥机等。

4.3 膜法回用

4.3.1 膜法回用废水来源

大多数钢铁企业各工序产生的废水，如上节中涉及的烧结废水、炼铁废水、炼钢废水以及轧钢废水等，都存在着一定的相似性，其主要污染物为悬浮物、油脂等，表观体现为色度高，浊度较大；硬度、含盐量较高；一般 BOD/COD 值较低，可生化性较差。

钢铁废水经过常规沉淀或混凝沉淀处理后，可去除水中的悬浮物、浮油、胶体等大颗粒杂质，部分废水实现循环或梯级使用。但是，上述常规处理之后，钢铁废水中的浊度、部分有机物和金属离子等经常不能达到废水回用标准，且没有脱盐处理，出水部分回用，长期运行会导致盐度积累，促使电导率、硬度及其他离子浓度升高，无法满足工业回用水质要求，从而限制了回用水的使用范围。因此，针对钢铁企业排污水的水质状况，采用有效的深度处理工艺，既能为企业开源节流、节约成本、促进外排水达标排放，同时又提高了社会效益和环境效益。将膜分离技术与传统污水处理工艺相结合，能够很好地解决钢铁废水回用的深度处理问题，提高了外排水回收利用比例，拓展了污水回用的深度和广度，实现了水资源的循环利用[31]。

4.3.2 膜法处理回用技术

与其他物理分离方法相比，膜分离技术具有扩增容易、操作简单、能耗低、占地面积小、分离效率高和环境友好等特点，已广泛应用于污水处理和脱盐等多个分离领域。膜法水处理不仅可以去除浊度和悬浮物等污染物，还能对废水中的盐分进行脱除。

膜法原理是在一定的条件下，污废水中的部分离子和水分子透过特制的半透膜在膜一侧产出纯净的水，而其他物质因不能透过半透膜在膜另一侧实现浓缩。膜法技术主要是用半透膜进行含两种以上成分的水溶液或有机溶剂的清洗、分离和纯化的关键过程。通常情况下，在有机溶剂或水溶液中，其包含的各种成分的化学或物理性质是不同的，具体差异表现在其组分的体积、大小和其他方面，且在通过膜的整个过程中，其渗透水平也不同。主要膜技术包括微滤（MF）、超滤（UF）、纳滤（NF）、反渗透（RO）、电渗析（ED）等，目前已被广泛用于污废水处理过程中。

4.3.2.1 微滤（MF）

微滤过滤精度一般在 0.1~50 μm，以压力为驱动力，一般用于简单粗过滤，过滤水中的泥砂、铁锈等大颗粒杂质，但不能去除水中的细菌等有害物质。常见的滤芯材质有 PP 棉芯、活性炭、陶瓷滤芯等，具体如下：（1）PP 棉芯：一般只用于要求不高的粗过滤，去除水中的泥砂、铁锈等大颗粒。（2）活性炭：可以去除水中的颜色和异味，但不能去除水中的细菌，对泥砂和铁锈的去除效果也很差。（3）陶瓷滤芯：最小过滤精度仅为 0.1 μm，通常流量小，滤芯无法清洗，对于一次性过滤材料，需要经常更换。

微滤特点是大于过滤精度的杂质被全部拦截在膜的表面，克服了常规过滤的深层过滤介质过滤达不到"绝对值"的要求；厚度薄，吸附量小；微孔膜的厚度一般为 90~220 μm，只有一般深层过滤介质的 1/10，因而过滤速度高，被滤物质液体的吸附量极小；无介质脱落，不产生二次污染；微孔膜是均匀，连续的整体结构，滤材不易脱落；颗粒容纳量小，且微孔膜阻留颗粒大多数只限于膜表面，易发生堵塞。与超滤相比，微滤需要的压力小，更节能，但出水水质不及超滤。

天津环境保护科学研究院唐运平等人，采用国产连续微滤膜系统对天津某钢铁污水处理厂生物处理的二级出水进行深度处理，并现场实测出水水质和该系统运行参数，研究结果表明，连续微滤膜具有较强的耐污性能，系统运行稳定，经过在线加药清洗后，可恢复膜组件性能并能够有效去除水中 COD、悬浮物、胶体和有机颗粒，出水水质优良。该实践证明在该项工艺流程中，微滤可以满足多用途回用和反渗透系统的预处理要求[30]。

4.3.2.2 超滤（UF）

超滤过滤精度小于 0.01 μm，也是以压力为驱动力，能彻底滤除水中的细菌、铁锈、胶体等有害物质，保留水中原有的微量元素和矿物质，可配合三级预处理过滤清除水中杂质，也可作为反渗透处理的预处理。

超滤特点是过滤过程不发生相变化、无需加热、能耗低、无需添加化学试剂、无污染；分离效率高，对稀溶液中的微量成分的回收、低浓度溶液的浓缩均有效；仅采用压力作为膜分离的动力，因此分离装置简单、流程短、操作简便、易于控制和维护。因此目前很多钢铁厂为提高钢铁废水回用率，提高回用水质，超滤成为深度处理中应用较为广泛的技术[32]。

某大型钢铁厂废水处理回用工程在原有工艺（格栅+调节池+高密度沉淀池+V 型滤池）基础上提标改造，增加超滤和反渗透深度处理系统，系统出水水质满足钢铁厂回用水标准。本工程中采用浸没式超滤作为反渗透进水的前处理工艺，超滤系统稳定运行一年中，出水水质浊度始终维持在 1 NTU 以下，SDI 在 3 以下，悬浮物和油浓度均低于 2 mg/L，COD 浓度为 30~42 mg/L，完全满足反渗透进水要求，运行成本低[32-33]。福建某钢铁厂高盐废水，采用混凝气浮+砂滤+超滤+反渗透组合工艺对其进行深度处理，使废水的回用率大于 60%，出水各项指标均满足钢铁废水回用标准[34]。

4.3.2.3　纳滤（NF）

纳滤膜表面分离层可能具有纳米级的孔结构，且只允许 1~10 nm 的渗透物通过，孔径介于超滤和反渗透之间，纳滤膜的聚合物网络结构相对疏松，并且对有机分子和多价离子（例如镁、铁和硫酸盐）具有一定的保留作用。一般而言，膜组件类型有中空纤维、卷、板、框架和管式。其中，中空纤维和卷膜在组件中的堆积密度高、成本低、流体力学条件好，但其制备技术要求高，密封困难且在使用过程中抗污染能力不足；板框和管式膜组件易于清洁且不易结垢，但膜的填充密度低且成本高。

纳滤特点在于：加工产量高，损耗低；操作所需压力小，脱盐率高，出水水质和稳定性好；因纳滤膜本身带电，可以分离一价和二价离子，对后者的去除率可达 99%；可去除约 60% 的有机物，因此钢铁废水回用水软化可以采用纳滤技术。然而纳滤不能去除残留的氯，在短时间内需对膜进行洗涤或更换，否则容易发生堵塞或吸附过多的细菌和病毒。

4.3.2.4　反渗透（RO）

反渗透又称逆渗透，是一种以压力差为推动力，从溶液中分离出溶剂的膜分离操作，因为它和自然渗透的方向相反（自然状态浓度高的液体渗透压大于浓度低的液体，水趋向于从高浓度溶液透过膜进入低浓度溶液）而得名。反渗透操作压力一般在 2~10 MPa，需要较高的能量。

与其他水处理方法相比，其特点在于：无相态变化、常温操作、设备简单、效益高、占地少、操作方便、能量消耗少、适应范围广、自动化程度高和出水质量好，反渗透法脱盐率及产水纯净程度高于电渗析法，但设施需要高压设备，原水利用率只有 75%~80%。

作为钢铁企业以脱盐为目的的分离单元，反渗透技术以其占地面积小、运行费用低、管理简单、性能稳定等优势被广泛应用于钢铁废水回用领域[30]。在使用过程中膜污染的问题最为严重，污染类型主要可分为颗粒污染、胶体污染、难溶盐析出和生物污染。唐山钢铁股份有限公司（简称唐钢）利用企业周边的矿井废水作为反渗透处理工艺的水源，取得了较好的效果。另外，唐钢还针对一部分生产废水（240 m³/h），利用反渗透技术进行深度处理，出水水质达到除盐水的标准，完成回用，从而实现了废水的再生和资源化[30]。

4.3.2.5　电渗析（ED）

电渗析是以电场为驱动力，利用离子交换膜为核心部件的一种膜分离方法。离子交换膜是一种功能性膜，具有选择透过性，可分为阴离子交换膜和阳离子交换膜，简称阴膜和阳膜。其中，阳膜只允许阳离子通过，阴膜只能通过阴离子。在外加电场的作用下，水溶液中的阴、阳离子会分别向阳极和阴极移动，经离了交换膜分离，即可达到分离浓缩的目的。

电渗析工艺特点是：能耗低，占地面积小；操作简单，噪声低；出水水质稳定，在脱盐过程中无相变化；污染环境小；适用范围较广，为 200~40000 mg/h；安装复杂；脱盐效率不彻底，一般是 75% 左右；水回收率一般为 50%。

目前膜分离技术在钢铁废水深度处理回用方面，主要采用多膜结合技术，如超滤+反渗透、多介质过滤+反渗透、多介质过滤+超滤+反渗透，其中前两种工艺的占比之和超过 90%，二者的主要区别在于超滤和活性炭的处理工艺区别，超滤能够去除水中非溶解性杂质，特别是钢铁废水中的总铁，超滤出水的总铁能保证在 0.1 mg/L 以下；当入水水质发生波动时，超滤产水水质也能保证在稳定的水平，产水的浊度（NTU）在 1 以下，SDI15<3；而活性炭工艺可通过吸附作用去除油类和小分子有机物，保证后续反渗透膜的进水安全。

因此，在具体应用时可根据废水性质进行选用，一般来说，当废水中含油脂较多（如轧钢冶炼废水）时，可优先考虑多介质过滤+反渗透工艺；当废水中含非溶解性杂质较多（如炼铁废水）时，则可考虑超滤+反渗透工艺；而当废水中上述两类污染物质都较多时，可考虑多介质+超滤+反渗透工艺。

4.3.3 膜法回用工程案例

目前已实现工业化应用的膜分离过程有微滤（MF）、超滤（UF）、反渗透（RO）、纳滤（NF）和电渗析（ED）等。

钢铁废水若只采用常规水处理工艺如中和、生化处理、混凝、澄清、介质过滤等作为反渗透的预处理，往往无法满足反渗透系统的进水水质要求，容易造成反渗透装置的快速污堵及频繁清洗。为减少后续对膜材料的负荷和提高效率，通常在常规水处理工艺的基础上结合超滤等膜技术处理工艺作为反渗透的预处理，从而大大降低反渗透装置的污堵速度及清洗频率，保证反渗透系统的长期、稳定运行，为钢铁企业提供可替代新鲜水、锅炉用水、工业工艺用水的高品质回用水。膜技术在工业废水回用中应用最多的主要是微滤、超滤和反渗透及组合工艺，三者均是以外界压力差作为推动力，实现溶液中溶质和溶剂的分离、分级、提纯和富集。

4.3.3.1 连续微滤（CMF）+反渗透（RO）

表 4-6 为 CMF+RO 工艺进水水质标准。以天津荣程联合钢铁集团有限公司的水生态循环利用工程为例，企业用水量为 $2.3×10^4$ m³/d。该项目采用非常规水源供水，包括荣钢外排水（$2×10^4$ m³/d）、葛沽镇城镇生活污水（$0.5×10^4$ m³/d）和大沽排污河水，既减少了常规取水量，节约了水资源，又降低了生产成本，实现了经济和环境效益的双赢。荣钢自身外排废水主要包括炼铁废水、炼钢废水、轧钢废水及各类循环排污水等，其中炼铁废水中有机物污染较为严重，COD、SS、氨氮浓度较高；炼铁废水和轧钢废水中的 Cl⁻ 和 TDS 含量均较高；与之相对，炼钢废水中 Cl⁻ 浓度不高，但 TDS 含量较高[35]。

表 4-6　CMF+RO 工艺进水水质标准　　　　　　　　（mg/L）

水质	COD	BOD$_5$	SS	NH$_3$-N	TP	TDS	Cl⁻	SO$_4^{2-}$
数值	500	120	100	40	7.0	5000	2100	1200

根据荣钢生产用水的性质和功能要求，处理出水水质分别要求达到企业内部规定的软

化水水质标准和工业新水水质标准，其设计出水水质见表4-7。

表4-7 设计出水水质

项目	工业新水	软化水
pH 值	7~8	7~8
SS/mg·L^{-1}	10	未检出
全硬度/mg·L^{-1}	≤200	≤2
硬度（以碳酸盐计）/mg·L^{-1}	—	≤2
Cl$^-$/mg·L^{-1}	60（200）	60（200）
SO$_4^{2-}$/mg·L^{-1}	≤200	≤200
SiO$_2$/mg·L^{-1}	≤30	≤30
Fe/mg·L^{-1}	≤2.0	≤1.0
TDS/mg·L^{-1}	≤500	≤500
电导率/μS·cm^{-1}	≤450	≤450

注：括号内数值为 Cl$^-$ 的最高浓度。

A 工艺流程

因进水中含有部分生活污水，因此采用的工艺为常规处理（物理处理+生化处理+物化处理）配合膜分离技术（CMF+RO），其工艺流程如图 4-30 所示。前期常规处理主要处理水中的部分有机物、氨氮、磷、悬浮物质等。后期的膜分离技术主要针对剩余的悬浮物质以及离子等。经前期常规处理后，可直接进入 CMF 反应器，其出水分为两部分：过滤清水可流入接触消毒池，经紫外线、臭氧或余氯消毒后，进入清水池，作为工业新水用于生产过程；另一部分废水流入 RO 装置，进行深度处理，其出水同样含两部分：浓水和清水。浓水含盐量极高，需后续进一步处理，而处理完全的清水，经接触消毒后即可作为软化水用于工业生产过程。

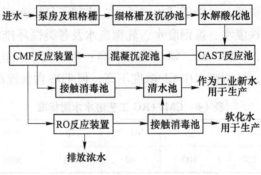

图 4-30 CMF+RO 工艺流程

CMF 系统作为 RO 系统的预处理工艺以保证 RO 系统的安全运行，RO 作为脱盐处理的主要单元能够有效去除水中的可溶性盐分、胶体、有机物及微生物。CMF 系统产水率为 92%，RO 系统产水率为 68%，RO 系统出水水质满足软水水质要求，CMF 部分系统出水与 RO 系统出水混合后作为工业新水，其出水水质如表 4-8 所示。

表 4-8 出水水质

项 目	SS/mg·L^{-1}	COD/mg·L^{-1}	pH 值	TP/mg·L^{-1}	TN/mg·L^{-1}	全硬度/mg·L^{-1}
进水	220~416	125~373	7.86~8.6	0.63~6.11	10.9~131	—
CMF 段出水	0	—	7.94	—	—	37.1
RO 段出水	0	—	6.35	—	—	未检出

项 目	Cl$^-$/mg·L^{-1}	SO$_2^{4-}$/mg·L^{-1}	TDS/mg·L^{-1}	SiO$_2$/mg·L^{-1}	总碱度/mg·L^{-1}	电导率/μS·cm^{-1}
进水	675~3972	—	—	—	—	—
CMF 段出水	1746.75	442.5	3510	6.1	380.4	4830
RO 段出水	36.91	未检出	88.4	未检出	18.2	163.1

从表中数据可得出，进水中 Cl$^-$、电导率、全硬度等物理指标含量较高，且波动较大，经 RO 系统处理后，出水水质能够满足企业用水水质标准。此项工程使得荣钢单位耗水量降为之前的一半，COD、SS、TP、N 等主要污染物排量大幅度下降，实现了工业废水的零排放，而且利用处理出水作生产用水，在缓解周边环境压力的同时，节省了地表水或地下水资源的开采量，节约了社会淡水资源。经调查分析，虽然企业制水生产成本增加了 0.5 元/m³，但总体耗水量减少，综合分析每年可节约二百余万元的生产成本。

B 主要构筑物

该工程中深度处理主要构筑物如下：

（1）接触消毒池：设 1 座，尺寸为 30 m×7 m×3 m，接触时间为 30 min。

（2）CMF 膜设备：为保证 RO 系统的安全运行，采用 CMF 作为 RO 系统的预处理工艺。设计进水量为 45600 m³/d，设计产水量为 44230 m³/d。主要设备为中空纤维超/微滤膜组件，共 22 组（20 组运行，两组反洗），每组 50 支膜；为保证出水达标，同时延长膜组件的使用寿命，每 20 min 对其进行一次气水混合清洗，每天进行一次药洗（采用 NaClO 和 HCl）。

（3）RO 膜设备：作为脱盐处理的主要单元，RO 能够有效去除水中的可溶性盐分、胶体、有机物及微生物。为确保出水水质满足企业用水水质标准，防止进水中 Cl$^-$、电导率、全硬度等物理指标较高，RO 系统设计规模按最大考虑，进水量为 44230 m³/d，产水量为 3×10^4 m³/d。共采用 7 组反渗透膜组件，每组 340 支膜。为保证出水水质达标，延长膜组件的使用寿命，该设备也需进行反洗，但无固定清洗周期，当膜两侧的压力大于

0.3 MPa 时,采用 HCl 和 NaOH 反洗。

4.3.3.2　超滤(UF)+反渗透(RO)+离子交换

五矿营口中板有限责任公司拥有烧结、球团、炼铁、炼钢、轧钢、发电等整套现代化钢铁生产工艺流程及相关配套设施,是国内最大的中厚板精品钢生产基地。五矿营口中板有限责任公司污水处理厂来水水源是公司生产过程中的废水及生活污水,来水水质比较复杂、水质波动比较大。原水中污染物质包含悬浮物质、胶体、藻类、有机物、油类等,硬度在 300~800 mg/L 范围内波动[36]。

A　工艺流程

该企业对废水采用预处理和深度处理相结合的方式,预处理采用混凝沉淀过滤,最终反渗透对盐类物质的去除可达到 98%,可回用于工业生产中轧机所需要的锅炉用水和循环用水。其采用的深度处理方法是超滤+反渗透组合工艺,超滤能够保证反渗透进水的水质,而反渗透则作为系统的核心处理工艺,对再生水进行脱盐处理,最后采用混床进行精脱盐。具体工艺流程图如图 4-31 所示。

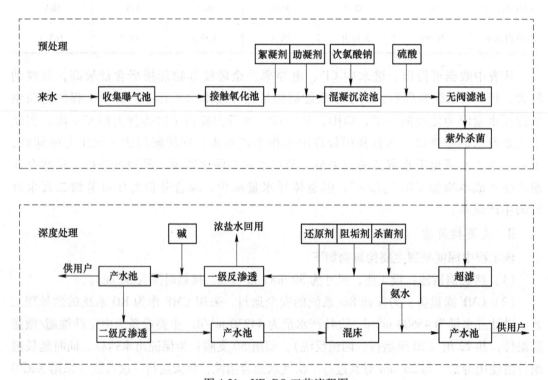

图 4-31　UF+RO 工艺流程图

废水通过混凝沉淀处理后进入无阀滤池再次过滤细小悬浮物质,然后经紫外线杀菌处理,再进入双膜法的处理流程。预处理产水进入超滤系统,产水再进入一级反渗透系统,生产的预脱盐水—级反渗透产水一部分送至用户,其余部分进入二级反渗透系统,产水进入混床进行精脱盐,产出的脱盐水供给发电锅炉使用。

B 主要构筑物及设备

（1）超滤膜：此案例中采用来自美国 KOCH 公司生产的 V1072-PMC 的膜组件。该超滤膜由亲水性的聚醚砜中空纤维组成，每一根超滤膜元件由上千根中空纤维组成纤维束，其有效过滤面积为 80.9 m²，截留分子量为 10 万道尔顿，原水在中空纤维的内部从一端流向另一端，而产水则在原水流经膜的过程中逐渐由内壁向外壁透过（内压式收集）后从产水端排出，而被截留的悬浮物、细菌、大分子有机物、胶体等会堆积在纤维内表面，使得超滤膜的膜前后的压差会逐渐增加，经运行一段时间后，当其压差增加到一定值，就进行反冲洗。但经过多次反冲洗之后，膜表面可能黏附不易冲洗的污染物和微生物，此时应根据污染物种类的不同，采用含盐酸、氢氧化钠和次氯酸钠等不同化学药剂的水溶液进行反冲洗，以增强反洗效果，并起到清洗作用。对超滤膜进行定期化学清理十分必要，可清除由于膜吸附积累在膜表面的沉淀物，恢复膜性能。对于化学清洗的模式选择，依照水质情况选择，如短时高频等处理方式，而循环清洗的模式往往能产生良好的清理效果。该案例中采用错流过滤的方法，即要过滤的流体与膜表面平行流动，能使膜通量增大且污染物不易沉积，内压式超滤膜可采用上下原水口交错进液的方式，有效避免污染物在膜表面沉积形成死角。

超滤预处理的周期时间约为 30 min，可通过自动化控制运行—反冲洗—快冲洗三个完整阶段，工艺选择变频恒流量设计，使用变频器将产水流量和水泵进行连接控制，使产水流量维持在稳定数值，能够有效避免由于温度、短时间膜污染而引起的通量变化。

（2）反渗透膜：该案例中设计了两级反渗透。一级反渗透共 6 套设备，均使用美国陶式 BW30-400FR 抗污染反渗透膜元件，膜面积为 34 m²。压力容器采用国产玻璃钢膜壳，设计单套机组产水量 150 m³/h。二级反渗透作为混床预脱盐装置，2 套均采用美国 XLE-40 超低压反渗透膜元件，膜面积 41 m²。压力容器采用国产玻璃钢膜壳，设计单套产水水量 75 m³/h。

反渗透设备运行一段时间后，浓水侧的污染物将原水中的各污染物浓缩了 2~4 倍，由于浓差极化的原因，可能会在反渗透膜表面产生各类污垢，致使反渗透膜性能下降、产水量下降、脱盐率下降，此时必须进行化学清洗来恢复膜的透水量。

（3）混床：采用混床进行精脱盐，保证产水水质能够满足用水水质的要求，混床由混合离子交换器、树脂捕捉器、酸碱再生系统等组成，其运行包括运行、反洗、树脂分离、再生、正洗等过程。系统配备 1 台直径混床，设计产水水量 75 m³/h，强酸树脂采用 001-7MB 树脂，强碱型树脂采用 201-7MB 树脂。

整个系统运行效果如下：对悬浮物和浊度的去除显著，最终稳定在 10 mg/L 左右；COD 初始浓度为 30 mg/L，去除率在 99% 以上；二价铁离子去除率则达 99% 以上；经反渗透脱盐后，电导率指标由 3000 μS/cm 降低为 60 μS/cm，脱盐率超 98% 以上。

4.3.3.3 多介质过滤+RO

多介质过滤器是利用两种以上过滤介质，在一定的压力下把浊度较高的水通过一定厚度的粒状或非粒状材料，从而有效地除去悬浮杂质使水澄清的过程，常用的滤料有石英砂、无烟煤、锰砂等，主要用于水处理除浊，软化水，纯水的前期预处理等，出水浊度可达 3NTU 以下[37]。

在膜法工艺段前安置多介质过滤器可有效去除部分杂物，提高膜前进水水质。废水经多介质过滤器过滤后，产水浊度保持在 1~2 NTU，从而减小了后续膜堵塞的可能性，也降低了膜工序的运行负荷。

以沈阳某钢铁厂内部污水厂为例。该项目采用了"高效沉淀池+V 型滤池+多介质过滤+反渗透"组合工艺处理钢厂废水。

该厂的每日污水处理量为 2.4×10⁴ m³，主要包含厂内生产废水及生活污水，含大量悬浮物，硬度较大，还有少量浮油。其中污水 pH 值为 7~8，SS 范围为 28~45 mg/L、总硬度不高于 600 mg/L，油质量浓度为 1.036~1.413 mg/L。经过深度处理后的出水会回流至生产用水段循环使用。

此项目的主要构筑物有格栅调节池、高效沉淀池、V 型滤池、多介质过滤器和反渗透，以及部分辅助设施。

A　工艺流程

工艺流程图如图 4-32 所示，在预处理单元中通过高效沉淀池去除污水中主要悬浮物，再经 V 型滤池进一步去除水中的 SS 及有机物，出水部分流入回用水池。另外一部分出水流入到深度处理单元中进行深度处理。在深度处理单元中可通过多介质过滤器完成对 SS 进一步去除，再通过反渗透膜去除可溶性无机盐类，出水一部分供锅炉使用，另一部分流入到回用水池，在这里经预处理的水与深度处理的水相互混合，出水水质能够达到该钢厂生产用水的使用标准。

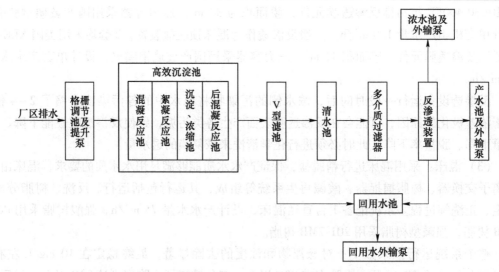

图 4-32　高效沉淀池+V 型滤池+多介质过滤+反渗透工艺流程图

该厂分为预处理系统和深度处理系统，流量为 1000 m³/h，其中预处理系统出水 500 m³/h，作为深度处理原水，经一级反渗透后出水 390 m³/h，其中 290 m³/h 与预处理系统剩余的 500 m³/h 出水勾兑，外供混合回用水为 790 m³/h，锅炉补给水 100 m³/h，浓水 110 m³/h。其中预处理（表 4-9）、深度处理出水指标（表 4-10）分别如下：

表 4-9　预处理出水水质

项目	SS/mg·L⁻¹	总硬度/mg·L⁻¹	总碱度/mg·L⁻¹	油/mg·L⁻¹	pH 值
进水	36.39	≤600	300	1.171	8.18
出水	<5	<450	<100	1	7~9
去除率	>86.3	25	>66.7	>17.1	—

表 4-10　深度处理出水水质

项目	总硬度/mg·L⁻¹	总碱度/mg·L⁻¹	pH 值
进水	<450	<100	7~9
出水	≤1	≤1	≥8
去除率	99.8	99.0	—

预处理和深度处理混合水出水水质总硬度和碱度分别为 230 mg/L、58 mg/L，pH 值为 8。根据效益计算，每处理回用 1 m³ 污水，可节省生产新水取水费和污水排污费共 2.5 元，节省的费用即可产生的效益，污水处理厂每年节约费用（营业收入）共计 1750 万元。药剂成本费：聚铁 PFS，年消耗量 3504 t，每吨 1350 元，年总成本 214 万元；熟石灰 2737.5 t，每吨 380 元，年总成本 86 万元。电费年消耗量 8.39×10⁶ kW·h，单价 0.68 元/(kW·h)，总成本 375 万元。

B　主要构筑物及设备

格栅：1 座，钢筋混凝土结构，栅渠宽度 0.7 m，栅前水深 1 m。主要用于去除污水中的大块污染物。

调节池：两座，钢筋混凝土结构，尺寸 30 m×10 m×5 m，单池有效容积 1500 m³。池内设置水下搅拌机 4 台，单台功率 13 kW。

高效沉淀池：最大设计流量为 1030 m³/h。

混凝反应池 4 座，钢筋混凝土结构，每座池内设搅拌机 1 台，共 4 台，功率 2.2 kW，主要作用是污水与混凝剂快速混合，使废水中的胶体状杂质脱稳形成细小的矾花，为后续絮凝反应提供有利条件。

絮凝沉淀池分为两个反应池，能量扩散室和非混合池室，在能量扩散室内主要通过控制能量扩散和使用流量可变的泵控制污泥回流来优化絮凝反应。第二室为非混合室，在这里能够产生较大的、均匀的矾花并快速沉淀。内设絮凝搅拌机 2 台，功率为 4 kW。

沉淀-浓缩池：2 座，钢筋混凝土结构，内设中心传动刮泥机 2 台，功率为 0.75 kW。

后混凝反应池：1 座，钢筋混凝土结构，内设快速搅拌机 1 台，功率 1.1 kW。

V 型滤池：3 座，钢筋混凝土结构，尺寸为 13.99 m×3.5 m，过滤介质以上水深 1.2 m，过滤介质床厚度 1.5 m。鼓风机（用于反洗）流量 $Q = 22.47$ m³/min，风压 $p = 40$ kPa，$N = 30$ kW，3 台（两用一备）。

多介质过滤器：8 台，Q235 碳钢衬胶，ϕ3200 mm×4400 mm。主要用于进一步去除水中的悬浮颗粒物质，以减轻后续处理设备的负荷，增加系统的产水能力，减少运行费用，过滤器的辅助设备有反冲洗水泵和反洗风机、次氯酸钠加药装置。反冲洗水泵采用卧式离心泵，2 台（一用一备），$Q = 350$ m³/h，扬程为 20 m。反吸风机采用三叶罗茨风机，2台（一用一备），$Q = 7.62$ m³/min，风压 $p = 58.8$ kPa。

反渗透：主要包括反渗透增压泵、保安过滤器、高压泵、反渗透装置和辅助系统，辅助系统主要有冲洗水泵、还原剂加药装置、阻垢剂加药装置、杀菌剂加药装置和清洗系统。反渗透高压泵采用卧式离心泵，4 台，$Q = 130$ m³/h，$H = 115$ m，$N = 55$ kW。反渗透冲洗泵采用卧式离心泵，1 台，$Q = 130$ m³/h，$H = 35$ m。清洗保安过滤器，1 台，垂直圆筒，$\phi 400$ mm×2100 mm、流量 150 m³/h、工作压力 0.4~0.5 MPa。

4.4　综合处理回用

4.4.1　综合回用废水来源

钢铁行业产生废水种类较多，如焦化废水、冶炼废水、轧钢废水等，这些废水分别经各单元处理之后，一般可回用或部分回用，但在回用过程又会产生必须的外排废水，或因不断循环使用中使盐类浓度持续上升而必须外排。因此对于这部分废水需综合处理而成为综合废水。钢铁厂的综合废水来源主要包括以下几部分[2,3,38]：（1）强制排污水：大型钢铁企业的直接与间接循环冷却水系统的强制排污水；（2）浓盐水：钢铁行业中再进行水质软化、除盐过程中，由软化水、脱盐水以及纯水制备设施产生的浓盐水；（3）跑、冒、滴、漏等零星排水；（4）其他综合废水：某些钢铁企业由于使用合流制排水系统，或因改扩建等原因造成分流制排水系统或用水循环系统不够完善，未经处理的全厂废水或因排水体制不够完善而造成必须外排的废水。

在钢铁企业内为了保证综合废水处理系统处理水达到回用标准的要求，需要注意的是：（1）大型联合钢铁厂内的焦化废水必须分开处理，不得排入综合处理系统；（2）冷轧过程中产生的冷轧废水一般需要先经单独处理，再经酸碱废水处理系统中和沉淀后，才能进入综合废水处理系统。

4.4.2　综合处理回用技术

我国钢铁联合企业大都设有综合污水处理厂，但多数只是对全厂各工序汇集的生产、生活废水进行常规的气浮、生化、混凝、过滤、沉淀、消毒等处理，不含深度处理（如除盐）和污泥处理流程，即便出水可部分回用于生产系统，但若长期运行会造成盐度积累，为保持全厂循环水系统水质稳定，必须考虑脱盐问题。目前常用的脱盐技术主要有离子交换、电渗析、膜法等[2,3,4]。此外，传统的生物处理技术也适用于钢铁综合废水的处理，如生物法中的曝气生物滤池与反硝化滤池、V 型滤池或 A/O 生物反应池相结合，电吸附法等新式处理技术也逐步应用于钢铁废水处理中。

综上所述，综合废水处理的工序阶段主要分为三个部分：预处理、核心处理和深度处理。常规工艺会把预处理和核心处理统归于预处理工序，此外，回用系统、药剂投放系统和污泥处理系统也是需要考虑的重要流程[4]。

4.4.2.1　预处理

与传统废水的预处理类似，综合废水的预处理通常使用物理拦截除去大颗粒固体杂质和部分油类物质。为方便后续处理，还会增设沉砂池，调节池和废水提升泵房，以此调节水质水量，从而满足后续工艺的进水条件[4]。

格栅：在污水处理系统或水泵前，必须设置格栅，目的是截去粒径大于目标间距的大颗粒固体杂质和部分有机物质。根据栅条形状和间距，格栅又可分为多种不同类别。

沉砂池：污水在迁移、流动和汇集过程中不可避免会混入泥砂。泥砂如果不预先沉降分离去除，会磨损机泵、堵塞管网，影响后续处理设备的运行，干扰甚至破坏生化处理过程。沉砂池可用于去除污水中粒径大于 0.2 mm，密度大于 2.65 t/m³ 的砂粒，以保护管道和阀门等结构，减少其磨损和阻塞，目前主流沉砂池多为旋流沉砂池。

调节池：平衡水质和水量，加缓冲有机物负荷，调节 pH 值，减少流量或水质波动对后续处理设施的影响。

4.4.2.2 核心处理技术

核心处理技术主要包括混合配水、澄清和过滤三部分[2,3,4]。

混合配水、澄清：废水经预处理后，由泵提升进入混合配水井，通过配水堰并按比例分配后，进入高效澄清池的絮凝反应区，在配水井的不同位置投加相应的混凝剂和石灰，使废水与药剂混合均匀，提高絮凝沉淀效果。作为高效水处理构筑物，高效澄清池集加药混合、反应、澄清、污泥浓缩于一体，并采用浓缩污泥回流循环和加斜管沉淀技术，能够在快速搅拌混合区通过投加混凝剂和在絮凝反应区投加助凝剂和石灰乳去除废水中部分悬浮物、油类物质、COD、BOD$_5$和硬度等污染物质，出水调整 pH 值后可自流至过滤池进行过滤处理。该工艺的占地面积仅为常规工艺的 1/2，减少了土建造价，节约用地。由于设置污泥回流，使得污泥和水之间的接触时间较长，主要优势在于：一是与传统工艺相比，降低了药剂的投加量，有效节约成本；二是有效抗冲击负荷能力提升，当短时间内水量、水质发生突变后仍能保持较稳定的出水质量；三是排出的污泥无需浓缩或加药，可降低污泥处理费用。国内首钢、本钢、梅钢、邯钢、宁波钢铁总厂都采用了这种工艺，并取得了良好实践效果。

过滤：过滤是废水处理过程中的重要环节，在常规水处理流程中用于去除悬浮物和浊度，保障出水水质。常见的代表性滤池有 V 型滤池、高速滤池等，前者已在首钢、本钢等污水处理厂试用，效果良好；后者在宝钢、武钢等有关生产工序水处理中应用，经对现有工程运行的相关滤池的调研和分析，V 型滤池更适用于钢铁企业综合废水处理，其特点是单个池子面积大，大颗粒均质滤料便于恒速过滤，周期性产水，质优量多，采用 PLC 完全自控的气水反冲洗并辅有横向水扫洗，反冲洗彻底，效果良好。

4.4.2.3 深度处理技术

目前钢铁厂常用的深度处理方法有絮凝沉淀法、砂滤法、活性炭法、臭氧氧化法、膜分离法、离子交换法、高级氧化法、蒸发浓缩法、电吸附、生物法等[39]。

A 膜技术

（1）超滤（UF）：采用超滤膜以压力差为推动力的膜过滤方法为超滤膜过滤，其膜孔径规格一致且额定孔径范围为 0.001~0.02 μm 的微孔过滤膜。超滤膜的膜材料主要有纤维素及其衍生物、聚碳酸酯、聚氯乙烯等，适用于溶液中溶质的分离和增浓，也常用于胶状悬浮液的分离，由于操作及效果的优势，其应用领域在不断扩大。

（2）反渗透（RO）：通过加压使水从高浓度流向低浓度，逆向控制膜两侧盐浓度平衡。膜的过滤精度约为 0.0001 μm，仅允许水分子和选择性离子通过，其他杂质和重金属则无法通过，从而在压力下使得溶液中的溶剂与溶质进行分离。

目前，在充分考虑目前国内外脱盐技术、钢铁企业综合废水特点及回用目标等因素的基础上，集成出适合于钢铁企业综合废水深度脱盐处理的超滤+反渗透双膜法工艺路线，即采用超滤代替传统的多介质过滤器或活性炭过滤器等作为反渗透的预处理，为反渗透系统提供更优良的进水水质。

（3）膜蒸馏（MD）：除了上述常见的膜分离技术之外，近几年有研究者采用膜蒸馏技术对钢铁综合废水进行处理研究。膜蒸馏是一种采用疏水微孔膜为分隔介质，通过加热进水侧同时冷却产水侧使膜两侧产生蒸汽压差并以此作为传质传热驱动力的分离过程[40]。在膜蒸馏过程中，通过加热进料液使其蒸发汽化，在蒸汽压差的驱动下蒸汽透过疏水膜在渗透侧冷凝，而非挥发性物质被截留在进料侧，以此来达到水与其他物质分离的目的[41]。在膜蒸馏工艺中，用作直接液态水渗透的屏障和水蒸气传输的多孔介质膜必须是疏水的，通常由低表面能的聚合物制备，聚四氟乙烯（PTFE）、聚偏氟乙烯（PVDF）和聚丙烯（PP）是膜蒸馏过程中常用的膜材料[42]。根据促进气态分子跨膜的蒸汽压差的产生方式和蒸汽在渗透侧收集方式的不同，膜蒸馏可以分为：直接接触式膜蒸馏（DCMD）、气隙膜蒸馏（AGMD）、真空膜蒸馏（VMD）、扫气膜蒸馏（SGMD）四种经典形式[43,44]。本课题组通过膜蒸馏技术处理钢铁综合废水（主要包括 RO 浓水、中和站废水和混合废水），能够有效截留钢铁行业废水中的无机盐，在 24 h 的实验中，RO 浓水Ⅱ和中和站废水的电导率小于 15 μS/cm，截盐率大于 99.99%。另外，能够高效去除 RO 浓水中的大部分有机污染物，对总有机物去除率均在 95% 以上[1]。

B　曝气生物滤池（BAF）[45]

曝气生物滤池由滴滤池发展而来，属于生物膜法范畴，最初用作三级处理，后直接用于二级处理。曝气生物滤池处理污水的原理是利用反应器内滤料上附着生物膜中微生物的氧化分解作用，滤料及微生物膜的吸附阻留作用和沿着水流方向形成的食物链分级捕食作用以及微生物膜内部微环境的反硝化作用去除污水中的污染物。

根据曝气生物滤池中的水流流向，可分为上向流和下向流曝气生物滤池，由于上向流曝气生物滤池接近于理想滤池，所以在实际工程中应用较多。其工艺特点如下：（1）具有较高的生物浓度和较高的有机负荷。曝气生物滤池采用粗糙多孔的球状滤料，为微生物提供了较佳的生长环境，易于挂膜及稳定运行，滤料表面和滤料间能够保持较多的生物量，单位体积内微生物量远远大于活性污泥法中的微生物量，可达 10~15 g/L，高浓度的微生物量使得 BAF 的容积负荷增大，进而减少了池容积和占地面积，使基建费用大大降低。（2）工艺简单、出水水质优异。滤料的机械截留作用以及滤料表面的微生物和代谢中产生的黏性物质形成的吸附作用，使得出水的 SS 很低。周期性的反冲洗流程可以冲洗生物膜进而重复使用。（3）抗冲击负荷能力强。滤池中遍布的微生物使整个滤池对有机负荷和水力负荷的承受能力提升，并能有效解决污泥膨胀问题。（4）氧的传输效率高。曝气生物滤池中氧的利用率可达 20%~30%，曝气量明显低于一般生物处理。（5）易挂膜、启动快。BAF 调试时间短，一般只需 7~12 天，采用自然挂膜驯化，不需接种污泥。由于微生物生长在粗糙多孔的滤料表面，微生物不易流失，使其运行管理简单。（6）菌群结构合理。在 BAF 中从上到下形成了不同的优势菌种，因此使得除碳、硝化/反硝化能在一个池子中发生。(7) 脱氮效果好。通过对两组滤池或同一座滤池内分别人为地造成好氧、兼氧的生物环境，再通过连续测定各滤池中溶解氧的数值并不断控制调节，不仅能去除一般有机物和悬浮固体，而且具有较好脱氮功能。

该工艺不足在于：对进水的 SS 要求较高；进水浓度也不能过高；水头损失较大。

C 反硝化滤池

反硝化滤池是具有反硝化脱氮功能的生物滤池。反硝化滤池工艺中进行的脱氮反应大部分是异氧反硝化细菌以有机碳源（常见的碳源如甲醇，醋酸和乙醇等）作为电子供体，以硝酸盐或亚硝酸盐作为电子受体的氧化还原过程；或利用部分自养反硝化细菌，以无机的碳（如 CO_2、H_2CO_3 等）作为碳源，以氢和铁、硫等的化合物为电子供体。整个过程涉及 4 种酶：即硝酸盐还原酶、亚硝酸盐还原酶、一氧化氮酶和一氧化二氮酶，分别参与硝酸盐转化的 4 步反应：$NO_3\text{-}N \rightarrow NO_2\text{-}N \rightarrow NO \rightarrow N_2O \rightarrow N_2$。

根据水力流态可分为上流式和下流式两种形态。上流式的反硝化滤池形态和传统的生物滤池的结构较为类似，污水从下部往上部流动，滤池从下往上依次分为配水层、承托层、填料层、清水层。下流式的反硝化滤池形态和 V 型滤池结构较为类似，污水从滤池上部配水槽进入滤料区，滤池从上往下依次分为配水区、填料区、承托层、出水收集区。

与曝气生物滤池相比，反硝化滤池无需在滤池中增加曝气设备，仅需设计反冲洗设备。为了保证反硝化滤池的正常运行，常常配备有气水联合反冲洗设备。

反硝化滤池工艺技术特点及优势：单池完成反硝化过程与过滤过程，可同时去除 SS、TP 和 TN；反硝化深床滤池，占地面积小；前端结合 BAF 工艺等其他硝化工艺，可达到同时去除氨氮、总氮、SS、总磷效果等。

D A/O 生物滤池[46]

A/O 脱氮工艺又叫作前置缺氧反硝化生物脱氮工艺，是常用的一种生物脱氮技术，工艺主体由缺氧池和好氧池组成。反硝化反应主要的反应单元为缺氧池，好氧池中硝化反应产生的硝态氮以混合液体回流的形式返回缺氧段，进一步反硝化提高脱氮效果。

A/O 生物滤池属于生物膜法。生物载体可以使微生物附着在固体载体表面进行生长和繁殖。通过与废水直接接触，将水中污染物吸附在生物膜表面并实现生物降解的一类污水处理技术。生物膜的表面有一层附着的水层，在废水流入生物滤池时，污染物扩散到生物膜，生物膜分解污染物，代谢物从生物膜转移回液相。老化的生物膜在水流剪切力下脱落，微生物在滤料表层不断繁殖，如此往复实现对污水的净化。该脱氮工艺可充分利用水中污染物，整体工艺简单。生物滤池中装有高比表面积的颗粒状填料，在填充区域内形成三维结构生物膜，空间利用率高，构筑物结构紧凑，占地面积小。此外，生物膜系统生物相多样性好，微生物的生态环境良好，产生的剩余污泥很少，运行费用低，不会发生污泥膨胀，无需设置二沉池。但是其缺点也比较明显，生物滤池有机物容积负荷高，水力负荷大。

A/O 生物滤池处理钢铁综合废水时，时常与其他生物工艺相结合，如 A^2/O 工艺，主要目的是脱除综合废水中的含氮和含磷物质，提高系统抗冲击能力[46]。本课题组采用 A^2/O 与A/O 生物滤池相结合，分别在并联与串联状态下处理钢铁综合废水（由反渗透浓水和中和站废水组成的混合废水），其中氨氮为 28～32 mg/L，硝态氮为 13～17 mg/L，总氮为 44～48 mg/L，磷浓度 2.7～3.3 mg/L。并联工况下，A^2/O 与 A/O 生物滤池出水氨氮浓度分别为 8.72 mg/L 与 6.3 mg/L，总氮分别为 13.5 mg/L 和 10.1 mg/L，磷浓度分别为 1.32 mg/L 与 2.3 mg/L。A/O 生物滤池比 A^2/O 有更好的脱氮效果，但由于其无剩余污泥的排出，所以除磷效果差；串联工况下，出水氨氮浓度 1.69 mg/L，硝态氮浓度 3.77 mg/L，总氮浓度 6.26 mg/L，相较于反应器独立运行状态，出水氨氮和总氮去除率均有较大提升，主要原因是 A^2/O 抗冲击能力更强，串联工况下为后续的 A/O 生物滤池起了较大的缓冲作用，能更好地适应实际生产中随生产周期变化的水质水量波动。该串联工艺在实际综合废水处理过程中，A/O 生物滤池出水氨氮和总磷稳定在 2 mg/L 以下，与实验室规模实验结果一致，出水可达到 GB 3838—2002 V 类标准[46]。

    E 电吸附[5]

电吸附是在电极两端施加电压，使水中的离子、带电粒子和其他带电物质在静电作用下发生迁移，并被存储至电极表面的双电层中（双电层的厚度一般 1～10 nm），从而降低了出水的溶解盐类、胶体颗粒和其他带电物质的浓度，使水得以脱盐及净化；当电极吸附达到饱和后，除去外加电场并将电极短接，吸附的吸附质即被释放到溶液中，通过该过程方能实现电极的再生，脱附后的电极可重新投入使用。新型电吸附技术可应用于处理后的综合废水深度净化脱盐处理，使之达到特殊用途标准。

根据双电层理论，电极表面离子吸附量与体相浓度及表面电位之间有如下关系：

$$q = \frac{(8RT\xi)^{\frac{1}{2}}C^{\frac{1}{n}}\sinh\left(\frac{zF\varPhi}{zRT}\right)}{zF}$$

式中，q 为表面电荷数；ξ 为水在电极表面的介电常数；C 为水中离子浓度；z 为离子电介数；F 为法拉第常数；$\varPhi$ 为电极表面电位；R 为通用气体常数；T 为热力学温度；n 为实验所得常数。

从上式可以看出，当电极表面电位达到一定值时，双电层离子浓度可达溶液体相浓度的成百上千倍。电吸附是将电化学理论与吸附分离技术结合起来的一种不涉及电子得失的非法拉第技术，所需电流仅用于给吸附电极溶液界面的双电层充电，因此电吸附本质是一个低电耗过程，是一种清洁生产新技术。

国内外学者对吸附双电层应用机理进行了研究，认为电极材料必须满足与具备使用寿命长、比表面积较大、低电阻、良好的极化性、化学性能稳定、在一定电压范围内不参与法拉第反应等性质。在溶液种类和浓度一定的条件下，电极的吸附容量随外加电压的增大而增加，在固定溶液种类和外加电压不变的条件下，电极的吸附容量随着溶液浓度的增大而增加，并最终达到极限值。

除上述技术外，还有研究者研究电渗析、MBBR、离子交换等技术在综合废水处理中的应用。

4.4.3 综合回用工程案例

为将综合废水的处理达到相关水质标准与回用要求，焦化废水必须分开，不得排入；冷轧工序废水应先经单独处理后，再经酸碱废水处理系统中和沉淀后，方可进入综合废水处理系统。而综合回用废水处理方式表现为相对集中处理，单独处理水中含特殊物质的特种废水，汇集相同水质的废水，再进行统一的废水治理，从根本上降低污染物浓度，灵活调配水的去向，防止污染物在系统中富集。

4.4.3.1　格栅+隔油沉砂池+平流沉淀池+接触氧化池+高效沉淀池+V型滤池+UF+RO

以湖北钢铁厂综合废水治理的工程为例，该案例采用"格栅+隔油沉砂池+平流沉淀池+接触氧化池+高效沉淀池+V型滤池+超滤+两级反渗透"的处理工艺[47]。

湖北某钢铁厂年产钢铁约 $5.2×10^6$ t，新水耗量约 4.5 m^3/t，全厂实际水回用率仅为90%左右，均有较大提升空间。为控制全厂水系统中污染物及盐含量，需外排废水 $1.5×10^4$ m^3/d，且外排水相关水质时有超标，无法满足环保与企业发展要求。因此进行二期改造，增设脱盐工艺来提高水质，控制盐分含量，提升回用水率。综合废水的主要组分包括：生产车间的生产废水、生活废水和部分雨水等。

A　工艺流程

整个工艺流程如图 4-33 所示，生产废水和生活污水通过粗格栅、细格栅拦截漂浮物后重力流入隔油沉砂池，在隔油沉砂池去除浮油、大颗粒砂粒后进入初沉池进一步去除悬浮物，然后进入接触氧化池，通过生化作用去除有机污染物、氨氮等。接触氧化池出水经轴流泵提升后进入高效沉淀池，通过投加絮凝剂和石灰去除悬浮物、降低暂时硬度。高效沉淀池出水进入 V 型滤池，进一步去除悬浮物，滤池出水进入紫外消毒渠，经消毒后进入循环水池，成为净化水。深度处理采用超滤和反渗透双膜工艺进一步除盐，除盐水进行外供。

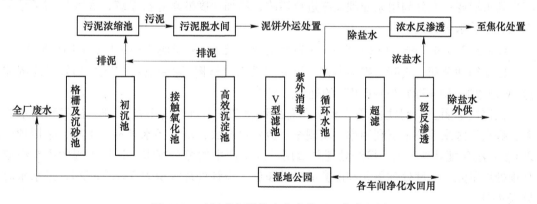

图 4-33　武汉某钢铁综合废水处理工艺流程图

B　主要构筑物

（1）初沉池：原初沉池共 4 座，每座分 2 格；原设计处理规模为 6000 m^3/h，单池尺寸 32 m×47 m，深 4.0 m，有效水深 3.5 m；设吸泥机 8 台，轨距 16.35 m，轮距 3.0 m，每台吸泥机配排泥泵 2 台。改造后设计规模为 4200 m^3/h。通过计算，现有 2 座即可满足初沉池设计停留时间及表面负荷要求。

（2）接触氧化池：由原 1 号初沉池改造而成，在水池内安装填料，进行生物挂膜；安装曝气装置（最大曝气比为 4.6∶1），提供溶解氧和防止污泥沉积；进水侧底部增加布水花墙，出水侧增加集水区，保证填料均匀布水。设计处理规模为 4200 m^3/h，水力停留时间为 1 h。由于停留时间较短、水池面积较小，设计单位面积曝气强度可达到 12.76 m^3/m^2；根据进水溶解氧含量（0.5~2 mg/L），考虑到近期进水，设计曝气风机运行 2 台，满足供氧和搅拌需要。

（3）V 型滤池：滤池 6 格，单格面积 135 m^2，总面积 810 m^2，本次改造后设计处理规模为 4200 m^3/h，改造后单格能力为 717 m^3/h，滤速 5.2 m/h，气冲强度 14.5 L/($m^2 \cdot s$)，滤池反洗泵 3 台，$Q=1200$ m^3/h，$H=150$ kPa，$N=75$ kW。

（4）超滤：超滤共 4 套，单套产水能力 198 m^3/h，膜通量 60 L/($m^2 \cdot h$)，回收率不小于 90%。超滤前面设置自清洗过滤器，过滤精度 200 μm，全自动运行。给水泵、反冲洗泵各 4 台。

（5）一级反渗透：装置共 4 套，单套产水能力 145 m^3/h，膜通量 21 L/($m^2 \cdot h$)，回收率 75%，脱盐率不小于 98%。给水泵、反冲洗泵各 4 台。

（6）浓水反渗透：装置共 2 套，单套产水能力 68 m^3/h，膜通量 18 L/($m^2 \cdot h$)，回收率 70%，脱盐率不小于 98%。给水泵 4 台，反冲洗泵 2 台。

废水处理站经改造后，正常运行情况下能够实现无废水外排，新水耗量由 2670 m^3/h 降至约 1800 m^3/h，全厂对新水的消耗减少约 870 m^3/h，通过超滤反渗透系统深度脱盐后，将浓盐水进一步处置，控制废水中盐含量，确保系统长期稳定运行。

废水回用设计流量按 4000 m^3/h 考虑，再加上电力等能源消耗、药剂消耗、人工费用等，实际运行时，合计直接运行成本 1.27 元/m^3。

该工程处理钢铁综合废水，处理效果显著，运行成本较低，能够有效控制超标外排，减少新水消耗。充分利用原处理设施进行增改，添加深度处理除盐系统，大大提高了净水水质，降低水中含盐量。

4.4.3.2　格栅+除油池+调节池+高效反应沉淀池+V 型滤池+UF+两级 RO+EDI

以某钢铁公司的实际工程为案例，该案例采用"格栅+除油池+调节池+高效反应沉淀池+V 型滤池+UF+两级 RO+EDI"的处理工艺[48]。

该钢铁集团公司钢铁精品基地年产商品钢材 790 万吨。为节能减排、合理利用水资源、提高厂区水系统重复利用率、实现全厂废水零排放，新建污水处理厂 1 座，采用预处理+多膜法深度处理工艺，接纳处理并回用厂区所产生的综合废水。该项工程的主要组成是预处理单元、深度处理单元和配套的辅助设施。设计处理水量为 3×10^4 m^3/d，进水水质见表 4-11。

表 4-11　进水水质

项目	pH 值	TDS/mg·L^{-1}	电导率/μS·cm^{-1}	硬度（以 $CaCO_3$ 计）/mg·L^{-1}	碱度（以 $CaCO_3$ 计）/mg·L^{-1}	Cl^-/mg·L^{-1}
原水	7.0~9.0	≤2000	≤3500	≤800	≤400	≤500
一级 RO 产水	7.0~9.0	≤40	≤60	≤5	≤10	—
二级 RO 产水	7.0~9.0	≤5	≤6	≤2	≤1	≤1
超纯水	6.5~8.0	—	≤0.1	—	—	—

A 工艺流程

该钢铁公司综合废水处理工艺流程如图4-34所示。

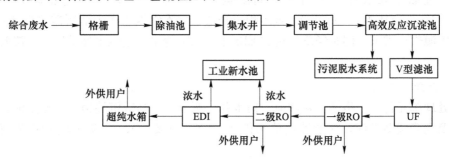

图4-34 钢铁公司综合废水处理工艺流程

厂区各单元生产污废水经管网收集后，通过格栅拦截颗粒漂浮物，经除油池进行除油，由污水提升泵供至调节池对水质、水量进行调节，后进入高效沉淀池，投加药剂使污水通过混合、反应、絮凝、沉淀发挥除硬、澄清的作用，去除废水中的大部分硬度及部分有机物，保证后续系统稳定运行。高效沉淀池出水调节pH值后进入V型滤池进行过滤，进一步去除水中的悬浮物（SS）和化学需氧量（COD）等，保证后续系统连续稳定运行。V型滤池出水进入超滤（UF）系统，进一步降低进水中的胶体、SS及COD等污染物。超滤产水经一级反渗透（RO）供水泵进入一级RO系统进行预脱盐，降低水中的盐分，一级RO采用一级两段式设计，一段产水供给二级RO用水，二段产水外供炼铁炼钢用户；二级RO对一级RO来水进行除盐，进一步降低水中的盐分，其产水供电去离子（EDI）装置及焦化用户。EDI装置用于深度除盐，进一步去除水中的盐分，使得产水满足业主高压锅炉用水要求；二级RO浓水及EDI浓水进入工业新水池作为补充用水。

各单元产水回收率如表4-12所示。经24 h连续测试，该工艺系统运行稳定，各阶段产水水质良好，能够满足各阶段进水水质条件及用水需求。实际产水水质相关数据如表4-13所示。

表4-12 各单元产水回收率

处理单元	水量/10^3 m$^3 \cdot$ d^{-1}		回收率/%
	进水	出水	
一级 RO	12~26	8~20	72~80
二级 RO	5~14	40~13	90~94
EDI	2~5	1.8~4.6	>92

表4-13 实际产水水质

项目	TDS /mg $\cdot$ L^{-1}	电导率 /μS $\cdot$ cm^{-1}	硬度（以 CaCO$_3$ 计）/mg $\cdot$ L^{-1}	碱度（以 CaCO$_3$ 计）/mg $\cdot$ L^{-1}	Cl$^-$/mg $\cdot$ L^{-1}
UF 产水	—	400~1800	258~266	98~118	100~725
一级 RO 产水	6~23	5.6~30	2.2~4.3	1.3~2.8	0.54~6.7
二级 RO 产水	0.1~0.8	0.5~2.5	—	—	—
超纯水	—	0.055~0.057	—	—	—

工程总投资为 7760 万元，工程在实际投运后，处理 1 m³ 综合废水，可为企业节省排污费及工业新水取水费共 3 元/m³。每日运行费用为 1.94 元/m³，包括动力费、药剂费（如 PAC，PAM 等）、人工费。该工程也降低了原本钢铁生产生活所需的 20%～25% 外部水库资源供应需求。同时经反渗透和 EDI 生产的除盐水、超纯水外供生产经济效益价值更高。

B　主要构筑物

预处理单元包含：格栅、除油池、集水井、调节池、高效沉淀池、V 型滤池、预处理产水池及配套辅助设施。深度处理单元包括：UF、一级 RO、二级 RO、EDI 及辅助生产设施。

（1）格栅：循环齿耙式中格栅 2 台，单台格栅渠道宽度 1.5 m，渠深约为 6.4 m，安装角度 75°，每台格栅均设置 1 个栅渣斗。

（2）调节池：三池合建，有效容积不小于 18 h 的调节量。实际生产中各水池分别处于进水、混匀、供水不同状态，可通过水池中的电导率检测判断调节池均质效果。

（3）高效沉淀池：分为混凝区、反应区、澄清区、出水 pH 调节区，澄清区采用斜管沉淀。其设计处理量 35×10^3 m³/d，共 2 座，每座都可单独运行。其沉淀段入口流速大于 50 m/h，斜管澄清区上升流速小于 12 m/h，污泥循环系数为 0.01～0.05，可根据实际情况调整不同流量。

（4）V 型滤池：设置 1 座，共 4 格，处理水量 34.46×10^3 m³/d，单池有效过滤面积 48 m²。滤池的设计滤速小于 7.50 m/h；滤料为单层均质海砂；滤池配水配气系统选用长柄滤头，采用气水反冲洗。

（5）UF：由板式换热器+自清洗过滤器+UF 装置组成。换热器 2 台，控制出口水温在 20 ℃；过滤器 4 台，过滤精度控制在 100 μm；UF 装置 8 套，单套处理量 156 m³/h，每套安装 70 支有效面积 50 m² 的膜组件。UF 膜的设计膜通量不大于 50 L/(m²·h)，水回收率大于 90%。

（6）一级 RO：一级二段式，共设置 6 套，产水量为 150 m³/h，回收率不小于 72%。

（7）二级 RO：设置 3 套，产水量为 173 m³/h，回收率不小于 90%。

（8）EDI：设置 3 套模块，产水量为 65 m³/h，回收率不小于 92%。

4.4.3.3　初沉池+A/O+二沉池+BAF+高效沉淀池

以莱钢老区污水处理厂的实际工程为案例，该案例采用"初沉池+A/O+二沉池+BAF+高效沉淀池"的处理工艺[49]。

莱钢老区污水处理厂位于板带厂冷轧生产线东侧树林区域，处理能力为 500 m³/h。主要处理分公司炼铁厂、焦化厂、能源动力厂、板带冷轧以及培训中心等不同单位的生产与生活废水。整个污水处理厂的废水由三个泵站收集：1 号泵站主要处理冷轧生产车间的废水和食堂废水；2 号泵站主要处理来自焦化厂和炼铁厂的生产废水；3 号泵站主要处理来自苯加氢的厕所水和渗水。

A　工艺流程

整个工艺流程如图 4-35 所示，厂内各车间的工业废水和生活污水经三个废水泵站收集后先经过机械格栅截留较大的悬浮物和漂浮物；过栅后的污水进入初沉池，将水中的悬浮物和沉淀物去除，池中沉积的污泥由吸泥机抽至污泥浓缩池进行浓缩处理；初沉池的水进入泵房经潜水排污泵提升至 A/O 反应池。污水进入 A/O 反应池进行硝化和反硝化脱氮，脱氮后的废水自流入辐流式沉淀池进行沉淀，沉淀后的污泥一部分被抽到污泥浓缩池进行浓缩处理，一部分回流至缺氧池补充污泥。二沉池的上清液沿周边溢流堰板流入排水渠，经排水渠收集至管道，然后沿管道自流入曝气生物滤池，在曝气生物滤池中进一步硝化、反硝化脱氮反应后，流入高效沉淀池的混合区、絮凝区和斜板沉淀区，通过絮凝和沉淀，截留水中的微小悬浮颗粒，高效沉淀池出水即可达标排放。

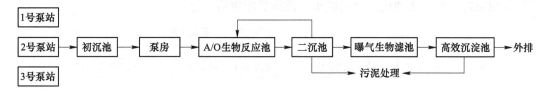

图 4-35　莱钢废水处理工艺流程

B　主要构筑物及设备

初沉池、格栅渠、提升泵房共 1 座，合建，下为池体结构，提升泵房位于池体上，框架结构。

（1）A/O 反应池：1 座，采用全地上式池体结构，敞口。池体共分为好氧段、缺氧段等 8 个池，0.7 m 高管沟，并设置不锈钢栏杆。

（2）二沉池：2 座，采用全地上式池体结构，敞口。

（3）曝气生物滤池：1 座，下部为池体结构，池体分为超滤进水提升泵反洗泵房和 N 池等池体，N 池为全地上式，池顶采用现浇盖板。

（4）高效沉淀池：1 座，半地下式池体结构，部分敞口。分为 1 号沉淀浓缩池、2 号沉淀浓缩池、絮凝反应池、混凝池等池，池顶局部设现浇盖板。

（5）污泥浓缩池：2 座，半地下式池体结构，池顶设现浇盖板。

工程建设完成后，进入调试运行阶段，结果表明排水氨氮可维持在 1 mg/L 左右，COD 维持在 50 mg/L 左右，基本达到预期要求，完全符合莱芜地区外排水的水质标准。但该工程仍存在一些实际问题待解决，如 A/O 生物反应池前端没有调节池；实际进水 BOD_5 偏低；氨氮的波动等。此外，为解决上述问题，也采用了一系列相应的措施：在提升泵房内增加两台搅拌器，对角放置，从而进行调节 A/O 反应池；增强对 BOD 的化验，若 $BOD_5/TN \leqslant 3$，则需添加甲醇；适当调高曝气量从而稳定出水的氨氮值等。

4.4.3.4　一体化净水器+超滤+反渗透+钠离子交换器

该案例来自天津轧三钢铁有限公司，该公司采用一体化净水器加超滤、反渗透、钠离子交换器处理钢铁厂综合废水[50]。该工程处理规模为 4500 m^3/d，废水处理站最终产水为 150 m^3/h 的除盐软化水和 50 m^3/h 的浓盐水。针对该钢铁厂综合废水的特点，采用预处理系统，深度处理系统以及软化水制备系统对钢铁废水进行处理。本系统预处理设施包括全自动格栅、调节池、石灰反应槽、一体化净水器、自清洗过滤器、超滤装置。

A　工艺流程

钢铁综合废水处理工艺流程如图 4-36 所示，钢铁废水首先进入沉砂池，去除废水中粒径大的砂粒，沉砂池出水经全自动格栅除去较大漂浮物或悬浮物后进入曝气调节池，调节池出水加入石灰、聚氯化铝铁和聚丙烯酰胺后进入一体化净水器。废水在一体化净水器里经过混凝、沉淀、过滤后进入净水池内，净水池里的水经过管道换热器加热至预定温度，再经过自清洗过滤器去除残余的颗粒物后进入超滤装置。超滤出水后进入中间水池，再通过高压泵泵入反渗透系统，废水经过除盐和去除 CO_2 后进入除盐水池，最后除盐水经过钠离子交换器去除钠、镁离子硬度后得到软水，再供往各个用水点。一体化净水器和石灰反应槽里的污泥经过管道进入污泥浓缩池，污泥浓缩池里的污泥加入聚丙烯酰胺等药品后用污泥泵打入带式压滤机，经过脱水、碾压成泥饼后外运。

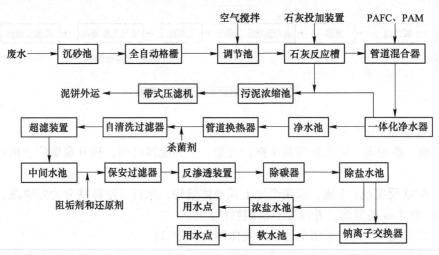

图 4-36　天津轧三钢铁公司综合废水处理工艺流程

本系统采用去除硬度的预处理方法为熟石灰软化，即通过向水中投加熟石灰，把水中的 Ca^{2+}、Mg^{2+} 转化为难溶化合物使其沉淀出来。

为了避免水中较高浓度的二氧化硅对反渗透膜的不利影响，在通过熟石灰软化后，向水中投加聚合氯化铝铁，此时废水内铁盐可以形成无定形氢氧化铁吸附溶解硅。

一体化净水器包括布水、反应、沉淀、过滤、集水、集泥、自动反洗 7 个主要单元。一体化净水器里的高浓度絮凝层，能使原水中的杂质颗粒在其间得到充分的碰撞接触，吸附的概率增大，杂质颗粒去除率高。

B　主要构筑物及设备

（1）中格栅：一台，栅条间隙为 20 mm，格栅宽度为 800 mm。

（2）调节池：容积为 900 m³，分为两格，一格作为预沉池，另一格池中设有曝气搅拌装置，使污水中污泥不沉降，并充分耗氧，将污水中二价铁氧化成三价铁，并去除污水中部分有机物，提升后续除铁效果。

（3）一体化净水器：包括布水、反应、沉淀、过滤、集水、集泥、自动反洗 7 个主要单元。本系统采用两套一体化净水器，每套处理水量 150 m³/h。

（4）超滤装置：本系统设置 2 套 100 m³/h 的超滤装置，全自动运行。系统的出水量可以满足各种工况的运行，每套都能单独运行，也可同时运行。

（5）反渗透装置：反渗透膜元件选用 DOW 公司增强型低压污染高脱盐复合膜 BW30-

365FR，设计两套一级两段的反渗透装置，每套一段 11 根膜组件，二段 6 根膜组件，每套产水量 75 m³/h，配套使用的膜外壳为玻璃钢压力容器。选用高压泵为 92SV7/2AG450T。

（6）钠离子交换器：全自动软化水设备由钠离子交换器、控制系统和溶盐系统组成。本处理系统选用固定单层床，无顶压逆流再生钠离子交换的处理工艺。设置两台设备，一用一备，额定出水量为 150 m³/h。当任一台设备失效时，该失效罐自动退出运行，启动再生程序。每台软化罐的工作状态依次为：运行→再生（反洗、吸盐、置换、正洗）→运行。

本工程配套泥浆处理系统由污泥浓缩池、泥浆泵及带式压滤机组成。

工程正式投入运行后加药方对设备出水进行了水质检测。结果表明，废水经过构筑物和设备后，主要指标达到了出水水质要求。

4.4.3.5 常规处理+电吸附

由于传统深度处理技术，如混凝沉淀过滤、蒸馏、反渗透和电渗析等脱盐净水方法，大多存在工序复杂、运营维护繁琐、能耗高、产率低等不足，而 EST 电吸附技术在技术、经济和节能方面表现了显著优势。结合武钢某综合废水回用项目的实验研究、可行性技术方案论证、现场数据调研及实际水质水量特征，并针对钢铁行业再生水电导率偏高的问题，设计了电吸附的新型除盐深度处理技术，即采用"过滤器+电吸附"为主体的工艺设计[5]。

废水来源为工业、食品厂等河流污废水，以及企业的生产废水和生活污水等，工艺设计处理流量为 8320 m³/h。实际进水水质指标如表 4-14 所示。

表 4-14 实际运行进水水质

项目	pH 值	SS /mg·L⁻¹	COD$_{Cr}$ /mg·L⁻¹	油 /mg·L⁻¹	总碱度 /mg·L⁻¹	电导率 /μS·cm⁻¹	镁硬度 /mg·L⁻¹	钙硬度 /mg·L⁻¹	全铁 /mg·L⁻¹
最大值	8.8	244	107.9	2.244	120	803	68	214	18.8
最小值	7.8	37	30.44	0.133	50	660	46	148	0.61
平均值	8.4	146	49.56	2.04	99	732	60	175	10.44

计算的实际测量 BOD/COD 数值为 0.15，小于 0.2，不宜采用生物处理方法，故选择物理化学处理。

A 工艺流程

针对水质情况，工艺流程分为两个步骤工作流程，常规水质处理流程和再生水除盐工艺流程如图 4-37 和图 4-38 所示。

在常规水质处理工作流程中，废水首先通过粗细格栅去除固体杂质后，经过吸水井、提升泵的作用输送到调节池，均质均量后经巴氏计量槽自流入前混凝与配水构筑物，然后通过配水渠进入高密度沉淀池，沉淀后水进入后混凝反应池，经混凝后进入 V 型滤池，滤后水自流入回用水池，最后由泵加压至供水管网作为生产用水。高密度沉淀池的上浮油经撇油装置进入储油池，高密度沉淀池和储油池的污泥分别由其底部的污泥泵打至污泥混合池，接着由进泥泵送入板框压滤机，再进行脱水过滤，含固率大于 40% 的泥饼定期外运至污泥堆场；板框压滤机滤布定期用高压水冲洗，滤池定期用鼓风机和水泵进行气水反冲

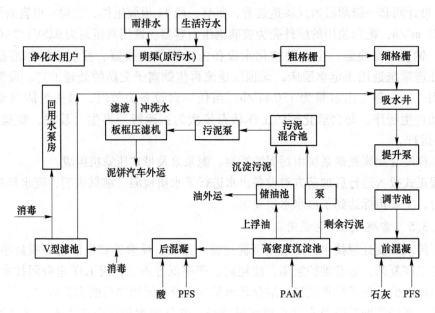

图 4-37　常规水质处理工艺流程

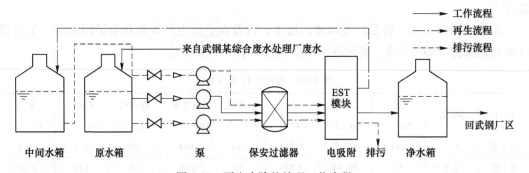

图 4-38　再生水除盐处理工艺流程

洗；板框压滤机冲洗废水和污泥脱水的滤后水回流到进水提升泵站的吸水井再次处理。

再生水除盐处理的工作流程分为三个步骤：工作流程、排污流程和再生流程。EST 分 A/B 两模块，可交替工作。

工作流程：将贮藏在原水箱中待处理水由泵提升进入精密过滤器进行过滤预处理，大于 55 μm 的 SS 被滤除，滤后水靠余压进入电吸附模块（EST）进行电吸附处理，使出水得以脱盐净化，然后进入净水箱。

排污流程：其本质和再生一样，是模块的反冲洗过程的前半阶段，排污过程的用水是中间水箱中的上一个周期再生流程反冲洗过程的排污水，可节约原水，继而提高产水率。

再生流程：将原水箱中的水用泵打入经过短接静置的模块，对模块进行反冲洗，使电极得以再生。反冲洗后的水排入中间水箱，作为下一个周期的排污流程中冲洗模块起始用水。

EST 共用电吸附原水箱和中间水箱，分 A、B 两个模块，可交替生产和排污再生。以 A 组电吸附除盐装置的一个生产周期为例（工作 55 min，排污反洗 36 min）说明其工艺流程。首先需要将电吸附除盐装置中充满待处理水，将装置中的空气排尽，预排水进入电吸附原水箱，预排结束后进入工作状态；给 A 模块通电，A 模块进入生产状态，利用时间控制，同时使用在线电导仪进行数据监测，当达到 55 min 时间控制点时，模块自动断电、短接、放电，系统自动进入排污反洗状态（此时 B 模块进入工作状态）；排污反洗时，A 模块静置 24 min 后，启动电吸附排污泵，抽取中间水池的水进行反冲排污；当达到 18 min 时间控制点时，启动电吸附再生泵，使用电吸附原水池水继续进行反洗，同时将反洗水排入中间水池，用作下一次排污工序的原水，达到 18 min 时间控制点时再生结束，关闭电吸附再生泵，进入工作状态。当 A 模块进行反洗时，B 组进入工作程序，以实现连续制水工作、排污再生过程同 A 模块。

与传统综合废水处理技术相比，新型电吸附的深度处理技术所需构筑物略有不同，主要构筑物较为简单：

（1）电吸附系统：模块型号 EMK400，1 套，规模 0.5~1 m³/h。

（2）精密过滤器：直径 200×1200×3 芯，精度 10 μm，2 套运行，1 套备用。

（3）水泵：流量 2 m³/h，扬程 14 m，功率 0.37 kW，3 台。

（4）水箱：直径 1.3×1.6 m，3 个。

B 运行效果

武钢综合废水处理厂实际出水水质如表 4-15 所示。

表 4-15 实际出水水质

项目	pH 值	SS /mg·L⁻¹	COD_{Cr} /mg·L⁻¹	油 /mg·L⁻¹	总碱度 /mg·L⁻¹	电导率 /μS·cm⁻¹	镁硬度 /mg·L⁻¹	钙硬度 /mg·L⁻¹	全铁 /mg·L⁻¹
1	7.56	3	14.37	0.024	50	670	78	130	0.350
2	7.35	4	21.19	0.205	50	679	68	130	0.248
3	8.52	2	10.38	0.069	40	380	50	186	0.280
4	9.21	3	12.34	0.25	50	376	68	110	0.300
5	8.08	3	13.28	0.367	60	755	64	180	0.406
6	8.43	4	10.71	0.103	30	745	48	124	0.368
7	7.79	3	12.32	0.262	60	665	64	132	0.382
8	7.43	3	10.87	0.894	70	721	74	178	0.330
9	6.83	3	19.00	0.302	30	718	68	162	0.144
平均值	7.90	3	13.80	0.280	48.9	671	65	148	0.312

由表 4-15 可以看出，武钢 A 综合废水处理厂出水水质指标平均值除总铁外基本能达到循环冷却水系统、离子交换软化脱盐系统、工艺与产品用水水质国家标准要求，pH 值、SS、浊度、COD、总碱度和油也能达到设计出水标准要求。而总硬度未达出水设计控制指标，铁含量也超过国家再生水回用标准的 0.3 mg/L。因此需对与此相关的化学药剂处理方面进行优化。而实验优化后出水水质指标均优于优化前出水指标，且出水水质较为稳定。优化后出水水质指标均可达到武钢直接循环冷却水系统补充水水质要求，同时为离子交换软化脱盐系统等的特殊生产用水深度预处理创造了条件。

通过采用电吸附技术，在武钢综合废水处理厂对工业回用水处理开展了 20 天连续运行的中试研究。数据表明，电导率、Cl$^-$、Ca^{2+} 的平均去除率分别达到 70%、75% 和 68% 左右，对 COD 也有较好的去除效果。

上述中试运行结果表明，和传统的处理方法相比，该项技术不仅具有出水水质好的优势，而且前期预处理要求较低，整套处理系统的产水和再生无需添加任何酸、碱和盐溶液等化学药剂，不会由于引入药剂而产生污染，另外，由于该方法无需使用膜或高压泵，因此比电渗析和反渗透等传统方法操作更为简便、更为节能。电吸附技术处理的出水水质稳定，能够满足离子交换软化/脱盐系统等特殊生产用水的水质要求，并且运行成本低，操作简便，无二次污染，因此电吸附技术大规模应用于工业再生水深度处理是完全可行的，具有广阔的推广应用前景。

——— **本 章 小 结** ———

本章主要介绍了钢铁行业生产过程中产生的各类废水来源及其水质情况，此外根据钢铁废水水质情况及回用标准，主要回用方式包括沉淀回用、膜法回用和综合处理回用。沉淀回用主要针对钢铁废水中含悬浮物质比较高的废水，包括烧结废水、炼铁生产过程直接循环冷却水、高炉煤气洗涤废水、连铸废水以及轧钢废水等，这些废水主要是以沉淀或者混凝沉淀处理为主，同时还根据具体水质配合有降温、水质稳定、除油以及中和等其他处理技术；沉淀处理后的钢铁废水部分回用，但由于长期运行，导致盐类、有机物和部分金属离子等无法达到进一步回用标准，膜法回用主要针对这部分废水中的盐类物质及有机物，其处理技术包括微滤、超滤、纳滤、反渗透以及电渗析等膜技术；钢铁厂综合废水主要包括强制排污水以及浓盐水等废水，其主要通过预处理（格栅、沉砂池以及调节池等）、核心处理（澄清、过滤）以及深度处理技术（膜技术、生物技术等）进行处理回用。

思 考 题

4-1 钢铁废水的来源及主要污染物分别是什么？

4-2 根据钢铁废水水质及回用要求不同，钢铁回用方式有哪些？

4-3 钢铁废水传统处理方式与膜法处理有哪些，差异之处在哪里？

4-4 综合处理与各工序处理的优缺点体现在哪些方面？

4-5 废水的深度处理与综合处理是怎样的关系？

参 考 文 献

[1] 刘状. 钢铁行业废水中污染物对膜蒸馏性能的影响 [D]. 太原：山西大学，2021.

[2] 王绍文，王海东，孙玉亮，等. 冶金工业废水处理技术及回用 [M]. 北京：化学工业出版社，2015.

[3] 王绍文，钱蕾，邹元龙，等. 钢铁工业废水资源回用技术与应用 [M]. 北京：冶金工业出版社，2008.

[4] 环境保护部. 钢铁工业废水处理及回用技术规范 HJ2019-2012 [M]. 北京：中国环境出版社，2013.

[5] 张运华. 钢铁工业综合废水处理与资源化技术研究 [D]. 武汉：武汉大学，2011.

[6] 李娟. 烧结厂废水处理技术初探 [J]. 环境与发展, 2011, 23 (5): 138.

[7] 曾彬林, 刘情生. 工业废水处理工程设计实例 [M]. 北京: 中国环境出版社, 2017.

[8] 张勇. 唐钢高炉煤气洗涤废水处理方法的研究 [D]. 沈阳: 东北大学, 2005.

[9] 黄延林. 高炉煤气洗涤废水的处理技术 [J]. 中国给水排水, 1999 (3): 30-31.

[10] 肖雄. 高炉煤气洗涤废水循环回用系统中絮凝剂的选用与缓蚀阻垢剂的研究 [D]. 武汉: 华中科技大学, 2013.

[11] Curtis, Robert L. Sewage water and Solid treatment and disposal system [J]. Environment international, 1997, 23 (3): 111.

[12] Hafez, Elmanharawy, Fattah. Chemical treatment of the water used in the blast furnace gas cleaning cycle in the Egyptian Iron and Steel Company: Part Ⅱ [J]. International Journal of Environment and Pollution, 2002, 18 (4): 372-377.

[13] 马兴冠. 污水处理与水资源循环利用 [M]. 北京: 冶金工业出版社, 2020.

[14] 孙志军, 蒋稳, 李凯. 冷轧废水回用处理的研究进展 [J]. 工业安全与环保, 2023, 49 (S1): 34-38.

[15] 易宁, 胡伟. 钢铁企业冷轧厂乳化液废水的几种处理方法 [J]. 冶金动力, 2004 (5): 58-63.

[16] Krasonor B P. A treatment of oil-emulsion at the otsm plant by ultrafiltration [J]. Tsvetn. Met., 1992 (1): 50.

[17] Bodzek M. The use of ultrafiltration membranes made of various polymers in the treatment of oil-emulsion wastewater [J]. Waste Manage, 1992, 12 (1): 75-80.

[18] Lahiere R J, Goodboy K P. Ceramic membrane treatment of petrochemical wastewater [J]. Environmental progress, 1993, 12 (2): 86-96.

[19] 李正要, 宋存义. 冷轧乳化液废水处理方法的应用 [J]. 环境工程, 2008 (3): 48-51, 4.

[20] 魏克群. 超滤技术在含油废水和废乳化液处理中应用 [J]. 鞍钢技术, 2001 (4): 51-53.

[21] 刘万, 胡伟. 浅谈超滤法处理钢铁企业冷轧厂乳化液废水 [J]. 工业水处理, 2006 (7): 24-28.

[22] 沈晓林, 杨晶. 超滤技术处理轧钢含油废水 [J]. 冶金环境保护, 2002 (2): 29-31.

[23] 董金冀, 张华. 超滤技术在冶金废水处理中的应用 [C]. 第三届全国冶金节水、污水处理技术研讨会论文集, 2007: 298-300.

[24] 郭弘. 在冷轧厂废水处理中污染陶瓷超滤膜的清洗 [J]. 水处理技术, 2009, 10: 105-107.

[25] 曲余玲, 毛艳丽, 王琢. 轧钢废水处理工艺及发展趋势 [J]. 鞍钢技术, 2014 (1): 6-11.

[26] 王瑞红. 太钢不锈钢冷轧废酸处理技术 [J]. 冶金动力, 2012, 3: 56-61.

[27] 王希阳. 多级 A/O 生物法处理高硝态氮钢铁废水研究 [D]. 太原: 山西大学, 2022.

[28] 尹士海, 王楠楠. 新型高密度沉淀池在唐钢的应用 [J]. 河北冶金, 2016, 6: 71-74.

[29] 吴晓, 黄静, 彭海芳. 钢铁废水处理及回用实例分析 [J]. 江西科学, 2013, 31 (5): 656-668.

[30] 张晶. 膜分离技术在我国钢铁工业废水中的应用 [J]. 环境保护与循环经济, 2015, 35 (5): 43-47.

[31] 白洁. 双膜法在钢铁企业综合污水处理及回用工艺中的应用 [J]. 科技创新与应用, 2015, 30: 35.

[32] 曹政, 樊海涛, 王秀芳, 等. 浸没式超滤在钢铁废水处理中的应用 [J]. 包钢科技, 2016, 4 (8): 83-86.

[33] 杨树军, 周冲, 晏鹏. 浸没式超滤在钢铁废水回用处理中的应用 [J]. 中国给水排水, 2016, 24 (12): 101-103.

[34] 裴刚. 福建某钢铁厂高盐废水回用设计与运行 [J]. 给水排水, 2016, 42 (6): 73-75.

[35] 孟建丽, 唐运平, 张润斌, 等. 钢铁企业非常规供水水源的深度处理及应用 [J]. 中国给水排水,

2010, 6：85-91.

[36] 倪长平. 双膜法处理钢铁企业废水及其回用的工艺方案综述 [J]. 青岛国际脱盐大会, 2012 (6)：526-531.

[37] 李亚峰, 任晶, 杨继刚. 钢厂废水回用处理案例 [J]. 水处理技术, 2013, 39 (9)：129-131.

[38] 杨作清, 李素芹, 熊国宏. 钢铁工业水处理实用技术与应用 [M]. 北京：冶金工业出版社, 2015.

[39] 马建军. 基于榆钢废水回用的钢铁企业废水处理方法探讨 [J]. 科学技术, 2018, 2：64-66.

[40] Drioli, Ali A, Macedonio F. Membrane distillation：Recent developments and perspectives [J]. Desalination, 2015, 356：56-84.

[41] 申龙, 高瑞昶. 膜蒸馏技术最新研究应用进展 [J]. 化工进展, 2014, 33 (2)：289-297.

[42] Wang Z, Lin S. Membrane fouling and wetting in membrane distillation and their mitigation by novel membranes with special wettability [J]. Water Research, 2017, 112：38-47.

[43] Choudhury M R, Anwar N, Jassby D, et al. Fouling and wetting in the membrane distillation driven wastewater reclamation process-A review [J]. Advances in Colloid and Interface Science, 2019, 269：370-399.

[44] 郭淑娟, 郑利军, 贺占超, 等. 面向工业反渗透浓水零排放的膜浓缩技术研究进展 [J]. 工业用水与废水, 2021, 52 (6)：1-5.

[45] 张自杰, 林荣忱, 金儒林. 排水工程下册 [M]. 5 版. 北京：中国建筑出版社, 2014.

[46] 司海鑫. 多级生物耦合处理不锈钢综合废水研究 [D]. 太原, 山西大学, 2022.

[47] 郭荣华, 吴寅, 尹玲焕, 等. 某钢铁厂综合废水深度净化工程实例 [J]. 中国给水排水, 2021, 37 (18)：116-121.

[48] 王为民, 郭彩荣, 梁丹, 等. 钢铁工业综合废水处理回用工程实例 [J]. 水处理技术, 2021, 47 (10)：129-132.

[49] 王鹏, 李婉. 钢铁综合废水的处理应用研究 [J]. 节能与环保, 2018, 6：61-64.

[50] 谷洪雪. 天津轧三的钢铁废水综合处理与回用 [J]. 天津冶金, 2015, 2：66-68.

5 钢铁行业废水零排放

本章提要：

（1）钢铁行业废水零排放处理的相关技术，对膜浓缩、分盐及蒸发结晶技术能够有一定程度的掌握。

（2）结合钢铁产业园、煤基新材料产业园、煤化工园区等项目工程案例对零排放有进一步的认识。

钢铁企业生产过程产生的废水种类较多，主要包括焦化废水、冷轧废水、高炉冲渣废水、湿熄焦废水、烧结脱硫废水和化学制水系统产生的浓盐水等特殊废水，以及循环冷却系统排水和直流系统排水等一般废水。此外，废水的成分相当复杂，包括大量的悬浮物、COD、油类和盐类物质，而且水质的差异性也增加了处理的难度。

目前钢铁企业焦化废水通过"预处理+生物处理+深度处理"工艺已达到可回用标准，冷轧废水也可实现回用；高炉冲渣废水、熄焦废水和烧结脱硫废水等需经处理后已实现循环使用；循环冷却水系统排污水和直流系统排污水可直接回用，或经厂区内综合废水处理中心处理后回用于其他水系统。浓盐水中含盐量、COD等污染物的浓度较高，限制了其回用，在钢铁企业中，只有冲渣等少量水系统能够消纳部分浓盐水，由于企业内部对于浓盐水的回收和利用能力有限，同时排放浓盐水引发的二次污染问题日益严重，还会引发高炉冲渣系统的板结和用户管道的结垢腐蚀等问题。此外，将浓盐水排放到市政污水管网或自然水体中也会对市政污水处理厂的生化系统产生威胁，与自然水体环境的容量存在冲突。为了解决浓盐水排放限制和内部消纳有限的现状，一些钢铁企业开始研究和开发新技术，如浓盐水浓缩减量化和蒸发浓缩结晶等，以实现浓盐水在企业内部的全部消化。浓盐水浓缩减量化技术可以大大减少后续蒸发结晶工艺段的水量，有效降低蒸发结晶的能耗和成本，是控制零排放工程成本的关键步骤。随着膜处理废水技术的不断发展，膜技术被广泛应用于废水的浓缩减量化，展现出广阔的应用前景。

5.1 膜浓缩技术

5.1.1 高效反渗透

反渗透（RO）是一种通过向高渗透压侧施加压力，使水分子通过 RO 膜向低渗透压侧渗透的分离技术。这一技术已经相对成熟，并在污水处理、海水淡化和纯水制备等多个领域得到广泛应用。RO 膜可以有效截留水中的无机盐、胶体和相对分子量大于 100 的有机物，具有高除盐率（95%～97%）、安全可靠、出水水质稳定等优点。常规的反渗透技术适用于原液中总溶解固体浓度在 0.5～35 g/L 之间的情况，可以将浓缩液的总溶解固体浓度提高到约90 g/L。此外，反渗透技术还具有无相变、组件化、流程简单、操作方便、占地面积小、投资省、耗电低等优点。利用反渗透技术对水进行深度处理具有极高的实用价值。但是反渗透膜的污染和劣化始终是制约该技术发展的瓶颈。RO 膜对进水水质的要求较高，一般要求浊度小于 1.0NTU，SDI<3，余氯小于 0.1 mg/L 等，需对废水进行深度的预处理方能满足，否则膜组件易发生污染或损坏。

根据调查结果显示，钢铁企业的综合废水中含有微量的油（小于 50 mg/L）以及少量的 COD、SS 等污染物。尽管油含量较低，但由于钢铁企业产生的废水总量较大，给深度处理系统中的膜造成了严重污染，并且很难修复。目前国内外对于油污造成的膜污染问题尚未找到有效解决办法，因此钢铁企业在废水深度处理方面面临着投入成本高和膜使用周期短的问题。为了满足不同处理要求以及处理高污染和高盐度废水的需要，近年来反渗透技术也取得了新的发展。在这个过程中，出现了多种抗污染膜的形式，其中，碟管式反渗透（DTRO）和高效反渗透（HERO）是最主要的两种 RO 新工艺，被广泛应用于高盐度废水的零排放过程中。

5.1.1.1　高效反渗透工艺介绍

高效反渗透（HERO）是在常规反渗透的基础上开发的组合式新工艺，是反渗透技术的一项突破性成果。相较于常规反渗透设备，在相同造价情况下，HERO 系统的制水能力可提高 30%以上，同时大大降低了能耗。此外，HERO 系统的膜通量可达到普通 RO 系统的两倍以上，从而显著提高了水质。此系统无需采用复杂的清洗工艺，也不需要添加阻垢剂。其核心原理是利用药剂软化和离子交换来去除水中的硬度，首先将水中的 CO_3^{2-} 盐转化为 CO_2，并通过吹脱来去除，然后再利用常规 RO 技术进行除盐处理。图 5-1 为 HERO 主要工艺流程。

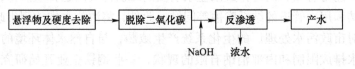

图 5-1　HERO 工艺流程

（1）悬浮固形物的去除：为了满足反渗透装置对进水浊度和污泥密度指数的要求，通常在预处理系统中安装多层滤料过滤器、微滤器和超滤器等深度过滤装置。多层滤料过滤器又称为多介质过滤器，常由无烟煤和石英砂组成双层滤料过滤器使用。微滤器也被称为微孔过滤器或精密过滤器，其孔径范围从 0.01～350 μm，共有 30 多种规格以满足不同的过滤精度要求。超滤器则通过截留分子量来表示其过滤精度，通常在 500～500000 道尔顿之间，相应的孔径大致为 (20～1000)×10^{-10} m。

（2）硬度的去除：水的硬度是指水中多价金属离子的浓度，主要包括钙离子和镁离子，其他多价金属离子的含量较少。因此，一般将水中钙离子和镁离子的浓度总和称为水的硬度，水的硬度在一定程度上反映了水中结垢物质的多少。在反渗透膜过滤过程中，大部分盐类会被保留在浓水中，导致浓水的盐含量增加，这种盐类的浓缩是导致反渗透装置结垢的主要原因。结垢物质主要是难溶性化合物，其中最常见的是 $CaCO_3$，其次是 $CaSO_4$、$BaSO_4$、$SrSO_4$、硅酸化合物（用 SiO_2 表示）和 CaF_2 等。因此，去除硬度离子对于提高反渗透装置的效率至关重要。在 HERO 工艺中，采用弱酸氢离子交换树脂来去除水中的碳酸盐硬度和部分碱性物质。由于出水呈弱酸性，水中的碳酸化合物以游离 CO_3^{2-} 的形式存在。

（3）二氧化碳的去除：CO_2 气体在水中的溶解度遵循亨利定律。根据这个定律，在特定温度下，在水里的溶解能力与其所在环境的压力呈线性关系。当水中浓度超过其在特定分压下的溶解度时，就可能被释放到空气中。因此，只需降低与水接触的气体中 CO_2 的分压，可以有效地促使已溶解的水中自由 CO_2 重新回到空气中，进而实现对这些自由 CO_2 的去除。为了加快水中 CO_2 的析出速度，有两种方法可供选择，主要包括大气式除碳（通过向设备内充入空气来加速这一过程）和真空式除碳（通过减小设备内的压力并降低水的沸腾温度）。此外，使用氮气也可以进一步提升脱气的效率。

（4）反渗透装置：在高 pH 值条件下运行，采用 NaOH 调节 pH 值到 10.0 左右，但不能超过 11.0，因为反渗透膜适用的 pH 值范围最高为 11.0，超过此 pH 值范围，会导致反渗透膜的水解而丧失选择性透过能力，造成永久性破坏。

5.1.1.2 HERO 工艺特点

高效反渗透较常规反渗透有不少的优势，与常规 RO 相比，该技术的特点有：

（1）防垢、防黏污、防堵塞。当处于高 pH 值环境中运作时，可以从多个角度减轻堵塞问题：首先，随着 pH 值的升高，硅的溶解能力也随之增强，这使得其结垢的可能性大大降低；其次，高 pH 值具有抗菌特性，能有效地分解包括细菌、病毒、孢子及内毒素在内的各种病原体，从而导致生长无法继续；此外，有机物的乳化或者皂化会产生清洁效应，防止油类和脂肪对膜表面的污染；再者，颗粒污染物附着于膜表面的稳定性会有所下降，即使存在较高的 SDI 也能无须频繁使用化学清洗就能持续运转的状态；最终，利用药物软化预处理结合离子交换技术来去除供水中的硬质及其他易结垢成分，以实现预防结垢的目的。

（2）清洗次数减少，高 pH 值运行类似于化学清洗的碱洗工况。

（3）回收率高。通过采用 HERO 技术，不仅可以节省大量的酸碱物质的使用，还可以将反渗透的回收率提高到 95% 以上。HERO 技术的独特之处在于它综合了离子交换和反渗透技术的优点，并克服了各自存在的缺点[1]。在国内，HERO 技术近年来得到了广泛的应用，优势之一是可以将浓水侧的含盐量浓缩至 50000 mg/L。这使得 HERO 技术成为了高效、可靠的水处理选择。高效反渗透对比常规反渗透具有多方面的优势，对比情况见表 5-1。

表 5-1 反渗透和高效反渗透对比

项目	高效反渗透（HERO）	常规反渗透（RO）
产水回收率	高达 95%，在废水零排放系统中更具有优势，使得进入蒸发系统的废水量更少，投资及运行费用降低	小于 75%，浓水排放量较大

续表 5-1

项目	高效反渗透（HERO）	常规反渗透（RO）
预处理系统	进水需去除硬度，但对进水中的 SDI 没有限制	进水 SDI<5 要求严格，预处理需配套投资高的超滤或微滤系统，增加投资，当超滤出问题时，也可能导致反渗透堵塞
膜的清洗	反渗透膜是在高 pH 值环境下运行的，这种环境对于大部分的污染物是属于一种清洗环境，包括有机污染物，在这种操作条件下，可非常有效地防止这些污染物的污染，因此无需复杂的清洗工艺，减少了污堵	虽然预处理中超滤系统可去除大分子长链有机物，但是小分子的有机物同样可以透过超滤，所以反渗透依然存在有机物污染，需进行在线反洗和定期化学清洗，控制复杂
药剂消耗	在预处理中已去除 Ba、Sr 及硬度等多价离子，不会产生 CaF_2 等难溶物，无需添加昂贵的阻垢剂，减少了清洗次数，缩短了停机时间，降低了运行费用	反渗透的回收率取决于水的难溶物，有些盐与 pH 值无关，比如：Ba、Sr、Ca 及 Mg 的硫酸盐和氟化物。这些物质在常规的反渗透系统中是靠投加昂贵的阻垢剂来控制的，费用高，清洗频繁，每次 30 min，同时需酸、碱反洗，投资及运行费用高
运行效果	在预处理中已去除硬度和碱度，不会有 $CaCO_3$ 的污染。在 pH 值高的条件下，SiO_2 的溶解度非常高，对反渗透的回收率不会有影响，因此运行稳定，除硅效果好，可以解决高 SiO_2 含量与高回收率的问题	反渗透的回收率取决于水中的难溶物，有些盐与 pH 值有关，比如 $CaCO_3$ 和 SiO_2。$CaCO_3$ 的污染可通过调低 pH 值实现，但这对 SiO_2 没有作用，无法解决高 SiO_2 含量和高回收率的问题
投资	预处理不需要使用投资高的超滤系统，同时浓水产生量少，只有 5%，可避免使用投资昂贵的蒸发器，大大节省了投资	预处理需使用投资高的超滤系统，同时浓水产生量大，有 25%
运行费用	由于不用投加昂贵的阻垢剂及复杂的在线清洗，比常规反渗透运行费用低 15%~20%	需投加昂贵的阻垢剂和复杂的在线清洗，运行费用高
应用	国外已经有较广泛的应用，国内还需进一步推广应用	国内外均已经有了较广泛的应用

5.1.1.3 HERO 在零排放领域的应用

HERO 技术在煤化工高盐废水处理中有广阔的应用前景[2]，高盐废水主要来自常规反渗透浓缩溶液的处理装置。这些装置通常用于处理循环冷却水、化学水处理站等方面的废水，同时也会对污水生化处理装置排出的废水进行处理。这样的综合处理能有效减少高盐废水的排放量，达到环境保护的目的。某煤化工废水处理厂的水质指标见表 5-2。

表 5-2　进水水质指标

参数	$COD_{Cr}/mg \cdot L^{-1}$	TOC /mg·L⁻¹	$\rho(NH_3-N)$ /mg·L⁻¹	$\rho(TDS)$ /mg·L⁻¹	电导率（25 ℃） /μS·cm⁻¹
设计指标	150	63	14	6057	9318

参数	总硬度（以 $CaCO_3$ 计） /mg·L⁻¹		总碱度（以 $CaCO_3$ 计） /mg·L⁻¹		全硅（以 SiO_2 计） /mg·L⁻¹
设计指标	<880		≤200		<91

　　对于高效反渗透，水质优良是其特色之一，其水回收率超过 90%，且生产出的水可以替代原有的供水，从而极大地节约了水资源，预计出水水质见表 5-3[3]。

表 5-3　高效反渗透产水水质

项　　目	进水指标
pH 值	6.5~8.5
色度	<5
浊度/NTU	≤0.5
氟化物/mg·L⁻¹	<0.09
氨氮（以 N 计）/mg·L⁻¹	≤0.5
溶解性总固体（TDS）/mg·L⁻¹	≤200
总悬浮固体（TSS）/mg·L⁻¹	≤0.5
电导率/μS·cm⁻¹	≤300
总硬度（以 $CaCO_3$ 计）/mg·L⁻¹	≤3
氯化物/mg·L⁻¹	≤30
碱度（以 $CaCO_3$ 计）/mg·L⁻¹	≤20
硫酸盐（以 SO_4^{2-} 计）/mg·L⁻¹	≤30
COD_{Mn}/mg·L⁻¹	≤5
BOD_5/mg·L⁻¹	<0.5
总有机碳（TOC）/mg·L⁻¹	≤2

　　在实际操作流程里，含有盐分的废水处理系统所产生的水会进入高效膜浓缩进料水罐内，这种废水有极高的硬度，可以通过添加如石灰或纯碱之类的物质来达到有效的软化。技术人员应适当增加原水的石灰与纯碱用量以彻底消除废水中的硬度成分，接下来再将其引至高效沉淀槽中，以便进一步清理其中的固态悬浮物。最后可通过采用两个阶段的离子交换去掉残余的硬度，第一阶段需运用强酸钠离子软化器，全面消解大部分的硬度；第二阶段则是通过应用弱酸阳离子交换器，去除废水中剩余的硬度。当上述步骤都已执行完毕，可继续向软水中注入二氧化碳，使其含量不超过 5 mg/L。进一步利用超滤整套设备对

产品水进行精细过滤，同时由反渗透进水泵负责提高过滤后的废水压力，最终到达保安过滤器设备，此方法可剔除大于 5 μm 的粒子，然后再次依靠反渗透高压泵，加大压力并将产品水输送到高效反渗透模块中，通过泵来运输这些水至强酸阳离子树脂交换器的脱氨设备内，最后生成的液体可以直接流入再生水循环用储水箱里，并被用于工业生产过程。

5.1.1.4 HERO 运行难点

表面结垢会导致反渗透膜能耗增加，使用寿命缩短，设备频繁清洗，严重影响设备正常工作。在反渗透过程中，硅垢是最难处理的一种，硅垢通常以难溶盐、聚合态或无定形态存在于处理水中，其成垢形式取决于 pH 值、温度和其他离子等多种因素。一旦硅垢形成，去除将变得极为困难。为预防硅垢，可以简单地维持成垢离子的浓度低于临界浓度。反渗透浓水中的硅结垢极限浓度随 pH 值升高而增加。因此，在高 pH 值条件下操作，可以有效避免反渗透膜的硅垢。对于处理高硅含量的水，高效反渗透技术是除盐处理的理想选择[4]。然而，后续反渗透系统的稳定运行与预处理系统中硬度去除率密切相关，必须确保弱酸氢型阳离子交换器的稳定运行。一旦残留硬度进入反渗透系统，结垢的风险将显著增加。因此，在运营管理方面，必须严格确保弱酸阳离子交换器的稳定运行，从而提高 HERO 的服务年限。

5.1.2 碟管式反渗透

5.1.2.1 碟管式反渗透工艺介绍

近年来，碟管式反渗透技术（DTRO）逐渐兴起，其是一种针对高浓度料液处理的抗污染性反渗透技术。与传统技术相比，DTRO 具有多方面的优势：首先，其对进水水质要求较低，能够处理一些水质较差的原料液。其次，产水水质优良，可以得到高品质的纯净水。此外，该技术的回收率也较高，能够有效提高资源利用率。最重要的是，碟管式反渗透技术在运行过程中非常稳定，能够长时间保持良好的性能。因此，这种技术已经在垃圾渗滤液、脱硫废水等废水领域得到了广泛的应用。

该技术 1988 年由 ROCHEM 公司研制成功，1989 年开始应用于渗滤液处理并取得了巨大的成功。其核心为一种创新的开放流道型碟管式反渗透膜技术，一般由碟片式 RO 膜片、导流盘、O 型橡胶密封垫圈、中心拉杆和耐压套管组成膜柱结构，部件组成和安装构造如图 5-2 所示。

在膜技术领域，这个组件的结构形式与传统的卷式膜组件完全不同。在工作时，原液通过进料口通道到达上法兰，然后进入导流盘。此后，在开放式流道中，液体被处理时会以最短的距离快速通过过滤膜。这个过程中，液体会从一面 180° 逆转到另一面，然后再从导流盘中心的槽口流入到下一个导流盘，进入下一膜片。这样，膜表面的结构形成了双 S 形路线，即从导流盘圆周到圆心，再到圆周，再到圆中心。最后，浓缩液会从膜柱末端流出。此外，导流盘之间的距离非常近，一般只有 4 mm 左右，且表面的形状并不规整，呈现为辐射线的分布。这种特殊的水力学设计可以使进水在碰撞时形成湍流，从而提升渗透效率，强化自我清洁能力，减少膜阻塞及膜面浓度差异的现象，降低膜受污的可能性，并且延长了膜的使用期限。膜柱和流道构造形式如图 5-3 所示。核心技术在于碟管式反渗透性的膜片和膜柱，其是由反渗透膜片与水力导流盘叠加组成的。利用中心拉杆和端板予以紧固后，将其置入耐压套筒内，从而构建出一个完整的膜柱结构。

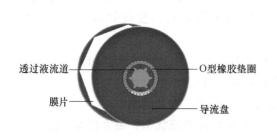

图 5-2 碟管式反渗透装置安装构造

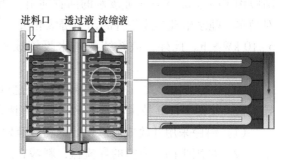

图 5-3 碟管式反渗透装置膜柱和流道构造示意

　　独特的结构是碟形管道反渗透技术（DTRO）采用具有突出点的引导盘设计（图 5-4）增大了流道宽度。该设备表面的凸点按照特定的方式分布，当 DTRO 系统运转时，受切向压力影响，液体会与由于凸点而产生的凸面碰撞产生湍流，从而提高溶质通过膜的速度并增强膜片对污染物清洗的效果，这有助于降低膜被阻塞的风险及减缓浓度差异导致的极化现象，进而提升系统的耐用年限。在清洗时，湍流也有助于快速冲刷掉沉积在膜片上的污垢，因此 DTRO 有别于传统卷式膜，可以适用于更恶劣的进水条件，有效降低膜面结垢倾向，膜片层层堆叠，可单独更换，操作方便。

　　在 DTRO 系统中，处理高浓度有机废水的膜片被设计为八角形。RO 膜片采用两张同心环状的反渗透膜构成，中间有一层丝状支架防止两层膜片闭合。超声波技术将两层膜片与丝状支架焊接成三层结构，其中内环开口作为透过液的出口。透过 RO 膜片的渗滤液沿中间丝状支架流到膜柱中心拉杆外围的出水管。导流盘上的 O 型密封圈隔绝透过液与膜片外侧渗滤液流道，防止未处理的浓缩液污染透过液。由于膜片是圆形设计，透过液从膜片到中心通道的距离很短，且对于膜

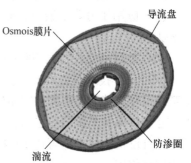

图 5-4 DTRO 导流盘构造示意

柱内所有膜片均相等。膜分离是纯物理过程，无相变、无需添加助剂，不会产生二次污染。

5.1.2.2 DTRO 工艺特点

　　相对于传统的反渗透过程而言，DTRO 系统在通量和水回收率方面取得显著进展，并且对无机盐和有机物的承受能力也大幅提高。此技术能够应对高盐高有机物浓度的废水处理，COD 可高达 35000 mg/L，盐含量为 3%~6%，预处理要求低，进水的 SDI 值可超过 20。实际工程实践表明，一级 DTRO 膜元件的寿命可以达到三年以上，而在预处理加两级 DTRO 处理垃圾渗滤液的情况下，DT 膜片的使用寿命可超过五年，且相较于传统 RO 过程，清洗频率更低。

　　DTRO 技术具备多个压力等级，分别是 7500 kPa、9000 kPa、12000 kPa 和 16000 kPa。其最高盐分浓缩能力可达到 100000~180000 mg/L。最初，DTRO 技术主要用于处理垃圾渗

滤液，其特点在于耐高 COD、高运行压力和强大的浓缩能力。随着时间的推移，该技术逐渐应用于高盐高 COD 工业废水的回收利用。相较于其他工艺，DTRO 对于预处理的要求相对简单。吨水电耗与膜组件的压力等级相关。例如，9000 kPa 的 DTRO 系统的吨水电耗为 $6 \sim 10$ kW·h。此外，该系统的吨水投资成本约为 20 万元左右，投资和运行费用相对较高。

DTRO 的结构形式与常规的卷式反渗透膜有很大的差异，开放式的流道和特殊结构的导流盘，使得 DTRO 技术与常规 RO 相比有诸多的特点和优势。

（1）组件采用开放式流道设计，料液有效流道宽，避免了物理堵塞。

（2）采用带凸点支撑的导流盘，料液在过滤过程中形成离流状态，最大程度上减少了膜表面结垢、污染及浓差极化现象的产生。

（3）特殊的膜组件有效减少了膜的结垢，膜污染减轻，清洗周期长，同时特殊结构及水力学设计使膜组易于清洗，清洗后通量恢复性非常好，从而延长了膜片寿命。

（4）该膜技术在工艺稳定性、维护简易性和能耗方面具有优势。由于影响膜系统截留率的因素较少，系统出水水质稳定可靠，不受可生化性和碳氮比等因素的影响。该工艺采用标准化设计的 DT 膜组件，便于拆卸和维护。通过打开 DT 组件，可以轻松检查和维护每片过滤膜片及其他部件，维修工作简单。当零部件数量不足时，组件允许少装一些膜片和导流盘，而不会影响 DT 膜组件的正常使用。组件内部的每个部件均可单独更换。过滤部分由多个过滤膜片和导流盘组装而成，从而最大程度降低了换膜成本。

（5）应用压力等级最高的膜组件，在一些浓缩倍数高的应用中，其含固量可以达到 20% 以上。

（6）透过液允许背压 $300 \sim 500$ kPa，实现多级串联或并联非常容易。

（7）该膜技术系统具备高度自动化、占地面积小的特点，可被视作全自动化系统。整个系统设有完善的检测和控制系统，能够根据传感器参数自动调节，并在适当时候发出报警信号，以保护系统的稳定运行。DTRO 系统采用一体化设备作为核心组件，其移动安装便捷，且设备整体寿命可达 20 年以上。当一个项目结束后，该设备还可以被移至其他项目中继续使用。

DTRO 工艺已在制药厂、电厂和煤化工等行业中经受了进水无机盐和 COD 的耐受性测试，且在高回收率条件下展现出了良好的抗污染性能。然而，由于高流速要求和对压力驱动设备的需求，DTRO 的投资和运行费用相对较高。根据报道，在运行压力达到 9000 kPa 时，每吨水的电耗约为 $6 \sim 10$ kW·h，而每吨水的投资成本约为 20 万元，高额的投资成本是限制 DTRO 技术未被普遍应用的主要因素。

DTRO 工艺采用特殊的流道设计，扩大了流道宽度，增加了湍流程度，使其能够有效处理有机含盐废水，且对预处理要求较低。然而，DTRO 也存在一些限制。例如，DTRO 的运行压力可高达 120 bar，随着运行时间的延长，盐浓缩倍数增加，含盐量越高，渗透压也越高。这会导致在进水压力保持不变的情况下，产水通量下降，膜使用寿命缩短，运行费用增加。此外，受限于较高的操作压力，目前高压反渗透膜还主要依赖进口。因此，要进一步扩大高压反渗透的应用范围，需要研发耐高压、抗污染且成本相对较低的膜组件。

5.1.2.3　DTRO 应用实例

某煤制天然气公司采用鲁奇碎煤加压气化工艺，以褐煤为原料生产天然气。废水是典型的难降解废水，经过前端生化处理、深度处理、中水回用处理后，浓水通过膜浓缩系统进行减量化处理。最终，浓水进入蒸发结晶进行结晶处理，产出的水分质回用。原膜浓缩系统采用超滤-纳滤-反渗透-浓水反渗透工艺[5]。最终提浓减量则采用传统卷式反渗透膜技术。然而，浓水中的有机物、盐、挥发性物质浓度极高，使水质成分更加复杂。因此，在最终膜浓缩阶段，该技术面临运行困难、严重膜性能衰减、低回收率和脱盐率、制水周期短以及污堵严重等问题。这导致大量浓水回流，对整个水处理系统的盐平衡和水平衡产生影响。经过技术论证和中试试验，对原浓水反渗透单元进行了改造，增加了 DTRO 膜浓缩装置，成功将最终浓水量减少了 50%，同时提高了含盐量 1 倍。

原系统存在浓水不平衡及浓水回流现象，导致其浓水反渗透进水电导率等指标很高，是典型的高含盐有机废水。具体水质指标如表 5-4 所示。

表 5-4　进水水质指标

项目	温度/℃	pH 值	电导率/$\mu S \cdot cm^{-1}$	碱度/$mg \cdot L^{-1}$	$\rho(TDS)/mg \cdot L^{-1}$
改造前	35	8.0~8.5	26000	≤3900	≤20000
改造后	35	6.5~8.0	≤20000	≤1000	≤18000

项目	$\rho(Ca^{2+})/mg \cdot L^{-1}$	$\rho(Mg^{2+})/mg \cdot L^{-1}$	$\rho(SO_4^{2-})/mg \cdot L^{-1}$	$\rho(COD)/mg \cdot L^{-1}$
改造前	≤180	≤50	≤300	≤1500
改造后	≤160	≤30	≤200	≤1500

DTRO 膜的进水盐质量浓度范围是 10000~50000 mg/L，回收率可以超过 80%。此外，其还可以直接处理垃圾渗滤液，并且操作压力可以达到 15 MPa，出水水质也非常稳定。而传统卷式反渗透膜的进水盐质量浓度范围是 5000~10000 mg/L，理论回收率在 65%~70% 之间。对于进水 COD 浓度的要求较高，一般要求低于 100 mg/L，其提供的产水质量有限，运行操作压力较低。

综合比较两种膜技术，可以看出 DTRO 膜相较于传统卷式反渗透膜有明显的优势。在项目原设计中，最初使用了传统卷式反渗透膜，但在实际运行过程中，出现了许多问题，不仅影响了整个系统的安全稳定运行，而且膜元件的使用寿命远低于设计寿命，基本在 1 年左右。此外，膜元件在运行期间的性能衰减非常严重，污堵问题也很快出现，需要在 2~5 天内进行清洗，导致运行成本大幅增加。

通过对技术和相关工程应用结果的分析，可以得出结论，DTRO 膜可以应用于煤化工废水的最终提浓减量，具有明显的优势。

为了试验验证 DTRO 膜更适合应用于本项目而进行中试试验。采用了一种新的中试试验装置，将原膜浓缩系统的混合浓水作为进水。在为期 45 天的中试试验中，每天定时取样分析进出水的水质指标。中试试验设备包括加酸装置、阻垢剂添加装置和保安过滤器。该设备的装机功率为 8 kW，电源电压为 380 V，设备尺寸为 2900 mm×1500 mm×1900 mm，最大运行压力为 6.5 MPa，最大处理量为 1 t/h。中试试验系统搭载了 3 支膜柱，其中第 1 和第 2 支膜柱由高压泵直接供水，第 3 支膜柱则使用浓水作为进水。膜组件性能参数与改造后的膜组件参数相同。此外，设备还配备了电导率仪、流量计和压力表等仪器，得到以下结果：

（1）在中试装置试验期间，进水水质最高 TDS 质量浓度达到 23000 mg/L，总酚质量浓度为 210 mg/L，COD 最高质量浓度为 3000 mg/L。经过将 DTRO 装置的 pH 值调整至 6.5，此后能够稳定运行至少 15 天。在此阶段，前端卷式膜的运行时间约为 2~5 天。这表明 DTRO 膜具备一定的抵抗有机物污染和结垢离子污染的能力。

（2）原设计 DTRO 滤芯精度为 10 μm 级，因进水悬浮物浓度较高，滤芯污堵较快。根据 DTRO 装置耐污堵特性，将滤芯精度调整为 50 μm 级，滤芯污堵频率下降，可运行 15 天以上，且对膜系统影响较小。

（3）鉴于进水碱度较高，在 pH 值约为 6.5 左右时，DTRO 装置的运行相对稳定。然而，这种情况下产生的水中包含大量气泡，可能对膜系统造成潜在的损害。为了进一步观察情况，我们对两个膜柱进行了检查，从外观上并未发现膜片或导流盘的损坏迹象。但是，不能排除长时间运行可能会造成潜在损害的可能性，因此需要在 DTRO 装置前端加装脱碳器以降低碱度。

综合以上分析，可以得出 DTRO 技术符合本项目煤化工废水最终提浓减量处理的要求，可为多效蒸发进水提供可靠的浓缩减量保证。该装置运行稳定，并且运行周期相较于前端卷式膜大幅延长，同时也大幅减少了现有运行人员的工作量。

鉴于中试试验结果，对原有工程项目进行改造。工程设计总处理水量为 120 m³/h，共 3 套 DTRO 装置，单套 DTRO 装置设计进水水量不小于 40 m³/h，回收率为 50%。设计进出水水质如表 5-5 所示。工艺流程见图 5-5。

表 5-5　设计进出水水质指标

项目	温度/℃	pH 值	电导率/μS·cm⁻¹	碱度/mg·L⁻¹	$\rho(\text{TDS})$/mg·L⁻¹
进水	35	6~9	30000	≤4000	≤25000
出水	35	6~9	≤1500	≤1000	≤1000

项目	$\rho(\text{Ca}^{2+})$/mg·L⁻¹	$\rho(\text{Mg}^{2+})$/mg·L⁻¹	$\rho(\text{SO}_4^{2-})$/mg·L⁻¹	$\rho(\text{COD})$/mg·L⁻¹
进水	≤300	≤65	≤850	≤1500
出水	≤10	≤5	≤30	≤30

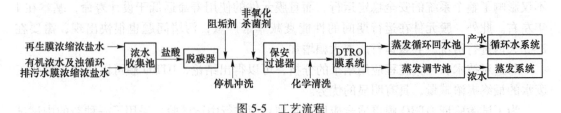

图 5-5　工艺流程

再生废水膜浓缩所产生的最终浓盐水的水量为 80 m³/h，而有机浓水及浊循环排污水膜浓缩所产生的最终浓盐水的水量为 40 m³/h。这两股浓盐水混合后，首先进入浓盐水收集池，经过原水泵加压后，进入脱碳器装置。通过加酸来调节 pH 值以降低碱度，同时脱除二氧化碳。接着，出水被泵提升至管道混合器与阻垢剂、非氧化性杀菌剂混合后，进入过滤器。出水经由高压泵进入 DTRO 膜处理单元。DTRO 的设计处理能力为 120 m³/h，回收率为50%，脱盐率大于95%。膜处理所产生的清水被引入蒸发循环回水池进行回用，而浓水则被送入蒸发调节池进行进一步处理。

全自动运行的方式包括冲洗、加药以及化学清洗等步骤，以此来运行DTRO装置。DTRO装置由DTRO系统、加药装置系统、冲洗系统、化学清洗系统、阀门、各类仪表和控制检测元器件、控制系统以及必要的设备附件组成。单套DTRO膜装置设计参数见表5-6。

表 5-6　DTRO 膜系统设计参数

控制方式	膜材质	设计处理量 /m³·h⁻¹	设计回收率/%	正常运行压力 /MPa	膜截留率 (6 MPa, 25 ℃)/%
全自动运行	聚酰胺复合膜	40	50	4.5~5.5	95

控制方式	膜材质	膜通量 /L·m⁻²·h⁻¹	膜组件数量 /支	膜组件直径 /cm	膜组件长度 /mm	单套膜 总面积/m²
全自动运行	聚酰胺复合膜	13.99	152	20.32	1000	1429.56

该项目于2018年12月开始建设，至2019年4月投入运营。经过超过一年的运行，对系统设备进行了全面检测，包括运行状况、化学清洗、控制系统和DTRO系统等方面。具体来说，DTRO的单套处理量控制在38~40 m³/h，回收率控制在48%~50%，进水电导率不超过20000 μS/cm，产水电导不超过1000 μS/cm，浓水碱度不超过1000 mg/L。运行效果完全符合设计要求。

DTRO膜装置的清洗周期为15天以上，这解决了原来系统中存在的浓水不平衡问题。同时，在整个废水系统中，盐和水的不平衡问题也得到了有效解决，以满足蒸发系统进水提浓减量的要求。

5.1.3　电渗析

5.1.3.1　电渗析工艺

电渗析技术自20世纪中叶以来在海水淡化领域得到广泛应用。尽管近30年来反渗透技术的兴起部分取代了电渗析技术在海水淡化中的地位，但近年来，在煤化工废水、脱硫废水和反渗透浓水等工业废水浓缩处理方面，电渗析技术再次受到关注。同时，离子交换膜性能的提升也为电渗析技术的应用推广提供了可能。电渗析是一种利用半透膜的选择透过性来分离不同溶质粒子（如离子）的方法，在外加电场的作用下，溶液中带电的溶质粒子通过膜迁移。电渗析技术[6]通过在直流电场中设置一系列交错排列的阳膜和阴膜，利用电极对阴阳离子的驱动力和滤膜的选择透过性来实现废水的浓缩减量。在电场的驱动下，废水中的阴阳离子会向相反电极移动，从而在两极之间形成交错排列的淡水室和浓水室。当离子与膜的固定电荷相反时，离子可以通过膜；当电荷相同时，离子会被排斥。因此，在膜的中间隔室中，盐的浓度会因离子的定向迁移而降低，而靠近电极的两个隔室则成为阴离子和阳离子的浓缩室，最终在中间的淡化室内实现脱盐的目的。电渗析工艺图见图5-6。

电渗析技术是一种利用半透膜来分离不同溶质粒子的方法，在电场的作用下，溶液中的带电溶质粒子会迁移通过膜，达到浓缩减量的目的。电渗析工艺中，由电极和膜组成的隔室被称为极室，其中发生的电化学反应与普通的电极反应相同。阳极室内发生氧化反应，导致阳极水呈酸性，阳极本身容易被腐蚀。而阴极室则发生还原反应，导致阴极水呈碱性，阴极容易结垢。电渗析适用于含盐量在 300~500 mg/L 的脱盐处理，这一技术的浓缩效果非常显著，浓缩液的总溶解固体（TDS）可超过 200 g/L，可以大大减少废水流量。然而，与其他膜法相比，电渗析技术的系统脱盐率较低，产水中 COD 的含量也偏高，因此需要进一步处理才能回用。

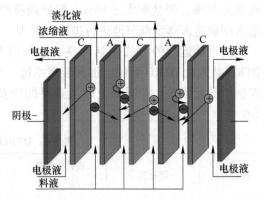

图 5-6 电渗析工艺图

电渗析（ED）技术适用于将含盐废水的盐度浓缩至超过 100000 mg/L[7]，可用于进一步浓缩处理 RO 浓水。最初，ED 技术主要用于海水淡化，可获得较高的水回收率，并将盐度增加 20% 以上。在 RO 浓水膜浓缩过程中，由于有机物无法通过膜且不需要压力驱动装置，ED 对工业废水中的 COD 和有机物等有较高的耐受性，并实现了有机物和盐的分离。在工业废水处理领域中，与反渗透等技术相比，ED 具有浓缩倍数高、运行压力低、淡水回收率高等优点。实际应用中，ED 常用于净化和浓缩工业废水，以将废水的盐度浓缩到较高水平，并有效分离溶液中的带电粒子和电中性物质，甚至可以回收有价值的金属离子。同时在费用方面，与 RO 相比，ED 投资成本相对较低。

5.1.3.2 电渗析过程

在电渗析过程中，不仅有使淡水隔室溶液淡化、浓水隔室溶液浓缩的基本过程，由于电解质溶液的性质和离子交换膜的性能及操作条件，还可能有其他过程发生。

（1）反离子迁移。反离子是指与离子交换膜上的固定交换基团的电荷相反的离子，也被称为平衡离子。反离子迁移是电渗析的核心过程，在传统电渗析操作中，反离子迁移的方向与离子浓度梯度的方向相反，通过电位差的作用来实现脱盐的目的。

（2）同名离子迁移。同名离子是指与离子交换膜上的固定交换基团具有相同电荷的离子。由于离子交换膜的选择透过性低于 100%，因此同名离子迁移现象会发生。在传统电渗析操作中，同名离子的迁移方向与离子浓度梯度的方向相同，使离子从浓室向淡室迁移，从而降低了电渗析过程的效率。为了提高电渗析的效率，需要通过优化离子选择膜的特性来减少同名离子的迁移。

（3）电解。在电渗析过程中，电极反应被视为电解过程，在阳极和阴极与溶液接触的界面上发生。具体来说，阴离子在阳极溶液界面发生氧化反应，而阳离子在阴极溶液界面发生还原反应。这些反应导致原本的电解质分解为其他物质。电解过程的发生引起离子在膜上的迁移，这是电渗析过程中不可或缺的条件。为了提高电渗析的效率，需要根据需要选择合适的膜材料和优化操作条件。

（4）电渗失水。电渗析是指反离子和同名离子迁移时水合离子的迁移过程，也就是说，在离子透过膜迁移的同时，水分子也会流失。

（5）渗析（电解质浓差扩散）。离子交换膜两侧的浓度差是电解质浓差扩散的动力，在传统电渗析操作中，该过程会降低电渗析过程的效率。

（6）水的渗透。水的渗透是为了减小膜两侧溶液的浓度差，通过水从浓度较低的一侧迁移到浓度较高的一侧来实现。当浓度差较大时，水的渗透量也会相应增大，而这个过程会导致淡水产量减少。因此，调控浓度差是提高淡水产量的关键。

（7）压差渗漏。压差渗漏是指溶液透过膜发生的现象，其是由膜两侧溶液的压力差引起的，渗漏的方向与压力梯度相同。然而，由于电渗析装置中水流的非均匀分布和流程的增长，避免渗漏过程并不容易。因此，必须采取适当的措施来减少压差渗漏。

（8）水的极化。电渗析过程中水的极化是指在一定电压下，电解质离子无法及时补充到膜的表面，从而导致膜/液界面上的水解离成 H^+ 和 OH^- 的现象。离子的水解离会引起浓淡室溶液的中性紊乱，进而导致结垢等问题。极化现象的结果是阴膜浓水一侧由于 OH^- 过多，水的 pH 值增大，形成氢氧化物沉淀，导致膜面结垢。同时，在阳膜的浓水一侧，膜表面的阳离子浓度比溶液中高很多，也容易产生膜面结垢。结垢必然导致电阻增加，耗电量增加，电流效率降低，膜的有效面积减小，寿命缩短，影响电渗析过程的正常进行，需要采取相应措施解决这些问题。

5.1.3.3　电渗析装置

电渗析器主要包括膜堆、极区和压紧装置三个部分。膜堆由阳膜、隔板和阴膜构成，每个结构单元称为一个膜对，一台电渗析装置由多个膜对组成。隔板一般由硬质聚氯乙烯制成，隔板越薄，膜对电阻越小，但加工难度也相应增加。离子交换膜是电渗析装置的核心组成部分，根据活性基团的不同，分为阳离子交换膜、阴离子交换膜和特殊离子交换膜。根据膜体结构或制造工艺的不同，离子交换膜可分为异相膜、均相膜和半均相膜三种类型。工程上常用的为异相膜和均相膜，其性能如表 5-7 所示。

表 5-7　两种膜性能差别

性能	异相膜	均相膜
制作成本	低	很高
制作难易程度	简单	较复杂
机械强度	大（指有网膜）	小（改进后大为提高）
耐温性	差（低于 40 ℃）	好（可达 50~65 ℃）
膜电阻	大	小
厚度	大	小
孔隙率	大（易泄漏）	小
各部分性质	不同（除树脂外还有黏合剂）	相同（都是由树脂组成）

优质的膜材应满足以下性能需求：具有良好的选择透过性，导电能力优越，交换容量较大，适度的溶胀率和含水率，具备强大的化学稳定性和机械强度。极区的主要功能是为电渗析器提供直流电，并将原水引入膜堆的配水孔，使淡水和浓水分离，同时进出水极区。压紧装置则是确保极区和膜堆密封不漏水的关键部件，可采用压板和螺栓或液压方式进行压紧。电渗析器的辅助设备有直流电源、水泵、流量计、压力表、水槽和管道等。

5.1.3.4　电渗析工艺分类

常见的电渗析工艺有：填充床电渗析（EDI）、频繁倒电极电渗析（EDR）工艺、高温电渗析工艺、液膜电渗析（EDLM）和双极膜电渗析（ED-MB）工艺。

（1）填充床电渗析。又称电去离子法（Electrodeionization，EDI），是一种利用电渗析过程中的极化现象对离子交换填充床进行电化学再生的技术。集中了电渗析和离子交换法的优点，克服了两者的弊端。EDI技术结合了电渗析技术和离子交换技术主要用于替代传统生产高纯水的离子交换混床，在电子、电力、化工等行业得到了广泛应用。EDI技术具有以下优点：首先，占地空间小，省略了混床和再生装置；其次，产水连续稳定，出水质量高，而混床在树脂临近失效时水质会变差；再次，运行费用低，再生只耗电，不用酸碱，节省材料费；最后，EDI技术还具有显著的环保效益，增加了操作的安全性。总之，EDI技术是一种高效、节能、环保的水处理技术，已经在国内外多个行业得到了广泛应用。通过EDI技术，可以获得高纯度的水，满足不同领域对于高纯水的需求。

（2）频繁倒电极电渗析。EDR的工作机制与ED法相似，不同之处在于，EDR会在特定的时间间隔内（通常为15~20 min）交替使用正负电极，这被称为"频繁倒置式电渗析"，这种方法能够自我清洁离子交换膜及其电极表面的污染物，从而保证了离子交换膜的高效性和持续稳定的性能，并保持淡水的水质和水量。

（3）高温电渗析。高温电渗析是一种新型技术，其把电渗析过程中的进水温度升至约80℃，以此来减小电阻、降低液体黏稠度、增加出水流量并且节省电力消耗。其优势在于能够使得溶液的黏稠度减轻，提升了扩散速率，扩大了溶液与膜之间的电流，进而提高了容许浓度，增强了装置的产能或削减了能源需求，由此也降低了处理成本。经过试验证明，高温电渗析对于改善电渗析的去离子效果及节能效益具有明显的影响，特别是在那些拥有剩余热量资源的企业中更具实用价值。

（4）液膜电渗析。为提升电渗透法的分离效率，将其整合到液态薄层中被认为具有巨大的潜力和前景。以钯、铱及其他贵金属为例，当其作为阴极材料用于阳离子的脱除过程中，会产生相应的化合物沉积于表面，这种现象可能导致早期设备损坏及整体流程受阻的问题，然而使用了液状涂覆后便不会出现这样的问题。

（5）双极膜电渗析。阴阳离子交替排列而成的双极性薄膜是由两个相互连接并叠合起来的正负电子传输区与两者之间的中间层组成。当在阳极和阴极间施加电压时，电荷通过离子进行传递，如果没有离子存在，则电流将由水解离出的氢离子（H^+）和氢氧根离子（OH^-）传递。目前双极性膜电渗析工艺的主要领域是从盐溶液中产酸（H_2SO_4）和碱（NaOH），但浓度（酸最大1~2 mol/L，碱最大3~6 mol/L）和纯度两方面都受到限制。现在开发的领域还有废气脱硫、离子交换树脂再生、钾钠的无机过程等。

下面列举几种电渗析工艺原理、优点及应用的对比，如表5-8所示。

表5-8　常见电渗析工艺对比

工　艺	原　理	优　点	应　用
填充床电渗析（EDI）工艺	常规ED与离子交换膜结合，在ED的淡室层中填充阴阳离子交换树脂，ED产生的极化作用使填充床电化学再生	兼有ED技术的连续除盐和离子交换技术的深度除盐	超纯水制备，高超纯水制备，废水中重金属离子去除，发酵生产

工 艺	原 理	优 点	应 用
频繁倒电极电渗析（EDR）工艺	与传统 ED 原理基本一样，运行过程中，EDR 正负电极每隔 15~20 min 倒换一次	自动清洗电极及离子膜上的污垢，保证离子膜不被堵塞	高含盐废水去除，易导致膜污染的废水，造纸废水
高温电渗析工艺	ED 进水温度提高到 80 ℃时，使溶液的黏度降低，扩散系数增加，离子迁移数增加，电流密度增加	脱盐能力提高，处理费用降低	高含盐废水，难处理黏滞废水
液膜电渗析（EDLM）	相同功能液态离子膜代替固态离子膜，原理与传统 ED 相近	将化学反应、扩散和电迁移结合起来	浓缩与脱盐，提取化合物
双极膜电渗析（ED-MB）工艺	双极膜与其他阴阳离子膜组成，直流电作用下，水分子分解成 H^+ 和 OH^- 分布在膜的两面，使水溶液的盐转化成相应的酸和碱	降低能源消化，减少垃圾排放，能将盐生成等量酸和碱	高含盐废水，海水淡化，酸和碱的制备，去除重金属离子

5.1.3.5 电渗析工艺特点

通常情况下，采用"超滤—反渗透—电渗析法"作为一种有效的手段用于提升经过深层净化后的焦炭加工废水中溶解固形物含量，这种方法被证实能够达到预期的目标并满足相关标准的要求。通过深入的研究发现：使用电子迁移过程可以有效地改善原本含有高浓度杂质的水体质量，同时还大幅度增加了水的循环再用效率。良好的浓缩和脱盐性能，证明电渗析是处理 RO 浓缩液的良好选择。

反渗透制水过程中产生的高盐废水难以回收利用，而电渗析技术在去除一级反渗透浓水或二级高压反渗透浓水中的盐分方面表现出色，脱盐率可达到 71%~79%，产水率为 80%或更高。相比之下，电渗析在脱盐和产水率方面明显优于反渗透技术。因此可以考虑使用电渗析来替代二级高压反渗透，回收一级反渗透的浓水；或者在现有的二级高压反渗透设备基础上，增加电渗析设备来进一步回收二级高压反渗透浓水，从而最大限度地减少反渗透浓水的产生，电渗析技术在反渗透废水回用方面具有重要意义。

相较于其他的脱盐方法，ED 在对高盐废水进行浓缩和减少的过程中表现了较高的浓缩效率、低的浓缩液体数量、高度自动化的操作方式以及相对较低的能源消耗等优势。此外，该电渗析装置是一种一次性的投资设备，除了固定部件由金属构成外，其余如离子交换膜、限制板、管道均采用高分子材料制作而成，具有良好的绝缘性和耐腐蚀特性。离子交换膜一般而言比反渗透膜更具抵抗污垢的能力，拥有较大的机械强度，且可以用酸性溶剂进行清洁。另外，离子交换膜可以在保持其功能的前提下通过人工手段进行清理，但反渗透膜无法实现此项操作，只能被更换，这使得整个系统的使用年限得以延长。由于水流是沿着电渗析器的膜表面流动而不是像反渗透那样穿过膜，因此对于进入的水质的要求并不严格，大多数情况只需经过砂滤就可以满足需求，而且预处理环节也相对简便。

电渗析技术因高效便捷的优点被广泛应用于各领域的污废水处理当中，在得到广泛应用的同时，也存在不足：

（1）高盐有机废水通常具有高 COD 和高盐分的特性，而具体成分会因不同的源头产生差异。由于单个电渗析过程不能适应所有类型的水质条件，所以必须将其与其他的处理方法结合应用，尤其是当采用的是组合工艺时尤为关键。比如，通过电渗析配合生物化学综合处理法能有效地降低盐分并减少 COD。鉴于此，为了实现对各种源自不同环境的高含盐废水的最佳净化效果，仍然需继续探索如何优化电渗析技术的搭配方式。

（2）尽管电渗析技术在处理工业生产的浓盐废水中表现出优越的效果，但在利用海水淡化产生的浓盐废水的处理上却鲜见其身影。鉴于中国淡水资源稀缺，相对于内地城市而言，沿海城市的居民每人平均拥有只有 500 m^3 的水资源，所以使用海水淡化是缓解这种冲突的关键手段之一，然而，由海水淡化所生成的浓盐废水也成为了阻碍这项技术的实际运用的重要障碍。

（3）电渗析工艺技术的关键部分在于膜堆，其中离子交换膜是核心内容。危害含盐废水电渗析处置效率的原因包括膜污染、膜阻塞和各种电价离子选择性离子交换膜难题。所以，当前及未来的研究焦点将集中在先进离子交换膜的研发上。

5.1.3.6 电渗析浓缩中试试验

为了确保电渗析浓缩模块能工业化、持续稳定地运作，需要评估使用电渗析浓缩技术的可能性，并决定最优的生产流程及操作条件。这包括对双膜方法所生成的含有盐分的废水通过软化、一次电渗析浓缩、树脂软化和二次电渗析浓缩的过程是否有效性的确认。同时也希望了解利用双膜方法来深加工产出的反渗透含盐浓度大于 14% 的废水，并且淡水的输出电导率小于 3000 μS/cm 的方法是有效的。

以反渗透含盐浓水作为原始水源，探讨了其中硬度的影响及其转移过程。通过使用化学药品来降低反渗透含盐浓水的钙含量并设定适当的添加比例，得以确认该处理方法的效果。然后，将这种经过软化的浓水分为几个部分进行进一步浓缩，并对其中一部分进行了电渗析浓缩，选取适宜的树脂对其进行测试，观察其软化性能。同时，也测量了电渗析浓缩后浓水的总溶解固体（TDS）值以及淡水的电导率，以此证明电渗析浓缩技术可行性的证据。基于此，确定最佳的工艺路线与参数设置，以便于为以后的实际应用中的实施提供依据。试验水质见表 5-9。试验工艺流程见图 5-7。

表 5-9 试验水质

水质项目	颜色	pH 值	$\rho(Pb^{2+})$ /mg·L^{-1}	$\rho(As^{3+})$ /mg·L^{-1}	$\rho(Cu^{2+})$ /mg·L^{-1}	$\rho(Ca^{2+})$ /mg·L^{-1}
指标	澄清	6.5	0.381	1.26	0.152	537.165

水质项目	$\rho(Mg^{2+})$ /mg·L^{-1}	$\rho(Zn^{2+})$ /mg·L^{-1}	$\rho(Cl^-)$ /mg·L^{-1}	$\rho(F^-)$ /mg·L^{-1}	$\rho(Cd^{2+})$ /mg·L^{-1}	$\rho(SO_4^{2-})$ /mg·L^{-1}
指标	92.697	1.81	1.36	0.0508	0.093	4.58

软化药剂选用纯碱+PAM。对软化后的 256.95 kg 上清液进行一级电渗析浓缩试验，一级电渗析合计淡水出水 230.75 kg，电导率 1966 μS/cm，TDS 为 1352 mg/L。浓水出水 26.2 kg，电导率 54000 μS/cm，TDS49624 mg/L，水质指标见表 5-10、表 5-11。一级电渗析运行数据，见表 5-12。

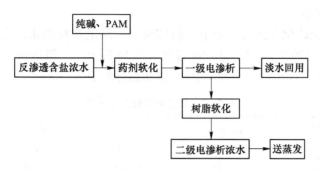

图 5-7 试验工艺流程

表 5-10 一级电渗析淡水指标 (mg/L)

水质项目	$\rho(Pb^{2+})$	$\rho(As^{3+})$	$\rho(Cu^{2+})$	$\rho(Ca^{2+})$	$\rho(Mg^{2+})$
指标	0.407	2.46	0.059	12.024	10.935
水质项目	$\rho(Zn^{2+})$	$\rho(Cl^-)$	$\rho(F^-)$	$\rho(Cd^{2+})$	$\rho(SO_4^{2-})$
指标	0.0776	0.211	0.0053	0.047	0.9

表 5-11 一级电渗析浓水指标 (mg/L)

水质项目	$\rho(Pb^{2+})$	$\rho(As^{3+})$	$\rho(Cu^{2+})$	$\rho(Ca^{2+})$	$\rho(Mg^{2+})$
指标	0.551	4.02	0.302	280.56	801.9
水质项目	$\rho(Zn^{2+})$	$\rho(Cl^-)$	$\rho(F^-)$	$\rho(Cd^{2+})$	$\rho(SO_4^{2-})$
指标	4.14	1.55	0.0365	0.044	19.37

表 5-12 一级电渗析运行数据

项目	TDS/mg·L^{-1}	电导率/μS·cm^{-1}	含量/%	水量/kg
纯碱软化水	6160	8530	100	256.95
一级电渗析淡水	1352	1966	89.8	230.75
一级电渗析浓水	49624	54000	10.2	26.2

在离子交换柱中填充树脂，使用质量分数为 10% 的盐酸清洗；用纯水或软化水清洗至 pH 值大于 2；再用质量分数为 8% 的氢氧化钠清洗；然后用纯水或软化水清洗至 pH 值小于 10。把浓水引入离子交换柱，出水为软化水。软化后 Ca^{2+} 质量浓度 6.413 mg/L，Mg^{2+} 质量浓度 78.246 mg/L，软化水量 26.2 kg。树脂软化前后 Ca^{2+}、Mg^{2+} 数据见表 5-13。

表 5-13 树脂软化运行数据

项 目	Ca^{2+}	Mg^{2+}
电渗析浓水的 Ca^{2+}、Mg^{2+} 质量浓度/mg·L^{-1}	280.56	801.9
树脂软化水中 Ca^{2+}、Mg^{2+} 质量浓度/mg·L^{-1}	6.413	78.246
去除率/%	97.7	90.2

二级电渗析浓缩：

取 21.5 kg 树脂软化水进行二级电渗析实验。二级电渗析淡水出水 16.5 kg，电导率 21300 μS/cm，TDS 17936 mg/L，水质指标如表 5-14 所示。二级电渗析浓水出水 5 kg，电导率 124100 μS/cm，TDS 为 147428 mg/L，水质指标如表 5-15 所示。

表 5-14 二级电渗析淡水指标

水质项目	$\rho(Pb^{2+})$ /mg·L^{-1}	$\rho(As^{3+})$ /mg·L^{-1}	$\rho(Cu^{2+})$ /mg·L^{-1}	$\rho(Ca^{2+})$ /mg·L^{-1}	$\rho(Mg^{2+})$ /mg·L^{-1}
指标	0.303	2.53	0.123	8.016	59.79
水质项目	$\rho(Zn^{2+})$ /mg·L^{-1}	$\rho(Cl^-)$ /g·L^{-1}	$\rho(F^-)$ /g·L^{-1}	$\rho(Cd^{2+})$ /mg·L^{-1}	$\rho(SO_4^{2-})$ /mg·L^{-1}	$\rho(Fe^{3+})$ /mg·L^{-1}
指标	4.96	2.88	0.01	0.01	9.87	0.337

表 5-15 二级电渗析浓水指标

水质项目	$\rho(Pb^{2+})$ /mg·L^{-1}	$\rho(As^{3+})$ /mg·L^{-1}	$\rho(Cu^{2+})$ /mg·L^{-1}	$\rho(Ca^{2+})$ /mg·L^{-1}	$\rho(Mg^{2+})$ /mg·L^{-1}
指标	4.96	3.06	0.62	84.168	597.78
水质项目	$\rho(Zn^{2+})$ /mg·L^{-1}	$\rho(Cl^-)$ /g·L^{-1}	$\rho(F^-)$ /g·L^{-1}	$\rho(Cd^{2+})$ /mg·L^{-1}	$\rho(SO_4^{2-})$ /mg·L^{-1}
指标	4.12	55.88	0.095	1.28	56.43

二级电渗析运行数据统计见表 5-16。

表 5-16 二级电渗析运行数据

项目	TDS/mg·L^{-1}	电导率/μS·cm^{-1}	含量/%	水量/kg
树脂软化水	49624	54000	100	21.5
二级电渗析淡水	17936	21300	76.7	16.5
二级电渗析浓水	147428	124100	23.3	5

双膜法浓水经纯碱软化水、一级电渗析淡水、二级电渗析浓水、二级电渗析淡水数据统计如表 5-17 所示。

表 5-17 系统整体运行数据

项目	TDS/mg·L^{-1}	电导率/μS·cm^{-1}	含量/%	水量/kg
纯碱软化水	6160	8530	100	256.95
一级电渗析淡水（最终淡水）	1352	1966	89.8	230.75
二级电渗析浓水（最终浓水）	147428	124100	2.4	6.1
二级电渗析淡水	17936	21300	7.8	20.1

"双膜法"单元产生的含盐浓水采用"软化+一级电渗析浓缩+树脂软化+二级电渗析浓缩"处理后，依据一级电渗析淡水、二级电渗析浓水、二级电渗析淡水数据统计，淡水产水率 96.7%、浓水产水率 3.3%，脱盐率 78%，淡水 TDS 为 1352 mg/L，淡水电导率为 1966 μS/cm；最终浓水 TDS 为 147428 mg/L，浓水电导率为 124100 μS/cm，验证了预设工艺技术可行性，各项指标满足工程拟定指标，可应用到钢铁焦化、煤化工等领域的膜浓缩工艺及膜法分盐工艺，具有广阔的应用前景。

5.1.4 正渗透

5.1.4.1 正渗透技术

正渗透技术（FO）是近年来出现的一种技术，正渗透是在不使用外加压力的条件下，利用膜两边溶液的渗透压差异作为驱动力，使纯水从化学势能较高的一侧通过正渗透膜流向化学势能较低的一侧，来实现污染物与水的分离。正渗透（FO）是依靠 FO 膜两侧的汲取液（DS）和原料液（FS）间的自然渗透压差，使水分子自发地从低渗透压侧（FS 侧）传输到高渗透压侧（DS 侧）而污染物被截留的膜分离过程，一旦达到了稳定的状态，正渗透膜设备就会停止运作。经过汲取液体的分离之后，可以实现淡

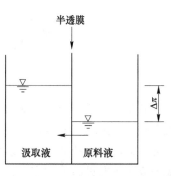

图 5-8 正渗透工艺原理

水的再利用，并且汲取液体可以通过浓缩的方式再次应用。具体如图 5-8 所示。

与传统的膜分离方式不同，FO 通过低水化学势的 DS 从高水化学势的 FS 中抽取纯净水，无需另外的动力投入，因此能源消耗较少。科学研究还表明，FO 具备小的膜污染倾向性、高的水回收率和强大的物质拦截能力等优点。

在 FO 过程中，DS 逐步被稀释，其渗透压持续降低。同时，FS 也在逐步被浓缩，其渗透压持续上升。当 FO 膜两侧的渗透压差和液位差达到一致时，FO 过程结束。

正渗透是一种持续的水处理流程，其主要特征是水分子的移动受制于渗透压力差异的影响。同时，一些汲取液中的溶质也会因浓度的变化而通过膜表面返回至原料液体中，这种现象被称为溶质反渗，可能导致不良后果，例如：（1）当汲取液中的溶质被消耗时，会导致渗透压力迅速减小，进而使得水的流动速度显著减少，这会影响处理的效果；（2）如果使用的汲取液价格较高，那么在回收和再次利用的过程中，溶质的丢失可能会增加处理费用；（3）在结合生物处理的情况中，如果溶质分子返回到原始液体，将会引起盐分含量的升高，从而对微生物生存的环境产生负面影响。因此反渗现象阻碍了正渗透技术的发展。

正渗透技术可以处理 TDS 高达 70000 mg/L 的溶液，一般可将含盐废水浓缩至 10%～15%。正渗透的基本装置见图 5-9。

5.1.4.2 正渗透技术工艺特性

FO 的传质过程依赖于膜两端的渗透压差，无需施以额外的压力，其能耗和膜污染都低于采用压力驱动方式的过程，同时，膜污染是可逆的且污染层的密度也不如采用压力驱动方法高。在水温较高的情况下，FO 对解决具有低盐、高结垢倾向的水回用表现出更大优越性。

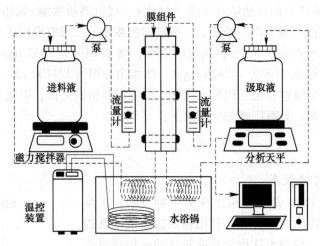

图 5-9 正渗透的基本装置

显然，正渗透技术的潜力在于可以在液体零排放领域中发挥作用，通过对反渗透后的浓水进一步浓缩或者直接以高浓度处理废水的方式来突破现有的技术限制，使之能够承受有机污染物质和盐分的影响。此外，蒸发过程的每吨水的投资与运营费用相当昂贵，若能减少流入蒸发设备中的水量，将会大大地削减相关支出。

相对于压力驱动的膜分离过程如微滤、超滤和反渗透，正渗透从过程本质上讲具有许多独特的优点：

（1）具备低压或无压操作的能力，因此能源消耗相对较少。

（2）对于大量污染物，几乎可以全部拦截，其分离效果优秀且具有很强的抗污染性。

（3）采用特殊溶质配制的正渗透汲取液，能够被人为调整以达到更高的渗透驱动压力，进而提升水回收率，没有浓盐水的排放。

（4）在实际操作中，正渗透流程是自发产生的现象，而膜堵塞也呈现出一种自然的消退趋势，这使得可以在实践过程中更有效地监控并管理膜的堵塞情况。与传统的反渗透技术相比，能大幅度减轻对输入水质的需求，因此有能力应对一些传统反渗透难以解决的严重污染型废水问题，甚至可能只需简化预处理步骤，实现整个工艺的一体化设计。

虽然 FO 比传统的膜过滤具有更优越的技术特性，但是仍然面临着一系列挑战。其中，浓差极化是一大主要问题，其可分为内部和外部的稀释型和浓缩型浓差极化。内外浓差极化的区别在于发生在 FO 膜的支撑层内部和膜外部。当采用活性层朝向原水模式时，主要是外部发生浓缩型的浓差极化，而内部则是稀释型的浓差极化；相反地，采用活性层朝向汲取液模式时结果与之相反。浓差极化会导致膜表面形成溶质浓度逐渐变化的边界层，从而降低水通量。膜污染是所有膜分离技术都面临的难题，FO 技术也不例外。在污染的影响下，FO 的水通量会下降，不过相对于反渗透技术，FO 技术的污染程度较轻。因为 FO 过程中的压力较小，形成的污染层也不会太牢固，通过简单的清洗就可以去除大部分污染层。然而，长时间的应用可能需要更专业的手段进行清理。膜污染的类型主要为有机、无机和微生物污染，其中以有机污染最为常见。此外，汲取液中的溶质返混也是一个重要问题，它会导致膜的渗透压降低，进而引起膜的污染。

5.1.4.3 汲取液

FO 的优势在于其操作过程中无需使用高压泵，降低了系统的能源消耗，能够有效地移除高盐水中溶解的盐分。因为其低压功能，使之相较于高压反渗透系统更容易避免不可逆的污染和结垢现象，从而提高了系统的稳定性和可靠性。汲取液对正渗透技术的性能有重要影响。汲取液本身的渗透压力会影响到正渗透的运转效果，而汲取液的再利用则是正渗透工艺中主要的能量消耗来源。所以，通过提升汲取液的渗透压力，优化正渗透流程中的水分流量，并研发出更为高效的再生方法，对增强正渗透的效果有着显著的重要性。

汲取液是具有高渗透压的溶液系统，其在渗透过程中起到驱动作用。理想的汲取液能够在水中达到较高的溶解度，从而产生更大的渗透压力。反向渗透使得汲取液中溶质的浓度增加，这也降低了驱动渗透压差。

汲取液的选择应当满足一些条件。首要的是，需要存在足够大的渗透压力差异，使得纯水能持续流入。其次，提取出的液体必须易于被浓缩或者分离开来，以便获取到纯水并且保持正向渗透推动力。然后，这个过程会再次使用这些提取物，从而构建出一个闭环系统。汲取液是整个正渗透流程顺畅运行的核心要素之一，其超高渗透压力来自其中的溶解物质。良好的汲取液溶质应当满足如下条件：

（1）在水里应该具备较高的溶解性度和相对分子质量，以便形成更强的渗透压推动力。

（2）无毒性，在水中的物理和化学属性保持稳定。

（3）正渗透膜的化学特性与其无关，不会与膜发生化学反应，也不会对膜材料的性质和结构产生影响。

（4）可以通过简易且经济的手段将水分离出来，并且能够被多次使用。

汲取液溶质包括：盐类如 $NaCl$、$MgCl_2$、$Al_2(SO_4)_2$、NH_4HCO_3，糖类如葡萄糖、果糖等有机大分子。

无机盐被广泛用于 FO 汲取液的溶质，这些元素来源丰富且经济实惠，生产能力强，并且拥有较大的渗透压力。最常用的就是氯化钠，因为其溶解率很高，形成的高渗透压也十分理想，而且成本较低。然而，由于颗粒太细微，导致了溶质逆流的现象比较明显，使得流量迅速减少。所以，选用更大分子的氯化镁作汲取剂更为合适，这可以有效地减缓溶质逆流的情况，但是由于镁离子的易结晶特性可能阻塞滤网，无法完全替代用氯化钠制成的汲取剂。目前，利用大分子量的有机物做汲取剂已经开始流行起来。这种方法能够提升水的流动速度，并显著减轻溶质逆流的影响。不过，不同的有机物表现出明显的差别，主要问题有以下几点：（1）大分子结构可能会引发严重的内部浓度梯度变化；（2）高昂的价格会导致补给费用增加；（3）用有机物制作的汲取剂可能会引起 FO 过滤器中微生物分解的问题。

除了通过加热分解实现 NH_4HCO_3 的分级外，其他的汲取液成分也可以采用反渗透方法来处理。然而，对于汲取液中的溶质浓度存在一定的限度，如果其超过了一定范围，则不能用反渗透方式进行分离；同时，为了满足正渗透所需的大量渗透压推动力，也需依靠汲取液较高的溶质浓度。因此，目前的汲取液溶质选择主要是针对那些能够承受高温分解的种类。在这其中，对铵盐等物质的研究日益增加，由于能在低温下和水相分离，且所需的分离温度远小于水的沸点，这使得正渗透过程中能源消耗大幅减少，更加环保节能。汲取液溶质分离后的混合问题也是正渗透的一个关键步骤。当汲取液溶质被成功分离之后，其应该迅速重新混合以便生成新的汲取液，这一过程应保持持续、稳定的状态，只有如此才可能确保汲取液始终维持恒定的驱动压力。

汲取液的回收利用，直接影响 FO 系统的经济性。按照汲取液回收方式的不同，可将其分为热法回收型、膜法回收型、磁场回收型及直用型。

5.1.4.4　正渗透膜

正渗透膜是正渗透技术的核心材料，所以，提升膜寿命并避免污染是 FO 技术的核心。正渗透的运行速度和工作温度等因素都会对膜部件造成影响。

膜材料在正渗透过程中需要满足高标准，这是为了减轻内部浓度差异极化的影响，提升水流量和截留效率，同时确保膜的机械特性和化学稳定性。正渗透过程对膜材料的主要需求包括：

（1）具有致密的皮层，保证高截留率。

（2）尽可能地使用薄且孔隙率高的支撑层，以便在最大程度上降低内部浓度差异极化。

（3）拥有较强的机械性能，并且可以延长膜材质的使用寿命。

（4）增强膜的亲水性，可以减少膜的污染并提高其通量。

（5）为了能在各种成分复杂的溶液中工作，理想的正渗透膜材料应该具有一定的耐酸、耐腐蚀等性能。

早期的正渗透研究多采用反渗透膜代替正渗透膜，反渗透膜在渗透过程中多孔支撑层会发生严重的浓差极化，致使水通量普遍较低。2000 年后，制备出了特定应用于正渗透技术的醋酸纤维（CTA）膜，其优点是亲水、低污染、机械性能强、抗氧化和适用性广泛。但是，CTA 膜较厚，并且膜皮层和支撑层为同一材料，同时制备、同时形成、无明显界限，不利于进一步优化。从方便优化膜结构参数、制备工艺灵活等方面考虑，由聚酰胺活性层和聚砜支撑层构成的薄层复合（TFC）膜提供了一种方案。这种膜具有自支撑结构、高孔隙率以及低弯曲度，并在应用时拥有高水通量、高截留率、良好的化学和热稳定性等优点。近年来，生物学、物理化学和电化学等学科的发展在一定程度上推动了对 CTA 膜或 TFC 膜的改变与修饰。另一种是由薄皮层和多孔支撑层组成的非对称结构，通常通过一步相转化过程制备，致密表皮层和多孔层均由相同的材料构成，例如纤维素酯、聚苯并咪唑或聚酰胺酰亚胺。

关于正渗透膜技术，由于没有外加压力，相对于压力驱动膜分离技术，膜污染较为轻微。不过，仍不能忽视长期使用引起的膜污染所可能带来的影响。根据正渗透过程中发生的膜污染类型，可将其分为以下四种：无机污染、胶体污染、有机污染以及生物污染。

（1）原料液浓缩是无机污染的主要形式，这些微溶盐如 $CaSO_4$、$CaCO_3$、$BaSO_4$ 等在正渗透膜上或周围由于非均匀结晶或沉淀而引发膜垢。

（2）由于胶体污染主要是由溶液中的相似于硅纳米粒子的物体引发，其会产生两种负面效应来降低渗透流速：一是增大液压阻力，二是妨碍了滤饼层内溶质的扩散。已有的研究结果表明，胶体污染导致的滤饼层产生的渗透压力差异是导致渗透水流量减少的关键因素。

（3）一般来说，有机污染多由海藻酸盐、腐植酸和蛋白质等引发。

（4）当原料液中存在微生物时，会黏附于正渗透膜的外层并在那里生长和繁衍，与此同时还会通过新陈代谢生成细胞外的聚合物质，这些物质能使微生物与其紧密结合，从而形成一团有黏性的、含水的凝胶状结构，这种凝胶状结构逐渐扩大，最后可能在膜上形成一层由微生物组成的生物薄膜，这会导致正渗透膜受到生物污染的影响。

通常情况下，各种污染类型间有显著的协同影响，其共同的作用可能导致更严重的膜污染问题。例如，二价阳离子不仅会在膜上产生结垢，而且还能作为桥梁连接有机和无机污染物质，从而增强两者之间的互动并加重膜污染程度。然而，对于正渗透膜而言，其清洁能力非常高且具有可逆性，比如由单个海藻酸盐引起的有机污染只需简单的水流冲洗就能让水的流量恢复到98%以上。但如果生物膜与正渗透膜黏附得过于紧实，那么就必须采取化学方法来清理，这样才能保证膜的通畅率得以完全恢复。

5.1.5 膜蒸馏

膜蒸馏（Membrane Distillation，MD）是一种利用疏水微孔膜进行膜分离的过程。该过程的传质驱动力是膜两侧蒸汽压力差。其可以用于水的蒸馏淡化，以及去除水溶液中的挥发性物质。例如，当疏水微孔膜分隔不同温度的水溶液时，膜的疏水性阻止了水溶液通过膜孔进入另一侧。然而，由于暖侧水溶液与膜界面的水蒸汽压高于冷侧，水蒸气会穿过膜孔从暖侧进入冷侧并冷凝。膜蒸馏与常规蒸馏的蒸发、传质、冷凝过程具有诸多类似的特点。

膜蒸馏可分为直接接触膜蒸馏、真空膜蒸馏、多效膜蒸馏等形式。真空膜蒸馏分离原理：真空膜蒸馏分离的工作原理是将浓盐水的热溶液通过膜材料的一端抽取真空，这样就在膜的两侧产生了传递蒸汽压力的效果。在真空部分，会形成水蒸气，经过冷凝后转化为液体。而失去水分的浓盐水则保留在另一边，从而达到浓盐水再次浓缩和分离的目的。

多效膜蒸馏指采用多根平行的中空纤维传质膜与传热膜构成的膜组件进行气隙式膜蒸馏。其原理是，膜组件中平放两种膜，根据膜内流体的温度分为热膜和冷膜，热膜中的流体在膜两侧蒸汽压差的作用下，挥发性组分以蒸汽形式透过膜孔，透过来的蒸汽在冷膜的外壁冷凝，冷膜内的流体被浓缩，其过程与多级闪蒸和多效蒸发相近，具有多效过程且又基于膜蒸馏原理。但目前多效膜蒸馏技术仅限于实验模拟与数据分析，并未应用于实际工程。

5.1.5.1 膜蒸馏技术分类

膜蒸馏过程中，膜的一侧与进料液直接接触，另一侧根据冷凝方式的不同，可将膜蒸馏分为四种不同形式（图5-10）：直接接触式膜蒸馏（DCMD）、气隙式膜蒸馏（AGMD）、气扫式膜蒸馏（SGMD）、真空式膜蒸馏（VMD），见图5-10。

四种膜蒸馏方式根据构造不同各有优缺点见表5-18。

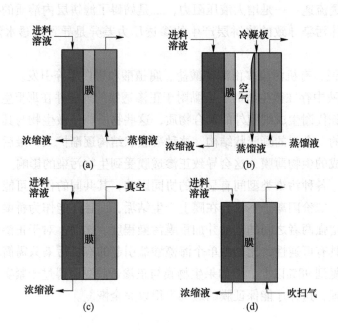

图 5-10 DCMD、AGMD、VMD、SGMD 的构造图

(a) DCMD；(b) AGMD；(c) VMD；(d) SGMD

表 5-18 各种膜蒸馏优点对比

操作方式	优　　点	缺　　点
DCMD	结构简单，膜通量大，造水比大，无需额外的冷凝装置	热传导损失大，热效率低，膜易失效
AGMD	热传导损失小	增加了传质阻力，膜通量低
SGMD	热传导损失小，温差极化较小	需要吹气，热回收困难
VMD	膜通量高，传热损失低，温差极化小	膜孔易润湿，膜易污染能耗大

5.1.5.2 膜蒸馏技术的运行特性

膜蒸馏是一种基于蒸汽压力差异的技术，成功融合了蒸馏工艺和膜处理技术的优势。对比传统的蒸馏方法，节约了空间并解决了蒸馏过程中容易出现腐蚀和结垢问题。同时，膜蒸馏也优于其他的传统膜分离方式，具备如下特点：

（1）原理上膜蒸馏用的膜材料具有疏水性，膜孔仅允许挥发性的组分通过，对非挥发性物质的去除率高，理论上可达 100%。在海水淡化与废水处理方面可以制备纯水，也可以用于去除废水中的挥发性有毒物质和氨氮等。因此膜蒸馏可以作为制备纯水和分离物质的有效手段，有待开发大规模的处理装置。

（2）因其分离原埋不同，膜蒸馏可用于处理高浓度废水。

（3）膜蒸馏可利用低品位能源，如太阳能、地热和废热等。膜蒸馏可以利用工厂产生的回流潜热给分离废液提供热能，因此膜蒸馏技术在应用过程中可以将工厂中的廉价资源利用起来。

（4）膜蒸馏操作条件温和，可在常压下运行。

（5）膜蒸馏对膜的机械强度要求相对较低，延长了其使用寿命。

（6）膜蒸馏可以处理高浓度的原料液，其分离性能不会受到渗透压力的影响。

（7）对于高浓度废水的处理，如果目标产物是废水中的可结晶的溶质，可以将水分蒸发出来，使得溶质变为过饱和状态结晶沉淀出来，膜蒸馏是目前唯一能从溶液中直接分离出结晶产物的膜过程。

虽然膜蒸馏在制备纯水和脱盐方面有着比较出色的应用，但是因为膜材料发展和膜蒸馏过程机理研究的限制，目前在广泛应用上还存在着一些缺点和不足：

（1）在废水处理的过程中，膜蒸馏相比较其他废水处理技术需要的时间多些，产水速度较慢。

（2）膜蒸馏过程中对处理的废水要进行预处理，因为在后续蒸馏过程中很容易导致膜污染和堵塞膜孔，降低膜通量和增加膜清洗次数。

（3）膜蒸馏的效率除了膜材料本身的影响因素，膜组件的结构和设计同样起到了重要的作用，在热能传输的过程中膜组件的结构直接影响到膜物质传输和能量传输的效率，因此膜组件的有效开发影响膜的广泛应用。

（4）由于膜蒸馏过程的能源消耗过多，这也增加了其运营成本。

（5）在膜蒸馏的操作过程中，膜的污染和结垢会使得膜的通量降低。

（6）在膜蒸馏过程中，缺乏相应的工艺流程配合，对优化集成技术的研究还不够深入。

尽管 MD 可能被视为一种经济且有效的分离方法来应对高盐废水和海水脱盐等挑战，然而其面临着一些关键难题，如较低的工作效率，容易产生膜污染现象，制造膜片的技术尚待完善，并且生产成本较高等等。因此，目前的大部分相关研究仍然停留在实验室内或者小规模试验阶段。

5.1.5.3 膜蒸馏的结垢、污染和润湿问题

MD 技术应用于工业 RO 浓水的再次浓缩流程，能实现高的水回用效率。此外，根据其原理，MD 有能力完全捕捉各类离子、大型化合物及胶状颗粒等非挥发性成分，所以其出水质量很高。需要注意的是，RO 浓水中存在大量的钙镁离子与有机物质，这些可能会导致膜表面的积累或堵塞问题。随着浓度的增加，沉淀现象会变得更明显，但这种沉淀在 MD 体系下是可以被清除掉的，利用清水就能有效地移除膜面上的碳酸钙和碳酸钡等物质。如果选择化学清洁方式，则可以通过洗涤使流量恢复至原始状态，特别是在对于高温环境下的高盐度且易形成沉淀的水源处理上表现尤为突出，这表明 MD 膜受到的污染较为轻微，通常经化学清理即可重新投入使用，从而延长大多膜的使用周期并减少了膜蒸馏设备的总投资费用。

尽管存在膜表面的污垢问题，但 MD 仍然面临着诸如流量较低、投入与运营费用较高、缺乏专门的 MD 膜等问题的影响，这使得其目前主要停留在实验或者小规模实验阶段。不仅如此，膜表面的污垢也会阻碍膜蒸馏的热效能，从而增加热量损耗，所以减少乃至清除膜污染对于 MD 应用于 RO 浓水处理过程中具有重要价值。近年来的研究人员已经开始针对提升膜通量、减缓膜污染等方面展开了一定程度的研究，例如在前置过滤器上添加预处理步骤、改进膜特性以增强传输效果等。这些新颖的膜制作方法通常是通过调节膜

的孔径大小、厚薄、形状以及膜面属性等方式来改善传递性能，最终达到增大膜通量的目的。

膜蒸馏是一种利用蒸汽压差来推动的技术，在污染机理方面与传统的压力驱动膜污染有所不同。膜蒸馏过程在常压下进行，传导的是挥发性物质，因此蒸汽压差在膜的两侧边界层上非常小。稍有膜堵塞，就会导致膜通量的降低。此外，疏水膜的表面能很低，导致有机污染物容易吸附在膜表面，吸附的污染物会降低膜表面和膜孔的疏水性。当膜部分或完全润湿时，膜通量和截留率就会受到显著影响。膜污染和润湿现象的发生不仅与料液中污染物的类型和浓度有关，还受到操作条件的影响。因此，可以通过两个方面来解决这个问题。首先，可以改进膜本身，增加膜的疏水性，提高膜的抗污染能力。例如，可以在膜表面进行化学修饰，涂覆纳米颗粒（如 SiO_2 或 TiO_2）以增加膜的粗糙度，或者引入低表面能物质如氟化物。其次，可以通过改进预处理工艺或优化过程条件来解决问题。例如，可以通过物理化学方法（如混凝—絮凝）去除原水中的颗粒物，通过生物处理降低原水中的有机物，缓解膜表面结垢的程度。此外，在运行过程中适当增加进料液的流速，可以缓解温差和浓差极化效应，减轻膜结垢现象的发生。

近些年，在膜污染和膜润湿问题的解决方法中，组合工艺得到了特别的重视。通过结合膜蒸馏和其他工艺，例如 FO-MD，发现在这种情况下，其处理效率比单独使用膜蒸馏更高，并且可以显著减少膜污染和润湿情况的发生，从而延长了膜的使用时间。另外的研究显示，当把石灰石混凝和膜蒸馏一起应用到脱硫废水的处理过程中时，可以得到高质量的水质产品，而且膜在长期运转的过程中也没有发生膜润湿的现象。

5.1.5.4 膜蒸馏耦合工艺处理废水

膜蒸馏技术不仅可以处理废水，还能生产高品质的水。此外，由于膜材料具有化学惰性和机械强度，相较于纳滤和反渗透方法，对废水预处理的要求并不严格，因而常用于直接处理高浓度难降解的废水。

含有大量盐分的废水因其独特的性质（如高度污染、强酸性和强碱性），不能够简单地通过生物处理方法来解决。然而，利用膜蒸馏技术可以有效且无损地处理这些问题，同时还能将其与结晶设备相结合以提取出有用的产品。不过，过高的盐分可能会给膜蒸馏带来负面效果，因为其会使渗透通量受到水分活性及黏稠度的影响，进而引发浓缩极化和膜污堵等难题。

膜蒸馏水通量的大小受到进料盐度的直接影响，伴随盐度的提高，膜蒸馏水通量会相应减少。特别是当废水中的盐度超过 22% 时，膜蒸馏通量明显降低。研究发现，采用多孔氟硅氧烷覆盖多孔聚丙烯中空纤维能够有效地缓解膜污染问题。

尽管膜蒸馏能直接对废水进行处理，但其仅实现了废水的浓缩而非分解或减少污染物质。若需达到此目的，则需要与其他工序相结合。近年来的发展趋势结合了膜蒸馏和生物反应器的新型技术（如 MDBR）及正向渗透—膜蒸馏（FO-MD）技术的出现，使得膜蒸馏废水处理的研究领域又增添了一个新的焦点：

（1）MDBR。MDBR 是一个创新性的废水处理技术，融合了嗜热微生物反应流程及膜蒸馏系统。在这个过程中，废水首先经历好氧生物反应阶段以实现分解，然后被膜蒸馏模块进一步分隔。因为具有亲油特性的膜能够截留包括有机物质、无机盐等杂质的废水，所以 MDBR 能直接产出高质量的纯净水（蒸馏水）。膜蒸馏作为一种兼具传递热量和水分子的过程，其效率受到诸如生物反应器内的温度、膜表面的污染层深度及其构造等多种因素的影响。另外，浓度差异对于 MDBR 的影响通常较为微弱。

尽管 MDBR 被视为具有巨大潜力的新一代废水处理与再利用技术，但在初始阶段，膜污染层所产生的过大压力会迅速导致膜通量的下降，这成为了制约该技术的首要因素。此外，这种方法还具备较低的电力消耗和较高的生物除污效果，并且因为其能降低对石油等非可再生能源的需求，因此有助于减缓温室气体排放。

（2）FO-MD。FO-MD 是一种结合了正渗透技术和膜蒸馏技术的新型废水处理方法。在这个过程中，FO 模块负责对废水进行预先处理，其作用是在压力梯度的作用下，使水分子穿过膜并进入汲取剂区域（通常使用的是浓度较高的盐水），同时阻挡住其余杂质。随后，MD 模块主要用于从稀释过的吸附液中重新提取出汲取剂，再将其浓缩后再返回到 FO 模块以实现循环利用。这种方式使得 FO-MD 具备了一系列优点：如无需高压操作、极高的产水量、卓越的脱盐性能、相对较低的膜污染风险以及经济效益高等。此外，MD-FO 在处理高盐分废水、蛋白质含量丰富的废水及含有抗生素的废水中显示出巨大的潜力。

（3）膜蒸馏与其他工艺耦合。结合光催化技术的膜蒸馏被命名为光催化膜反应器（PMRs）。这种设备融合了催化剂分离和膜分离的功能，缩短了反应物质在膜蒸馏阶段的时间，实现了无间断的过程操作，并成功地使催化剂及产品得以从反应环境中分离开来。PMRs 适用于对废水进行处理，尤其是针对有机废水的处理。PMRs 有利于减小膜两端的热量差异，获得高度纯净的水流，并且因为光催化作用使得进入原料液的浓度保持稳定，因此大大减轻了膜污染情况。

近些年里，膜蒸馏技术进步显著且迅速发展，被用于对包括炼油厂废水、纺织业废水中的一些难以分解的高浓度的污染物进行了实验性的尝试。同时，结合其自身的特性或与其余方法（例如 MBR）及反向渗析法相结合后可获得一些单个膜蒸馏无法达到的效果，这使得该项工艺成为了当前膜蒸馏工业用水净化领域的焦点之一。尽管如此，目前为止大多数情况下这项新颖的水质净化的手段还仅仅处于实验室的研究状态之中，要使之能大规模地投入使用仍需克服一系列问题如下：

（1）由于存在着相态转变过程，膜蒸馏对大量热量需求是保证其稳定运作的必要条件。为了使膜蒸馏具备商业价值，需深入探讨膜蒸馏的热力来源，这不仅包含了剩余热的回收和其他产生热量的途径，例如太阳光或电力。因此，未来的热源供应方法的发展可能会为膜蒸馏产业化进程带来关键性的支持。

（2）为了满足膜蒸馏过程中的热量需求（包括对输入物质与输出物体的加温及降温）并维持相关附属设施如泵的工作运转所需要的电力供应，必须对其产生的能源耗费做出精确估算以确保其技术的可行度及其长期稳定运行的能力。所以未来的工作方向主要集中于如何进一步改善装置的设计方案，提升模型预测的效果，调整更高效的水力学配置方式来增强热的利用率并且增加水的生产量仍然是关注的焦点问题。

（3）尽管膜蒸馏的关键仍在于使用高效且具有良好耐受污染特性的创新型膜材料，但其对膜流速及膜污染程度的影响因子（例如膜孔隙大小、表层化学特性与热传导性能等）对于决定膜蒸馏中的传递质量和热量进程至关重要。因此，利用氧化石墨烯等新材料改造或模仿自然界中荷叶的防污能力来研发新的膜材并优化制造工艺将会成为推动膜蒸馏科技进步的主要驱动力。

5.1.5.5　膜蒸馏处理焦化废水中试试验

某焦化厂采用 UF+NF+RO 工艺处理废水后，会产生大量 RO 浓水。为了满足日益严格的环保要求，真正实现焦化废水零排放，本研究采用 60 L/h 膜蒸馏实验设备对焦化 RO 浓水进行浓缩减量处理实验。

实验用水为焦化 RO 浓水，水质分析如表 5-19 所示。

表 5-19　RO 浓水水质指标　　　　　　　　　　　（mg/L）

水质项目	pH 值	$\rho(Cl^-)$	$\rho(SO_4^{2-})$	$\rho(Ca^{2+})$	$\rho(Mg^{2+})$	$\rho(COD)$	$\rho(TCN)$	$\rho(SS)$
指标	8.52	5243	2123	15.05	5.52	344	3.09	21.9

注：除 pH 值外，其他指标单位均为 mg/L。

RO 工艺之前的 NF 作为预处理，SS、Ca^{2+}、Mg^{2+} 大部分得到去除，但 RO 浓水中 COD 含量较高，有可能在膜表面造成有机污染。

实验用膜采用 PTFE 管式疏水膜。实验装置采用 4 级膜组件串联，溶液冷热错流运行，产水量为 60 L/h。实验装置工艺流程如图 5-11 所示。控制参数见表 5-20。

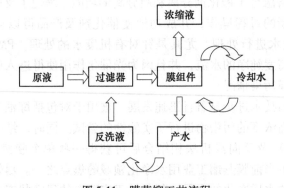

图 5-11　膜蒸馏工艺流程

表 5-20　控制参数

控制条件	具体参数	控制条件	具体参数
原液温度	60~80 ℃	冷却水温度	30 ℃
原液循环流量	4 m³/h	冷却水流量范围	8 m³/h
压力范围	0.01~0.05 MPa	浊度	≤10NTU
总硬度	≤500 mg/L	原液酸碱度范围	2~12
膜单位产水	60LMH		

本试验的预处理废水体积是 3220 L，而膜蒸馏过程中的热液温度保持在（80±1）℃，同时其流量也设定为 4 m³/h。采用产水量的检测作为衡量膜通量的标准。对于原始溶液及产品水的 pH 值、COD 含量及其他离子的浓度等参数的测试则参考了《水与污水监测分析法》的规定。

对 RO 浓水进行膜蒸馏 52 h 连续运行。系统运行初期，产水通量约为 2.0 kg/（m²·

h)，与出厂膜通量相比下降约20%，通量的波动在合理的范围内。随着运行时间的延长，产水通量逐渐降低，在运行40 h后，通量约为1.79 kg/(m² · h)，较运行初期下降了12%。通量下降可能是由于少量有机物造成膜孔的润湿，但整体而言，产水通量下降较缓慢，RO浓水并未造成膜孔堵塞，系统尚有足够的产能进一步浓缩RO浓水。

膜蒸馏过程中产水水质的变化如表5-21所示。系统pH值维持在7~8之间，产水水质成分存在小范围内的波动，但并没有随着系统运行时间的延长而恶化，系统可对RO浓水进一步浓缩。COD、TCN、TN、TP、SS、挥发酚、石油类产水最大浓度分别为28 mg/L、0.023 mg/L、5.02 mg/L、0.03 mg/L、2.0 mg/L、0.015 mg/L、1.65 mg/L，均达到《炼焦化学工业污染物排放标准》GB16171—2012排放限值要求。氯化物、硫酸根、钙硬度和悬浮物最大浓度分别为6.0 mg/L、7.61 mg/L、4.2 mg/L、2.0 mg/L，满足工业用水水质标准60 mg/L、50 mg/L、100 mg/L、10 mg/L，所以产水可作为工业用水回用。

表5-21 膜蒸馏过程产水水质

项目	0~8 h	8~16 h	16~24 h	24~32 h	32~40 h	40~48 h	48~52 h	排放标准
COD/mg · L⁻¹	9	15	12	6	6	14	28	80
SO_4^{2-}/mg · L⁻¹	<0.05	0.295	7.61	4.25	1.19	0.176	2.42	—
Cl^-/mg · L⁻¹	1	2	<1	3	2	2	6	—
TDS/mg · L⁻¹	24	32	34	64	28	26	36	—
SS/mg · L⁻¹	2	1.6	2	1.8	1.6	1.8	1.6	50
TP/mg · L⁻¹	<0.03	<0.03	<0.03	<0.03	<0.03	<0.03	<0.03	1.0
TN/mg · L⁻¹	4.01	5.02	2.17	3.26	2.90	2.13	2.12	20
TCN/mg · L⁻¹	0.014	0.019	0.01	0.018	0.023	0.022	0.011	0.20
挥发酚/mg · L⁻¹	0.011	0.013	0.003	<0.002	0.003	0.002	0.015	0.30
石油类/mg · L⁻¹	1.65	1.4	0.99	0.63	0.96	0.70	0.37	2.5
Ca^{2+}/mg · L⁻¹	1.68	1.46	0.204	0.451	0.417	0.168	1.12	—
Mg^{2+}/mg · L⁻¹	0.495	0.367	0.058	0.075	0.071	0.037	0.319	—
T-Fe/mg · L⁻¹	0.012	0.006	0.08	0.025	0.037	0.027	0.005	—
pH值	7.36	7.35	7.56	7.66	6.93	7.00	7.69	6~9

膜蒸馏前后水质变化见表5-22。

表5-22 蒸馏前后水质变化

水质指标	浓缩前	浓缩后	浓缩倍数
pH值	8.52	8.82	—
Ca^{2+}/mg · L⁻¹	15.05	16.0	1.06
Mg^{2+}/mg · L⁻¹	5.52	7.34	1.33
Mn^{2+}/mg · L⁻¹	0.0526	0.173	3.29
Na^+/mg · L⁻¹	8028	38500	4.80
COD/mg · L⁻¹	344	2500	7.27
SO_4^{2-}/mg · L⁻¹	2123	11900	5.61
Cl^-/mg · L⁻¹	5243	38200	7.29
TDS/mg · L⁻¹	11860	83900	7.07

经过处理后的 RO 废水从深棕色变为了黑色的状态，大约有 450 升的容量，其浓缩比率大概是 7 倍。其 COD、TDS 和氯化物含量都与浓缩比率呈正相关关系，当达到一定程度时，其浓度分别为 2500 mg/L 和 83900 mg/L。然而，蒸馏膜能够承受数十万的 COD 和 TDS 的浓度，所以这些废水可以通过更深入的浓缩来处理。对于钙、镁、锰、钠和硫酸盐等元素来说，他们的浓缩比率相对较小，这可能是因为一部分物质已经融入了产品中，也可能是因为形成了一些微小的结晶并黏附在了膜上，从而需要对其进行反复反冲洗。最终，膜蒸馏技术生产的水质指标都能达到焦化浓水排放规定的要求，而且也符合工业生产使用的质量标准，说明这种方法适合成为回收利用的工业水。

5.2 分盐技术

传统的"高盐水零排放"处理技术[8]通过对废水的处理生成混合盐类与水，其中大部分水经检验可被重新利用。然而，关于混合盐类的处理方式仅能依据规定将其存放较长时间或者掩埋，无法再次循环利用，这导致了资源的损失，并且这种混合盐类的保存及掩埋可能引发的环境问题较大，存在着较高的风险，因此，这些混合盐的存在给公司和生态环境带来了沉重的压力。采用分盐工艺可以有效的解决钢铁行业高盐废水盐分回收的问题[9]。当前的分离方法如热解法和过滤法都能有效地实现硫酸钠和氯化钠的单一结晶，并且其产生的副产品水质量也能满足初次循环用水的要求。这些分离技术已经基本上完成了高浓度盐水中零排放的目标，并尽可能多地重新使用了水资源，从而解决了一系列工业过程中的高盐废水处理问题。同时，通过这种方式，可以把无机盐按照品质分开结晶成硫酸钠、氯化钠单一物质等，纯度达标后可供再次利用。"单一元素分离结晶"的技术理念符合中国可持续发展的核心需求，为经济增长、资源保护及环境维护提供了平衡点。这不仅适用于当今高盐水处理行业的进步，还对其未来有着重要的实际影响和指导价值。

5.2.1 热法分盐

热法分盐是指利用混合物中各成分在同一种溶剂里溶解度的不同或在冷热情况下溶解度的显著差异，而采用结晶方法加以分离的一种处理工艺。

5.2.1.1 热法分盐工艺的原理

利用"高温热法析纯硝—降温热法析纯盐—热法析杂盐"的技术流程，能够根据不同的温度条件来分离 NaCl 与 Na_2SO_4，并使其以各自特定的温度结晶出来。同时，剩余的母液也会产生杂盐。虽然这种方法的投资和运营费用相对较少，但是其受到水质变化的影响较为明显，因此需要较高的操作技巧。

核心在于利用热力学原理实现变温结晶的热处理方法，其关键是在高盐废水中存在的主要两类非有机盐（Na_2SO_4 与 NaCl）具有不同的溶解特性。当温度低于 40 ℃时，Na_2SO_4 的溶解度随温度上升显著增大；相反地，超过该温度后，其溶解反而下降。尽管 NaCl 的溶解度也稍有提升，但对温度变化并不敏感。基于此，为了提取硫酸钠，首先需要对高盐废水进行蒸馏浓缩，并在较高的温度条件下使 Na_2SO_4 沉淀出来。同时，要精确调控蒸

发 Na_2SO_4 的最终浓度，确保总浓度位于 Na_2SO_4 的结晶区域内（在此阶段不会产生 NaCl 沉淀），以便获得质量达标的 Na_2SO_4。之后，将这些固态和液态物质分开并用离心器过滤，剩下的母液经过冷却后再析出杂质盐，这有助于进一步去除液体中的残留 Na_2SO_4，并且能从分离出的固态物质中获取绝大部分 NaCl。最后一步是对剩余的母液再次进行蒸馏，以确保蒸发过程结束时的浓度处于 NaCl 的结晶区间（在这个过程中不会出现 Na_2SO_4 沉淀），如此便可得出高质量的 Na_2SO_4 和 NaCl 结晶盐，且产生的副产物水也能满足再生水的标准需求。

为了有效地实施热法分盐过程，必须确保进入原料中的硫酸根和氯离子的比例有微小的差异。当使用此方法处理废水时，应先对其水质进行检测并精确计算其中两类无机盐的比例，然后在整个操作过程中准确监控每次蒸发结束时的浓缩度以保证高效率的分离效果，从而达到零排放的目的。

热法分盐过程中涉及了水盐体系，水盐体系一般指水和盐组成的体系。水盐体系相图是研究、表达和应用盐类在水中溶解度及固液相平衡规律的一门学科，是蒸发结晶分盐的重要基础理论。对于高盐废水，水中 Na_2SO_4 和 NaCl 的总和占 TDS 的比例通常大于 90%，因此高盐废水蒸发结晶分盐的产品主要是 NaCl 和 Na_2SO_4 对于 H_2O、NaCl 和 Na_2SO_4 组成的三元体系，将不同温度下共饱和状态时的 $w(Cl^-)/w(SO_4^{2-})$ 做成曲线，见图 5-12。由图 5-12 可见，某一特定温度下，当进料 $w(Cl^-)/w(SO_4^{2-})$ 恰好处于图中共饱和曲线上时，则蒸发结晶产出混盐。相对应地，当进料 $w(Cl^-)/w(SO_4^{2-})$ 处于图中某一区域时，则蒸发结晶产出该区域所对应的结晶盐。同理，当蒸发温度发生变化时，共饱和曲线上的 $w(Cl^-)/w(SO_4^{2-})$ 也相应改变，温度越低，$w(Cl^-)/w(SO_4^{2-})$ 越低，反之亦然。故在低温段产出 NaCl、高温段产出 Na_2SO_4，这就是蒸发结晶分盐的基本原理。然而，当进料 $w(Cl^-)/w(SO_4^{2-})$ 过于接近共饱和曲线时，会大大增加蒸发结晶分盐的难度。尤其对于钢铁焦化高盐废水，其中含有少量杂质（有机物、NO_3^- 等）在蒸发浓缩过程中会带来不利的影响，使得结晶盐产量和纯度之间的矛盾更加突出。因此，确保进料 $w(Cl^-)/w(SO_4^{2-})$ 尽可能偏

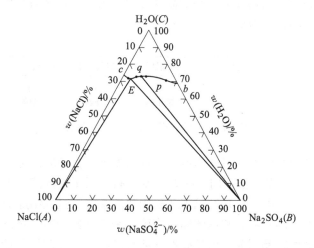

图 5-12　热法分盐的水盐体系相图

离共饱和曲线，是保证结晶盐纯度和增加结晶盐产量的关键。

5.2.1.2 几种常见的热法分盐工艺

A 直接蒸发结晶工艺

在高盐废水中[10]，某种盐的含量比例较大时，可以考虑使用直接蒸发结晶技术来分离并回收这个优势的盐成分，其余部分最后会通过混合盐形式进行结晶析出，直接蒸发结晶工艺的原理如图 5-13 所示[10]。

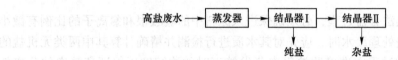

图 5-13 直接蒸发结晶工艺流程

初始阶段，经由预先处理后的高盐废水被送入蒸发设备以实现更高的浓度并减小其体积，从而使得主要的盐类成分趋于饱和的状态。随后，这些已经达到较高浓度的溶液会流向纯盐结晶器（即结晶器 I），以便从中分离出大量的氯化钠或者硫酸钠。而对于那些尚未完全饱和的主要盐类的浓缩程度则需要保持在一个较低水平，这样才能保证从纯盐结晶器中排放出来的母液能够顺利地输送到混合盐结晶器（也就是结晶器 II）去获得各种杂质盐。

虽然直接蒸发结晶技术操作简便且易于管理，但是其对于原水无机盐成分特性的敏感程度较高，这会影响到无机盐的提取效率及副产物的产生量。同时，在该过程当中，废水中包含的有机物质与杂质盐会被进一步浓缩并在母液里留下，可能会影响最终产品的质量如纯净度和白度等。然而，通过采用洗盐等方法可以适当地提升这些指标。

B 盐硝联产分盐结晶工艺

当废水中不存在占比较大的优势盐组分时，采用直接蒸发结晶工艺最终得到的纯盐回收率较低、杂盐产量大、固废处置费用高。为克服这个问题，可以采取一种名为"盐硝联合生产"的方法，该方法包括先以较高的温度分离出硫酸钠，然后降低到更低的温度以获得氯化钠，其原理如图 5-14 所示。

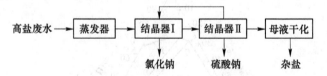

图 5-14 盐硝联产分盐结晶工艺流程

氯化钠和硫酸钠的溶解度在不同温度下表现出差异，盐硝联产分盐结晶工艺利用了这一特性。在 50~120 ℃ 的温度范围内，随着温度升高，氯化钠的溶解度增加，而硫酸钠的溶解度减小。因此，盐硝联产分盐结晶工艺采用较低温度下蒸发结晶的方式（结晶器 I），这样可以得到氯化钠，同时将硫酸钠浓缩。当硫酸钠接近饱和时，将从结晶器 I 排出的母液送入操作温度更高的结晶器 II，由于硫酸钠溶解度降低，硫酸钠开始析出，而氯化钠则由于溶解度上升而变为未饱和的状态。通过蒸发水分的作用，硫酸钠进一步析出，而氯化钠浓度逐渐接近该温度条件下的饱和点。部分母液回流到结晶器 I 进行氯化钠的结晶，如此循环往复，实现氯化钠和硫酸钠的分离。

由于盐硝联产分盐结晶工序的蒸馏结晶温度控制较高，最后可以获得无水硫酸钠和氯化钠。如果原水中含有过多的硫酸钠，那么这个方法也可能会先在高温下形成晶体，生成硫酸钠，然后再在低温条件下形成晶体，从而获得氯化钠。

盐硝联产分盐结晶工艺源自盐化工行业，在工业上广泛应用，因此工艺相对成熟。然而，在废水处理领域应用时，需考虑到有机物等杂质的影响。此外，该工艺存在一些缺点，如需要精确控制硫酸钠和氯化钠在特定温度下的饱和点，因此控制难度较大且对原水组分波动的适应能力较差。在 50~120 ℃的温度范围内，硫酸钠和氯化钠的溶解度变化范围相对较小。例如，当温度从 60 ℃增加到 100 ℃时，硫酸钠的溶解度由 45.3 g 降至42.5 g，变化率为−6.2%；而氯化钠的溶解度则由 37.3 g 增加至 39.8 g，变化率为 6.7%。由此可见，单次升降温操作的结晶量有限，因此需要较大的母液回流，这在一定程度上降低了过程效率。

C　低温结晶工艺

因为在较低的温度下，硫酸钠会以十水合物形式自水中析出，所以其溶解特性在这个区间和高温度区间的反应方式是截然不同的。在此阶段，随着温度下降，硫酸钠的溶解能力也在减弱，而且这种变化非常明显。例如，当温度达到 30 ℃时，硫酸钠在纯净水中的溶解量达到了 40.8 克，20 ℃时迅速降低至 19.5 g，10 ℃时至 9.1 g，0 ℃时则只有 4.9 g。与此相反的是，尽管氯化钠的溶解度在低温和高热的环境中表现出了相似的变化趋势，但这种变化却是在不同的温度范围内发生的。例如，如果把温度由 30 ℃逐渐降低到 0 ℃，那么氯化钠的溶解度只会从 36.3 g 减小到 35.7 g。所以，通过在较高的温度下使含有多种盐类物质的废水浓度升高并随后快速冷却，可以成功地分离出大量的水合硫酸钠（即芒硝）固态物。这是利用低温结晶技术来实现盐类的分离的基础理论。然而，需要注意的是，虽然低温结晶法能够产生纯净的硫酸钠固体，但是要获得氯化钠的话，就必须结合使用高温结晶法，典型的联用工艺如图 5-15 所示。

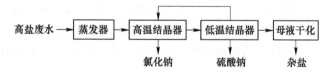

图 5-15　低温结晶与高温结晶联用工艺流程

由于溶解度变化大，利用低温结晶技术能够达到高的硫酸钠与氯化钠回收效率，并且其结晶盐质量易于掌控，相对于盐硝联合生产方法，能在结晶过程中减少有机物质对其白度的干扰程度。然而，因为使用了低温结晶法制得的芒硝市价相对偏低且运费较高，所以往往会增加加热溶液再结晶步骤来获得无水的硫酸钠（即元明粉），以此提升产品的经济效益。此种工艺的主要缺陷是温度变动范围过广，这使得冷却或加热的过程增加了更多的能源消耗。

5.2.2　膜法分盐

纳滤分盐技术和单价选择性离子膜电渗析分盐技术（又称电渗析分盐技术）是膜法分

盐结晶的主要方式。由于这些过程仅能将无机盐在溶液中进行分离，而无法使其形成晶体，因此通常需要与热法结晶过程一起运用来达到分盐结晶的目标。

5.2.2.1　纳滤膜分盐原理

纳滤膜是一种半透膜，允许溶剂分子、低分子质量溶质和低价离子通过。在纯水中，纳滤膜的聚电解质材料会发生解离，使膜表面具有负电性或正电性。对于电解质体系，阴离子在负电性滤膜系统中被选择性截留，而多价阴离子的截留率很高，这种现象被称为道南（Donnan）效应。利用纳滤膜的这个特性，可以实现对高盐废水中 Cl^- 和 SO_4^{2-} 的初步分离，使得纳滤产水 $w(Cl^-)/w(SO_4^{2-})$ 进一步增大，而纳滤浓水的 $w(Cl^-)/w(SO_4^{2-})$ 进一步减小，确保纳滤产水和浓水的 $w(Cl^-)/w(SO_4^{2-})$ 均尽可能偏离共饱和曲线，从而进一步提升蒸发结晶的分盐效果。

纳滤膜表面和孔道中特定电荷的存在使得纳滤膜对不同价态无机盐的截留有差别，从而实现了对不同价态无机离子的分盐。纳滤分盐工艺主要是利用纳滤膜对二价盐选择性截留的特性，使得一价盐如氯化钠和二价盐如硫酸钠在液相中实现了分离。氯化钠主要进入纳滤透过液，而硫酸钠则集中在纳滤浓水中。通过对纳滤透过液和浓缩液进行结晶处理，最后可以回收氯化钠和硫酸钠的结晶盐。

含有大量氯化钠的纳滤渗透液会经过膜处理或者蒸馏技术来实现浓缩，然后送入蒸发结晶设备以获得高质量的氯化钠产品，同时产生微量的残余水分形成混盐。因为二价盐会被纳滤膜捕捉住，所以纳滤渗透液中的氯化钠浓度往往超过了 95%，这也使得这些氯化钠结晶盐的收回效率更高。而纳滤浓水的成分是包含有氯化钠和硫酸钠的混合物，其比例取决于原始水质及纳滤单元的水回收率，可据此进一步选择合适的热法分盐工艺对浓水中富集的硫酸钠进行回收。

图 5-16 显示了一种耦合纳滤和低温结晶的分盐工艺流程，用于实现硫酸钠和氯化钠的分离和结晶。首先，经过预处理的高盐废水进入在室温下运行的纳滤系统。纳滤浓水中的硫酸钠被浓缩至 7% 以上后，降温至接近 0 ℃ 并进入低温结晶器。在低温结晶器中进行结晶后，通过固液分离得到十水硫酸钠结晶盐。同时，部分低温结晶器上清液被送回纳滤系统的进口，进行循环处理。纳滤透过液经过高压反渗透或蒸发浓缩器的浓缩后，进入高温结晶器进行结晶，最终得到氯化钠固体。低温结晶器和高温结晶器排出的母液经过干燥处理，可以得到杂盐。

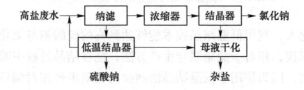

图 5-16　纳滤—低温结晶分盐工艺流程

采用纳滤—低温结晶分盐技术可以利用纳滤浓水的低温结晶特性并引入循环回流纳滤体系来减弱有机物质对于结晶盐颜色变化的作用，从而确保硫酸钠和氯化钠的高质量及高回收率，这被认为是十分有效的分离结晶方法。特别是在提高总结晶盐回收率的过程中，能够降低混合盐固体废弃物的产生量及其处理成本，因此具备很高的实际应用价值。此外，尽管纳滤设备和低温结晶器之间的操作温度存在差异，但在冷却过程中确实会带来一定程度的能源消耗增大，然而这种现象并不足以严重影响整个流程的经济效益。

5.2.2.2 电渗析分盐原理

电渗析分盐工艺采用包含单价选择性阴离子交换膜和普通阳离子交换膜的电渗析系统实现氯化钠和硫酸钠的分离。电渗析分盐原理如图 5-17 所示。

这些差异性特征使得电渗析分盐系统相较于纳滤分盐系统更适合与热法结晶结合使用。对于含有氯化钠和硫酸钠的高盐废水，可以先将其分离成各自独立的部分并加以浓缩，然后利用蒸发结晶的方法提取出相应的结晶盐。然而，受限于成本等因素，当前阶段电渗析分盐技术并未被大规模地用于处理高盐废水。

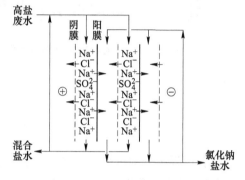

图 5-17 电渗析工艺原理图

5.2.2.3 纳滤膜处理高盐废水中试试验

现阶段普遍采取"前置净化—薄层过滤—热解—凝固法"的方式去解决高度污染的水体问题，最后得到的是氯化钠与硫酸钠并且可以被再次使用，可以达到含盐废水近零排放的目的。但是要彻底完成这个任务的话，提高冷却液的热分解效果就是成功的重要因素。通过试验验证纳滤膜的分盐性能，利用纳滤膜对高盐废水中的 Cl^- 和 SO_4^{2-} 进行初步分离，以达到提升蒸发结晶分盐效率的目的。试验采用两类典型的高盐废水作为纳滤进水，其特征在于：第一类废水的 Cl^- 和 SO_4^{2-} 浓度相当，$[Cl^-]/[SO_4^{2-}]$ 约为 1；第二类废水的 Cl^- 浓度较高，$[Cl^-]/[SO_4^{2-}]$ 约为 3，接近共饱和曲线。

对于钢铁行业高盐废水而言，水中 Na^+、Cl^- 和 SO_4^{2-} 的总和占溶解性总固体（TDS）的占比很高。因此，高盐废水蒸发结晶分盐的产品主要是 $NaCl$ 和 Na_2SO_4。对于 H_2O、$NaCl$ 和 Na_2SO_4 组成的三元体系，在不同温度下，对应着不同的共饱和浓度，此时液相中的 $NaCl$ 和 Na_2SO_4 组分处于共饱和状态。将不同温度下，共饱和状态时的 $[Cl^-]/[SO_4^{2-}]$ 做成曲线，如图 5-18 所示。

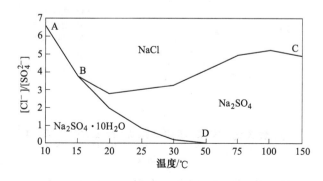

图 5-18 H_2O-$NaCl$-Na_2SO_4 体系在不同温度下的共饱和曲线

试验搭建进水量为 1.0 m³/h 的中试装置如图 5-19 所示。试验装置采用的纳滤膜型号为 NE8040-40，试验进膜压力为 0.08～0.1 MPa，进水温度为 20 ℃，纳滤膜回收率为 60%～70%。

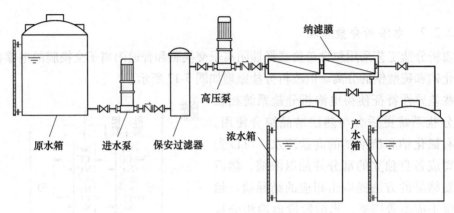

图 5-19　试验装置流程

试验过程中分别对纳滤进水、产水和浓水的 Cl⁻ 和 SO_4^{2-} 浓度进行连续监测，并根据公式（5-1）分别计算纳滤膜对 Cl⁻ 和 SO_4^{2-} 的截留率。

$$\eta = 1 - C_e/C_i \tag{5-1}$$

式中，η 为纳滤膜截留率，%；C_e 为纳滤产水 Cl⁻ 或 SO_4^{2-} 质量浓度，mg/L。

第一类高盐废水及其经纳滤膜分盐处理后的纳滤产水和浓水的各指标平均浓度如表 5-23 所示。其纳滤处理前后的 [Cl⁻]/[SO_4^{2-}] 如图 5-20 所示。

表 5-23　第一类废水及其纳滤产水、浓水指标平均浓度

项目	pH 值	Cl⁻/mg·L⁻¹	SO_4^{2-}/mg·L⁻¹	COD/mg·L⁻¹	TDS/mg·L⁻¹
纳滤进水	7.7	7767.8	6973.3	339.4	26328.7
纳滤产水	7.8	8290.2	656.5	148.5	17430.0
纳滤浓水	7.9	6133.3	18938.0	636.5	40880.0

注：除 pH 值外，其他指标单位均为 mg/L。

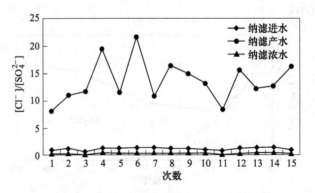

图 5-20　第一类废水纳滤处理前后 [Cl⁻]/[SO_4^{2-}]

由上可见，第一类废水的 Cl^- 和 SO_4^{2-} 浓度相当，$[Cl^-]/[SO_4^{2-}]$ 平均值为 1.2；而在 100 ℃共饱和时的 $[Cl^-]/[SO_4^{2-}]=5.2$，二者有一定程度的偏离但不显著。将第一类废水经纳滤膜分盐处理后，纳滤产水的 Cl^- 浓度远大于 SO_4^{2-} 浓度，$[Cl^-]/[SO_4^{2-}]$ 平均值高达 13.6；而在 50 ℃共饱和时的 $[Cl^-]/[SO_4^{2-}]=4.1$，二者有较大程度的偏离，蒸发结晶优先产出大量 NaCl。与此同时，纳滤浓水的 Cl^- 浓度远小于 SO_4^{2-} 浓度，$[Cl^-]/[SO_4^{2-}]$ 平均值仅为 0.3，远小于 100 ℃共饱和时的$[Cl^-]/[SO_4^{2-}]$，蒸发结晶优先产出大量 Na$_2$SO$_4$。综上所述，第一类高盐废水可以直接采用蒸发结晶进行分盐。但经纳滤膜分盐处理后，纳滤产水和纳滤浓水分别蒸发结晶可以大大提升分盐效果，提高结晶盐的产量和纯度。

第二类高盐废水及其经纳滤膜分盐处理后的纳滤产水和浓水的各指标平均浓度如表 5-24 所示。其纳滤处理前后的 $[Cl^-]/[SO_4^{2-}]$ 如图 5-21 所示。

表 5-24　第二类废水及其纳滤产水、浓水指标平均浓度

项目	pH 值	$Cl^-/mg \cdot L^{-1}$	$SO_4^{2-}/mg \cdot L^{-1}$	$COD/mg \cdot L^{-1}$	$TDS/mg \cdot L^{-1}$
纳滤进水	7.3	19686.4	6605.6	1150.9	44744.4
纳滤产水	7.3	20561.6	500.6	942.9	37170.6
纳滤浓水	7.2	17598.9	22928.8	1516.2	64974.4

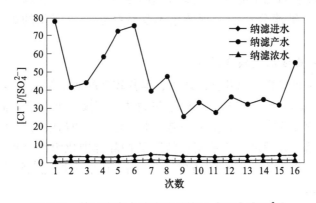

图 5-21　第二类废水纳滤处理前后 $[Cl^-]/[SO_4^{2-}]$

由上可见，第二类废水的 Cl^- 浓度较高，$[Cl^-]/[SO_4^{2-}]$ 的平均值为 3.0，与 100 ℃共饱和时的 $[Cl^-]/[SO_4^{2-}]$ 十分接近，直接蒸发结晶很容易产出混盐。将第二类废水经纳滤膜分盐处理后，纳滤产水的 Cl^- 浓度远大于 SO_4^{2-} 浓度，$[Cl^-]/[SO_4^{2-}]$ 平均值高达 45.8，蒸发结晶的产品几乎全是 NaCl。与此同时，纳滤浓水的 Cl^- 浓度远小于 SO_4^{2-} 浓度，$[Cl^-]/[SO_4^{2-}]$ 平均值仅为 0.8，远小于 100 ℃共饱和时的 $[Cl^-]/[SO_4^{2-}]$，蒸发结晶优先产出大量 Na$_2$SO$_4$。综上所述，第二类高盐废水不适合直接采用蒸发结晶进行分盐。其经纳滤膜分盐处理后，纳滤产水直接蒸发结晶产出 NaCl，无需二次分盐；纳滤浓水进行蒸发结晶可以大大提升分盐效果，提高结晶盐的产量和纯度。

纳滤膜对 Cl^- 和 SO_4^{2-} 的截留率如图 5-22 所示。

从上面的图像可以看出，对于这两种类型的浓盐废液，纳滤膜都能保持稳定的较高 SO_4^{2-} 捕获能力和较低的 Cl^- 捕获能力，其平均 SO_4^{2-} 捕获率为 90.3% 和 92.2%，平均 Cl^- 捕

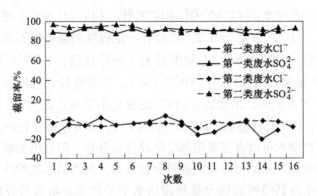

图 5-22　两类废水纳滤膜截留率

获率为 -7.2% 和 -4.5%。纳滤膜中的 Cl^- 表现出负面的捕获效果，这主要是受到南离子效应对的影响。当原水的盐含量增加时，钠离子的渗透速度会加快，导致 1 价 Cl^- 的渗透比 2 价 SO_4^{2-} 更快。为保证膜两侧的电平衡，需要让更多的 Cl^- 通过膜，从而使得 Cl^- 的捕获效果降低或呈现负数的效果。因此，可以得出结论：纳滤膜能有效地捕捉到超过 90% 的 SO_4^{2-}，但无法捕捉任何 Cl^-，这也表明了纳滤膜有很高的提高蒸发结晶分离效果的能力。

综上可得，纳滤膜对二价的 SO_4^{2-} 具有较高的截留率，无论高盐废水的组成如何都能实现良好的分盐效果。纳滤分盐的处理效果不受浓盐水水质变化的影响。处理效果较为稳定。

5.2.2.4　膜分盐技术优缺点总结

虽然采用膜技术可以提高氯化钠的质量，但其较高的初始投入与运营费用使得其并不适用于以氯化钠为主体的废水处理。相较于热力法，其操作可靠度较低，且随时间推移，其分离效能可能会逐步下降。尽管该种分离技术需要较高的初始投入和运营成本，但是其产生的结晶产品质量可以满足"工业用食盐"的国际标准化组织（ISO 1378—205）一级品质要求；而对于所产出的"无水的硫酸钠"，则有可能无法完全符合 ISO 6009—204 的 I 型优质等级的要求。

虽然纳滤膜具有极佳的分离效果，但也面临着膜污染的问题。这主要是因为工业高盐废液中含有大量无机盐及其他可能损伤膜的成分（如有机化合物或者酸碱类物质）。随着时间的推移，纳滤膜可能会被废液中的颗粒物及释放出来的结晶盐堵塞，因此必须定时清理。

5.2.2.5　结晶工艺效果比较

通过分盐结晶技术，目标是将工业废水中的无机盐成分资源化，同时降低在处理零排放过程中产生和处置杂盐的费用。接下来，将从结晶盐的质量和回收率两个角度对热法和膜法的分盐结晶方法进行比较。

结晶盐产品品质：

（1）首先，采用热法分盐结晶技术可以生产出纯净的无水硫酸钠（也称作元明粉），而使用膜法分盐结晶则能生成含水的十水硫酸钠（又名芒硝）。相比之下，元明粉的市场价格要高于芒硝的价格。此外，膜法分盐结晶还能产出热法分盐结晶无法处理并回收的氯化钠产品。

（2）在硫酸钠结晶过程中，热法分盐结晶工艺在产品纯度方面存在一些问题。由于母液中含有较高浓度的氯化钠和其他无机盐，难以完全避免其他无机盐与硫酸钠发生共结晶和夹带现象，这就对产品的纯度造成一定影响。相比之下，膜法分盐结晶工艺则通过低温结晶得到硫酸钠产品。由于其他无机盐杂质的溶解度要远高于硫酸钠的溶解度，因此通过膜法分盐结晶工艺得到的芒硝产品纯度较高，甚至可以达到99%以上。此外，膜法分盐结晶工艺也可以获得纯度较高的氯化钠产品，因为纳滤产水中所含杂质非常少，产品纯度可达到98%~99%。

（3）白度方面，在热法分盐结晶工艺中，有机物会被富集并更容易与结晶盐结合在一起，在高温环境下容易造成结晶盐产品白度降低的问题。相比之下，膜法分盐结晶工艺通过低温结晶得到的芒硝产品白度明显优于热法分盐结晶工艺。另外，膜法分盐结晶工艺还可以通过纳滤去除有机物，从而获得白度较高的氯化钠产品。

结晶盐产品回收率：

通过热法分盐结晶工艺，硫酸钠组分部分资源化，成功回收了63.5%的硫酸钠，结晶盐产品的回收率为44.4%。相比完全得到杂盐的零排放工艺，杂盐的产量显著下降。然而，由于原水组成的限制，硫酸钠回收率无法进一步提高，并且氯化钠的回收也未实现，导致综合回收率较低。膜法分盐结晶工艺有效提高了硫酸钠的回收率至89.6%，同时回收了83.3%的氯化钠，结盐的综合回收率达到82.2%。综合来看，膜法分盐结晶工艺在技术性能上明显优于热法分盐结晶工艺。

膜法分盐和热法分盐的详细对比见表5-25。

表5-25 热法分盐与膜法分盐的优劣对比

路线	工艺	优 势	劣 势
技术角度	膜法	可以提高硫酸钠和氯化钠的纯度，确保结晶盐的品质；有机物截留、分盐彻底	硝酸根浓度偏高，按照纳滤膜道南效应，大部分硝酸根会进入产水侧（氯离子侧），影响氯化钠纯度；随着运行时间的推移，纳滤膜会出现性能衰减快、回收率降低、分盐效果变差等问题，是当前技术难点；进水硅含量较高，会造成或加剧膜污堵，对预处理要求较高
	热法	技术成熟、操作简单；进水硫酸根、氯离子和硝酸根等指标比例对产品品质的影响较小；对预处理要求较低	产品盐纯度受来料影响明显，在高含盐量条件下盐溶解度会受到其他离子影响从而改变溶解度，甚至形成较难析出的共混盐，影响硫酸钠、氯化钠纯度和产量；杂盐量较大
经济角度	膜法	可以提高硫酸钠和氯化钠的纯度，确保结膜法晶盐品质；大部分核心设备为成套设施，可现场组装，制造周期较短	大部分设备都需要放置在专用厂房内，高压泵组等需要单独进行土建安装；运行成本较高，且由于进水水质恶劣纳滤膜使用周期较短，更换较为频繁
	热法	设备材质要求较低；综合运行成本较低（人员、设备、管理）	占地面积较大；需要外接热源和大量公用工程系统，能耗较高；设备制造周期较长

中国钢铁焦化等产业的高盐废水零排放处理技术的进步方向在于结晶盐的资源化回收

及应用，而这依赖于分盐结晶过程作为其关键技术支撑。尽管热法分盐结晶已经较为完善，然而其产出的结晶盐质量和回收效率稍显不足。相比之下，膜法分盐结晶对于原水成分波动具有更好的适应能力，并能显著提高结晶盐产品质量和回收效果，当与其结合使用时尤为明显。

5.3　蒸发结晶技术

钢铁行业由于废水水量大，直接蒸发势必会消耗大量蒸汽和电力，经济成本过高，难以实现产业废水零排放的目标。一般将废水通过预处理单元和浓缩减量后送到蒸发结晶单元进行处理，从而实现全厂废水的零排放。蒸发结晶是实现废水零排放的最终手段[11]。通过加热和沸腾的方式，将含盐水转化为水蒸气，这样就能使得盐水持续浓缩，从而降低其体积并增大溶质的浓度。这种方法被称为蒸发法，是一个处理含盐水或者回收结晶盐的手段。实际上，该方法主要是利用末端废水进行物理性蒸发来分离盐与水。目前蒸发结晶的技术主要多效蒸发和机械式蒸汽再压缩，在钢铁行业废水零排放领域有广阔的应用前景。

5.3.1　多效蒸发

5.3.1.1　多效蒸发的工艺原理

多效蒸发技术（Multiple Effect Distillation，MED）的核心是把一系列冷冻设备串联在一起并对其执行相应的处理过程。其工作机制在于先前的制冰机所生成的热气被用作后续机器加热的基础能源从而实现连续性的生产和有效节约有限的水、电等自然资源的使用量以减少或避免无谓的消耗。

多效蒸发结晶的动力来源于物理的蒸发现象。蒸发是通过低压蒸汽加热使溶液沸腾，气体变为液体，溶质在液体中浓缩，然后回收蒸汽进行冷凝和收集，冷凝液中含有的溶质很少，废水得到净化，高浓度液体通过脱盐形成固体。蒸发操作的目的是分离固体和液体，本质上是热量的传递和交换。多效蒸发是利用蒸汽温度随着压强的降低而降低，并且只要存在温度差，就会发生热量传递。只要一个加热器内的溶液沸点低于二次蒸汽温度（并且存在一定的温差），就可以使二次蒸汽通过冷凝放热来加热溶液并使其沸腾蒸发。实现方法是降低加热器中溶液的压强（即降低沸点）。在多效蒸发过程中，增大加热蒸汽的压强和降低末效二次蒸汽的压强，使各效之间形成逐步降低的压强阶梯，从而导致各效溶液的沸点逐渐降低，从而形成效与效之间的温度差，达到各效溶液通过吸收前一效二次蒸汽的潜热来沸腾蒸发的目标。

多效蒸发装置是由预热器、蒸发器、冷凝器、分离器、真空系统、泵、管件阀门及控制系统等组成的一套设备。蒸发器主要包括加热室和分离室，即加热器和分离器。多效蒸发器的预热器利用水蒸气作为热源，对待浓缩的溶液进行加热。一般预热器是用来加热原液，预热设备。待处理原液在进入蒸汽换热器之前的温度较低。为了充分利用系统内的热能，可采用管式换热器或板式换热器。气液分离器用于将蒸汽和浓缩液分离。分离器必须具备足够大的直径和高度以减慢蒸汽流速。根据不同的溶液性质和处理量，气液分离器的设计会有所不同。清洗系统是多效蒸发器不可或缺的设备，因为在设备运行一段时间后，结垢现象是不可避免的，所以需要设计清洗系统。自控系统是对整套蒸发设备进行自动控制和数据检测的控制系统。根据不同的需求，多效蒸发器的主要设备也有所不同，采用的工艺不同也会改变主要设备。如果物料需要蒸发结晶，可能还需要各种结晶器来配合整套设备。

若采用强力循环方式，则需配置相应的强力循环泵及其他设备。对于选取多效蒸馏器来说，应依据物质特性来决定，并充分权衡整体系统的价格投入、保养成本、制造耗费和工作人员的技术素养等多方面因素，从而做出最合适的决策。由于其高效能且稳定的运作模式，越来越多领域开始采纳这种多效蒸馏方法。按照不同的工艺路线，多效蒸馏的主要类型有四类，可以视实际工艺需求而定：

（1）并流（顺流）法（图5-23）：蒸发物料和蒸汽的流动路径是一致的，从第一个效应开始到最后一个效应结束。这种方法主要在进料温度较高且蒸发浓缩后的物质仍易于运输的情况下使用。

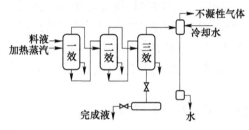

图5-23 并流加料三效蒸发流程

（2）逆流法（图5-24）：被蒸发的物料与蒸汽的流动方向相反，即加热蒸汽从第一效通入，二次蒸汽依顺序至末效，而被蒸发的物料从末效进入，依次用泵送入前一效，最终的浓缩液，从第一效排出。主要用于来料温度较低，要求出料温度较高的情况。

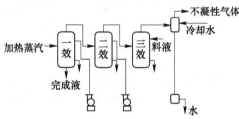

图5-24 逆流加料三效蒸发流程

（3）平流法（图5-25）：平流法是把原料液向每效加入，而浓缩液自各效排出的方式进行操作，溶液在各效的浓度均相同，而加热蒸汽的流向仍为第一效流至末效。

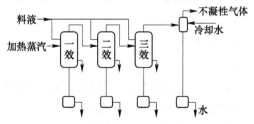

图5-25 平流加料三效蒸发流程

（4）混流法（图5-26）：被蒸发的物料与蒸汽的流动方向有的效间相同，有的效间相反的蒸发方式。

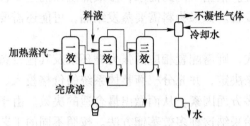

图 5-26　错流加料三效蒸发流程

初始阶段是通过对含有大量溶质的高浓度水的降温处理并去除其中的气体成分的过程。随后这些水分会被分为两个方向：一部分会排放至附近的水体当中去（即所谓的"冷却水"）；另外一大部分将会用于后续的热解反应之中（"蒸馏进料"）。接着就是添加了抗沉淀物质后的浓缩原料会在加热过程中依次经历多轮次的效果转换——其主要目的是使之能够更有效地吸附热量从而实现高效且稳定的传导与转化效果。最终产出的二氧化碳等副产品的进一步降低使得剩下的残留废弃物的质量得以提升进而达到理想的产品标准要求。

传统的三效并流降膜蒸发工艺如图 5-27 所示。

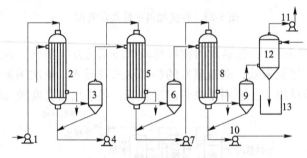

图 5-27　三效并流降膜工艺

1—原料泵；2——效蒸发器；3——效分离器；4——效循环泵；5—二效蒸发器；6—二效分离器；7—二效循环泵；8—三效蒸发器；9—三效分离器；10—出料泵；11—真空泵；12—冷凝器；13—水箱图

尽管通过利用先前的效应所产生的二次蒸气来为后续效应供暖可以节约部分生成蒸汽，但是首效依然必须持续地供应大量的生蒸汽。此外，尾效释放出的二度蒸汽也需要用冷却水去冷却，这导致整套蒸馏系统的结构变得较为繁复。同时，效数的提升会导致装置成本上升，每效的热交换温度损耗也随之扩大，从而降低实际的热交换温度差异，进而影响到装置的工作效率。

5.3.1.2　多效蒸发工艺特点

A　多效蒸发工艺优势

多效蒸发是一种在负压环境下运用多效的方式进行蒸发的技术。多效蒸发技术已经发展到成熟阶段，解决了结构严重的问题。其主要的优点有：

（1）在运行过程中，多效蒸发结晶技术具有较高的弹性和广泛的负荷范围。

（2）多效蒸汽的传热过程主要是通过沸腾和冷却进行换热，这种方式属于双侧相变传热，所以其传热系数较高。在同一温度区间内，多效蒸发所需的传热面积比多层闪蒸的范围更小。

（3）适合于处理在较高工作温度下易溶解、聚集或损坏的热敏性材料。

（4）物质在挥发环境温度较低时，其腐蚀性和热损失也相对较小。

（5）采用低压或低品位蒸汽作为加热热源，能够有效提升能量的使用效率。

（6）较于多层闪蒸，多效蒸馏在生成淡水过程中不需要依靠含盐水分吸收的显热。由于潜热比显热更低，所以同等数量的淡水可以通过多效蒸发得到，其循环所需的能量也会少一些，并且无需消耗大量动力。

（7）在负压下可降低溶液的沸点。

（8）预处理进水的方法相对简单，且分离效果显著，能够将废水中的无挥发性物质和溶剂彻底分离。

（9）剩余的浓缩液较少，热解后处理起来比较简单。

（10）该应用具有很大的灵活性，既可以独立运用，也可以与其他方法结合使用，系统操作稳定且可靠。

B 多效蒸发工艺不足之处

（1）设备体积较大，装置投资高。

（2）易于积垢，与直接蒸发相比，多效蒸发的面在蒸发设备壁上会析出盐分并黏附在其表面形成结垢。如果结垢增加，传热性能也随之下降。

（3）在处置高盐废水的过程中，多效蒸发结晶技术可以利用浓缩工业废水来回收有价资源。然而，由于冷凝水含有低沸点成分的有机污染物，因此还必须继续优化处理工序以除去废水中的有机物。

污染物的问题可以通过与生化处理技术结合起来，利用蒸发结晶技术与生物处理方法相结合的方式，可以有效地解决高盐污水处理问题。主要原因在于，虽然微生物无法适应高盐的环境，但是通过这种方式，所有的盐分会被留存在蒸发后的浓缩液里，而大多数的冷却水会被排放至蒸发设备以供后续处理。然后，这些冷却水会在加热器内再次交换热量并流入 MBR 池继续进行生物分解。这是因为绝大部分的冷却水中含有的是容易分解的小分子有机物质，因此最终的水质能够达到符合城市生活用水的标准。

C 多效蒸发系统运行的影响因素

（1）物料特性。物质的关键属性包括其质量、热量容量、导热率、黏稠度、沸腾升压、能量含量、表层张力和腐化程度等。这些特性的变化会影响到材料一侧的传热效率，进而决定了蒸发的区域大小。而表层张力的变动将会影响到溶剂与固体之间的分隔情况，并进一步确定了反应釜的大小和高低。此外，沸腾升压也会影响整个工艺路线的选择、热温度的设定、温度梯度的分配以及效能的取舍。对于那些具有较高沸腾升压的物质，我需要谨慎地挑选效能数量，同时确保存在足够的热交换差异。同样，黏稠度不仅会对传热效果产生影响，也可能间接影响到蒸发装置的设计类型。针对浓缩且黏稠的物质，应优先采用强迫循环或者刮刀式蒸发器，避免因物料运动缓慢导致积聚现象的发生[12]。最后，由于某些物质易受高温的影响从而引起化学性质的变化，因此在选择蒸发设备的时候必须充分考虑到这一点。

（2）海拔。地理位置的高度被视为衡量地形起伏的一个物理指标。随着地点上升，该地的气压会减弱，也就是表面压力下降，这与溶液沸点的减少相对应。而对于多效蒸发的影响，其主要表现为设备中的真空程度。通常情况下，多效蒸发是在负压环境中运作，需要通过使用真空系统来实现这一目标。然而，海拔的高低也会影响到真空系统的最大真空值。

（3）工艺参数。工艺参数对于多效蒸发的效果有着显著的影响。蒸馏器的容量与产量会极大地影响到设备规模，而效数数量、蒸发区域大小则会对设备的总投资产生重大影响。加热蒸汽的温度被视为确定效数的关键指标，需要给予足够的重视以确保各个效之间的热量传递差异保持在一个合理的范围内，从而也限制了蒸发装置所能达到的最高效数。能源消耗率决定着最小的效数，最后效的水冷却问题会影响其蒸发温度高低以及最终效冷凝器的选取，同时原料的浓度比例也会影响蒸发器的类型及其面积的估算等方面。

（4）设备运行及操作。实际的多效蒸发装置运行效率不仅取决于设计阶段，也受到后续安装调试和操作过程的影响。通常情况下，设备在运行和操作过程中出现的问题更为复杂且充满不确定性。

1）真空度不只是对蒸馏水温有作用，还会对蒸馏量和能源比产生作用。

2）如果某两个效果间出现温度差异，会导致之前的各个效应蒸发量显著减少，严重影响了蒸发效率，并且可能增加能源消耗。

3）进料参数：①蒸发系统的运作具有一定的灵活度，这意味着在正常的运转过程中，输入量的波动是允许存在的。其次，依据能量守恒原理，设备所能达到的最大能量输出是一个固定值。如果输入过多，可能会影响到蒸发的传热效率，从而导致产出的浓缩程度有所下降。反之，若输入不足，则各个效蒸发器的物质流速将会显著减少，进而可能引起蒸发温度上升，甚至引发干燥和积碳的情况。②改变进料浓度可能导致物料的密度、黏度、比热容和导热系数等参数偏离预设值，这将直接影响传热系数和沸点的升降，从而对蒸发产生影响。③材料的性质会受到进料温度的影响，这将直接关系到材料侧的传热关系。一般情况下，蒸馏器必须在泡点处进料，一旦进料温度过低，就可能导致局部蒸馏器表面被浪费以提高材料的显热而非潜热，进而降低蒸发量。

4）在带有引射器的蒸发系统中，引射器的实际运行工况与设计参数不符时，会使引射器工作性能发生变化。当混合流体出口压力在某一范围时，引射器喷射系数基本不变，当压力高于某一值时，引射器性能会急剧下降。引射器对被引射流体的压力变化极为敏感，被引射压力的微小变化都可能导致引射器性能的急剧下降。提高工作蒸汽的压力并不一定能改善引射器的工作性能。在小范围内增加工作蒸汽压力会提高引射器的性能，但压力高于一定值时，反而会降低引射器性能，主要原因是增加引射器工作压力会增加额外蒸汽量的输入。引射系数随着工作蒸汽温度的升高会略有增大，且呈线性增大的趋势。改变一种流体（工作蒸汽或引射蒸汽）的温度只会影响这种流体的流量，而不会影响另一种流体的流量。

5）作为蒸馏过程的主要驱动装置，泵的功能主要是运输流质物质。在多效蒸馏过程中，通常使用具有两套机械密封的泵类型。泵的性能和实际操作下的流量及压力都可能对整个蒸馏流程造成影响。当原料泵因密封泄漏或者其他因素导致的流量减少，可能会引发第一级的滞留液体并使得后续阶段出现短缺情况，这会导致各层之间的温差增加，极端情况下还可能形成干燥燃烧甚至是焦炭堵塞蒸馏器。若冷却水的泵无法迅速移除冷却水，则会在蒸馏器内积累大量冷却水，从而大大削弱了蒸馏器的散热效果，最终可能导致蒸馏器内的蒸汽加热模式转变为热水加热模式，其效率也会显著下降，甚至有可能让蒸汽变得阻塞，进而导致上一层的温度上升。

6）其他因素配管、分离器分离效果、阀门质量问题及操作规范性问题等因素，都会对蒸发系统产生影响。

5.3.1.3 多效蒸发应用实例

某煤制天然气厂产生了大量含有杂质的废水且需要高度集中地对其予以净化与再利用。这个过程中的主要挑战是如何有效管理并减少从该工厂中释放出的具有较高溶解度的咸淡水分（即所谓的"浓盐水"）的数量及其对环境的影响程度。为了实现这一目标，必须采用创新技术来解决这个问题：首先是对这些工业副产品实施有效的分级操作从而达到最大限度降低污染的目的；然后尽可能多地将其重新用于制造新的化学品或其他有价值的产品之中，以此方式提高资源的使用效率并且最终达成完全没有有害物质被直接排出至自然界的目标。饱和料液在尾效过热后，被排料泵送入离心机完成脱盐操作；滤液桶则用于收集生成的滤液并进一步蒸馏至蒸发调节池；各种效果所形成的冷却水经过收集处理后可以重复使用。

多效蒸发装置自投入运行以来，实际进水量 $60\sim100$ m^3/h，产盐 $1\sim2$ t/h，比设计值偏低。其进水 COD、碱度比设计值都偏高，含盐量高达 $20000\sim30000$ mg/L，钙离子在 $150\sim250$ mg/L，镁离子在 $30\sim90$ mg/L，也都高于设计值。而出水 pH 值合格，出水 COD、含盐量、TOC 等指标因进水水质指标及其他工况因素影响均超出设计值。通过严控来水水质指标，优化运行方式、三效倒料、排放系统母液等措施，改善了运行工况，降低了进水出水水质指标，使蒸发装置运行满足了公司水平衡相关水质要求。具体进水水质指标、出水水质指标、盐泥相关指标见表 5-26~表 5-28。

表 5-26 多效蒸发进水水质指标

检验项目	设计水质	实际水质
pH 值	$7.5\sim9.0$	8.0
COD/mg·L^{-1}	804	$1000\sim2000$
温度/℃	<40	$30\sim35$
浊度/NTU	<80	≈20
含盐量/mg·L^{-1}	18000	$20000\sim30000$
挥发酚类/mg·L^{-1}	2	≈10
$\rho(\mathrm{Cl}^-)$/mg·L^{-1}	3000	$3000\sim5000$
$\rho(\mathrm{SO}_4^{2-})$/mg·L^{-1}	2558	≈1500
氟化物/mg·L^{-1}	50	≈10
总碱度/mg·L^{-1}	1600	≈4000

检验项目	设计水质	实际水质
$\rho(Ca^{2+})/mg \cdot L^{-1}$	133	200~300
$\rho(Mg^{2+})/mg \cdot L^{-1}$	50	50~100
$\rho(Fe^{2+}、Fe^{3+})/mg \cdot L^{-1}$	1.0	≈3
可溶性硅/mg·L^{-1}	50	20
胶体硅/mg·L^{-1}	5	2

表 5-27　产品冷凝书水质指标

项目	设计指标	实际指标
pH 值	6~9	8~9
$COD_{Mn}/mg \cdot L^{-1}$	<5	≈10
$TOC/mg \cdot L^{-1}$	<2	5
氨氮/mg·L^{-1}	<5	10
$\rho(Cl^-)/mg \cdot L^{-1}$	—	130
含盐量/mg·L^{-1}	<100	100~600

表 5-28　蒸发装置盐泥成分分析

分析项目	$w(Ca^{2+})/\%$	$w(Mg^{2+})/\%$	$w(NaCl)/\%$	$w(COD)/\%$	$w(H_2O)/\%$
实际值	0.16	0.06	92.4	2.33	2.03

在项目的实施过程中，成功地把制盐行业的蒸发-结晶设备应用到煤炭工业的高盐水处理中，这不仅降低了浓盐水的运输困难和通过天然蒸发的不可预测性，还减少了对管道、蒸发池等设施的管理与运营支出，实现了"零"排放的目标。此外，这个蒸发结晶设备是使用较低压力的蒸汽来完成结晶过程，从而大幅度降低了处理成本。当这套系统发生问题时，可以通过调整蒸发调节池的方式，使浓盐水混合后再经由浓盐水输送系统进入蒸发池进行自然蒸发，以防止因为结晶设备的问题导致整个系统的停止运作。

存在问题和优化建议：

（1）来水水质成分复杂。目前的前端膜处理系统产生的浓水作为蒸发设备的进水源，如果该系统的水质无法达到预设标准，则会对整个体系造成压力。此外，由于膜装置需要使用多种类型的药物，这可能导致蒸发过程中的盐分含量增加。若膜堵塞问题较为严重，还需要加入表面活性剂以进行化学清洁，这对蒸发系统的影响尤为显著。因此，建议在前端处理阶段严格控制水质参数，降低药品的使用量和 COD、碱度的数值。已有研究指出，膜处理环节中添加阻垢剂是导致蒸发系统运行不稳定的首要原因。

（2）开车初期出泡沫。大部分的蒸发系统是用浓盐水进行操作，但由于持续加热升温导致在即将沸腾之前会形成大量泡沫，这严重影响了山水质量。通过技术改造增设了消泡剂投放装置来解决这个问题，然而消泡剂的类型也会对其效果产生影响。

（3）差压液位计不准。蒸发装置来水为前端膜处理系统的浓水，由于水质指标波动，造成浓盐水密度随时在变化，蒸发罐内液位指示经常出现"漂移"、现场指示与分布式控制系统上数据不一致现象，而液位是蒸发系统的关键控制参数。通过技改增设了射灯视镜观看蒸发沸腾状况，效果较好。

（4）低压蒸汽波动。虽然低压蒸汽的压力容易变化，蒸汽温度可能过高，应该保持低压蒸汽管网的压力稳定，强化对蒸发罐差压传感器的监控，确保储存液体的位置稳定，并维护好良好的蒸发运行状态。

（5）物料夹带、飞料。因为浓盐水的浓度大且含有大量的有机物质，其产生的泡沫也较多，同时蒸发罐内的浓盐水会剧烈地翻滚，这导致了二次蒸汽中的雾沫被大量携带的情况。这种状况如果过于严重的话可能会引发"飞料"的问题，从而使得产品的电导率超过标准值。为了避免这种情况的发生，需要提升现场工作人员的技术能力并迅速启动应对措施，如把产出的水重新送回调节池。这是蒸发系统的稳定运营所面临的一个关键挑战。因此，寻找有效的解决方案来处理蒸发系统进入的水及浓缩液中的有机物质，减少泡沫产生的方法，加强对输入水质与产出盐分检测力度，优化除沫器的性能，以此来降低"飞料"现象和雾沫的携带量，进而改善产水质量是非常必要的。

（6）处理量不足，导致盐平衡失衡。通常，多效蒸发设备的运行周期在 30~60 d。然而，随着时间推移，其处理能力将逐渐减小。如果没有对蒸发母液进行排放，那么长期的运作会导致 COD 累积，从而使得多效蒸发系统无法正常工作，降低了多效蒸发负荷，最终引发盐平衡失调。

（7）废盐的去向。目前，我国尚未开发出成型的废盐利用工艺，多效蒸发设备每天产生大量盐泥。如果将其运往危险废物填埋场进行处理，成本会相对较高。

（8）加热室结垢、堵塞。由于多效蒸发设备的最后阶段因为加热室内积垢和阻塞的问题而被迫停止工作并进行了清理，因此必须严格控制水的质量标准，特别是在进入水中的钙离子和镁离子的浓度超过了设计的数值的时候，这会增加蒸发系统的结垢风险。应该根据输入水中水的性质来调节蒸发系统中添加药物的工作状态，以便减少水分结晶的可能性。

（9）蒸发母液排放。多效蒸发装置运行过程中，将会造成系统 COD 累积，使多效蒸发产水、系统浓盐水及产品盐 COD 含量增高，虽然现在还不能确定多效蒸发系统可以承受多高的 COD 含量，但蒸发母液累积经常出现"飞料"现象，而且蒸发器雾沫夹带及结垢也比较严重，产水进入浊循环系统造成系统含盐量、氯根、浊度及 COD 升高，也是导致多效蒸发装置负荷不能提升的关键因素。

（10）晶种投加及固/液比的控制。经过对多效蒸发装置的多次运行实践，发现在不添加晶种的情况下，其操作效果优于添加晶种。另外关于如何控制固液比、每天出多少盐、出多少合适以不至于后续不出盐等问题，是蒸发运行长期摸索研究的问题。

（11）设计、施工方面的相关问题。在设计和施工蒸发装置时，对于蒸发器、加热室、管道以及除沫器的材料选择尤其关键。这不仅要减少成本，还需确保使用寿命。在实际施工过程中，必须考虑到浓盐水管线的防腐问题和脱盐管线的安排等因素。

（12）产水。由于之前的多个因素的影响，导致了出水的质量指标过高，如换热循环水的质量和产水中的 VOC 等问题都值得去深入研究。

5.3.2　机械式蒸汽再压缩

5.3.2.1　MVR 工艺原理

早在 1843 年，外国就已经开始探讨 MVR 热泵的理念；然而，直到 1880 年，一位来自瑞士的工程师才首次制作出了这台设备。由于对能源的需求与成本日益增长，MVR 的热泵技术吸引了全球众多科研人员的兴趣和投入，并在蒸馏过程中取得了显著成果。

机械热压缩，又称蒸汽机械再压缩（Mechanical Vapor Recompression，MVR）技术，其特点在于利用蒸发器二次产生的蒸汽，经过压缩机的压缩，使压力和温度提高，并增加热焓，然后将其用于加热室中的蒸汽，以维持料液的沸腾状态，而加热蒸汽自身则会冷凝为水。这样物料会持续吸收热量，产生二次蒸汽，实现循环蒸发。在蒸汽压缩机设备启动后，若蒸发器的真空度达到 80 kPa，则二次蒸汽的压力可达到 20 kPa，温度可达到 60 ℃。通过对蒸发器中的二次蒸汽进行再一步的压缩，可提高压力、温度和热焓，使蒸汽压缩机的压力增加约 2 kPa。

因此，通过这种方式，能够有效地运用蒸汽并将其中的潜在热量提取出来，从而提升热效能，削减对外部加热和冷却资源的使用需求，进而节能环保，同时也能减轻环境压力。另外，采用蒸汽机械再压缩技术无需把设备分解为多个部分，这大大简化了整个过程，同时也节省了一大笔投资成本，并且使其变得更加简单易行。如今，其已成为业界最为推崇的技术之一，被广泛使用于各个领域中。单效 MVR 工艺流程见图 5-28。

MVR 蒸发系统由各种设备相互联接构成，其需要在热力学和传热学上精心配合以实现最佳效果。主要的机械设备还有：压缩、蒸发器、热交换器以及气液分离器等。

（1）压缩机。MVR 系统的关键组件是压缩机，其通过使用微量的优质能量来产生大量的高级热量转换。其运作过程中使用的媒介是水蒸气，而驱动力则是电力。经过压缩机的处理后，原本温度较低的水蒸汽被提升至更高的温度和压力，从而转化为具有更高热的气体，这有助于减

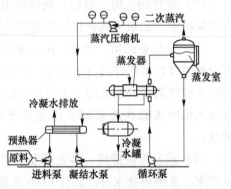

图 5-28　单效 MVR 工艺流程

少排放并节约能源。一些常用的压缩器类型有：螺旋型压缩器、罗茨型压缩器、离心型压缩器、轴流型压缩器及混合型压缩器等。

（2）蒸发器。作为 MVR 系统的关键部分，蒸发器的运作需要消耗极少的新增蒸汽，并且其性能几乎达到极致水平（为五到十倍的热能转换效率），这大大减少了环境污染的风险。尽管如此，MVR 蒸发器仍然面临着一些挑战，如产能有限、蒸发条件波动、产品浓度的不确定性和严重的积垢和结焦问题，以及蒸发过程的效果并不理想。这些问题主要表现在以下几种类型的 MVR 蒸发器上：强迫循环型、上升膜型、平板型和下降膜型。

MVR 降膜式蒸发器的两个主要特性是：其一，允许持续输入和输出物料，这意味着蒸发器内的溶液滞留时间较短，一次即可满足设计的浓度标准，并且尽可能多地保存了原料中有效的成分，从而解决了由于设备产能限制导致的蒸发过程的不稳定性和产品质量波

动等问题；其次，使用 MVR 技术后，二次蒸汽可以用作热量来源，降低运营费用，提高能效，同时通过对二次蒸汽的压缩回收利用来克服常规 MVR 蒸发器常见的如积垢和结焦严重的现象及低劣的蒸发效率等难题。

（3）热交换器。在 MVR 热泵的蒸发过程中，大多数使用的是间壁式换热器。这种类型的换热器内部不存在直接的冷热流体交互，而是通过间壁进行热量传递。在实际生产过程中，常见的间壁式换热器包括列管式、波纹式和螺旋式。

（4）气液分离器。气液分离设备是一个用于实现物质及次级蒸气的分离环境，其主要功能包括以下几点：首先，能使雾状溶液凝聚成小水珠；其次，能够有效地从次级蒸汽中剔除小水珠。这类设备也被称为收集泡沫器或去除泡沫器。设计此类设备时需要全面考虑到蒸发能力、蒸发温度、物质黏稠程度以及分流设备的水位等问题。

5.3.2.2　MVR 工艺特点

A　MVR 工艺的技术优势

（1）相较于传统的蒸馏控制系统，MVR 控制系统只需在启动阶段引入新鲜蒸汽当作热源。然而，一旦二次蒸汽生成并且控制系统稳定运行，就无需依赖外界热源，这样控制系统的能耗将等同于压缩机和各种泵的能量消耗，因此其节能效果极为明显。

（2）MVR 蒸发器系统的主要能源消耗是压缩机，运行成本显著降低，维护费用也相对较低。由于该系统无需工业蒸汽，其安全隐患较小，操作简便。

（3）MVR 蒸馏器在相同的蒸发处理能力下，其所需占用建筑面积明显低于常规多效蒸馏装置。这种装置对人工操作的依赖性较低，并且配套公共项目也比较少。

（4）应用非常稳定和可靠，全部系统都能够实现组态控制，并且能够达到自动化。

（5）对于一些热敏物质，MVR 能够自由调节温度在 15 ~ 100 ℃之间，这种适应性非常强。同时，在低温蒸发环境下，无需使用冷冻冷却水，这也降低了工程的投资成本。

B　MVR 工艺的技术不足

虽然 MVR 技术在处理高盐废水方面表现出色，但是在实际操作过程中仍存在一些技术难题对其效果产生了影响[13,14]。

（1）系统结垢。换热器表面积垢是导致系统蒸发效能减弱的关键因素，主要是因为其加热方式依赖于二次蒸汽，而积垢会导致热量传递效率下降，从而限制了每小时的蒸发产量，进而削弱可用压缩二次蒸汽的数量，这对生产的冲击更为显著。因为 MVR 蒸发器具有独特的性质，定期清洁设备并不容易实现，这也是制约其产能稳定的一个因素。蒸发设备的材料选择及表面的平滑度都会影响到积垢情况与位置，使用有机聚合塑料薄膜作为蒸发器材料，能够在温度变化后产生小幅度的变形，有助于防止积垢并延长大清洗间隔期。

（2）热量提升。在 MVR 系统中，热量的提升是一个关键的制约因素，决定了该技术在处理含有大量盐分的废水时的性能表现。对于那些利用 MVR 方法去处理高浓度的盐分废水的情况来说，因为这些废水的浓度和沸腾点的上升幅度都很大，所以必须让蒸汽压缩器达到更高的温度以应对这种变化带来的挑战，这也就意味着对压缩器的性能有很高的需求，并且系统的能源消耗也会大幅度增长。根据研究结果显示，合适的热量提升区间应设定在 8~20 ℃之间。若沸点温度升高超出了 18 ℃，那么 MVR 技术的优越性将会丧失优势。

（3）物料物性。根据工业废水来源的不同，对于 MVR 的选择需要考虑不同物料的物性匹配。物料特性分析的主要内容包括：物料成分、蒸发过程中是否会有结晶析出、黏度、比热容、密度和沸点升高等。对于单一物料，可以通过查阅相关表格获取参数。然而，对于工业高盐废水这种混合型的料液，相关数据只能通过模拟估算得到。因此，准确分析计算物料物性对于确保 MVR 装置正常运行至关重要。研究发现，对于沸点温度升高较大的物料，一般选择采用 MVR 单效蒸发；而对于高浓度物料，则需要采用强制循环以防止物料流速过慢导致结焦的问题；此外，热敏性物料要求停留在蒸发器内的时间尽量短。

5.3.2.3   MVR 工艺运行技术性能影响

A   物料的物性

物质属性如密度、韧性、融化温度、敏感性和黏附性等都属于物料特性，这些特性的传递效率会影响蒸发区域的大小。表面张力是一种导致液态表层收敛的力量，对于液-气和固-液之间的分隔进程有着重要作用，同时也会决定分离设备的尺寸和高度。在膜蒸发过程中，这种力量还会影响到材料在膜片中的分配情况。如果物料的沸腾温度显著增加，通常会采取 MVR 单级蒸发的方式，这样可以在负压环境中实现蒸发，从而降低物料的沸腾温度上升程度。针对高浓度的物质，建议使用强制循环或者刮刀蒸发装置来避免因流动速度过慢导致的结焦现象。对于易受高温影响的物品，在蒸发器内的滞留时间应该尽可能缩短；若蒸发出的物质对温差有所要求，则要考虑到蒸发温度的选择、蒸发设备的形式及流程设计。

B   设备运行操作

（1）变化进料参数会对蒸发传热系数产生影响。进料数量太大会影响蒸发传热系数，而数量太小会降低效蒸发器的物料侧流量。物料浓度的改变会直接影响系统的传热系数与沸点。而物料温度过低会导致蒸发器部分面积用于提高物料常热而非潜热，从而降低蒸发量。（2）MVR 压缩机的工况变化也会对系统产生影响。压缩机的流量、温升、压比、效率等参数决定了其运行状态。进口温度的变化会影响比容，从而影响压缩机可进入的最大蒸汽量。而频率、流量以及温度升高之间的相互影响会逐步增大到额定值。处理沸点温度升高的物料时，压缩机需要克服沸点升再用于蒸发的情况。（3）分离器中蒸发量的提高会加快二次蒸汽的上升速度，导致气体携带大量液体。若分离器中蒸发量的持续时间过长，将导致分离器需要新的平衡温度并提高温度。在其他参数稳定时，MVR 蒸汽系统中闪蒸的二次蒸汽量会增加，物料的浓度、黏度和表面张力也会增加，从而导致二次蒸汽的分离困难，分离器分离量不足。分离器的直径需要足够分离面，其高度会影响汽液相互夹的情况，并且高度的提高会提高效率但也会增加装置费用。（4）泵在整个蒸发系统中扮演着主要的动力装置角色，泵机械密封的状况以及流量、高程等都会对蒸发系统产生影响。如果物料泵没有良好密封或流量不足，将出现积液或缺料的情况，严重时甚至会出现干烧或结焦等情况导致蒸发器堵塞。如果冷凝水泵无法及时将冷凝水从装置中抽出，会严重抑制蒸发器中热量的传递。

C　海拔与工艺参数

为了降低能源消耗，大多数情况下，MVR系统会在负压环境中运作。这种操作方式是通过完全排空空气来实现装置处于真空状态下的运转。海拔的高度会对极限真空产生一定影响，并且其也可能影响蒸汽的热力学特性，因此，必须把其视为MVR设计的要素之一。输入和输出物质浓度的条件会显著影响热量传递及蒸发温度的选择。考虑到输入和输出的温度，MVR设备在进行工艺规划的时候，应尽可能充分利用这些能耗，并根据输入和输出物质的温度变化调整工艺流程，以使得冷凝水和冷却水的排放温度尽量减少至最低水平。

5.3.2.4　基于MVR的蒸发+冷却耦合分质结晶技术

传统高浓盐水产生无法资源化利用的结晶杂盐，主要为$NaCl$、Na_2SO_4及少量$NaNO_3$。采用MVR的蒸发+冷却耦合分质结晶工艺，从废水中回收工业级的$NaCl$、Na_2SO_4及$NaNO_3$结晶盐。蒸发结晶是在常压或减压条件下蒸发部分溶剂，使溶液浓缩至过饱和状态，适用于溶解度随温度降低而增大或变化不大的物质。冷却结晶是将溶液温度降低至饱和浓度所对应的溶液温度下，使溶液达到过饱和状态而析出结晶，适用于溶解度随温度降低而显著下降的物质。$NaNO_3$、Na_2SO_4和$NaCl$溶解度与温度的关系曲线如图5-29所示。

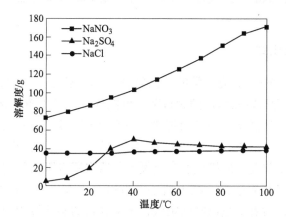

图5-29　$NaNO_3$、Na_2SO_4和$NaCl$溶解度与温度的关系曲线

由图5-29可知，在同一温度条件下，$NaNO_3$的溶解能力明显强于Na_2SO_4与$NaCl$，并且其溶解程度会随温度的提升大幅度地增长。在浓缩的过程中，首先形成的固体为Na_2SO_4及$NaCl$，所以需要优先提取这两种物质。在0~30℃，当温度逐渐提高时，Na_2SO_4的溶解率有明显的增强；而在50~100℃，尽管温度继续攀升，但$NaCl$的溶解量并没有太大的变化，相反，Na_2SO_4的溶解力有所下降，所以在较低的温度环境中，要优先处理$NaCl$，然后是高一些的温度来处理Na_2SO_4，最终再降低温度以达到获得$NaNO_3$晶体的目的。利用MVR技术，可以借助温度差异使得不同溶解力的物质得以有效地结晶，从而达成分质结晶的目标。工艺流程如图5-30所示。

由图5-30可知，经过初步处理的高盐废水被送往MVR系统以实现蒸发浓缩，其温度提升到50℃之后，便会流向结晶器Ⅰ并在此过程中产生$NaCl$晶体；含有多种元素（包括Na_2SO_4）的高盐废水进一步浓缩，直至Na_2SO_4的浓度趋于饱和状态，然后将其引入结晶

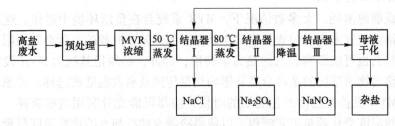

图 5-30 分质结晶工艺流程

器Ⅱ并在该环境下生成 Na_2SO_4 晶体；随后，母液的温度逐步上升，导致 NaCl 成为非饱和物质；同时，Na_2SO_4 的溶解度也会因为母液温度的提高而下降，并且伴随着蒸发的进程，母液的水分也在不断地减少，从而使 Na_2SO_4 晶体形成；一旦达到了某个关键点，如果继续进行蒸发就会出现混合物，因此需要将一部分母液添加回结晶器Ⅰ。通过这种循环操作，最终能够成功地把高盐废水中的 Na_2SO_4 和 NaCl 分开，然后再送到换热器进行低温冷却，接着在结晶器Ⅲ里完成冷凝结晶来获取 $NaNO_3$。同样的，对于结晶器Ⅰ、结晶器Ⅱ及结晶器Ⅲ，也采用了类似的方式进行了循环操作，最终实现了母液干燥进而得到了各种杂质盐。

5.3.3 蒸发结晶技术比较

与多效蒸发相比，MVR 具有更强的节能特性，充分利用了二次蒸汽并减少了占地空间[15]。然而，其首次运行阶段所需的大量蒸汽可能导致无蒸汽资源地区的项目成本增加。此外，如果需要生产干盐制品，则必须提供独立的干燥气源。同时，MVR 对于电力需求较高，这使得电力匮乏区域难以实施该项技术。从另一方面看，MVR 对蒸汽压缩机的性能有着较高的要求，目前我国的机械加工及设备制造水平有限，因此大部分蒸汽压缩机依赖于外国进口，且价格相对较高。综上所述，可以看出 MED 和 MVR 各自存在优势和缺陷，前者以汽决定电，后者则是以电确定汽，未来项目的实践过程中，应把两者的工艺有效地融合在一起，实现汽电均衡。

5.4 零排放工程案例

5.4.1 某煤基新材料产业园零排放

5.4.1.1 项目概况

某煤基新材料产业园区一期规划占地 9.15 平方千米，启动区占地 4.2 平方千米。该区煤炭资源丰富，已探明储量达 15 亿吨，且煤质优良，主要煤炭的热能可达 5000 大卡。园区的重点发展方向是煤基化工新材料产业，并配套发展化学专用品、煤炭及副产品循环经济产业，同时也兼顾传统化工产业的升级，并有选择性引进与煤化工产业和产品配套的石油化工产业。形成了精细化工和煤基新材料产业集群。废水产出量大，废水资源化、零排放具有重要意义。

5.4.1.2 零排放工艺设计

设计水量：120 t/h，蒸发结晶进水量不大于 20 t/h，总产水率不小于 85%，达标产水直接进入园区脱盐水的超滤产水箱。水质情况见表 5-29。

表 5-29　设计进出水水质

项目	COD_{Cr} /mg·L^{-1}	溶解性总固体 /mg·L^{-1}	Ca^{2+} /mg·L^{-1}	氨氮 /mg·L^{-1}	浊度 /NTU	碱度 /mg·L^{-1}	Cl^{-} /mg·L^{-1}
进水	150	15713	1068	30	134	33	3184
出水	≤20	≤500	≤200	≤5	≤5	350	≤100

通过对项目的进出口水质检测结果显示，输入的水中含有较高的 COD_{Cr}、TDS、硬度、碱度和硅元素，然而其最终目标是实现零排放，这意味着必须严格限制可能导致结垢或堵塞的离子浓度。为了达到这个目的，首先应确保各个环节中的离子含量处于适当的水平。该项目的 TDS 需由约 15713 mg/L 提升到至少 $10×10^{4}$ ~ $20×10^{4}$ mg/L 之间，并在此过程中将其浓缩 6 到 12 倍之多，这就需要执行诸如去除硬度、硅元素，降低 COD 值、使用膜技术进行浓缩以及最后采用蒸发结晶等关键步骤。所以，整个过程可以被划分为以下几个主要阶段：预处理、膜浓缩和蒸发结晶。工艺流程见图 5-31。

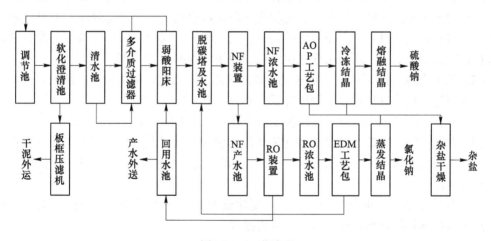

图 5-31　工艺流程

（1）预处理阶段。调节池→软化澄清池→清水池→多介质过滤器→弱酸阳床→脱碳塔及水池。此流程的主要目标在于减少水中过量的钙镁离子、氢氧根离子、可溶性的二氧化硅并去掉污浊物质，从而确保后续的高倍浓缩过程中能获得优质的水源。为了达到这个目的，需要对高密度池内投加药物以产生相应的化学反应，进而使其能够有效地降低进水中的硬度、碱度和可溶硅含量；同时，还需要调整 pH 值以保证整个工艺的安全运行。最后一步就是用过滤设备清除从前述反应中产生的悬浮物和胶状颗粒等杂质。此外，由于要实现高倍浓缩，所以必须设置弱酸阳床用于完全消除剩余的钙镁离子和氢氧根离子，同时也应注意到碱度的排除问题，采用除碳器去除水中的 CO_2。

（2）膜浓缩预分盐阶段。脱碳塔→NF 装置→NF 产水池→RO 装置→RO 浓水池→ED

工艺包。NF 浓水池→AOP 工艺包；RO 产水→RO 产水池→回用。下来的一步就是深层浓缩过程，借助 NF 仅能捕捉高价阳离子而不影响低价阴离子的特点，对整个系统进行了预先分离，从而将其分为两个独立的路径：主导为氯化钠的 NF 产水路径，以及侧重于硫酸钠的 NF 浓水路线。经过 RO 处理的 NF 出水被再次利用，其含有盐分浓度较高的浓水（大约 30000 mg/L）会被送入到 ED 的高级浓缩设备中，然后继续流向氯化钠蒸发结晶的过程。另外，NF 出水的质量参数包括 TDS 值约为 80000 mg/L 和 COD 含量约为1400 mg/L，为了满足盐品的要求，需要设置臭氧催化氧化来去除 COD_{Cr}。

（3）蒸发结晶。1）氯化钠蒸发结晶工段：EDM 浓水池→NaCl 蒸发结晶。此时水中氯化钠的浓度达到 16% 左右，易污堵结垢各指标都控制到很低，蒸汽充裕，故直接采用多效蒸发结晶法，产出氯化钠单盐，冷凝液换热冷却后可直接或再处理后回用。2）硫酸钠蒸发结晶工段：AOP 产水→冷冻产芒硝→Na_2SO_4 蒸发结晶。NF 浓水经 AOP 去除有机物后，以硫酸钠为主体系，控制温度-5~0 ℃时冷冻结晶，直接冷冻析出芒硝，为了得到高纯度的硫酸钠单盐，将芒硝进行熔融重结晶。通过热膜耦合工艺处理后，85% 以上的废水达标后回用，其余的为可商业化出售的结晶盐，只产生极少量的杂盐。

关键单元设计：

（1）软化澄清池。采用高密池形式，是一种高速一体式组合沉淀/浓缩池，该设备结合了混凝反应池和化学添加剂的使用来有效地净化废水。其结构分为四部分，也可以依据实际需求增设额外的区域。这种装置是软化并消除水中钙镁离子（即硬度）和硅元素的关键环节，因此在设计过程中需要对搅拌速率、反应时长、沉积时间和酸碱度等参数进行精确调控以确保最佳效果。污泥去板框脱水机，泥饼含固率不大于 30%。

（2）弱酸阳床。酸阳环氧树脂的交换能力很强，大约是强酸阳树脂的两倍。因此，使用其来进行深度硬化处理可以将硬度降低到不超过 0.03 mmol/L。

（3）脱碳塔。调整 pH 值后，在脱碳塔中鼓风吹脱去除 CO_2，即去除碱度。

（4）NF 装置。NF 膜被广泛应用于零排放系统中，通过其选择性截留离子的特性，可以进行初步分盐，从而降低热法分盐的压力；同时也能拦截有机物质，为 RO 提供了优良的运行环境。

（5）反渗透装置。重要脱盐设备，需要达到 97% 以上的脱盐率。根据进水盐度的差异，适当选择能够抵抗污染的苦咸水膜和海淡膜。

（6）EDM（电驱离子膜）。在低温低压条件下运行，蒸发器的体积大幅缩小，其投入和操作管理状况都超过了蒸发结晶。在无排放分盐过程中，可以使用一价选择性膜进行氯根和硫酸根的二次分离。

（7）大孔树脂吸附器。对于长链有机物，其吸附性能相当强大，因此通常会在臭氧之前进行设置。树脂吸附后可以通过碱或甲醇进行再生，这是一种创新的除去有机物的方法。

（8）臭氧催化氧化。利用臭氧产生·OH 自由基迅速氧化降解水中有机物的过程，结合投加催化介质，可大大提高脱除效率。

（9）蒸发结晶。1）硫酸钠冷冻段。进水硫酸钠含量高，COD 含量高，利用硫酸钠 0 ℃以下溶解度极低的特点，采用冷冻法得到纯净的十水硫酸钠。进料量 30 t/h，冷冻机组 2 台，冷冻结晶器 1 台，外冷器 2 台，沉降器 8 台，溶硝罐 2 台，溶硝泵 2 台。2）芒硝蒸发段。芒硝再经过熔融结晶，得到较高品质的硫酸钠单盐。单效蒸发器，处理量 1.83 t/h，共设加热室 1 台，分离室 1 台，轴流泵 1 台，真空机组 1 台，稠厚器 2 台，离心机 1 台，盘干机 1 台，半自动吨袋包装机 1 台。3）氯化钠蒸发段。进料 NaCl 占比最高，蒸发时先达到 NaCl 的饱和点，结晶出 NaCl 单盐后回到低浓度，过程中 Na_2SO_4 和硝酸钠占比慢慢变高，控制 Na_2SO_4 浓度在共饱点以下。控制其他物质的浓度，这样只结晶出 NaCl 而不析出其他，母液去干燥单元。二效顺流蒸发器，处理量 5.71 t/h，共设加热室 2 台，分离室 2 台，轴流泵 2 台，真空机组 1 台，稠厚器 2 台，离心机 1 台，盘干机 1 台，半自动吨袋包装机 1 台。4）结晶母液处置。主要含 NaCl、Na_2SO_4 及从前面工序过来的杂质离子和有机物。设滚筒干燥器，处理量 2.8 t/h。

5.4.1.3　运行效果

工程自 2017 年 11 月启动建设，并在 2018 年的 6 月份完成设备安装和测试，随后两个月内实现了系统的平稳运营并投入生产使用。同时，工厂内的实验室持续跟踪了这个系统的核心部分的水质状况，数据显示其表现出色且达到了标准要求，如硫酸钠的纯度超过98%，而氯化钠则高达 98.5%。运行数据见表 5-30。

表 5-30　总出水水质

项目	COD_{Cr}/mg·L^{-1}	电导率/μS·cm^{-1}	Cl^-/mg·L^{-1}
总产水	2.52~3.08	260~310	84~95

资源化盐品：硫酸钠满足《工业无水硫酸钠》（GB/T 6009—2014）Ⅱ 类一等品标准，氯化钠满足《工业盐》（GB/T 5462—2015）精制工业干盐一级标准。污泥及杂盐排放：污泥排放含水率不大于 75%，杂盐排放含水率不大于 5%，杂盐率不大于 15%。

5.4.1.4　总结

尽管项目已经通过标准审查并完成验收，但仍存在一些可以改进的小细节和对某些工序的补充需求。例如，由于水的硅含量超过原始设计的 10%，因此需要添加第二级去除硅的高密度池；此外，虽然使用臭氧处理以期望获得理想的效果，但是其产生的 COD 仍然过量，可采用树脂来吸附有机物质。经过化学药物与絮凝剂混合后的废水，如果未经多介质过滤就直接进入膜组件，可能会导致膜的清洁频率提高，从而降低其使用寿命。为了解决这个问题，可以考虑加入超滤模块，以便给整个膜系统创造更优质的水环境。

5.4.2　某钢铁园区零排放

5.4.2.1　项目概况

河北某钢铁园区位于河北邯郸，占地约 4 平方公里，该企业工业废水排放项目旨在通过先进的处理技术和系统设计，将工业废水处理成符合排放标准的水质，实现零排放目标。钢铁企业是耗水和排污大户，其吨钢耗水量较高，且有较多废水排放，对环境影响较大。且钢铁生产过程产生的废水种类较多，主要包括焦化废水、冷轧废水、高炉冲渣废水、湿熄焦废水、烧结脱硫废水和化学制水系统产生的浓盐水等特殊废水，以及循环冷却系统排水和直流系统排水等一般废水。目前该钢铁企业通过三级处理能够使得焦化废水得到回用，冷轧废水、高炉冲渣废水、湿熄焦废水、烧结脱硫废水经过处理后也可实现循环使用。而由生产过程中产生的浓盐废水中由于含盐量以及 COD 等污染物浓度较高,限制了其回用,故浓盐水的处理与排放是决定该钢铁园区废水回用以及零排放的重要因素。浓盐水是经过"超滤+反渗透"膜处理后的工业废水,对后续处理工艺影响较大,同时也不可直接用于排放,因此,浓盐水应当妥善处理,采用一种高效、低耗、运行稳定、节能且不会造成二次污染的方式进行处理[16]。

5.4.2.2 零排放工艺设计

该钢铁园区废水处理量为 7000 m^3/h,其中零排放项目来水是经过"预处理软化+超滤+反渗透"浓缩后的超浓水。

设计进水水质情况见表 5-31。

表 5-31 某钢铁企业浓盐水排放进水指标

名称	COD_{Cr}/mg·L^{-1}	氨氮/mg·L^{-1}	电导率/mS·cm^{-1}	TDS/mg·L^{-1}	总硬度/mg·L^{-1}	总铁/mg·L^{-1}
水质指标	≤150	≤15	≤7000	≤5000	≤2000	≤4
名称	F^-/mg·L^{-1}	Si/mg·L^{-1}	Cl^-/mg·L	总氮/mg·L^{-1}	SO_4^{2-}/mg·L^{-1}	pH/mg·L^{-1}
水质指标	≤150	≤15	≤7000	≤5000	≤2000	≤4

为实现钢铁工业浓盐水实现高效、稳定、低成本的零排放,整体工艺思路采用将高盐废水进行预处理后进行生物处理,之后采用膜分离、浓缩结晶成压滤废渣以固体的形式排出,使废水得到高标准的净化。

设计工艺预期实现工业废水的无害化处理,需要对浓盐水进行更高标准的处理,针对进水中的各项水质指标来选取相应的工艺以及处理方法使浓盐水达到零排放标准。对于浓盐水的处理,主要采取以下五个过程来分段进行,最终组成联合工艺。

(1)浓盐水中的硫酸盐、氟、重金属含量较高,此外,水体整体含有过量的 Ca^{2+},致使水体硬度过高。因此,为了降低这些指标对后续处理的影响,同时保证膜处理系统能够长期稳定地运行,适当降低投资成本,需要对废水进行调节,之后进入一段中和沉淀池进行对废水的预处理。

(2)进水中整体的 pH 偏酸性,此外还含有少量的氟化物,采用石灰乳可以使得进水中大部分的氟离子得到去除,同时也能够中和部分酸性,能够在不影响后续处理的同时,减少二次污染,并与后续的工艺完成联合,降低废水中各项指标含量。

(3)中和后的出水采用生物抑制剂进行脱钙,不但可以降低水体总硬度,同时水体中的含盐量也能得到适当削减,此段中能够脱除重金属、少量的氟离子以及过量的钙离子,为后续反渗透等系列工艺操作降低影响,大大延长膜使用寿命,降低成本。

(4)脱钙处理后的废水中的含盐量为 10~15 g/L,之后出水采用膜处理方式,进行反渗透浓缩,浓盐水中的 TDS 含量约为 6 g/L,淡水可进行回用,产率为 85%,浓水与干吸废水进行混合,进入下一段工艺中进行深度处理。

(5)混合废水之后进入深度处理系统,在加入脱氟剂之后,脱去氟渣,将混合溶液中的氟离子去除,出水进入 MVR 蒸发器中,产出以钠盐为主的混盐,同时,在此过程中蒸发形成的冷凝水满足企业回用水要求。

工艺流程见图 5-32。

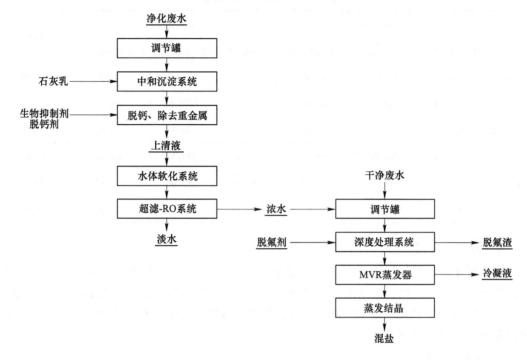

图 5-32 浓盐废水处理工艺流程图[17]

5.4.2.3 工艺介绍

净化废水进入工艺中，经过调节罐对水质水量进行调节，使得后续工艺受到的水利冲击负荷降低，出水进入沉淀池，在沉淀池中通过投加少量石灰乳，在脱钙的同时能够降低浓盐水电导率，也可以去除少量的氟以及重金属，降低对后续工艺的冲击负荷。出水进入下一沉淀池后加入生物抑制剂以及脱钙剂，在此沉淀系统中完成对硫酸、重金属、钙以及部分氟的去除，减少废水中物质对膜系统中膜的损耗与污染，保证膜系统能够长期稳定运行。之后经超滤以及反渗透系统浓缩后的浓盐水与干吸废水混合，经调节罐调节水质水量后充分混合，出水进入深度处理系统中，加入脱氟剂脱去氟渣，之后的混合水进入 MVR 蒸发器，在蒸发器中进行蒸发结晶，蒸发结晶妥善处理后得到混盐，同时蒸发得到的冷凝水完全满足企业回水标准。整套工艺组合对浓盐水进行处理处置后，钢铁园区废水达到零排放标准。

5.4.2.4 工艺运行效果分析

A 预处理系统

预处理系统包括调节罐+中和沉淀池+水体软化系统组成，其中为了防止水质水量对后续工艺造成冲击，采用调节罐来对水体进行稳定和混合，同时在开始正式对进水进行中和前，应当采取小型试验来对原水进行试验，选出效果最佳的中和剂，如表 5-32 中针对石灰乳做出的原水中和效果，从得出的数据可知，中和压滤后的水体平均电导率为 27.65 mS/cm，脱盐率达到 90.89%，水体整体 pH 值稳定在 7~8。

表 5-32　石灰乳中和实验效果

时间	净化废水			中和后废水			脱氟率/%
	F^-/mg·L^{-1}	Cl^-/mg·L^{-1}	电导率/mS·cm^{-1}	F^-/mg·L^{-1}	Cl^-/mg·L^{-1}	电导率/mS·cm^{-1}	
第1天	781.01	911.32	211.04	17.33	414.33	7.75	97.78
第2天	256.30	17142.31	408.43	282.34	1276.84	56.73	—
第3天	123.21	1233.56	482.33	30.01	194.14	43.11	75.48
第4天	203.33	2156.98	865.31	53.13	561.55	80.12	73.87
第5天	162.76	1278.67	501.00	45.41	560.98	69.31	72.10
第6天	409.65	1999.02	539.87	16.12	266.87	22.10	96.06

B　超滤-RO膜系统

废水经中和并投加生物抑制剂脱钙之后，按照设计要求，采用膜系统对废水进行处理，废水进入该系统内，经超滤可以去除水中的大分子颗粒物，并作为反渗透的预处理技术，为反渗透提供安全、可靠的进水，延长反渗透装置的寿命，废水在这一阶段可以脱除大部分盐分以及大分子有机物。

C　MVR蒸发系统

在MVR蒸发系统中，进水经过预热后进入蒸发器，蒸发器中的蒸汽将液体加热至沸点，使其部分蒸发。蒸发过程中产生的蒸汽进入蒸汽压缩机，通过机械压缩提高蒸汽的温度和压力。压缩机将高温高压的蒸汽送入冷凝器，冷凝器中的冷水将蒸汽冷却，使其凝结成液体。进水被蒸发为结晶，经相应的处理后可得到混盐，同时冷凝液体得到回用。MVR蒸发系统处理效果如表5-33所示。

表 5-33　MVR蒸发系统处理效果

时间	干吸废水			混合液			脱氟率/%
	F^-/mg·L^{-1}	Cl^-/mg·L^{-1}	电导率/mS·cm^{-1}	F^-/mg·L^{-1}	Cl^-/mg·L^{-1}	电导率/mS·cm^{-1}	
第1天	201.18	6993.14	214	72.41	9754.31	247	64.01
第2天	183.74	1714.31	224	35.13	6934.24	302	80.88
第3天	177.41	1243.67	215	21.14	6734.67	305	88.08
第4天	166.31	6002.43	228	98.19	12033.22	321	40.96
第5天	211.43	2531.43	129	49.78	3540.01	214	76.46
第6天	433.53	1344.32	68	40.67	3924.67	189	90.62

D　出水回用

在整个工艺过程中，出水包含超滤-RO系统中滤出的淡水，即RO产水，以及后续工艺中MVR蒸发系统中冷凝液，通过回用水监测显示出水满足回用标准。

5.4.2.4　结论

钢铁园区排放废水作为一种典型的工业废水，不但水质水量有巨大差异，且处理方法需要从不同的废水种类入手，传统的钢铁园区废水经过处理后可以达到回用标准，零排放的实现关键在于高盐废水的处理。此次处理采用分类处理方法，通过从源头简化工艺，来降低处理成本，完成对高盐废水的处理与回用，采用超滤-RO系统作为膜组合工艺，该系统的两段工艺的产水率均超过85%，所产出的RO水符合设计回用水水质标准，也可以适当减少后续蒸发工艺所消耗的成本。同时MVR蒸发系统处理后的出水与结晶分离，获得冷凝水的同时能够回收混盐，使得整体工艺达到预期标准。

5.4.3　某煤化工项目零排放

5.4.3.1　项目概况

该项目位于新疆维吾尔自治区，成立于2011年，是一个每年产能为68万吨煤基新材料的项目。该项目利用煤作为原料，通过一系列步骤包括煤气化、合成气净化、净化合成气制甲醇，以及甲醇制烯烃和烯烃聚合等技术。该项目实现了将煤转化为烯烃的高附加值产出，同时解决了新疆煤炭运输成本过高的问题，提高了煤炭资源的开发利用率。但在生产过程中，也会产生一定量的废水，其中污染物浓度较高。为了保护环境、减少污染、节约用水、降低水耗，该公司对废水进行处理后大幅回用，实现了污水零排放。根据新疆维吾尔自治区环保厅批复的某煤基新材料项目环境影响报告书，该公司贯彻了"雨污分流、清污分流、一水多用、节约用水"的原则，并借鉴了类似工厂的污水处理经验。根据不同水质的不同要求，对废水进行了深度处理并回用，以最大限度地提高水的重复利用率和废水资源化利用率。普遍认为，废水分质处理比集中处理更有利且更有效，它可以降低高浓度废水的处理量，增加处理后净水的量和提高出水净水的质量，同时还可以大幅度减少投资和日常处理费用。

5.4.3.2　零排放工艺设计

拟定废水生化800 m³/h的设计规模，这个处理量完全满足正常运行下的来水量（即724.1 m³/h）。

设计进水水质情况见表5-34。

表5-34　进水设计水质指标

水质指标	COD_{Cr}/mg·L^{-1}	BOD_5/mg·L^{-1}	NH_3-N/mg·L^{-1}	TP/mg·L^{-1}	Cl$^-$/mg·L^{-1}
设计取值	1200	450	200	1	650

水质指标	S^{2-}/mg·L^{-1}	pH	SS/mg·L^{-1}	石油类/mg·L^{-1}	TDS/mg·L^{-1}	总硬度/mg·L^{-1}
设计取值	1	6~9	100	50	2500	1250

通过以上水质数据可以看出，生化废水有较高COD_{Cr}、NH_3-N、石油类等物质，B/C在0.3以上，可生化性相对较好，较适合采用生化处理的工艺，在工艺设计上需充分考虑除油措施，脱碳兼顾脱氮效果、硬度的影响等因素。

工艺流程如图5-33所示。

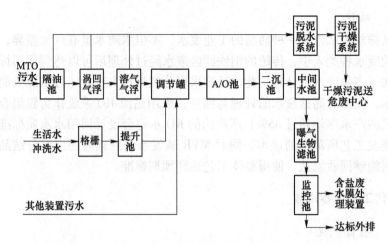

图 5-33　废水生化处理流程

　　项目采用了两级生化处理的方案，即 A/O+BAF 处理工艺。采用 A/O 工艺能够有效去除废水中的 BOD_5，并具备良好的脱氮功能。该工艺将废水先经过 A 段处理，然后进入 O 段进行处理，通过好氧微生物对有机物进行氧化分解。在有氧条件下，氨氮经过硝化作用转化为硝态氮，然后通过混合液回流进入缺氧段，在有碳源的条件下进行前置反硝化，使硝态氮转化为分子态氮并排放到空气中，以达到有效去除氨氮、BOD_5 和脱氮的效果。A/O 工艺流程短，运行管理简单，处理效果好。BAF 是一种采用颗粒滤料固定生物膜的好氧兼缺氧生物反应器，该工艺集生物接触氧化与悬浮物滤床截留功能于一体，可广泛应用于各类有机废水的处理，具有去除 SS、COD_{Cr}、BOD，硝化与反硝化、脱氮除磷的作用。并且有机物容积负荷高、水力负荷大、水力停留时间短、出水水质高，因而所需占地面积小、基建投资少、能耗及运行成本低。

　　产生的废水先经过生化处理装置处理，处理过的废水进入含盐废水系统处理，设计水量为 1500 m^3/h。含盐废水膜处理装置设计进水水质见表 5-35，除色度、pH 值、电导率以外单位均以 mg/L 计。

表 5-35　含盐废水处理系统设计水质

分析项目	Min	Max	设计值
pH 值	6.5~8.5	6.5~8.5	6.5~8.5
色度	9.2	11.0	11.0
浊度/NTU	15.9	17.1	18.0
游离 CO_2/mg·L^{-1}	5.0	5.0	5.5
氨氮（以 N 计）/mg·L^{-1}	2.7	3.61	3.6
石油类/mg·L^{-1}	0.8	1.06	1.0
动植物油/mg·L^{-1}	0.8	1.06	1.0
溶解性总固体/mg·L^{-1}	1380.8	2027.0	1878.4

分析项目	Min	Max	设计值
悬浮物/mg·L^{-1}	11.6	16.1	15.7
电导率（25℃）/μS·cm^{-1}	2124.3	3118.5	2889.9
总硬度（以 CaCO$_3$计）/mg·L^{-1}	355.0	515.2	482.4
碳酸盐硬度（以 CaCO$_3$计）/mg·L^{-1}	264.7	379.5	358.0
非碳酸盐硬度（以 CaCO$_3$计）/mg·L^{-1}	90.3	135.7	124.4
总碱度（以 CaCO$_3$计）/mg·L^{-1}	272.3	382.1	364.9
酚酞碱度（P）（以 CaCO$_3$计）/mg·L^{-1}	10.3	16.6	14.5
甲基橙碱度（M）（以 CaCO$_3$计）/mg·L^{-1}	262.0	365.5	350.4
TOC/mg·L^{-1}	12.5	18.1	17.4
COD$_{Cr}$/mg·L^{-1}	35.2	47.1	46.7
BOD$_5$/mg·L^{-1}	3.0	4.0	4.0
全硅（以 SiO$_2$计）/mg·L^{-1}	34.7	46.7	45.4
活性硅（以 SiO$_2$计）/mg·L^{-1}	7.6	10.7	10.2
胶体硅（以 SiO$_2$计）/mg·L^{-1}	20.8	35.1	31.5

通过以上水质数据可以看出，含盐废水含盐量较高、硬度较高、有机物含量低，适合采用膜法脱盐技术，但考虑到进水中含有一定量的硬度及有机物，对膜系统有潜在的污堵、结垢风险，在工艺设计上需考虑预处理措施。

高效膜浓缩处理单元的回收率为 75%，会产生 25% 的反渗透浓液进入高效膜浓缩单元进行处理，核算量为 375 m^3/h。进水水质见表 5-36。

表 5-36　高效反渗透膜单元进水水质

分析项目	进水指标
pH 值	6.5~8.5
色度	0.0
浊度/NTU	0.0
游离 CO$_2$/mg·L^{-1}	5.0
氨氮（以 N 计）/mg·L^{-1}	14.0
溶解性总固体/mg·L^{-1}	6057.1
悬浮物/mg·L^{-1}	22.0
电导率（25℃）/μS·cm^{-1}	9318.6
总硬度（以 CaCO$_3$计）/mg·L^{-1}	880.0
碳酸盐硬度（以 CaCO$_3$计）/mg·L^{-1}	220.0
非碳酸盐硬度（以 CaCO$_3$计）/mg·L^{-1}	600.0
总碱度（以 CaCO$_3$计）/mg·L^{-1}	200.0

续表 5-36

分析项目	进水指标
酚酞碱度（P）（以 $CaCO_3$ 计）/mg·L^{-1}	10.0
甲基橙碱度（M）（以 $CaCO_3$ 计）/mg·L^{-1}	190.0
TOC/mg·L^{-1}	63.4
COD_{Cr}/mg·L^{-1}	149.6
BOD_5/mg·L^{-1}	12.7
全硅（以 SiO_2 计）/mg·L^{-1}	91.0
活性硅（以 SiO_2 计）/mg·L^{-1}	40.6
胶体硅（以 SiO_2 计）/mg·L^{-1}	50.4

　　高效膜浓缩单元采用了 HERO 高效反渗透技术，HERO 技术也是近年来兴起的新技术，其高回收率得到了水处理界的青睐和认可，在世界上有很多成功应用的案例。本单元采用化学沉淀、离子交换、膜浓缩的组合工艺来提高系统回收率，反渗透的回收率达到90%。用高密度池工艺来消除水中的硬度与部分有机物质是化学沉积步骤的核心内容[18]；而离子交换过程则能有效地清除残余的硬度和碱度。然而，当反渗透设备处于较高 pH 值环境下运作时，可能会导致有机物的皂化反应发生，从而增加硅的溶出能力。通过对前置处理阶段中硬度、碱度的移除，使得膜系统的堵塞风险大大降低，同时保证了高效的水质回收效率，并在持续稳定的操作状态下实现其功能。

　　高效膜浓缩处理装置工艺流程见图 5-34。

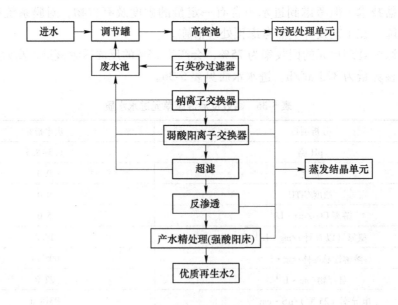

图 5-34　高效膜浓缩处理装置工艺流程

　　高效膜浓缩装置的设计回收率为 87%，经高效膜浓缩处理的产品水达到优质再生水的标准，高效膜单元的预期出水水质见表 5-37，可替代生产水用于循环水厂补水。

表 5-37　高效反渗透膜预期出水水质

项　　目	进水指标
pH 值	6.5~8.5
色度	<5
浊度/NTU	≤0.5
氟化物/mg·L^{-1}	<0.09
氨氮（以 N 计）/mg·L^{-1}	≤0.5
溶解性总固体（TDS）/mg·L^{-1}	≤200
总悬浮固体（TSS）/mg·L^{-1}	≤0.5
电导率/μS·cm^{-1}	≤300
总硬度（以 CaCO$_3$ 计）/mg·L^{-1}	≤3
氯化物/mg·L^{-1}	≤30
碱度（以 CaCO$_3$ 计）/mg·L^{-1}	≤20
硫酸盐（以 SO$_4^{2-}$ 计）/mg·L^{-1}	≤30
COD$_{Mn}$/mg·L^{-1}	≤5
BOD$_5$/mg·L^{-1}	<0.5
总有机碳（TOC）/mg·L^{-1}	≤2

　　蒸发结晶单元设计规模为 70 m^3/h（考虑到日常检修工况下废水的转运及再处理等情况，设计量做了适当的放大），浓盐水蒸发结晶单元进水包括两部分：高效反渗透浓缩液排水和离子交换树脂床再生废液排放水。该高效反渗透浓缩液排水和离子交换树脂床再生废液排放水的水质分别见表 5-38、表 5-39。

表 5-38　高效反渗透浓缩水质

分析项目	进水指标
pH 值	10.7
浊度/NTU	<5
游离 CO$_2$/mg·L^{-1}	<1
氨氮（以 N 计）/mg·L^{-1}	50
石油类/mg·L^{-1}	<1
动植物油/mg·L^{-1}	<1
溶解性总固体/mg·L^{-1}	60810
悬浮物/mg·L^{-1}	<2
电导率(25 ℃)/μS·cm^{-1}	103377
总硬度（以 CaCO$_3$ 计）/mg·L^{-1}	<5
碳酸盐硬度（以 CaCO$_3$ 计）/mg·L^{-1}	<2
甲基橙碱度（M）（以 CaCO$_3$ 计）/mg·L^{-1}	<85
TOC/mg·L^{-1}	600
COD$_{Cr}$/mg·L^{-1}	1000

分析项目	进水指标
$BOD_5/mg \cdot L^{-1}$	127
全硅（以 SiO_2 计）$/mg \cdot L^{-1}$	400
活性硅（以 SiO_2 计）$/mg \cdot L^{-1}$	<400
总磷（以 P 计）$/mg \cdot L^{-1}$	—

表 5-39 树脂床再生废液排放水质

分析项目	进水指标
pH 值	4~9
浊度/NTU	<5
游离 $CO_2/mg \cdot L^{-1}$	<5
氨氮（以 N 计）$/mg \cdot L^{-1}$	<400
石油类$/mg \cdot L^{-1}$	<5
动植物油$/mg \cdot L^{-1}$	<5
溶解性总固体$/mg \cdot L^{-1}$	37938
悬浮物$/mg \cdot L^{-1}$	<5
电导率（25 ℃）$/\mu S \cdot cm^{-1}$	64494.6
总硬度（以 $CaCO_3$ 计）$/mg \cdot L^{-1}$	7519.3
碳酸盐硬度（以 $CaCO_3$ 计）$/mg \cdot L^{-1}$	4.1
甲基橙碱度（M）（以 $CaCO_3$ 计）$/mg \cdot L^{-1}$	8.2
$TOC/mg \cdot L^{-1}$	40.7
$COD_{Cr}/mg \cdot L^{-1}$	77.4
$BOD_5/mg \cdot L^{-1}$	8.3
全硅（以 SiO_2 计）$/mg \cdot L^{-1}$	35
活性硅（以 SiO_2 计）$/mg \cdot L^{-1}$	32

蒸发结晶单元用于处理来自高效膜浓缩单元产生的高盐废水，MVR 技术理论上相当于 20 效的多效蒸发，经蒸发器浓缩后，需要进行结晶处理的量减小。为降低投资、减少系统配置的复杂性，结晶器采用蒸汽驱动的强制循环结晶技术。处理流程：高含盐废水进入进料罐，然后提升至换热器加热接近沸点，再经除氧器脱除氧气和 CO_2 等不凝性气体，进入降膜式蒸发器蒸发，自蒸发器出来的二次蒸汽经压缩、换热冷凝后成为冷凝液，由冷凝液泵送至换热器与进水进行热交换，蒸发器浓液排放至结晶器进一步加热并闪蒸，进行蒸发分离，蒸发结晶装置的产品水汇集在一起，考虑到产品水会有一定量的有机物及氨，在此配备活性炭吸附罐及强酸阳床进行产品水精处理，经过精处理后作为优质再生水送至循环水厂作为补水。结晶器的浓盐卤经过脱水机离心脱水处理产生结晶盐，送厂外渣场与其他一般固体废物混合填埋。蒸发结晶工艺流程见图 5-35。

浓盐水蒸发结晶单元的回收率设计为 93%，处理的出水要求达到优质再生水水质标

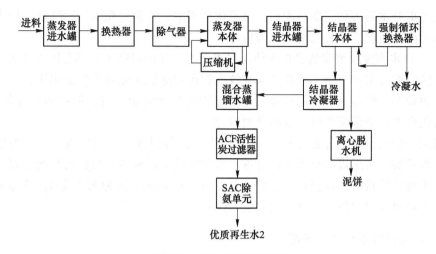

图 5-35　蒸发结晶工艺流程

准，回用于循环水系统作为补充水，主要指标见表 5-40。

表 5-40　蒸发结晶单元预期产水水质

项　　目	进水指标
pH 值	6.5~8.5
色度	<5
浊度/NTU	≤0.5
氨氮（以 N 计）/mg·L^{-1}	≤3
溶解性总固体（TDS）/mg·L^{-1}	≤200
总悬浮固体（TSS）/mg·L^{-1}	≤0.5
电导率/μS·cm^{-1}	≤300
总硬度（以 CaCO$_3$ 计）/mg·L^{-1}	≤3
氯化物/mg·L^{-1}	≤30
碱度（以 CaCO$_3$ 计）/mg·L^{-1}	≤20
硫酸盐（以 SO$_4$ 计）/mg·L^{-1}	≤30
COD$_{Cr}$/mg·L^{-1}	≤20
BOD$_5$/mg·L^{-1}	<5
总有机碳（TOC）/mg·L^{-1}	≤10

5.4.3.3　工程运行效应

（1）依据雨污分离和清洁与污染分开的准则，对废水进行了四级处理：首先是利用生物化学技术，其次是对含有盐分的废水使用膜过滤法；接着是以高效率的膜浓缩方式来处理浓度高的盐水，最后则是通过蒸馏结晶的方式完成最后的处理步骤。这种做法实现了对废水的深层净化，达到了预期的处理目标。

（2）按照一水多用、节约用水的原则，污水经处理合格后全部回用于全厂循环水厂、化学水站等系统，减少了大量新鲜水的使用。本项目废水回用率为98%。

（3）该废水处理工程对生产中产生的废气和污泥进行有效处理，将完全实现污水零排放。

（4）尽管这个废水处理项目的投资规模和运营成本都相当高，但是实行零排放政策，能够极大地提升水的再利用率和废水的资源化利用率。特别是在水资源稀缺、用水紧张的中国西部地区，实现零排放的要求更为重要。

（5）浓盐水高效膜浓缩装置投入使用以来已有三年的时间了，其总体性能表现出色且稳定。系统的配置相当全面，并且能够有效地管理和降低碱度及硬度的水平，同时保持着较高的回收效率。然而，尽管 HERO 工艺可以承受较高含量的硅，但在实际操作过程中，过多的硅仍会对整个系统产生一定的负面效应。

该煤制烯烃项目废水各装置自 2016 年下半年运行以来，一直非常平稳，各装置的处理效果也非常好，实际进水水质和设计进水水质接近，废水各装置运行状况良好，基本实现了废水零排放的目标。经过初步核算，整个废水厂处理费用为 8.5 元/t，这样的处理成本在同类零排放项目中较低，有一定的成本优势。

5.4.4　零排放过程中存在的问题

5.4.4.1　钢铁工业零排放现状

我国钢铁工业废水零排放、回收利用方面已经取得了较好的研究结果和业绩，但是如何降低回用成本、提高回用附加值仍存在问题。许多钢企都建设了集中废水处理厂，将不同工序的废水集中起来处理，处理达到回用标准合格后再送给不同工序做补充水，这样可以将不同水质的废水在废水处理厂混匀稀释，有利于外排废水的达标，但实际上外污染物总量没有明显减少，特别是供排水距离远，导致污水处理零排放回用成本过高。根据研究，钢铁工业废水处理零排放主要有两个难点：（1）焦化废水难处理、难消化，20%~30%的难处理废水外委给水务公司处理，每吨废水深度处理成本高达 60~70 元，使企业不堪重负；（2）浓盐水的处理，是钢铁工业废水处理零排放的瓶颈，因为钢铁工业循环水用量大，主要是用于产品、设备、烟气、高温渣的冷却，余热导致的循环水蒸发量大，循环使用一定次数后必然会导致废水中的盐分富集。浓盐水无论采用膜处理、干燥结晶或冷冻结晶中的哪项技术，都存在投资和处理成本高的问题。

5.4.4.2　处理焦化废水中的问题

焦炭是钢铁企业在生产过程必不可缺的原料，在炼焦的环节中将会产生大量的废水和有害气体，焦化废水由此出现。焦化废水来源于纯苯塔、两苯塔、甲苯塔、焦油等的加工过程。焦化废水的水质成分较为复杂，煤的高温裂解聚合产生的酚类、苯、芘等及多环芳香族有机化合物，这些物质大部分进入废水中造成水资源的长期污染，还会影响动植物的健康。在熄焦工段和焦炉煤气脱油脱硫工段产生的废水是造成污染的主要原因，而且工段中废水的产量比较大，而且废水中有害物质组分比较复杂，含有大量的氨氮和硫氰化物，同时也存在着大量苯酚和芳烃类有机物。这些污染物不仅浓度高而且很难处理，采用物理和化学方法都很难达到最理想的处理效果。同时焦化废水中的大量难以分解的成分使得其生物降解能力较低，其中包含大量有害于微生物的有毒元素，其含量可能已超出微生物所能承受的最大值，这导致了焦化废水的剧烈毒性，并对其周围生态环境造成了严重损害。这些废水不仅能影响到水生生物的健康，还具有潜在的致癌风险[19]。总而言之，对于这种污染源，必须高度重视并且采取有效的措施来解决。

钢铁企业产生的焦化废水属于难降解的工业废水，治理的过程中需要先进的环保技术。

我国的钢铁企业炼焦工艺具有本土性，盲目地应用西方的技术无法达到最佳的解决效果[18]。在进行钢铁企业焦化废水处理的过程中还面临工艺流程单一等问题，例如：我国当前焦化废水零排放工艺主要采用生物脱氮技术，由于焦化废水的水质成分复杂，在废水处理时需要稀释后才能进入生物脱氮过程，其间将加大焦化废水处理量，提高零排放难度。受目前我国焦化废水处理工艺的制约，钢铁企业焦化废水排放的水质只能达到原有标准的一、二级水平。由于当前环保标准的提高，焦化废水处理工艺产生的废水难以进行重复使用，处理后的焦化废水出路问题难以解决。当钢铁企业的焦化废水处理后进入废水处理厂统一处理，这将增加焦化废水对水体的污染，也将增大废水处理的难度。由于我国环保标准的提高和零排放政策的实施，钢铁企业的焦化废水经过处理后用于炼焦、高炉冲渣等环节。受废水处理工艺水平的限制，处理后的焦化废水难以得到全部利用，水质无法达到要求的标准，多数用户不愿意使用，这将导致我国钢铁企业的焦化废水出路存在严重问题。

5.4.4.3　对策

为贯彻落实可持续发展观，实现低碳环保的绿色生活，在钢铁企业的生产过程中，需要提高水资源的利用效率，实现焦化废水的零排放。为此需要做到以下几点：

（1）实现钢铁企业的清洁生产，减少焦化废水的排放量。在钢铁企业的生产过程中，清洁生产工艺，主要表现于煤气进化过程中使用煤气横管初冷工艺，降低废水的排放量；将钢铁生产过程中产生的氨水送去蒸氨，降低焦化废水中的氨氮含量；对油槽分离水、脱硫废液等废水进行再次利用，不对外排放，回收企业各车间中的废水并送至机械化氨水澄清槽，实现对焦化废水的内部清洁，进而达到零排放的效果。

（2）选用科学的处理工艺，控制焦化废水的处理量。由于不同的废水处理工艺对水质的要求具有差异性，在进行钢铁企业焦化废水的处理过程中要选择科学的处理工艺，保证达到废水的零排放要求。根据我国钢铁企业产生的焦化废水特点，选择最具针对性的处理工艺，在生物处理阶段进行焦化废水的稀释，降低水中的 COD 浓度，满足水质要求，减少废水的产生量。

（3）确保公司运营管理的优化是实施钢铁厂焦化废水零排出的关键步骤之一。在此过程中，需要对加工设施进行稳定的操作控制及水质监控，以满足国家规定的环保标准。充分运用排污后剩余的水资源，从而达成焦化废水的零排放目标。借助先进且高效的焦化废水处理技术与绿色制造流程，可以大幅度降低钢铁公司的焦化废水排放量，经由处理过的焦化废水能被重新使用为高炉冲渣系统和钢渣水系统的补充用水，最终完成钢铁工厂焦化废水的零排放任务。

──── 本 章 小 结 ────

本章主要介绍了用于钢铁行业废水零排放的膜浓缩技术、分盐技术和蒸发结晶技术。膜浓缩技术是利用反渗透膜、电渗析膜或正渗透膜等将废水中的水分子和盐类分离，减少废水量和提高水质。其包含多种形式，如高效反渗透（HERO）、碟管式反渗透（DTRO）、电渗析（ED）正渗透和膜蒸馏等，各有特点和适用范围。分盐技术是利用电化学方法，将废水中的盐类分离出来，降低废水含盐量和提高水质。主要分为热法分盐和膜法分盐两种形式，可回收硫酸钠和氯化钠等单质结晶盐。热法分盐能耗高，杂盐量大；膜法分盐运行成本高，膜性能可能衰减。蒸发结晶技术是一种将废水中的水分子汽化后冷凝回收，并回收有价盐类的技术，可以处理高浓度、高酸碱度、高 COD 的废水，但能耗高，设备材料要求高，产品水质不稳定。多效蒸发和机械式蒸汽再压缩是两种提高热效率和节能性能的技术。最后本章通过某煤基材料产业园、某钢铁园区、某煤化工园区等项目的零排放案例，展示了相关技术在钢铁行业废水零排放处理中的应用效果。

思 考 题

5-1　目前主流的膜浓缩技术主要有哪些并做简要介绍。

5-2　热法分盐和膜法分盐的主要原理有何区别？

5-3　目前零排放过程中存在的问题主要是什么？上网查找相关资料说出你对零排放的认识。

参 考 文 献

[1] 李成，魏江波．高效反渗透技术在煤化工废水零排放中的应用［J］．煤炭加工与综合利用，2017（6）：26-31．

[2] 王海棠，刘立国，熊日华．煤化工膜浓缩液近零排放（MLD）技术研究进展［J］．洁净煤技术，2020，26（S1）：35-39．

[3] 颜福贵．高效膜浓缩技术的污水处理系统研究与应用［J］．广东化工，2022，49（6）：152-154．

[4] 李亚娟．曹瑞雪等．高效反渗透工艺处理电厂废水［J］．化工环保，2020，40（5）：560-565．

[5] 邓李佳，高意．废水零排放减量化的工艺比较［J］．化工管理，2018（18）：156-157．

[6] 吴读帅．电解电渗析法在有机酸处理中的应用［D］．天津：河北工业大学，2019．

[7] 潘海如，陈广洲，高雅伦，等．电渗析技术在高含盐废水处理中的研究进展［J］．应用化工，2021，50（10）：2886-2891．

[8] 刘晓晶，王建刚．高浓盐水零排放分盐技术的研究进展［J］．应用化工，2021，50（12）：3468-3471．

[9] 熊日华，何灿．高盐废水分盐结晶工艺及其技术经济分析［J］．煤炭科学技术，2018，46（9）：37-43．

[10] 刘二．煤化工高盐废水分质提盐结晶技术研究［D］．银川：宁夏大学，2020．

[11] 朱云．蒸发结晶技术在煤化工废水零排放领域的应用［J］．资源节约与环保，2018（5）：56．

[12] 陈晓庆，卢奇．多效蒸发系统影响因素分析［J］．石油化工设备．2015，44（S1）：64-67．

[13] 刘波，丛蕾．MVR 技术在高盐废水零排放处理中的应用进展研究［J］．节能．2022，41（6）：23-26．

[14] 武超，梁鹏飞，等．MVR 技术处理高盐废水应用进展［J］．化学工程与装备，2020，（2）：202-203．

[15] 高丽丽，张琳，杜明照．MVR 蒸发与多效蒸发技术的能效对比分析研究［J］．现代化工，2012，32（10）：84-86．

[16] 张凯莉．典型钢铁工业园水网络优化［D］．北京：中国科学院大学（中国科学院过程工程研究所），2018．

[17] 洪洲舟，吴财松，闫虎祥，等．高盐脱硫废水零排放工程实例分析［J］．中国资源综合利用，2024，42（3）：200-203．

[18] 李晨璐，郭雅妮，李玉林，等．煤化工废水反渗透处理系统的运行效果及膜污染分析［J］．环境科学学报，2021，41（9）：3464-3477．

[19] 王勇．钢铁企业焦化节能减排技术研究［J］．2018，38（11）：175-176．